地震学中的 Lamb 问题（上）

张海明　编著

科学出版社

北京

内 容 简 介

本书分为上下册，以地震学中经典的 Lamb 问题为主题，系统地论述了地震学的基础理论以及 Lamb 问题的两种解法。上册在理论地震学的框架中，由浅入深地介绍了弹性动力学的位移表示定理、震源表示定理及等效体力和地震矩张量、无限介质中的地震波问题，并在回顾 Lamb 问题研究历史的基础上，系统地介绍了 Lamb 问题频率域解法的基础理论和数值实现；下册主要运用 Cagniard-de Hoop 方法，针对不同的震相探讨 Lamb 问题的时间域解法，并最终获得 Lamb 问题的广义闭合形式解答。本书对理论和方法的叙述力求详细、清楚，便于读者自学。

本书可作为各高校地球物理学科的高年级本科生和研究生的参考书，对相关专业的高校教师和科研人员也有一定的参考价值。

图书在版编目（CIP）数据

地震学中的 Lamb 问题. 上/张海明编著. —北京：科学出版社，2021.3
ISBN 978-7-03-067313-8

Ⅰ. ①地⋯　Ⅱ. ①张⋯　Ⅲ. ①地震学-研究　Ⅳ. ①P315

中国版本图书馆 CIP 数据核字 (2020) 第 252887 号

责任编辑：王　运　赵　颖/责任校对：张小霞
责任印制：吴兆东/封面设计：图阅盛世

科学出版社 出版
北京东黄城根北街 16 号
邮政编码：100717
http://www.sciencep.com
北京建宏印刷有限公司印刷
科学出版社发行　各地新华书店经销
*
2021 年 3 月第 一 版　　开本：787×1092 1/16
2024 年 3 月第四次印刷　　印张：18 3/4
字数：450 000
定价：178.00 元
(如有印装质量问题，我社负责调换)

序 一

记得在美国读博士初期，当时按个人兴趣选择了地球的自由振荡作为研究方向。这是纯理论的课题，我之前对相关的理论接触并不多，能够参考的书籍也只有两本小册子，而且当时唯一的地震学教科书 Aki 和 Richards 的《定量地震学》也仅在其中的一章有简要的叙述，所有相关的理论都散布在数十年中发表的上百篇期刊文章里。文章的作者不同，每个人的思路各异，使用的术语和符号也有很大差别，常常使我这个初学者感到困惑，心中最大的愿望就是能有一本完整讨论地球的自由振荡理论的专著。我的博士导师 F. A. Dahlen 教授是理论地震学大师，在地球自由振荡理论上造诣尤甚。特别值得称道的是他治学有方，在办公室的一整面墙壁上安装了上下好几层书架，其上有多年积累下来的研究和教学笔记。平常上课时他都是用相关的笔记做教材影印发给大家，在办公室跟学生讨论研究时也经常会信手翻开一本，查找一时想不起来的公式。我常想如果能够把这些笔记整理出版该有多好啊！于是在一次讨论中，鼓起勇气问 Dahlen 教授："Why don't you have these notes published?"? 没想到他回答说："Why? Everybody knows them."。我想他的意思是这些笔记中的内容已经发表了，大家都可以查到。于是就把自己研究中遇到的困难告诉了他。当时并没有得到确切的回应，不过几年之后，Dahlen 和 Tromp 的《理论全球地震学》出版。而且不出所料，该书迅速成为地震学的经典教科书之一。

第一次读到我的同事张海明教授的《地震学中的 Lamb 问题（上）》一书，就使我自然地想到了跟 Dahlen 教授学习的那段经历。我觉得与《理论全球地震学》一样，《地震学中的 Lamb 问题（上）》一书也是作者以多年的研究与教学的亲身经验为积累，以推广专业知识、帮助学生学习为宗旨而撰写的。在我看来，这本书有三个独到之处：首先是独创性，作者可以说是目前世界上对 Lamb 问题钻研最深的地震学家之一，对相关的理论有独立、系统、深入和创新性的研究成果，这些在书中比比皆是。其次是完备性，全书自成体系，既有 Lamb 问题本身的理论发展，还包含了与其相关的数学与物理知识，只要有大学微积分基础，就可以读懂全书而无须查找过多的其他文献，这也是对学生最重要的。再有就是通俗性，虽然是基于理论研究成果，但作者始终以学生的需求为出发点，将貌似枯燥的概念和公式推导用简洁的文字、经过细致推敲的符号系统清晰而流畅地表达出来。书中有精心设计的插图和许多数值结果，非常有助于学生对复杂的地震学公式建立直观的图像，加深对物理本质的理解。《地震学中的 Lamb 问题（上）》是一部难得的好书，一定会成为地震学专业师生的良师益友。

北京大学地球与空间科学学院教授

2020 年 8 月 3 日

于美国洛杉矶

序 二

7月10日中午，张海明博士发来微信，告诉我他的新作《地震学中的 Lamb 问题（上）》定稿了，希望我写点文字以助新作面世。我欣然同意了，因为从第一次谋面我便开始喜欢这位年少我十岁有余的同行，后来不知不觉中又转化为一种敬佩、一份尊敬。

作者时任北京大学副教授，但我更愿意以博士相称，因为他早已是我心中的教授了，称副教授对他不敬，称教授又欺他人。我与海明博士的首次谋面是在他的博士论文答辩会，我有幸作为专家组成员聆听了他的报告并进行了简短交流，他论文内容之厚重留给我以极好极深的印象，由此生出一份喜欢。后来日渐增多的接触酷似那酵母，将喜欢催生成敬佩，接着又催生成一份尊敬。他是一位乐于负重前行、深凿细剖的耕者！

《地震学中的 Lamb 问题（上）》应该是海明博士的开山之作，首开新作便以 Lamb 问题为选择。殊不知理论地震学堪比百年来被那些数学和物理巨匠有意无意间打造在崇山峻岭之间而高耸云端的一座圣殿，赴朝拜者或意欲添砖加瓦者，非具良优之脚力、逢山开路遇水架桥之技能、忍涝耐旱之毅力而不可。而 Lamb 问题则是这座圣殿的基石，其之密坚，凡触之无不为之动形色。海明博士是一位特殊的朝圣者，以不得真经不回头之虔诚和决心，以任凭东西南北风之从容和淡定，以咬定青山不放松之胆识和毅力，起步于人来人往的山麓脚下，一边攀爬，一边修路。日复一日，年复一年。冬去面对圣殿日，春来背倚阶石时；今日我朝千千日，他日你拜三五时。海明博士用自己的天赋和勤劳，咀嚼剖析了 Lamb 问题这块基石，也筑就了一条通往理论地震学这座圣殿而蜿蜒于崇山峻岭之间的石路，而他的新作《地震学中的 Lamb 问题（上）》则是一册详尽的剖析报告或者筑路日记。后继者，或欲尝品基石之滋味，或往游赏圣殿之鬼魅，我确信怀揣一册会使你倍感轻松和愉悦。

本人生性愚拙，诚不该应诺海明博士，所幸受益于恩师陈运泰院士近 30 年手把手的赐教，对新作内容略知一二，方壮胆呈此慨悟。若有不妥，权当痴人胡言乱语。抱歉！抱歉！

祝海明新作不断！祝读者天天向上！

中国地震局地球物理研究所研究员
2020 年 7 月 28 日题《吾之悟·贺新著》

序　三

　　大概在三年前，海明老师和我讲在准备写一本有关地震学方面的专著，不久便给我发来了"不成熟"的第 1 章初稿，当时便被他的写作风格所吸引，对此我是大为赞赏！在微信中表达了我的欣喜之情，并鼓励他一定要写下去（我比海明年长几岁，还可以用"鼓励"一词吧）。整整两年前的这个时节（2018 年 7 月 14 日），海明微信中告诉我说：书名将确定为《地震学中的 Lamb 问题》，并定位为"普及性的专著"。去年年初，他发来了初具模样的书稿，并附上了一份写作情况说明表，从中我进一步领略了海明的写作思路和做事严谨、细致的风格。这个月初，海明告诉我说终于完成了书稿的上册，准备交付出版社，并发来了电子版，我得以先睹为快。在杂事不断的情况下，我集中精力在几天的时间里翻阅了书稿。掩卷长思，意犹未尽，静下心来，写下了如下几段话，作为海明老师邀请我撰写的序。

　　地震学作为一门严谨的科学，虽然仅有百余年历史，但无论在国际上，还是在国内，迄今已有一些非常优秀的教材和专著面世。地震学发展到今天，要想撰写一部崭新的专著，几乎是不可能的事情了；即便是编著，要想撰写一本具有特色的地震学方面的书籍，也不是一件容易的事情。然而，无论在内容上，还是在写作风格上，张海明老师编著的这本《地震学中的 Lamb 问题（上）》都具有鲜明的特点。

　　该书并不是一本系统地阐述完整地震学研究内容的专著，而是选择了理论地震学的基石——"Lamb 问题"来向读者展示地震学的研究魅力。自英国数学家和力学家 H. Lamb (1849~1934 年) 在 1904 年发表了研究作用在弹性半无限空间的表面一点处施加冲击荷载条件下的弹性波传播问题以来，这类被称为"Lamb 问题"的研究，在后续发展的诸如弹性动力学、地震学、工程力学等学科里的波动基础理论中占有极其重要的地位。正如该书中所形容的："真正意义上的理论地震学研究则无疑开始于 Lamb (1904)"、"为之后更为广泛深入地研究地震学奠定了基础"。

　　该书首先介绍了"Lamb 问题"的内涵，然后以时间为脉络简述了地震学发展历史，随后自然引入了理论地震学研究领域，之后介绍了理论地震学研究的基本理论。该书前半段（第 1～4 章），是有关基础理论和背景知识的介绍，属于经典理论地震学。这部分的内容，我的理解是侧重于"编"。书中的后半段（第 5～7 章）则具体深入到本书的核心内容——"Lamb 问题"，我的理解则是侧重于"著"了。之所以说是"著"，我知道这部分内容汇集了海明老师自研究生阶段起、迈入地震学研究以来，二十多年的学习经历、研究心得和教学经验，凝聚了海明老师对自己所从事专业的热爱与心血。这部分从问题的描述出发，继以研究思路与方法的介绍、理论公式的推导、到研究结果的讨论与点评，最后附以算例分析，引领读者由浅入深迈入了一个经典地震学的研究领域，向读者介绍和展示了近两百年来弹性动力学和理论地震学领域取得的重要成果。

　　我最为推崇的是该书的写作风格！该书的写作更多的是从学生和读者的角度出发，因而非常友好，完全为读者考虑、照顾到读者的阅读习惯。正如海明老师在书中自述的："尽量避免板起脸孔说教的方式，采用亲切的口语化方式叙述。书中包含为数不少的脚注，其中有为了进一步阐释问题而作的补充说明、有作为拓展知识的叙述，也有笔者自己的评注。希望对开拓读者的视野和提高阅读兴趣有所裨益。"在我看来，这些评注有时候甚至起着"画龙点睛"的作用。相信不少读者在阅读专著时有过海明老师在本书前言中描述的"没有在内心中激发继续下去的动力，因此匆匆作罢"的经历，我本人就经历了很多次。本书的写作风格有点"离经叛道"，然而这无损该书的作者——张海明老师是一个非常严谨的学者的风范，在我看来这正是该书的另外一个亮点，是值得推崇的一种撰写专业书的风格。

　　该书是一部值得阅读的"高等地震学的基础性科普专著"。相信对地震学感兴趣的众多读者，特别是对于从事地震学研究的在校研究生，以及刚刚从事科研的年轻学者，通过阅读该书，一定会从中受益匪浅，领略到现代地震科学研究的魅力。

章文波

中国科学院大学地球与行星科学学院教授

2020 年 7 月 30 日

前　　言

1. 缘起

笔者在北京大学和中国科学院大学（原中国科学院研究生院）承担"理论地震学"的教学工作已超过十年了。理论地震学是一门学起来并不轻松的课程，一方面当然与大量运用数学工具的性质有关，但另一方面，或许也与缺乏一本能够在学生初学阶段切实起到协助作用的参考书不无关联。这期间有不少学生曾经表示希望笔者提供一本贴近上课内容的讲义。笔者也曾想过写一本内容完整的讲义，但是最终放弃了。原因有两个：一是理论地震学知识体系庞大，内容艰深，这个艰巨的任务，非有渊博的知识和高屋建瓴式的理解力不能驾驭，自己的功力还远不能及。二是心里有一些问题没有想清楚，如国内外的地震学教材林林总总，数目不少，已经有被誉为"地震学圣经"的 *Quantitative Seismology* (Aki and Richards, 2002) 这样经典的教材，写一本新书的价值究竟有多大？即便有，以何种方式呈现？

还记得自己刚上研究生时，对地震学研究的广阔领域很感兴趣，可是在读外文教材和文献时却屡屡受挫。曾经若干次兴冲冲地决定耐下性子精读一本专著，却总是在开始没多久就止步。现在回过头来想，大概有几个原因。一是内容确实艰深，比如 Ewing 等 (1957) 的著作中，在第 1 章就给出地震波传播理论中有名的 Sommerfeld 积分和 Weyl 积分，在第 2 章研究了需要考虑四叶 Riemann 面上的以双曲线为割线的积分问题；再比如 Cagniard (1962) 的著作，当时的感觉是晦涩难懂，看得云里雾里。专著如此，教材也是这样，Aki 和 Richards (2002) 的教材前几章还好，读到第 6 章就非常吃力了。二是篇幅原因，书里或文献里的叙述并没有详细到能让我顺利理解的程度，这自然增加了阅读的难度。三是书中所写的知识点对当时的我来说是孤立的，即便勉强弄懂了，也是只见树木而不见森林，没有在内心中激发继续下去的动力，因此匆匆作罢就是自然的事了。

从那时起笔者就有一个想法：如果能有一本书，虽然范围不广，但是论述得足够详细，并且读着亲切，借由它可以更为顺利地阅读更艰深的专业教材、专著和文献，该有多好。遗憾的是还没有一本这样的中文书。结合自己的研究经历，笔者想，不妨选取地震学中经典的 Lamb 问题，紧密围绕这个主题，由浅入深地介绍理论地震学的相关理论，并且以研究的视角，从各个角度做详细的探讨。这样虽然涉猎不广，但是读者的收获未必不丰。对作者来说，这或许是自己力所能及的。所以就有了写作的动力，现在呈现在读者面前的这本书才得以完成。

2. 本书的特点

本书在写作中主要考虑了如下几点。

1) 定位和内容的选择

本书究竟是一本教材式的参考书，还是专著，还是科普书？从书中的内容来看，涉及理论地震学的很重要的一部分内容；从全书的主题来看，它又是一本有关 Lamb 问题的专著；从本书的写作目的和表现方式来看，这还是一本不折不扣的科普书。基于这种四不像的特点，笔者想将本书定位为高等地震学的基础性科普专著可能比较恰当。说"高等"，是相对于本科阶段的普通地震学而言的，它的特点在于更广泛深入地运用数学手段研究地震学的理论问题；说"基础性"，是它的内容相对成熟，并不涉及近年来地震学领域的热门课题；说"科普"，是因为写作的目的确实是希望借由本书关于 Lamb 问题的介绍，让更多的相关专业学生和工作人员了解一些比较深入的理论地震学问题；说"专著"，自然是因为本书中心议题是地震学中的一个特殊的经典问题。

在内容的选择上，本书秉承的理念是少而精，只涉及与主题相关的内容，而略去所有与此无关的部分。例如，地震学中的一个非常重要的组成部分是基于平面波假定或高频近似的前提所做的分析，但本书完全不涉及，而将注意力集中在地震波的精确计算上。

2) 内容的组织

如果内容组织得不好，知识点是孤立和僵化的[①]，之间没有联系，内容一盘散沙，读者建立不起一个整体架构；而内容组织得好，知识点之间紧密联系，形成一个有机整体，更便于读者掌握和形成整体认识。为了避免僵化，使知识充满活力，应该在内容的组织上下些功夫。

学科历史往往不是按照逻辑上应该的顺序发展的[②]，地震学也不例外。自 Lamb (1904) 开始，有关地震波的研究就成为地震学家们关注的主要问题；而自 20 世纪 20 年代日本关东地震后，地震学界展开了关于震源的等效体力到底是单力偶还是双力偶的争论。20 世纪 60 年代由 Maruyama (1963)，以及 Burridge 和 Knopoff (1964) 建立的震源表示定理，构成理论地震学架构的核心，正是它的出现平息了这场争论。与 Aki 和 Richards (2002) 类似，本书并不是按照地震学发展的顺序组织内容，而是选择以较后出现的震源表示定理作为框架，以不同介质的 Green 函数求取作为中心内容，展开有关 Lamb 问题的地震波问题的探讨。

3) 表现方式

以何种方式呈现书的内容，很大程度上决定了书的命运：是被人匆匆翻过就束之高阁，还是一口气读完仍爱不释手。就本书的表现方式而言，采用怀特海方法，经过怀氏称为"浪漫"(romance)、"精确"(precision) 和"综合"(synthesis) 的三个阶段，形成对事物的完整理解，即首先对要了解的内容做一个总览，然后追究具体细节，最后形成综合性的认识。从学习的角度看，这种方式更容易被大多数人所接受，因为更符合人们的认知规律。在本书的各个章节，首先对要论述的内容做一个整体介绍，然后深入所有细节，最后再进行综述。

具体来讲，本书在表现方式上有以下几个特点：

---

① "要使知识充满活力，不能使之僵化，这是一切教育的核心问题。"（怀特海，《教育的目的》（徐汝舟译），2002，第 9 页）。

② 分析学的发展就是典型的例证。现代高等数学的教材都是从 $\varepsilon - \delta$ 形式表述的函数极限开始论述的，而历史发展并非如此。1666 年，I. Newton 和 G. Leibniz 分别独立地引入微积分的概念，虽显现出巨大的威力，但是其逻辑基础并不严密，饱受当时的数学家们的诟病。近两百年之后，才分别通过法国数学家 A. L. Cauchy 和德国数学家 K. Weierstrass、R. Dedekind 的工作，最终形成严格的表述。

(1) 关于语言风格。尽量避免板起脸孔说教的方式,采用亲切的口语化方式叙述。书中包含为数不少的脚注,其中有为了进一步阐释问题而作的补充说明,有作为拓展知识的叙述,也有笔者自己的评注。希望对开拓读者的视野和提高阅读兴趣有所裨益。

(2) 关于叙述方式。顺应近年来参考书的一个发展趋势,即把领域内的重要成果,用浅显的方式传递给读者[①]。本书希望达到的目标是,具有中等以上水平的大学本科数理背景的读者通过一定的努力可以顺利地自学。

(3) 关于排版和图形显示。全书采用 LaTeX 排版,绝大部分图均采用 Asymptote 绘制,不少图采用三维的呈现方式,试图增进读者的直观理解和提高阅读体验。

(4) 关于参考文献。书中不可避免地会提到参考文献,但是特别注意从内容上自成体系,尽量避免必须通过查找文献才能准确理解内容。文献的引用一是为叙述的佐证标明出处,二是为拓展阅读提供信息,有兴趣追本溯源的读者可以通过查阅参考文献继续深入了解。对于这两种情况,忽略这些参考文献,都不会对理解内容造成实质性的影响[②]。

3. 阅读建议

这本书能够出现在读者的手中,说明读者属于以下几种情况之一:

(1) 希望能够通过深入的学习掌握本书的大部分甚至全部内容的地震学专业的研究生、高年级本科生或研究人员。虽然人数不会很多,但是这本书主要是为你们准备的。不过,想达到这个目的,阅读本书不会是一个很轻松的旅程。对于一个知识点的深入掌握,离不开自己动手去完成推导和编程。由于书中后面的内容经常需要引用前面的公式,来回交叉地翻阅是必不可少的过程。检验掌握程度的一个标准是,自己能否完全重复公式的推导和程序的编写。第 6 章详细介绍了公式的推导过程,第 7 章提供了大量的算例和数值实现中所需要的技术,因此实现这一点并不非常困难,但需要为之付出努力。

(2) 希望通过阅读了解理论地震学的基础知识,顺带大致了解 Lamb 问题的人。大部分读者可能属于这一类。书中对一些内容的详细叙述,应该可以协助读者达到目的。但是,想从"初步了解"变为"深入了解",乃至"完全掌握",离不开公式推导和编程。可能其中的部分读者对公式比较恐惧,此前并没有尝试自己推导和编程的勇气。鼓励这部分读者在阅读过程中去尝试一下,或许有惊喜呢?

(3) 只是偶尔路过并顺手翻阅的路人甲。既然有兴趣翻开,把第 1.2 节、3.1 节和第 5 章的简史当小说一样读读,增加些有趣的知识,也是好的。

(4) 地震学界的前辈和同行。可把本书当作科普书,望不吝赐教。

---

① 这方面的突出范例是 T. Needham 所著的《复分析——可视化方法》(*Visual Complex Analysis*)("图灵原版数学",人民邮电出版社,2007),用图形化的方法叙述艰深的复变函数理论。该书出版的 10 年之内就印刷了 12 次,可见其受欢迎的程度。还有一本值得一提的书是 S. F. Hewson 写的《数学桥——对高等数学的一次观赏之旅》(*A Mathematical Bridge: An Intuitive Journey in Higher Mathematics*) (上海科技教育出版社,2010),用作者自己的话来说,这是"一本杂交型的普及性教科书",目标在于"以一种只需要基本的高中数学为起点的方式,发掘典型的数学学位课程中的核心元素和亮点,强调许多令人叹为观止的结果所具有的自然之美和实用价值,同时保持数学上的纯正性。"

② 这也是根据笔者的学习阅读体会做的选择,如果一本书需要频繁地查阅参考文献才能顺利地读下去,这本身就会降低读者的阅读兴趣。

4. 致谢

本书的内容涉及近两百年来在弹性动力学和理论地震学领域取得的重要成果，正是这些前辈的杰出工作才使得本书的科普工作具有了意义。首先向这些前辈数学家、力学家和地震学家致以崇高的敬意。同时，在准备书稿的过程中，查阅了大量的书籍和文献，这些研究工作使得本书的顺利完成成为可能，对这些参考文献的作者表示敬意和感谢。

笔者现在能够讲授理论地震学，与在早期的本科生阶段受朱良保教授的地震学启蒙，以及研究生阶段得到陈晓非院士的教育与指导是分不开的。在研究生和博士后阶段，笔者一直在陈院士的指导下从事震源动力学和理论地震学相关的研究工作，这也成为后期独立从事研究和教学的基础。对两位老师表示衷心的感谢。

书中有关 Lamb 问题的研究，部分是基于笔者领导的研究组的学生的工作，比如有关 Rayleigh 函数零点的工作（刘天时）、频率域 Rayleigh 波的分析（周杰），以及下册书中有关 Lamb 问题时间域内解法第二类和第三类 Lamb 问题的广义闭合形式解（冯禧），他们的工作丰富了本书的内容。对他们表示衷心的感谢。

在本书写作的过程中，笔者曾就书中涉及的相关问题与同事盖增喜副教授进行过深入的讨论，蔡永恩教授、章文波教授和王彦宾教授对书稿中的若干地方提出了建设性的改进意见。北京大学地球与空间科学学院理论与应用地球物理研究所所长赵里教授、中国地震局地球物理研究所的许力生研究员和中国科学院大学地球与行星科学学院的章文波教授应邀为本书作序，特此致谢。

本书的写作，运用了 LaTeX 排版，并大量应用 Asymptote 软件绘图，向这些软件的开发者致以诚挚的谢意。

本书涉及的相关科研工作，以及本书的出版得到了国家自然科学基金（课题号：41674050 和 41874047）的资助，在此致谢。

书中的内容若有疏漏和不当之处，还请读者批评指正。

张海明
2020 年 7 月
于北京大学燕园

目　　录

第 1 章 绪　　论

作为本书的开篇，我们在本章中试图阐明以下几个问题：什么是 Lamb 问题，为什么要研究它？它对于理论地震学有什么意义？进一步地，理论地震学是做什么的，为什么要学习和研究理论地震学？由于 Lamb 问题与理论地震学之间有密切的关联，在开始就搞清楚这几个问题，对于后面深入地探讨 Lamb 问题是非常重要的。

1.1　Lamb 问题及其对于理论地震学的意义

如果把断层的错动导致地面震动的地震学问题做最大程度的简化，那么这个问题可以描述为：把地球介质视为一个均匀各向同性的半无限弹性体，在其中施加一个力，导致了自由表面的运动。粗略地说，这就是 Lamb 问题。

无论在地震学，还是在土木工程学等相关领域内，Lamb 问题都是一个极有魅力的经典问题。原因在于，一方面，这既能充分体现地震波的主要特征，也是一种模型最简单的情况，因此有可能通过数学手段对地震波进行详尽的理论分析；但是另一方面，尽管模型看起来非常简单，想完全地解决它却并非易事。

如果 Rayleigh (1885) 关于后来以他的名字命名的地震面波（Rayleigh 波）的研究是以严格的弹性理论为基础所做的地震学研究的开端[①]，那么真正意义上的理论地震学研究则无疑开始于 Lamb (1904)。这篇被誉为"地震学史上最经典"的论文到一百多年后的今天仍然经常被人引用。沿着 H. Lamb 开创的道路，在半个多世纪的时间内，有众多的数学家、力学家和关注理论研究的地震学家投入到 Lamb 问题的研究中，使得 Lamb 问题成为 20 世纪上半叶地震学界一个热门的研究课题。地震学家们通过对 Lamb 问题的研究，取得了对地震波动本质特征的深入认识，并为之后更为广泛深入地研究地震学问题奠定了基础。

1.1.1　什么是 Lamb 问题？

关于 Lamb 问题，没有一个明确的定义，只是大家约定俗成地这么称呼。但这里应该区分两个概念。一是 Lamb 研究的问题，这是 Lamb 在 1904 年的论文中研究的情况，即在地表处施加集中力源，计算远场地表处位移的问题。二是基于前者做一定的推广而形成的问题，它的范畴要更广泛：力源和观测点可以位于地表，也可以位于地下；没有轴对称的假定；力源的时间函数任意；也没有远场的限制；甚至，力源可以不是某一方向的集中力，而可以是具有地震学意义的剪切位错源。我们在本书中所论述的 Lamb 问题，指的是后者。在具体展开讨论之前，明确界定几个概念是必要的。

---

① 尽管无限弹性空间中的 Stokes 解仍然是地震学教科书的必备内容，但是它并不具有实际的地震学意义，因为它并不能解释作为地震学问题必须考虑的地表作用。虽然 Rayleigh (1885) 是基于以简谐振动的平面波的假定开展的，但是其揭示的波动性质却具有普遍意义，因此从地震学角度来说，Rayleigh 的研究无疑具有更为深刻的意义，称 Rayleigh (1885) 为以严格的弹性理论为基础所做的地震学研究的起始实不为过。

1.1.1.1　解析解的几种形式

解析解是相对于数值解而言的，后者是通过某种数值计算方法，比如有限元、有限差分等方法得到的。数值解的特点是，并不能对于任意指定的自变量给出相应的结果。与此不同，解析解可以表示为明确的函数关系，给定一个自变量，可以根据这个函数关系计算结果。比如结果以积分形式表达，尽管不能通过理论分析进一步将结果简化为简单函数的组合，而只能借助于数值方法求解，但是函数关系是明确的，也归属于解析解。

对于有明确的函数关系的形式，其简洁程度是有差别的。最简洁的形式是表示为初等函数（包括幂函数、指数函数、对数函数、三角函数、反三角函数等）的有限次的加减乘除的组合，在本书中，我们称这种为闭合形式的解析解。对于一些问题，结果不能表示为严格的闭合形式，但是，可以表示为初等函数和几种标准形式的椭圆积分^①的有限次加减乘除的组合，称这种形式的解为广义的闭合形式解析解。在本书的下册中，我们将致力于得到 Lamb 问题的时间域中广义的闭合形式解析解。

1.1.1.2　Lamb 问题的分类

源点和场点的不同分布直接决定了求解的复杂程度，特别对于试图获得闭合形式或广义的闭合形式解析解的研究来说更是如此。为了讨论问题的方便，根据场点和源点所处位置的不同，把 Lamb 问题分为三类：

(1) 第一类 Lamb 问题，源点和场点同时位于地表；

(2) 第二类 Lamb 问题，源点位于地下，而场点位于地表，或者根据互易定理（第 2.3 节），源点位于地表，而场点位于地下；

(3) 第三类 Lamb 问题，源点和场点同时位于地下。

根据这种划分，Lamb (1904) 所研究的问题属于第一类问题，在地震学中这是比较特殊的一类问题，比如核爆所引起的地表震动问题。地震学中具有普遍意义的是第二类 Lamb 问题，因为绝大多数观测台站是位于地表的，而震源位于地球介质内部。从定解问题的描述来看，这些模型并不复杂，但是想完全地获得问题的解却有很大的难度。

1.1.2　Lamb 问题的理论地震学意义

前面已经提到，可以认为 Lamb 问题是真正的理论地震学研究的开端。之所以这么说，是因为 Lamb (1904) 的研究是试图通过严格地求解弹性运动方程而获得地震波场的首次尝试。在一百多年前，人们想定量地分析地震波场问题，必须对问题做最大程度的简化。这就是 Lamb 在论文中研究的情况。但即便如此，在当时，解也只能表达为积分形式。为了得到有实际意义的结果，Lamb 不得不退而求其次，只考虑远场情况。在这种情况下，利用渐近解获得了人类历史上的第一幅理论地震图。尽管在今天看来，这不是件很困难的事，但是对于当时的地震学来说，无疑是具有重要历史意义的里程碑。

我们选择 Lamb 问题作为理论地震学的敲门砖，意义也在于此。针对一个最为简化的模型，从各种角度分析这个问题，对于继续理解复杂介质和复杂震源过程所导致的地震波

---

① 标准形式的椭圆积分可以表示为无穷级数的形式，法国数学家 A. M. Legendre 曾经对椭圆积分进行了系统研究，并编制了可供查阅的相当详细的函数值表。现在各种标准的数学软件，比如 Maple、Matlab 和 Mathematica 等都提供了相关的内部函数，可以方便地调用获得其结果。

问题是有益的。那么，什么是理论地震学？为什么要研究它？在回答这个问题之前，有必要对人类关于地震的认识历程作一番粗略的梳理。

1.2 人类对于地震的认识：地震学的发展历史

地震是由地球内部岩石的错动导致的，今天已经成为科学界的共识，但在大约 260 年前并非如此。如同对于其他自然现象的恐惧一样，远古时期我们的祖先认为地震是神灵发怒的表现形式。古希腊的自然哲学家们最早试图摒弃超自然力量的解释而寻求关于地震现象的理性解释。例如，亚里士多德（Aristotle，约公元前 340 年）认为地震是由气体的运动导致的：空气陷入地球中，并在试图逃出地球的时候导致了地震。在我国也有类似的尝试，比如认为地震是由神秘的"气"聚合而引起的。亚里士多德的观点影响了欧洲两千年，直到 1755 年发生在葡萄牙首都的里斯本地震①。回顾近三百年来地震学发展的历史将会开拓我们的视野，并使我们从中获得启迪。

从不同的角度可以对地震学的发展做不同的划分②。我们侧重于地震学发展的理论方面，将其划分为三个时期：1821~1903 年的早期地震学时期、1904~1949 年的经典地震学时期，以及 1950 年之后的现代地震学时期。

1.2.1 早期地震学时期（1821~1903 年）

定量化的地震学研究起源于 19 世纪早期，距现在约两百年的时间。由于地震学的研究对象是固体中的波动，最早期的发展实际与弹性力学的发展是重合的③。这一时期的理论方面少有专门针对地震学的，但这些普遍的弹性力学发展为随后的经典地震学时期的研究奠定了基础。这个时期地震学的进展主要集中于地震观测方面。

L. Navier 于 1821 年向法国科学院提交的论文中，首次提出了弹性力学的微分方程。随后，在 1829 年，S. D. Possion 从理论上预言了弹性固体中存在压缩波和剪切波，在地震学中通常称之为 P 波和 S 波；他还首次考察了弹性固体球的振动问题。1849 年，G. G. Stokes 构建了地震震源的第一个数学模型，最先求得在弹性无限介质中单力所引起的位移场的精确解（见本书第 4 章）。1863 年，L. Kelvin 给出了第一个关于地球的振动本征频率的定量估计。1872 年，E. Betti 提出互易关系，它直接导致弹性动力学的位移积分表示定理（见本书第 2 章）。1882 年，Lamb 详细研究了无重力球体的自由振荡，并明确区分了环形振荡和球形振荡，为地球自由振荡和全球地震学的研究奠定了基础。1885 年，

---

① 里斯本地震之所以成为人类对地震的认识历史上的重大事件，当然绝不仅在于地震本身的破坏性。震后欧洲各国的科学家联合组织了对该地震的研究，来自剑桥大学的地质学教授 J. Michell 根据详尽的研究，在 1761 年得出了确凿的结论：地震起源于地球内部，并且接近震源的震动与弹性岩石中的波的传播有关。在今天看来这是显然的事实，但是这是人类第一次通过科学研究得出结论，因此这次地震"毫无疑问是对地震学影响最大的地震"（Agnew, 2002）。

② 例如，根据学科发展特点，Agnew (2002) 划分为四个阶段：19 世纪初到 1880 年的早期时代、1881~1920 年的新地震学时代、1921~1960 年的经典地震学时代，以及 1960 年之后的现代。而 Ben-Menahem 和 Singh (1981) 划分为三个阶段：1821~1891 年的前地震仪时代、1892~1950 年的前计算机时代，以及 1951 年之后的计算机时代。详尽完备地论述地震学的发展历史超出了本书的范围，这里只摘选有代表性的里程碑式的工作简述。另外，由于本节的目的在于浏览人类认识地震的过程，不在于考据，因此多数研究没有列出参考文献，详尽的历史发展综述和文献，感兴趣的读者可以参考 Ben-Menahem (1995), Dahlen 和 Tromp (1998, p. 1), Agnew (2002)。

③ 弹性力学的历史最早可以追溯到 1660 年 R. Hooke 建立的 Hooke 定律，但实质性的历史则起源于 1821 年由 L. Navier 建立的弹性微分方程。

L. Rayleigh 从理论上发现除了压缩波和剪切波之外，还会出现伴随表面而产生的一种面波，即 Rayleigh 波[①]。

在早期地震学时期，弹性理论的发展为地震学奠定了坚实的基础。在地震观测方面，值得一提的是 R. Mallet，他是第一个真正意义上的地震学家，他不仅试图通过地震波的观测把它系统地发展成为一门学科，而且将这门学科命名为 "Seismology"。19 世纪后期，地震观测取得了长足进展，一个值得提及的事件是 1889 年在德国波茨坦观测到了日本发生的地震，这个事件被 Ben-Menahem (1995) 高度评价为是地震学的 "第一次革命"，因为远震地震图的诞生使得地震学立刻变成了一门全球性的科学。

1.2.2 经典地震学时期（1904~1949 年）

时间跨入了 20 世纪，在前半叶，依托于此前弹性力学领域取得的成就，以 Lamb (1904) 为开端的地震学的理论研究（特别是地震波传播理论的研究）取得了飞跃发展，经过几代数学家和地震学家的努力，建构了辉煌的理论地震学大厦。在这个时期，地震学家们建构了地球内部结构的图像，彰显了地震学作为探测地球深部结构的最有效手段的强大。

1904 年是地震学发展史上的奇迹年，在这一年中，Lamb 给出了半空间模型中地震的第一个数学模型，求解了弹性体表面对作用于其上的力源的响应问题。他以 Fourier-Bessel 积分的形式表示了问题的解，由于没有数值计算手段，他只能寻求远场近似解，得到了历史上第一幅合成地震图。他的结果证实了 Rayleigh 波的存在。同一年，A. E. H. Love[②] 基于 G. G. Stokes 和 L. M. Lorenz（以势函数的形式求解弹性动力学方程）的工作，发展了无限弹性体中的点源基本理论，他将 Stokes 解推广到了任意初始扰动和包含一大类体力（如偶极子、力偶等）的情形，为后来发展地震震源的数学模式奠定了基础。在同一篇论文中，他还在意大利数学家和物理学家 V. Voltarra 于 1894 年得到的二维积分表示定理的基础上，首次导出了其三维形式（见本书第 2 章）。Lamb 和 Love 的工作对于地震学的理论发展具有不可估量的重要作用，"Lamb 问题" 成为随后半个世纪理论地震学的中心课题，而积分表示定理直接被称为是 "现代地震学的第一原理" 的震源表示定理的基础。1907 年，V. Volterra 结合 E. Betti 和 C. Somigliana 的结果，提出了位错理论[③]。1911 年，Love 指出了存在一种没有包括于 Rayleigh 和 Lamb 的理论中的切向偏振的面波，就是后来以他的名字命名的 Love 波。Love 的工作激发了随后大量的数学研究，提供了关于大陆和海洋地壳的很多信息。同一年，Love 还提出了均匀有自重可压缩球体的振荡理论。1923 年，H. Nakano 发现观测到的初动图案可以用 Stokes-Love 解的力源的某些组合来解释，比如双力偶就是其中的一种。

从 1939 年开始的大约 20 年，被 Ben-Menahem (1995) 称为 "转换期"，该时期是牛

---

① Rayleigh 波的发现是地震学发展史上理论预言在先而观测证实在后的典型例证。在 Rayleigh 的理论预言发表之后没多久，R. D. Oldham 于 1897 年在对印度地震的研究中，从地震图中识别出了之前 Possion 预言的 P 波、S 波及 Rayleigh 预言的 Rayleigh 面波。在科学史上不乏理论指导实践的实例，比如海王星的发现就是牛顿力学的典型范例。

② 19 世纪弹性理论发展的集大成者，著有《弹性的数学理论》，并且是将该理论应用于地球物理领域的第一人，他的工作集中体现在他的专著《地球动力学的若干问题》中。Love 对于地球物理学最大的贡献是发现了以他的名字命名的 Love 波。他同时还是另外两本教材《理论力学》和《微积分初步》的作者。

③ "位错（dislocation）" 的概念最初是指晶体材料内部的微观缺陷，即原子的局部不规则排列。在 20 世纪初，以 Volterra 和 Somigliana 为代表的意大利学派的弹性力学家们将此概念引入连续介质的弹性力学中。位错概念的引入是传统古典弹性力学的一个发展，Love 在其名著《弹性的数学理论》一书中对此做过阐述。

津–剑桥解析学派①的经典时代逐渐淡出历史舞台的时段。在这一时期，很多数学家和地震学家尝试对 Lamb 问题进行积分变换求解。从 Lamb (1904) 之后的大约 50 年间，理论地震学的主要课题就是 Lamb 问题解析解的求取。其中以两位数学家的工作最为突出：1939年，法国数学家 L. Cagniard 出版了一本专著，系统论述了一种由他在过去十年间发展的基于 Laplace 变换的创新性方法，该方法后来经 A. T. de Hoop 改进成为 Cagniard-de Hoop方法②，在物理学的各个领域有广泛的应用；1949 年，英国数学家 E. R. Lapwood 对 Lamb问题进行了深入的研究，采用渐近方法中的鞍点法研究了几种柱面波在平界面上反射导致的震相。Ben-Menahem (1995) 评价这是解析学派采用积分变换手段对 Lamb 问题研究发起的"最后一搏"(final attack)。

　　Lamb (1904) 之后的约半个世纪，在解析学派的推动下，理论地震学的大厦日渐宏伟；并且随着观测资料的增多，地震学家对于地球内部结构的认识取得了飞跃性的进步。比如1909 年，A. Mohorovičic 发现了后来以他的名字命名的 Moho 面；1914 年，B. Gutenberg确定了核幔之间的界面深度，这个面后来被称为 Gutenberg 面；1939 年，H. Jefferys 和他的学生 K. E. Bullen 合编了地震走时表（简称为"J-B 走时表"），一直到今天还在基层地震台站使用。当时建立的地球内部结构模型极大地丰富了人们对于自己赖以生存的星球的内部结构的认识。

　　事实上，在 20 世纪三四十年代，解析时代的大幕即将落下，地震学家们已经明显地感受到计算能力的限制成为地震学发展的瓶颈了。40 年代末计算机的问世犹如一场及时雨，给包括地震学在内的几乎所有涉及科学计算的领域注入了活力。

1.2.3 现代地震学时期（1950 年之后）

　　虽然研究的问题是地震学，但是在经典地震学时代，做出重大贡献的几乎无一例外都是数学家或物理学家，因为缺乏计算条件，没有高超的数学技巧，想从理论方面探索复杂的弹性波几乎寸步难行。电子计算机的出现是一场革命，彻底改变了这种状况，Ben-Menahem(1995) 称这是"地震学的第二次革命"。计算机的快速计算能力很大程度上弥补了人们运用数学手段去解决问题时的无力。地震学的研究手段从只有理论和实验，变成了理论、实验和计算三种手段。特别是理论分析和计算的结合，使得理论分析如虎添翼：理论研究变成了计算机辅助下的理论研究，即便没有数学家那样高超的数学手段，借助于计算机，也可以进行理论探索。非但如此，计算机的强大威力淘汰了一些不适应计算机的过时方法，而适应计算机的特点出现了各种新的计算方法，在计算机的帮助下发现了许多新现象。

---

　　① 在数学和物理的发展史上不乏著名的学派。比如数学上由数学王子 C. F. Gauss 开创的著名的哥廷根学派，一度成为全球数学研究和教育的国际中心；再比如物理学上由著名的物理学家 N. Bohr 开创的哥本哈根学派，也曾经是世界上力量最雄厚的物理学派。这些以地点为名的学派有几个特点，比如多位著名的科学家都在此地工作过，他们从事研究的风格和理念有相似之处，曾经对学科的发展产生重要影响，等等。地震学的发展也不例外。从 19 世纪中叶开始的一百年间，有多位对地震学做出突出贡献的数学家和物理学家在牛津大学和剑桥大学两所大学工作过，例如 Stokes、Kelvin、Rayleigh、Lamb、Love、H. Jefferys、K. E. Bullen 等。由于这个原因，英国在长达半个多世纪的时间内是全世界理论地震研究的中心。这个学派的特点是运用数学手段寻求问题的解析解，因此 Ben-Menahem (1995) 称之为牛津–剑桥解析学派。

　　② Cagniard 方法对于非数学专业的人来说过于艰深，再加上 1939 年的专著是用法文写的，因此在此后的 20 年间并没有引起重视。1960 年，de Hoop 发表了一篇短文，引入 de Hoop 变换，采用通俗易懂的方式展现了 Cagniard 方法的精髓，因为 de Hoop 对于 Cagniard 方法的推广功不可没，所以后人称这种方法为 Cagniard-de Hoop 方法。1962 年，由 E. A.Flinn 和 C. H. Dix 翻译并注解了 Cagniard 的专著，进一步促进了该方法的推广。Aki 和 Richards (2002) 评价 Cagniard方法是解 Lamb 问题的最佳方法。

近三十年来,一方面由于地震观测资料已经实现了全面数字化,而且数量急剧增多,另一方面由于计算机硬件条件的飞速进步,现在已经能够比较轻松地实现并行计算,地震学也全面迈入了信息化时代。从 20 世纪 80 年代后期开始,地震学研究已经变成"以计算机为导向"的科学 (Ben-Menahem, 1995)。如果在地震学发展的前两个时期,主要是由数学家们的个人探索引领着地震学的理论发展,那么,在现代地震学时期,则主要是由观测和计算的进步推动着地震学的发展。比如,20 世纪 60 年代全球自由振荡和全球地震学的进展主要是在 1960 年发生的智利大地震的观测结果激发下取得的;而计算地震学的蓬勃发展更是由计算机的飞速发展直接推动的①,今天人们已经能够实现复杂的三维结构的地震波传播的计算,能够通过反演了解地下介质的详细结构分布,以及断层面上发生破裂过程的详细的时空历史。但总体来看,在现代地震学时期,理论方面的突破性成果相对较少,而应用方面的研究越来越多,成为当前地震学研究的主流②。

W. T. Thomson 和 N. A. Haskell 最早于 20 世纪 50 年代初期将计算机引入地震学中,他们利用计算机计算了多层介质中面波的频散。1955 年,C. L. Pekeris 针对 Poisson 固体(Poisson 比 $\nu = 0.25$ 的固体)中的点力,做出了第一幅运用计算机产生的理论地震图,这时距离 Lamb 得到历史上第一幅合成地震图恰好半个世纪。1958 年,J. A. Steketee 通过将双力偶的 Stokes-Love 解与相应位错的 Volterra 解进行比较,证明了等效性定理,即弹性体中位错产生的位移场等效于双力偶产生的位移场。不过,她只考虑了静态的情况,更一般的动态情况下的结果由 R. Burridge 和 L. Knopoff 于 1964 年得出。同年,H. Benioff 报道了用他自己设计的应变地震仪观察到了 1952 年堪察加地震过程中的周期为 52 min 的振荡,开启了全球地震学的观测时代。1960 年 5 月 21 日的智利大地震是到目前为止记录到的最大地震,它激发了全球数小时不绝的自由振荡,同时也激发了相关的研究③,以地球自由振荡的研究为开端的全球地震学的兴起成为 60 年代的地震学的一个亮点。观测谱线和理论计算的谱线之间的比对给地震学家们提供了一种了解地球内部结构的新工具;同时,自由振荡(亦即简正振型)本质上是地球介质的本征函数,也提供了一种合成理论地震图的新方法。从 70 年代初开始,经 F. Gilbert、J. H. Woodhouse、F. A. Dahlen 等数学家和地震学家的努力,发展成一套完备的全球地震学(Woodhouse 也称之为长周期地震学),Dahlen 和 Tromp (1998) 以长达上千页的篇幅系统而完备地介绍了整个理论。

20 世纪 60 年代地震学的另一个亮点是震源物理学的进展。这期间在震源物理领域取

① 这里所说的计算地震学,是指并不依赖理论分析,而主要是借助于计算进行的地震学研究。计算地震学的出现是计算时代的产物。从 1950 年开始的二十年,被 Ben-Menahem (1995) 称为"计算机时代的黎明" (dawn of the computer era)。从 20 世纪 70 年代开始,各类数值方法在地震学中得到了广泛的运用,比如 70 年代初引入的有限差分方法、有限元法、80年代出现的伪谱法,以及 90 年代后期出现的谱元法,等等。

② 正如我国著名力学家钱伟长等在评价弹性力学的发展史时所说的:"弹性力学的发展有这样的特点,便是定理愈来愈少,而应用的面却愈来愈广,需要的计算则愈来愈多。"(钱伟长,叶开沅,《弹性力学》,科学出版社,1956,第 9 页)。其实,Love 早在 20 世纪初就已经表达了同样的意思,他在其名著《弹性的数学理论》一书中总结力学发展的规律时就说过"定理越来越少,计算越来越频繁"。这并不奇怪,因为一门学科所研究的问题背后的规律就那么多,之前已经发现了大半,后面自然就少了;而与此同时,观测数据的增多和计算技术的发展使得应用的广度和深度都显著增加。

③ 就单个的地震对整个地震学的推动作用来看,可能没有哪次地震可以与 1960 年的智利地震相比。Dahlen 和 Tromp (1998) 评价,从简正振型 (normal mode) 地震学来看,这次地震发生的时间再合适不过了,因为 (1) 能够记录长周期自由振荡的仪器刚问世不久;(2) 能够处理很长时间序列的 Fourier 分析的计算机刚出现不久;(3) 数值谱分析的技术也刚被程序化;(4) 刚刚计算得到地球的理论本征频率,可以用来分辨观测谱中的峰值。对于这次地震的自由振荡记录的研究一直延续到 20 世纪 80 年代初。

得的成果是从 1904 年 Love 的位移积分表示定理以来的最大进展。1963 年，T. Maruyama 将 Steketee 的结果推广到动态情况，就均匀各向同性介质证明了体力等效；次年，Burridge 和 Knopoff 进一步从更一般的角度证明了非均匀各向异性介质中的体力等效，同时给出了震源表示定理。如同 Lamb (1904) 的经典工作一样，60 年后 Burridge 和 Knopoff (1964) 的工作也注定会载入地震学发展的史册，成为一个里程碑。1966 年，K. Aki 基于 Burridge 和 Knopoff 的结果引入了地震矩 M_0 的概念。基于这个概念，H. Kanamori 于 1977 年提出了矩震级的概念，这成为目前衡量地震能量释放最科学的标准。1970 年，Gilbert 和 Kostrov 进一步引入地震矩张量的概念，丰富了震源理论。20 世纪 60 年代无疑是震源物理发展的黄金时代，不仅诞生了震源表示理论，而且震源运动学和震源动力学都有重要进展①。运动学方面，引入了定量地刻画震源的五个参数（即断层长度 L，断层宽度 W，破裂速度 v，最终滑动量 D，以及上升时间 T）。N. A. Haskell 对地震能量、谱密度和震源参数模型的近场问题做了详细研究，他建立的震源模型被称为 Haskell 模型。动力学方面，1966 年，B. V. Kostrov 将断裂动力学的理论引入地震学，结合 Griffith 破裂准则解析地研究了反平面问题的自发破裂传播问题，开创了震源动力学的研究。

从 20 世纪 60 年代末到 80 年代，在计算技术进步的推动下，作为地震学研究基础的理论地震图研究取得了长足进步。在 1950 年之前，因为缺乏计算条件，理论地震图的研究基本上都是基于简单的地球模型。但时过境迁，20 世纪 60 年代以来开展的研究大大拓宽了应用范围。主要有以下几类研究（谢小碧等，1992）：

(1) 沿着解析时代的思路，建立在水平分层均匀介质模型或球对称介质模型上的各种积分变换方法，例如，F. Gilbert 和 G. Backus 于 1966 年发展的传播矩阵法、K. Fuchs 和 G. Müller 于 1971 年发展的反射率法、M. Bouchon 和 K. Aki 于 1977 年发展的离散波数法，以及 20 世纪 80 年代初由不同研究者（例如，B. L. N. Kennett、J. E. Luco 和 R. J. Apsel，以及 Z. X. Yao 和 D. G. Harkrider，等等）分别发展的不同版本的广义反透射系数法。这些都属于半解析–半数值方法，要点在于利用矩阵的性质将层面上的边界条件进行连接处理，而最终的解可以表示成积分形式，需要借助于数值计算②。对于分层球体近似的地球模型，由于其体积有限，震源激发的振动可以表示成简正振型的叠加，其系数需要根据震源的性质确定③。

(2) 适用于介质平滑变化的介质模型的基于高频近似和射线级数展开的射线类方法。由于介质的复杂性，难以得到解析表达，因此退而求其次，寻求问题在高频近似下的解。最有代表性的是 V. Červený 发展的渐近射线理论④和其改进的 Gauss 射线束法，以及 C. H.

---

① 运动学和动力学的区别，前者描述运动的现象，不涉及力；而后者关注运动的原因，涉及导致运动的应力。用通俗的话说，运动学回答震源"是怎样"运动的，而动力学回答"为什么"是这么运动的。

② 由于此类方法有较多的解析成分，所以不同的处理技术会导致不同的方法。多数研究都是借助于矩阵性质和基于 Fourier 变换的方法，而特别需要提到的是另一类方法，它基于 Laplace 变换和 Cagniard-de Hoop 方法，比如 1968 年 D. V. Helmberger 和 1974 年 L. R. Johnson 的工作，独树一帜，最终的结果表示为可能的"地震射线"的贡献之叠加，这被称为是广义射线法。

③ 原则上讲，这种处理方法对于球状地球模型来说可以计算完整的波场，但是对于高频（即短周期）的振型需要计算的振型数目急剧增多，计算成本太高，因此简正振型叠加的方法实际上只用于低频地震学。

④ 渐近射线理论可以看作是几何光学在地震学中的对应。基本假设是方程在频率域的解可以表示频率的级数，在高频情况下，只保留贡献最大的一项，因此得到关于走时和振幅的方程，分别称为程函方程和输运方程。这种方法的优势是简洁，在多数情况下能较好地描述体波行为。但是缺点也非常明显，它无法处理一些特殊区域，比如速度间断或几何不连续等问题。

Chapman 的 WKBJ-Maslov 方法。

(3) 理论上适用于任何非均匀介质的基于离散化处理的数值方法，如有限差分法、有限元法、伪谱法等。这些方法的特点是能够计算复杂地球介质中的地震波场，但同时受制于计算条件，并且需要处理与方法的具体实现有关的技术问题。例如，用有限元法进行分叉断层系统的动力学模拟中，其计算结果受几个断层连接处的人为处理方式影响。

理论地震图研究方面的进步反过来也促进了震源物理研究的发展。震源运动学方面，在 Haskell 模型的基础上，地震学家们进一步研究了更真实的有限尺度断层的成核、扩展和停止过程。这起始于 1966 年 J. C. Savage 对于远场波形的研究，他根据位移谱随频率衰减行为的差异命名了"停止震相"。1973 年 P. Molnar 和 1974 年 F. A. Dahlen 分别研究了圆形和椭圆形破裂的运动学模型。1975 年，J. G. Anderson 和 P. G. Richards 广泛研究了 Haskell 模型和几种不同的断层运动学模型的近场运动。20 世纪 70 年代中后期开始，出现了基于各种方法的震源动力学数值模拟，比如 1976 年 Andrew 和 Madariaga 基于有限差分法，1978 年 Archuleta 基于有限元法，以及 1977 年 Das 和 Aki 基于边界积分方程法开展的研究。这些研究不仅有助于从动力学角度研究震源破裂现象的原因，而且甚至纠正了基于简单模型所做的理论分析得出的错误结论。比如，一个经典的例子是地震断层超剪切破裂速度的发现。早期科学家们的工作曾得出一些错误的结论[①]。

20 世纪 80 年代以来的四十年间，在数字化地震记录不断增多、新的观测技术手段（比如 90 年代出现的 GPS 和 InSAR）陆续出现，以及计算条件快速提高的背景下，地震学研究的各个分支的广度和深度都显著增加。这段时期内的地震学研究呈现出了明显的以观测和计算为导向的特点，针对具体地区的地下结构和具体地震的应用性研究大量涌现。相对来讲，理论研究的非主流性更加明显，并且与计算技术融合得越来越深入。在地震波传播的正演计算领域，已经远远突破了 Lamb 问题半空间模型的局限，借助于各种数值方法，已经能够实现真实三维模型地震波场的并行计算。另外，反演技术也日趋成熟，目前基于各种地震记录和大地测量的观测记录，运用各种反演技术研究全球各个区域的介质结构已经成为当前地震学研究的主流，而基于地震传播理论开展的震源运动学反演已经能够揭示地震断层面上运动的细节特征。与此同时，震源动力学的研究方兴未艾，近二十年来取得了显著进展，现在已经能够实现考察各种复杂因素（比如断层面上不同的摩擦本构关系、不同的初始应力分布和强度分布，以及断层系统的几何复杂性等）对震源破裂的动力学过程的影响。

总而言之，如同其他各个领域一样，信息时代带给地震学的冲击是巨大的[②]，快速增长的数字化记录和计算条件犹如两个触角，引领着人类在探索关于地震的未知领域的道路上不断前行。

[①] 例如，1977 年诺贝尔物理学奖获得者 N. F. Mott 曾经得到 I 型破裂的最大破裂速度是材料剪切波速的一半的结论。在 20 世纪 60 年代，由于理论和观测两个方面的限制，科学家们普遍认为固体中的破裂传播速度不超过 3 km/s，这大致是岩石中剪切波的传播速度。但是，随后的数值模拟和实验室研究都证实了，破裂的传播速度是可以超过剪切波速的，甚至达到压缩波速。

[②] 经典地震学时代的前辈们如果泉下有知，大概想不到短短几十年后，地震学能发展到今天的局面。我国力学家武际可在《力学史》（上海辞书出版社，2010）一书中评论："有史以来人类发明的各种工具，都是为了延长人的器官，如望远镜、显微镜是延长人的眼，而计算机则是延长人的脑，所以人们又把计算机称为电脑。"

1.3 理论地震学的研究内容和意义

在 1.2 节，我们粗略地回顾了地震学发展的历程，这同时也是人类认识地震的过程。我们可以清晰地看到这个进程越来越快，越来越深入。特别是近半个世纪以来，随着观测资料的丰富和计算能力的提高，人们对地震的认识已经从一百多年前 H. Reid 提出的弹性回跳模型发展到了解与地震有关的方方面面，特别是有关地球介质和震源的认识越来越深入细致。现在的地震学研究内容极为丰富，既包含地震定位、走时分析这样的传统工作，也包括运用高性能计算机开展的复杂地球介质中地震波模拟这样的新兴研究。那么在这当中，"理论地震学"究竟扮演什么角色？它的研究内容和意义是什么？

1.3.1 什么是理论地震学？

目前在各种教科书中还找不到对"理论地震学"的明确定义。我们认为与其给出一个文字化的定义，不如描述其特征更容易把握其本质。

(1) 从研究对象上看，理论地震学研究的是地震学中抽象化的、具有普遍意义的问题。比如 Lamb 问题，这是一个从具体物理现象中抽象出来的问题，由于它是合成理论地震图工作的基础，因此具有普遍的意义。再比如震源表示定理，这是关于抽象出来的震源模型的定理，而且其意义之普遍性不言而喻。

(2) 从研究方式上看，理论地震学的研究方式主要是**逻辑演绎**，与地震学其他分支的以归纳为主的研究方式不同。地震学中以归纳为主，或者至少以归纳方式入手的研究非常多，这也非常符合人们的认知规律。但是理论地震学的出发点是物理学的基本规律，比如牛顿三定律，在此基础上得到弹性体满足的运动方程，结合一定的边界条件和初始条件形成定解问题，然后运用逻辑演绎的方法得到问题的解。直接从求解方程入手来研究问题是理论地震学的突出特点，因此，它可以解释和预言与地震有关的现象。之前曾经提到过的 Rayleigh 波的理论发现和随后的观测验证就是一个典型的例证。

(3) 从研究手段上看，研究方式的特点决定了理论地震学的研究手段主要是数学①。在前计算机时代的经典地震学时期，数学甚至是理论地震学研究的唯一手段，所以对理论地震学研究做出突出贡献的基本上都是数学家，前面提到过的牛津–剑桥解析学派就是典型代表。而在计算机出现之后，有了计算机的辅助，理论地震学的研究手段变成了理论（解析）分析与计算相结合②，比如在现代地震学时期发展的合成地震图的矩阵类方法，是首先得到以频率–波数积分表示的解析解，再借助于计算机手段数值地计算这个积分的值，可以认为这是一种半解析–半数值方法。

地震学中同时满足以上三条的研究，可归属为理论地震学研究。

1.3.2 学习和研究理论地震学的意义

以数学作为主要研究手段的特点会让部分读者望而生畏，一个很自然的问题是，如此艰深的学科分支，学习或研究它究竟有什么意义？

---

① 关于数学在一门学科中的重要性，德国哲学家康德 (I. Kant) 曾经有过这样看似偏激却不无道理的论述："在任何特定的理论中，只有其中包含数学的部分才是真正的科学。"

② 应当说，理论地震学脱离不了解析成分，否则就不是理论地震学。比如用纯粹的数值计算手段研究弹性运动方程，不是理论地震学研究，而属于计算地震学。

首先，理论地震学的研究结果提供了在地震学的其他方面进一步研究的基础。比如理论地震学的中心课题之一就是计算不同介质的 Green 函数，或称理论地震图。我们知道，地震学的目标是利用地震观测资料研究我们无法直接观测的地下介质结构和震源的情况，并进而达到预测和控制地震的终极目标。怎么利用观测资料开展研究？手段是反演。而反演的基础是正演，就是在假定介质结构和震源情况的基础上，计算理论地震图，这恰好就是理论地震学的研究内容。理论地震学之于整个地震学，就如同地基之于大厦。

其次，理论地震学提供了关于地震波动最本质的认识。采用归纳的方式研究，对我们收集的地震记录进行分析，不难发现其中的一些规律。这些是根据观测的现象总结的规律。但为什么会这样？当触及这个本质问题时，归纳的方式就难以回答了[①]。而以逻辑演绎为主要研究方式的理论地震学可以提供问题的答案，一切的秘密隐藏在弹性波方程的解答之中，只有用数学的手段才可以把它揭示出来，得到深刻的认识[②]。

最后，理论地震学可以提供地震学中遇到的一大类问题中物理量的明确的函数关系。这也是理论分析方法共有的特点[③]。物理量之间的函数关系有助于深入认识物理规律。比如，对于 Lamb 问题，通过理论分析，我们得到了位移的积分表示，尽管形式复杂，但这是位移与体力之间的直接对应关系，与利用数值方式求解问题得到的离散解有本质上的不同。

在信息时代，计算机的进步带给人类社会的冲击不可抵挡，它深刻地改变着各个学科的结构。地震学的发展也不例外，现在的多数地震学研究，离开计算机将根本无法进行，这在 60 年前是不可想象的。计算能力的迅速提高，使得纯粹用数值方法实现定解问题的求解不仅可能，而且越来越容易实现。从 20 世纪 70 年代起，就出现了借助于纯粹数值手段求解传统的弹性运动方程的计算地震学。到今天，已经能够实现接近真实地球模型的复杂模型的地震波场计算，并且可以预期，随着计算机硬件的发展，计算地震学将会有更大的发展空间。实际情况是，一方面，以基于数学的理论分析为主要手段的理论地震学，因为数学复杂性的限制，只能局限于较为简单的理论模型，不能满足研究更复杂更符合实际的真实运动的需要；另一方面，以基于数值计算为主要手段的计算地震学，借着计算条件的进步，能够进行各种更符合实际的模型计算，并且发展一日千里。强烈的对比使人不禁要问：现今学习理论地震学还有必要吗？答案是肯定的。

首先，我们进行地震学研究的初衷是更好地认识与地震有关的物理现象，从而试图去预测，甚至通过人为干预而一定程度上地"控制"它来降低灾害破坏的程度。如果基于复杂模型的数值计算得到的结果在大多数情况下比基于解析或半解析–半数值方法得到的结果能够更好地为这个目的服务，则果断抛弃"陈旧过时的"理论并无不妥，但事实情况并非如此。在纷繁芜杂的现实世界面前，人类想要透过现象看本质，"忽略次要矛盾而抓住主

---

① 天文学上有一个经典的范例。开普勒 (J. Kepler) 对他的前辈第谷 (T. Brache) 多年对行星的仔细观察所做的大量记录进行认真研究，并通过多年煞费苦心的计算，总结出 Kepler 三定律。这是极为宝贵的认识，可是 Kepler 无法回答为什么，直到 Newton 运用数学手段才圆满地解决了这个问题。

② 著名的数学家 M. Klein 曾这样描述 18 世纪的数学家心目中的数学："上帝赋予人类的使命是运用人类自身的才能去理解她的法则，自然之书已经打开并展现在我们面前，但它是用我们一时半会不能理解的语言写成的，只有用毅力、热爱、坚韧和钻研才能读懂，这种语言便是数学。"（克莱因，《数学：确定性的丧失》（李宏魁译），湖南科学技术出版社，2007，第 82 页）。

③ "理论研究方法的特点在于科学的抽象（近似），从而能够利用数学方法求出理论结果，清晰地、普遍地揭示出物质运动的内在规律。"（吴望一，《流体力学（上册）》，北京大学出版社，1982，第 82 页）。

要矛盾"并非不得已的权宜之计，实为充满智慧的最佳选择①。事实上往往因为复杂因素过多，而使人很难从一团乱麻中理出什么头绪，欲速而不达；反倒是基于简单模型的结果进行的分析，由于抓住了主要矛盾，而能得出一些有益的认识。

其次，从方法论的角度看，理论分析和数值计算是进行科学研究的两种重要方法。两者各有长短，理论分析的长处前面已经有所论述，劣势在于只限于较为简单的理论模型；而数值计算正好弥补了这一不足，可以适用于复杂的模型，但是如果不依赖基于理论分析而积累的经验，很难对结果进行抽丝剥茧般的正确解释。所以，如果只看到了某一面而得出哪一方可以被另一方取代的结论，只是盲人摸象般的短视之见。明智的做法是二者结合，充分发挥各自的优势。如果把数值计算视作实践，那么以正确的理论分析为指导的实践才能避免盲目性②。

最后，从学科发展的实际历程来看，理论分析方法的生命力远比想象中的更为强大，在数值计算技术的辅助下，大有用武之地。在前计算机时代，数学家们研究问题时必须考虑计算的复杂程度，如果计算的复杂程度超出了人类能接受的限度，则这种方法就是没有价值的。但是在计算机出现之后，特别是运算能力不断提高之后，这个障碍就不复存在了。从这个角度讲，理论分析方法不仅没有过时，反而会给数值计算注入新的活力③。

因此，数值计算结合理论分析才是可持续发展的长远之计。而正是因为现今是信息时代，基于各种数值计算的研究正开展得如火如荼，相比之下理论分析更容易被人忽视，所以更要加强理论分析的学习和研究，这样才能更好地为地震学研究的目标服务。

1.4 本书的内容

在前言中已经提到，本书的写作目的，一方面是借由对经典的 Lamb 问题的深入介绍，使读者对理论地震学有初步的了解，为后续继续学习更高深的知识打好基础。另一方面，我们采用研究的视角叙述对 Lamb 问题的研究，"麻雀虽小，五脏俱全"，因此，通过对 Lamb 问题的学习，也有利于协助年轻的学生进入从事科学研究的状态。

为了引入 Lamb 问题，需要做不少准备工作，因此本书上册的一个重要任务是介绍理论地震学的基础知识，然后在此基础上详细讲解 Lamb 问题的一种解法。具体地说，包含

---

① 弹性力学发展史上有个很有趣的事实。从理论上讲，进行弹性力学的研究可以有两个角度，一是微观角度，从分子运动学的角度；二是宏观角度，从连续介质力学的角度。直觉上我们会认为，前者更"接近实际"，而后者忽略了微观结构，更像是理想化的抽象，至于因连续介质假设而存在的微分运算，更像是跟微观结构格格不入的人为假设。但事实胜于雄辩，二者的两次"交手"，都以前者的失败和后者的胜利而告终。首先关于运动微分方程，1821 年，Navier 基于分子运动模型首次建立了弹性力学微分方程，但只有一个弹性参数；次年起，Cauchy 发表了一系列论文，从宏观角度研究了弹性力学，最终得到了正确的方程。然后关于弹性系数的个数，1828 年，Cauchy 和 Possion 根据分子间相互作用得出错误的结论，最普遍情况下，独立的弹性系数有 15 个，而各向同性体只有 1 个（这其实和 Navier 的结论不谋而合）；1838 年，Green 从宏观角度用能量守恒定律正确地指出最普遍的弹性系数有 21 个，后来 1855 年，Young 由热力学定律再次得到了这个正确结果。

② 这个意思的表达最初来自斯大林，他的原话是："离开革命实践的理论是空洞的理论，而不以革命理论为指导的实践是盲目的实践。"（《斯大林选集（上卷）》，人民出版社，1979，第 199~200 页）。李政道也说过一段关于理论和实验之间关系的话："我的物理学家第一定律：如果没有实验学家的话，理论学家就倾向于漂浮；我的物理学家第二定律：如果没有理论学家，实验学家倾向于摇摆不定。"

③ 比如合成地震图的矩阵类方法，借助于矩阵的性质巧妙地连接界面上的边界条件。这本是精彩的理论分析，但是它不可能出现在前计算机时代，因为复杂的矩阵运算超出了人类的计算能力。只有在计算机的辅助下，它的价值才能充分体现。再比如 20 世纪 70 年代末由 Bouchon 提出的离散波数方法（见第 7.1.1 节），体现了深刻的数学和物理思想，但是也只有借助于计算机的辅助才能体现它的价值。

以下内容:

第 2 章,中心任务是建立位移的积分表示定理,这将是第 3 章震源表示定理的基础。为了达成这个目的,我们分成若干步走。第一,介绍预备知识。主要包括基于指标记号的场论的相关知识,这是后续所有内容开展必须具备的数学工具。第二,介绍弹性动力学的相关基本概念和公式,包括应力和应变的概念,以及几何方程、运动方程和本构方程,最后得到均匀各向同性介质中的以位移表示的弹性动力学方程,这是本书的出发点。第三,介绍弹性动力学的互易定理,包括不含时间积分的第一互易定理和含有时间积分的第二互易定理。第四,引入弹性动力学系统的 Green 函数,这是为位移积分表示定理所做的最后准备工作。第五,导出位移积分表示定理。

第 3 章,以震源表示定理为核心内容,介绍与震源理论相关的知识,包括震源表示定理、位错源的等效体力和地震矩张量。主要分三个部分。第一,基于第 2 章最终得到的位移积分表示定理,针对存在断层的情况,导出震源表示定理,并介绍震源表示定理的意义和它的应用。第二,考察剪切破裂对应的等效体力,将证明这个等效体力是双力偶。第三,基于震源表示定理,引入地震矩张量的概念。这是后面计算震源激发的地震波的基础。

第 4 章,无限均匀介质中的 Green 函数。这是最简单的弹性介质模型,也是唯一可以得到闭合形式的解析解的情况。分成几个部分:第一,引入 Lamé 定理,这是求解的基础;第二,介绍波动方程的解,这是运用 Lamé 定理求解 Green 函数过程中的核心步骤;第三,求解得到 Green 函数,并对得到的解进行分析;第四,基于 Green 函数进一步得到双力偶对应的解,并对结果进行分析。第五,针对震中坐标系下的位错点源和有限尺度源产生的地震波做讨论。

有了前面的内容准备,接下来的内容进入本书的主题——Lamb 问题的研究。在开始具体内容的讨论之前,第 5 章中,详细地回顾了 Lamb 问题的研究历史。在 Lamb (1904) 的开创性研究之后,有关 Lamb 问题的研究大致上分成两类:基于 Fourier 合成的方法,以及基于 Cagniard 方法的时间域解法。前者是上册后面两章讨论的内容,后者是下册要着重研究的问题。

第 6 章,介绍了 Lamb 问题的频率域解法的理论公式。首先明确地描述了定解问题,然后详细地说明了基函数的引入和它们的性质,接着介绍利用位移用基函数展开的系数所满足的常微分方程系统及其通解,并基于张海明 (2004) 的做法,通过边界条件得到常微分方程组通解的具体形式,从而得到频率域 Green 函数的表达式。在此基础上分析了 Green 函数的性质。特别地,对于自由表面的贡献部分,通过对复数积分的分析,获得了 Rayleigh 波的激发公式 (Zhou and Zhang, 2020)。基于 Lamb 问题的 Green 函数,利用地震矩张量组合得到了剪切位错点源引起的位移场表达式。最后,针对动态解求解过程中的特殊情况——本征值简并的情况,研究了静态场的问题,并以第二类 Lamb 问题为例,得到了静态 Green 函数以及剪切位错点源引起的地表静态解。

第 7 章,基于第 6 章中得到的理论公式,详细地讨论了积分的数值计算技术和相应的数值结果。内容包括四个部分。第一,针对位移表达为横向波数和频率的双重积分的特点,介绍了我们发展的波数积分的数值实现方法,包括自适应的 Filon 积分 (Zhang and Chen, 2001; Chen and Zhang, 2001) 和峰谷平均法 (张海明等, 2001; Zhang et al., 2003),以及与离散 Fourier 变换有关的内容。在离散 Fourier 变换的内容中，还穿插介绍了震源时间函数及其频谱的知识，这是计算理论地震图必备的基础。第二，分别针对三类 Lamb 问题的 Green 函数、Green 函数的空间导数，以及剪切位错点源产生的位移场，将计算结果与前人发表文章中的结果进行比对，验证了本书发展的公式和程序的正确性。第三，针对 Lamb 问题，从不同时间函数、位错点源和有限尺度的位错源几个角度，考察了位移场的特征，并从点力点源、位错点源和有限尺度位错源的角度，分别考察了静态位移场。第四，分别在频率域和时间域研究了单力点源和位错点源产生的 Rayleigh 波的性质。

　　本书的下册将详细地研究 Lamb 问题时间域的解法，并最终得到闭合形式的时间域解答。从 Lamb 问题的解的探求角度看，广义的闭合形式解是可以得到的最简形式的解析解表达。

第 2 章　弹性动力学的基本定理

本章的中心任务是建立位移的积分表示定理，作为第 3 章介绍的震源表示定理的基础。位移表示定理可以认为是 Betti 互易定理的直接推论，只要其中的一组力系取特殊的形式即可，而这个特殊的力系就导致了 Green 函数的出现。Betti 互易定理由弹性运动方程（又称弹性动力学方程）取两组不同的力系而得，因此弹性动力学方程是基础。为了引出弹性动力学方程，需要引入应力和应变的概念，并具备有关场论等相关知识。把这个顺序反过来，就是本章介绍的顺序。

2.1　预 备 知 识

在这一节，主要介绍随后要用到的场论的相关知识。我们需要引入矢量和张量的代数定义、表示方法，以及它们之间的代数和分析运算。为了表示矢量和张量，需要引入指标表示法和坐标变换。

在本书中，我们约定用黑斜体表示矢量，比如 $\boldsymbol{a}$；而以黑正体表示张量和矩阵，比如 $\mathbf{A}$。以黑斜体上面加上 ˆ，同时带有下标表示单位基矢量（下标表示与哪个轴对应），比如 $\hat{\boldsymbol{e}}_i$ 代表坐标系 $Ox_1x_2x_3$ 的三个轴对应的基矢量。另外，以拉丁字母作为下标的，比如 i, j, k 等，除非特别声明，取值为 1, 2, 3；而以希腊字母（除了 α 和 β，它们经常用来分别指代 P 波和 S 波）作为下标的，比如 ζ, η 等，取值为 1, 2。此后不再重复说明。

2.1.1　指标表示法

2.1.1.1　Einstein 求和约定

以我们熟悉的矢量为例，比如 $\boldsymbol{a}$，选取直角坐标系 $Ox_1x_2x_3$，坐标原点 O 位于 $\boldsymbol{a}$ 的起点。在这个坐标系下，$\boldsymbol{a}$ 可以具体表示为

$$\boldsymbol{a} = \sum_{i=1}^{3} a_i \hat{\boldsymbol{e}}_i = a_1 \hat{\boldsymbol{e}}_1 + a_2 \hat{\boldsymbol{e}}_2 + a_3 \hat{\boldsymbol{e}}_3 \tag{2.1.1}$$

其中，a_i 为 $\boldsymbol{a}$ 在三个坐标轴上的投影数值。引入求和约定：略去式 (2.1.1) 中的求和符号，仍然表示相同的含义；换句话说，如果有两个指标相同，代表对这个指标求和。这样，$\boldsymbol{a}$ 可以表示为：$\boldsymbol{a} = a_i \hat{\boldsymbol{e}}_i$。我们称两个相同的指标为哑指标，而其他不相同的指标为自由指标。

引入求和约定的优点在于书写简洁、方便，而且求和的下标类似于积分中的被积变量，可以替换成其他字母。比如 $\boldsymbol{a} = a_i \hat{\boldsymbol{e}}_i = a_j \hat{\boldsymbol{e}}_j$。但是需要注意遵守两条规则：

(1) 单项中相同的下标出现不可超过两次；换句话说，求和约定对且仅对两个相同的哑指标成立。比如 $\boldsymbol{a} \times \boldsymbol{b} = a_i \hat{\boldsymbol{e}}_i \times b_j \hat{\boldsymbol{e}}_j$，不可写成 $\boldsymbol{a} \times \boldsymbol{b} = a_i \hat{\boldsymbol{e}}_i \times b_i \hat{\boldsymbol{e}}_i$。

(2) 如果一个下标在一个单项中仅出现一次，那么它必须在每一项中也仅出现一次；换句话说，如果自由指标要换成其他字母，那么必须所有项同时替换。比如 $f_j = a_i b_i c_j + d_j$，不可写成 $f_j = a_i b_i c_k + d_m$，但可以写成 $f_m = a_i b_i c_m + d_m$。

注意到这两条规则，使用求和约定往往会带来很多便捷。

2.1.1.2 Kronecker 符号（换标符号）δ_{ij}

Kronecker 符号的定义非常简单：

$$\delta_{ij} = \begin{cases} 1, & i = j \\ 0, & i \neq j \end{cases} \tag{2.1.2}$$

采用 Kronecker 符号可以方便地表示一些结论。比如我们引入的直角坐标系的基矢量之间的正交关系，可以写为

$$\hat{e}_i \cdot \hat{e}_j = \delta_{ij} \tag{2.1.3}$$

又比如两个矢量的点乘，

$$\boldsymbol{a} \cdot \boldsymbol{b} = a_i \hat{e}_i \cdot b_j \hat{e}_j = a_i b_j (\hat{e}_i \cdot \hat{e}_j) \xlongequal{(2.1.3)} a_i b_j \delta_{ij} \xlongequal{(2.1.2)} a_i b_i^{①} \tag{2.1.4}$$

注意最后一个等号的两边，

$$b_j \delta_{ij} = b_i \tag{2.1.5}$$

效果上相当于将 b_j 的指标 j 替换成了 i，同时去掉 δ_{ij}。当然也可以将 a_i 的指标 i 替换成 j，这样等号右边就变成 $a_j b_j$，效果是一样的。因此，Kronecker 符号又被称作换标符号。

2.1.1.3 Levi-Civita 符号（置换符号）ε_{ijk}

Levi-Civita 符号的定义为

$$\varepsilon_{ijk} = \begin{cases} 1, & (i, j, k) \text{ 为偶排列，即 } (1,2,3), (2,3,1), (3,1,2) \\ -1, & (i, j, k) \text{ 为奇排列，即 } (2,1,3), (3,2,1), (1,3,2) \\ 0, & (i, j, k) \text{ 中有两个相同者} \end{cases} \tag{2.1.6}$$

这个定义看起来很怪，但其价值在于运用它可以方便地表示一些结果。比如直角坐标系的基矢量的叉乘，可以写为

$$\hat{e}_i \times \hat{e}_j = \varepsilon_{ijk} \hat{e}_k \tag{2.1.7}$$

将等号左边的下标 i 和 j 取不同的组合，分别具体写出结果，并注意到 Levi-Civita 符号的定义式 (2.1.6)，不难验证这个结果成立。从效果上看，以 i 和 j 为下标的两个矢量，通过 Levi-Civita 符号的连接，用另外一个以 k 为下标的矢量表示，产生了置换，因此 Levi-Civita 符号又被称作置换符号。再比如两个矢量的叉乘，利用 Levi-Civita 符号可以表示为

$$\boldsymbol{a} \times \boldsymbol{b} = a_i \hat{e}_i \times b_j \hat{e}_j = a_i b_j (\hat{e}_i \times \hat{e}_j) \xlongequal{(2.1.7)} a_i b_j \varepsilon_{ijk} \hat{e}_k \tag{2.1.8}$$

① 长等于号上面出现的公式号代表将该公式代入到等式的左边得到等式的右边。

2.1.1.4 ε_{ijk} 与 δ_{ij} 之间的关系: ε–δ 恒等式

Levi-Civita 符号 ε_{ijk} 与 Kronecker 符号 δ_{ij} 之间存在如下关系:

$$\varepsilon_{pij}\varepsilon_{pks} = \delta_{ik}\delta_{js} - \delta_{is}\delta_{jk} \tag{2.1.9}$$

这个关系式被称为 ε–δ 恒等式,其成立可以通过枚举法来验证。对于自由指标 i, j, k, s 的所有可能取值情况,根据 ε_{ijk} 的定义式 (2.1.6) 和 δ_{ij} 的定义式 (2.1.2),逐一验证即可[①]。

利用 ε–δ 恒等式可以方便地证明一些结论。比如,

$$(\boldsymbol{a} \times \boldsymbol{b}) \cdot (\boldsymbol{c} \times \boldsymbol{d}) = (\boldsymbol{a} \cdot \boldsymbol{c})(\boldsymbol{b} \cdot \boldsymbol{d}) - (\boldsymbol{a} \cdot \boldsymbol{d})(\boldsymbol{b} \cdot \boldsymbol{c})$$

证明

$$
\begin{aligned}
(\boldsymbol{a} \times \boldsymbol{b}) \cdot (\boldsymbol{c} \times \boldsymbol{d}) &\xlongequal{(2.1.8)} \varepsilon_{ijk}a_ib_j\varepsilon_{pqk}c_pd_q = (\varepsilon_{ijk}\varepsilon_{pqk})\, a_ib_jc_pd_q \\
&\xlongequal{(2.1.9)} (\delta_{ip}\delta_{jq} - \delta_{iq}\delta_{jp})\, a_ib_jc_pd_q \\
&\xlongequal{(2.1.5)} a_ib_jc_id_j - a_ib_jc_jd_i = a_ic_ib_jd_j - a_id_ib_jc_j \\
&\xlongequal{(2.1.4)} (\boldsymbol{a} \cdot \boldsymbol{c})(\boldsymbol{b} \cdot \boldsymbol{d}) - (\boldsymbol{a} \cdot \boldsymbol{d})(\boldsymbol{b} \cdot \boldsymbol{c})
\end{aligned}
$$

2.1.2 坐标变换

有了指标表示法的背景知识,现在可以引入坐标变换。因为只有弄清了不同坐标系下矢量和张量的分量之间满足的关系,才能正确地表示矢量和张量,以及它们所满足的物理规律。考虑一个直角坐标系 $Ox_1x_2x_3$,其坐标基矢量为 $\hat{\boldsymbol{e}}_i$。对该坐标系进行绕原点 O 的旋转,得到新的坐标系 $Ox_1'x_2'x_3'$,其坐标基矢量为 $\hat{\boldsymbol{e}}_i'$(图 2.1.1)。

在原坐标系中看,新的坐标基矢量 $\hat{\boldsymbol{e}}_i'$ 就是一个普通的矢量,我们可以对它做分解,即用原坐标基矢量 $\hat{\boldsymbol{e}}_i$ 表示,

$$\hat{\boldsymbol{e}}_i' = \alpha_{i1}\hat{\boldsymbol{e}}_1 + \alpha_{i2}\hat{\boldsymbol{e}}_2 + \alpha_{i3}\hat{\boldsymbol{e}}_3 = \alpha_{ij}\hat{\boldsymbol{e}}_j \tag{2.1.10}$$

其中,

$$\alpha_{ij} = \hat{\boldsymbol{e}}_i' \cdot \hat{\boldsymbol{e}}_j = \cos\left(\hat{\boldsymbol{e}}_i', \hat{\boldsymbol{e}}_j\right) \tag{2.1.11}$$

为新坐标基 $\hat{\boldsymbol{e}}_i'$ 在原坐标基 $\hat{\boldsymbol{e}}_j$ 方向上的投影。注意 α_{ij} 的两个下标代表的含义不同,前面的 i 为新坐标系基矢量的下标,而后面的 j 为原坐标系基矢量的下标。反过来,也可以将原坐标基矢量 $\hat{\boldsymbol{e}}_i$ 用新坐标基矢量 $\hat{\boldsymbol{e}}_j'$ 表示,

$$\hat{\boldsymbol{e}}_i = \alpha_{ji}\hat{\boldsymbol{e}}_j' \tag{2.1.12}$$

α_{ij} 连接了两个坐标系的基矢量,因此它反映了坐标系之间的变换关系。注意到

$$\hat{\boldsymbol{e}}_i' \cdot \hat{\boldsymbol{e}}_j' \xlongequal{(2.1.10)} \alpha_{im}\hat{\boldsymbol{e}}_m \cdot \alpha_{jn}\hat{\boldsymbol{e}}_n \xlongequal{(2.1.3)} \alpha_{im}\alpha_{jn}\delta_{mn} \xlongequal{(2.1.5)} \alpha_{im}\alpha_{jm} = \delta_{ij}$$

---

① 如果事先知道一些关于矢量运算的结论,可以利用它们来证明。王敏中等(2002,第 8~9 页)给出了其他几种证明,感兴趣的读者可以参考。

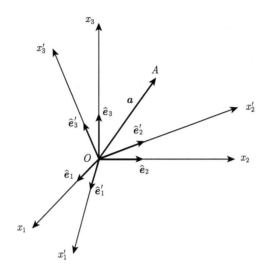

图 2.1.1　坐标变换示意图

坐标系 $Ox_1x_2x_3$ 绕其原点 O 做旋转之后变成坐标系 $Ox_1'x_2'x_3'$，两个坐标系的坐标基矢量分别为 $\hat{e}_i$ 和 $\hat{e}_i'$ $(i=1,2,3)$。矢量 $\boldsymbol{a}$ 以 O 为起点，A 为终点

类似地，有

$$\hat{e}_i \cdot \hat{e}_j \xrightarrow{(2.1.12)} \alpha_{mi}\hat{e}_m' \cdot \alpha_{nj}\hat{e}_n' \xrightarrow{(2.1.3)} \alpha_{mi}\alpha_{nj}\delta_{mn} \xrightarrow{(2.1.5)} \alpha_{mi}\alpha_{mj} = \delta_{ij} \tag{2.1.13}$$

如果把 α_{ij} 视为矩阵 $\boldsymbol{\alpha}$ 的元素，那么有

$$\alpha_{mi}\alpha_{mj} = \left[\boldsymbol{\alpha}^{\mathrm{T}}\right]_{im}[\boldsymbol{\alpha}]_{mj} = \left[\boldsymbol{\alpha}^{\mathrm{T}}\boldsymbol{\alpha}\right]_{ij} = \delta_{ij} = [\mathsf{I}]_{ij}$$

其中，I 是单位矩阵，$\boldsymbol{\alpha}^{\mathrm{T}}$ 代表矩阵 $\boldsymbol{\alpha}$ 的转置。这意味着 $\boldsymbol{\alpha}^{\mathrm{T}}\boldsymbol{\alpha} = \mathsf{I}$。从而有

$$\boldsymbol{\alpha}^{\mathrm{T}} = \boldsymbol{\alpha}^{-1}$$

这表明 $\boldsymbol{\alpha}$ 是正交矩阵，它代表了坐标系之间的旋转变换关系。

2.1.3　矢量

我们都知道在数学中，向量的定义是既有大小又有方向的量[①]。如果这是从几何角度做的定义，那么这里要谈到的是从代数角度做的定义。引入代数定义的意义在于，它回答了不同坐标系下表示同一个物理量的矢量或张量分量之间应该满足什么关系。任何表示某种物理实体的物理量，比如温度（标量）、位移（矢量）和应力（张量），都不会因人为选择参考系的不同而改变其固有的性质。但是，矢量和张量的分量数值则与坐标系的选择密切相关，不同坐标系下的分量数值会有差别。这些不同坐标系的分量之间有什么关系？矢量的代数定义就是回答这个问题的。

---

① 虽然英文都叫 vector，但数学上多称为向量，而物理上多称为矢量。物理学中的矢量是数学中的向量的现实原型，为数学中的向量概念提供了丰富的物理背景。由于我们关注的是有物理意义的量，所以本书中称其为矢量。

考察一个起点和终点分别为 O 和 A 的矢量 $\boldsymbol{a}$，如图 2.1.1 所示。以 O 为坐标原点建立两个坐标系 $Ox_1x_2x_3$ 和 $Ox_1'x_2'x_3'$，其中后者是由前者经绕原点 O 做旋转而得到的[①]。矢量 $\boldsymbol{a}$ 在两个坐标系下的分量分别为 a_i 和 a_i'。以下考虑它们之间的关系。

首先注意到无论是 a_i' 或 a_i，都可以看作是矢量 $\boldsymbol{a}$ 在相应的坐标基矢量 $\hat{\boldsymbol{e}}_i'$ 或 $\hat{\boldsymbol{e}}_i$ 上做投影得到的。而根据向量代数的知识，投影在数学上的运算是两个向量的标量积，因此

$$a_i' = \boldsymbol{a} \cdot \hat{\boldsymbol{e}}_i', \quad a_i = \boldsymbol{a} \cdot \hat{\boldsymbol{e}}_i$$

其次，在上面两个式子中，分别将矢量 $\boldsymbol{a}$ 在坐标系 $Ox_1x_2x_3$ 和坐标系 $Ox_1'x_2'x_3'$ 中表示，可以得到

$$a_i' = \boldsymbol{a} \cdot \hat{\boldsymbol{e}}_i' \xlongequal{(2.1.10)} a_k\hat{\boldsymbol{e}}_k \cdot \alpha_{ij}\hat{\boldsymbol{e}}_j \xlongequal{(2.1.3)} \alpha_{ij}a_k\delta_{jk} \xlongequal{(2.1.5)} \alpha_{ij}a_j \tag{2.1.14a}$$

$$a_i = \boldsymbol{a} \cdot \hat{\boldsymbol{e}}_i \xlongequal{(2.1.12)} a_k'\hat{\boldsymbol{e}}_k' \cdot \alpha_{ji}\hat{\boldsymbol{e}}_j' \xlongequal{(2.1.3)} \alpha_{ji}a_k'\delta_{jk} \xlongequal{(2.1.5)} \alpha_{ji}a_j' \tag{2.1.14b}$$

式 (2.1.14) 事实上提供了两个坐标系分量之间的相互转化关系。由此可以引入矢量的代数定义：一个有序数组 (a_1, a_2, a_3) 如果在坐标变换 α_{ij} 下满足式 (2.1.14)，则它们构成一个矢量。这个定义有三个要点：

(1) 并不是孤立地考察一个坐标系下的分量，而是这个待考察的量必须在另一个坐标系下也有定义；

(2) 这两个坐标系之间的关系（即 α_{ij}）必须知道；

(3) 两个坐标系下的分量之间必须满足特定的关系，即式 (2.1.14)。

由此可见，与本节开始所述的从几何角度所下的定义不同，在代数定义下，并非任何三个数并到一块就能形成一个矢量。其实，与其说这是代数定义，不如说这是从代数角度提供的判据，用于判别在不同坐标系存在的情况下，一个有序数组是否正确地表示了一个矢量。

有了这个定义，就很好地解决了矢量的表示问题。比如图 2.1.1 中的矢量 $\boldsymbol{a}$，虽然在两个坐标系下表示的分量截然不同，但是在两个坐标系的旋转关系确定的情况下，这些分量之间内在地满足式 (2.1.14) 的关系，这就保证了抽象的矢量 $\boldsymbol{a}$ 在各个具体不同的坐标系下被正确地表示[②]。

代数定义的一个显著优点是，它非常便于拓展到高维情况。比如我们可以很方便地将其拓展引入二阶张量的定义。

2.1.4 二阶张量

考虑这样一个高维空间，其中的坐标系对应的基矢量为 $\hat{\boldsymbol{e}}_i\hat{\boldsymbol{e}}_j$，称为并矢基；对应于三维空间中矢量 $\boldsymbol{a}$ 的量记为 $\mathbf{A}$，它可以用并矢基表示为 $\mathbf{A} = A_{ij}\hat{\boldsymbol{e}}_i\hat{\boldsymbol{e}}_j$。同样将坐标系"旋

[①] 两个坐标系之间，除了旋转关系，还有平移关系。后者相对简单，两个坐标系下的分量之间只相差一个平移量，无须专门论述。

[②] 有些量是不随坐标系的变化而改变的，这就是物理学中所说的不变量，比如弹性力学里面的三个应力不变量。在当前的问题中，矢量的长度是不变的，因为

$$a_i'a_i' \xlongequal{(2.1.14)} \alpha_{ij}a_j\alpha_{im}a_m \xlongequal{(2.1.13)} \delta_{jm}a_ja_m \xlongequal{(2.1.2)} a_ja_j$$

这意味着矢量 $\boldsymbol{a}$ 的长度不随坐标系的变化而改变，是一个不变量。

转",形成的新坐标系的并矢基为 $\hat{e}'_i\hat{e}'_j$。单独的基矢量 $\hat{e}'_i$ 和 $\hat{e}_i$ 之间的变换关系仍然满足式 (2.1.10) 或式 (2.1.12)。因此

$$\mathbf{A} = A_{ij}\hat{e}_i\hat{e}_j \xrightarrow{(2.1.12)} A_{ij}\alpha_{ki}\alpha_{sj}\hat{e}'_k\hat{e}'_s$$

注意到 $\mathbf{A}$ 在新坐标系下的表达为 $\mathbf{A} = A'_{ks}\hat{e}'_k\hat{e}'_s$,根据并矢基之间的正交性,得到

$$A'_{ks} = \alpha_{ki}\alpha_{sj}A_{ij} \tag{2.1.15}$$

仿照矢量的代数定义,不难给出二阶张量的代数定义:一个二阶有序数组 A_{ij},如果在坐标变换 α_{ij} 下满足式 (2.1.15),则它们构成一个二阶张量[①]。

2.1.5 矢量和张量的运算

引入矢量微分算子,称为 Hamilton 算子:

$$\nabla = \hat{e}_i\frac{\partial}{\partial x_i} \tag{2.1.16}$$

这个算子的特点是既有矢量性又有微分性。也就是说,一方面它可以当作一个矢量,但是同时它还对物理量有微分的作用[②]。Hamilton 算子的矢量性表明,它既可以与矢量或张量进行并矢运算,也可以与之进行标量积和矢量积的运算,分别对应于梯度、散度和旋度。下面分别举例说明。

2.1.5.1 并矢运算:梯度

当 Hamilton 算子与一个矢量进行并矢运算时,实际上是对这个矢量取梯度,得到一个二阶张量。举例来说,对位移矢量 $\boldsymbol{u}$ 取梯度,得到二阶张量 $\nabla\boldsymbol{u}$,分量形式为 $\partial u_i/\partial x_j$。我们根据二阶张量的代数定义说明这一点。

若 u_i 和 u'_i 分别是矢量 $\boldsymbol{u}$ 在两个坐标系下的分量,其梯度分别为 $\partial u_i/\partial x_j$ 和 $\partial u'_i/\partial x'_j$,则

$$\frac{\partial u'_i}{\partial x'_j} = \frac{\partial u'_i}{\partial x_k}\frac{\partial x_k}{\partial x'_j} \xrightarrow{(2.1.14)} \frac{\partial}{\partial x_k}(\alpha_{il}u_l)\alpha_{jk} = \alpha_{jk}\alpha_{il}\frac{\partial u_l}{\partial x_k} \tag{2.1.17}$$

如果记 $A_{ji} = \partial u_i/\partial x_j$,则上式可以写为

$$A'_{ji} = \alpha_{jk}\alpha_{il}A_{kl}$$

这符合式 (2.1.15),因此矢量的梯度是二阶张量。例如,对于位置矢量的梯度,由于 $\partial x_i/\partial x_j = \delta_{ij}$,因此 Kronecker 符号 δ_{ij} 是一个二阶张量。

---

① 类似于矢量的情况,可以认为这个代数定义实际上给出了二阶张量的判别方法。在 2.2 节中将要介绍的弹性力学中的表征弹性体内部附加内力的应力和度量弹性体形变的应变,都是二阶张量。与矢量情况类似,并非任意 9 个数放到一起就能形成二阶张量。张量 (tensor) 的英文单词从词根 tens 上看,与"拉力"有关,所以它的产生最初是有深刻的力学背景的。A. L. Cauchy 在 19 世纪前半叶研究弹性力学问题的时候引入了应力张量的概念。后来经 W. R. Hamilton、H. Grassmann 等数学家从数学上丰富了张量的理论。在物理学中,通常是从坐标变换的角度来定义张量;而数学家们则从更广泛而本质的角度把张量的定义建立在线性空间概念的基础上,将其定义为多重线性映射,有关张量的理论在现代数学中属于多重线性代数的范畴。张量的理论在广义相对论和连续介质力学领域有广泛的应用。一般性的张量理论非常复杂,不过我们在本书中涉及的只是直角坐标系下的二阶张量,并且其运算也最多涉及微分运算。

② 在一般性的连续介质力学理论中,这个算子既可以对它后面的物理量微分,也可以对它前面的物理量微分,但是本书中用不到这么复杂的运算,我们约定这个算符只对其后面的物理量起到微分的效果。

2.1.5.2 标量积运算：散度

Hamilton 算子与一个二阶张量（比如应力张量）的标量积代表对这个张量取散度，得到一个矢量。比如后面我们将遇到

$$\nabla \cdot \boldsymbol{\tau} \xrightarrow{(2.1.16)} \hat{\boldsymbol{e}}_i \frac{\partial}{\partial x_i} \cdot \tau_{jk} \hat{\boldsymbol{e}}_j \hat{\boldsymbol{e}}_k \xrightarrow{(2.1.3)} \delta_{ij} \frac{\partial \tau_{jk}}{\partial x_i} \hat{\boldsymbol{e}}_k \xrightarrow{(2.1.5)} \tau_{ik,i} \hat{\boldsymbol{e}}_k$$

其中，$\tau_{ik,i}$ 是 $\partial \tau_{ik}/\partial x_i$ 的简便记法，以后经常采用这种方式表示物理量对空间坐标的导数。

2.1.5.3 矢量积运算：旋度

Hamilton 算子与矢量的矢量积代表对该矢量取旋度，得到的是一个矢量。例如对位移的旋度

$$\nabla \times \boldsymbol{u} \xrightarrow{(2.1.16)} \hat{\boldsymbol{e}}_i \frac{\partial}{\partial x_i} \times u_j \hat{\boldsymbol{e}}_j \xrightarrow{(2.1.7)} u_{j,i} \varepsilon_{ijk} \hat{\boldsymbol{e}}_k$$

2.1.5.4 一个综合的例子

下面是一个有用的结论，它综合了上述三种运算：

$$\nabla^2 \boldsymbol{a} = \nabla (\nabla \cdot \boldsymbol{a}) - \nabla \times (\nabla \times \boldsymbol{a}) \tag{2.1.18}$$

综合运用 2.1.5.1~2.1.5.3 节的内容，不难证明这个结论：

$$\nabla (\nabla \cdot \boldsymbol{a}) - \nabla \times (\nabla \times \boldsymbol{a}) \xrightarrow{(2.1.16),(2.1.4),(2.1.8)} \hat{\boldsymbol{e}}_i \frac{\partial}{\partial x_i} \frac{\partial a_j}{\partial x_j} - \varepsilon_{ijk} \frac{\partial}{\partial x_j} \varepsilon_{kmn} \frac{\partial}{\partial x_m} a_n \hat{\boldsymbol{e}}_i$$

$$\xrightarrow{(2.1.9)} \left[a_{j,ji} - (\delta_{im}\delta_{jn} - \delta_{in}\delta_{jm}) a_{n,jm} \right] \hat{\boldsymbol{e}}_i$$

$$\xrightarrow{(2.1.5)} \left[a_{j,ji} - (a_{j,ji} - a_{i,jj}) \right] \hat{\boldsymbol{e}}_i = a_{i,jj} \hat{\boldsymbol{e}}_i = \nabla^2 \boldsymbol{a}$$

2.1.5.5 Gauss 公式

最后还要提到一个以后要用到的公式，即 Gauss 公式[①]。这里要说的是，对于矢量函数 $\boldsymbol{a}(x, y, z)$ 成立的 Gauss 公式，可以推广到二阶张量（乃至更高阶的张量）的情况[②]

$$\oiint_S \mathbf{A} \cdot \hat{\boldsymbol{n}} \, dS = \iiint_V \nabla \cdot \mathbf{A} \, dV \tag{2.1.19}$$

其中，$\mathbf{A} = \mathbf{A}(x, y, z)$ 为二阶张量函数，其分量在区域 V 及其边界 S 上有连续的一阶偏导数，$\hat{\boldsymbol{n}}$ 为指向区域外部的单位法向量。

[①] 在高等数学的"曲线积分和曲面积分"中，曾经得到的结论是，对于向量函数 $\boldsymbol{a}(x, y, z)$，如果其分量在区域 V 及其边界 S 上有连续的一阶偏导数，则有

$$\oiint_S \boldsymbol{a} \cdot \hat{\boldsymbol{n}} \, dS = \iiint_V \nabla \cdot \boldsymbol{a} \, dV$$

其中，$\hat{\boldsymbol{n}}$ 为指向区域外部的单位法向量。

[②] 证明方法与矢量函数的情况类似，感兴趣的读者可参考 Chou 和 Pagano (1992, p.186–188)，其中提供了对任意阶张量的一般性结论的证明。

2.2 弹性动力学的基本概念和公式

理论地震学要研究的基本数学模型, 是基于弹性动力学建立的, 其中最重要的是*弹性动力学方程*[①]。这是理论地震学的出发点。但是这个出发点的基础则是更为基本的概念——应力和应变, 以及牛顿定律。在本节中, 我们将概述应力和应变的基本概念, 并由此引出几何方程、弹性运动方程和本构关系, 这组成了弹性力学的全部方程组。

在此之前明确一些更为基本的概念和假设是必要的。弹性动力学研究的对象是弹性体, 这是一种特殊的理想物体, 特殊就在于它仅有弹性性质, 因为现实世界的物体绝大多数都是既有弹性, 又有其他性质, 比如塑性或黏性。而弹性, 是指外力撤除后, 物体可以恢复原状的性质。弹性动力学, 就是研究这种物体在外界因素（多数是指力的作用）下内部的位移和应力状态的。它建立在牛顿定律的基础之上, 并且采用了一个带有根本性质的假设——连续介质假设, 即不考虑微观粒子的结构, 假定弹性体是充满于整个研究区域的, 这么做的优势是在于微积分成了研究的重要手段, 微分方程、微分几何等数学理论都派得上用场。当然, 前提是基于这个假设所得出的结论经得住实践的检验。除了这些基础以外, 弹性动力学之所以区别于连续介质力学的其他学科, 在于它特殊的本构关系, 即应力-应变关系: 广义 Hooke 定律。为了简化问题的处理, 往往做一些简化假设, 比如小变形假设、各向同性假设、均匀假设、无初应力假设等等, 但这些都是为了简化问题的处理而引入的, 并非根本性的假设。

2.2.1 应变的概念和几何方程

弹性体对外界因素的响应可以从两个角度来考察: 一是几何角度, 二是物理角度。从几何角度考察, 我们会发现弹性体发生了变形, 用来衡量变形的物理量就是应变。以下首先从直观的物理概念角度从一个二维问题引入应变的定义, 进而得到几何关系; 然后从抽象的数学角度考虑一般的三维问题。

2.2.1.1 二维情况: 直观的物理概念

假定位移分量为 $u = u(x, y)$, $v = v(x, y)$, $w = 0$, 即位移只发生在 xy 平面内。这对应于一个平面应变问题, 这类问题的特点是 z 方向的应变为零而应力不为零。考虑如图 2.2.1 所示的一个无限小单元 $ABCD$ 的运动。为了方便标记, 在图中把无限小单元的尺寸和变形的尺寸夸大了许多, 实际中在无限小变形的假设下, 变形远远比图中所示的小。坐标系为 Oxy, A 点的坐标为 (x, y), AB 边和 AD 边分别平行于 x 轴和 y 轴, 其长度分别为 $\mathrm{d}x$ 和 $\mathrm{d}y$。在受到外界因素影响下, 该单元发生运动, 变为 $A'B'C'D'$: 可以认为单元首先平动到虚线单元的位置, 然后保持 A' 不动发生变形。变形分成两种: 一种是单元各个边长度的改变, 二是边与边之间角度的改变。这两种变形分别对应着正应变和剪应变。

正应变定义为沿着给定坐标系的坐标轴方向的单位长度的改变, 记为 ε_x 和 ε_y, 并规

---

① 也称作弹性运动方程。它其实是糅合了几何方程和本构关系的以位移表示的运动方程。由于涉及地震波传播的地震学问题显然是与时间因素有关的, 因此必然涉及弹性动力学。在考虑时间因素之后, 弹性静力学中的平衡方程就变成了弹性动力学中的运动方程。二者之间的差别, 就如同描述力的平衡的 $\boldsymbol{F} = \boldsymbol{0}$ 和牛顿第二定律描述的力与加速度之间的关系 $\boldsymbol{F} = m\boldsymbol{a}$。

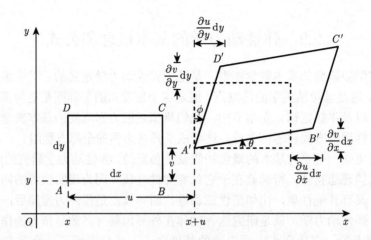

图 2.2.1 二维情况下的应变

无限小单元 $ABCD$ 的运动在外界因素影响下变为 $A'B'C'D'$。其中 A 点的坐标为 (x, y)，AB 边和 AD 边的长度分别为 $\mathrm{d}x$ 和 $\mathrm{d}y$。A 点的位移为 (u, v)。运动之后各边界线的长度和方向都产生了变化，分别对应着正应变和剪应变。以 AB 边和 AD 边为例，它们分别变成了 $A'B'$ 和 $A'D'$，而角度则由水平分别变成逆时针旋转了 θ 角和顺时针旋转了 ϕ 角

定长度增加为正，缩短为负[①]。在这个定义之下，

$$\varepsilon_x = \frac{A'B' - AB}{AB} = \frac{A'B'}{\mathrm{d}x} - 1 \tag{2.2.1a}$$

$$\varepsilon_y = \frac{A'D' - AD}{AD} = \frac{A'D'}{\mathrm{d}y} - 1 \tag{2.2.1b}$$

剪应变定义为选定坐标系的 x 轴和 y 轴的正向在变形之后夹角的改变（以弧度为单位），记为 γ_{xy}，并规定夹角变小为正，否则为负。在这个定义下，

$$\gamma_{xy} = \theta + \phi \tag{2.2.2}$$

以下通过对图 2.2.1 中变形的分析直接得到式 (2.2.1) 和式 (2.2.2) 的具体表达。A 点的位移为 (u, v)，由于 B 点的横坐标为 $x + \mathrm{d}x$，而纵坐标与 A 点的相同，因此 B 点的位移为 $(u + (\partial u/\partial x)\,\mathrm{d}x, v + (\partial v/\partial x)\,\mathrm{d}x)$。从而根据图 2.2.1 得到

$$(A'B')^2 = \left(\mathrm{d}x + \frac{\partial u}{\partial x}\mathrm{d}x\right)^2 + \left(\frac{\partial v}{\partial x}\mathrm{d}x\right)^2 \stackrel{(2.2.1.1)}{=\!=\!=\!=} \left[\mathrm{d}x(1 + \varepsilon_x)\right]^2$$

即

$$1 + 2\frac{\partial u}{\partial x} + \left(\frac{\partial u}{\partial x}\right)^2 + \left(\frac{\partial v}{\partial x}\right)^2 = 1 + 2\varepsilon_x + \varepsilon_x^2$$

在小变形情况下，位移分量的空间导数和应变分量都“很小”，从而其平方与这些量的本身相比为二阶小量。略去平方项，得到

$$\varepsilon_x = \frac{\partial u}{\partial x} \tag{2.2.3}$$

[①] 注意在正应变的定义中，只考虑长度的变化，而不考虑方向的变化。比如在图 2.2.1 中，AB 在变形之后为 $A'B'$，方向改变了，但是仍然直接用 $A'B'$ 与 AB 之差与 AB 的比值来定义 ε_x，不必将 $A'B'$ 在 x 轴方向上做投影。

类似地，对于 $(A'D')^2$ 的考察可以得到

$$\varepsilon_y = \frac{\partial v}{\partial y} \tag{2.2.4}$$

此外，根据图 2.2.1，

$$\tan\theta = \frac{\dfrac{\partial v}{\partial x}\mathrm{d}x}{\mathrm{d}x + \dfrac{\partial u}{\partial x}\mathrm{d}x} = \frac{\partial v}{\partial x}\left[1 + \frac{\partial u}{\partial x}\right]^{-1} = \frac{\partial v}{\partial x}\left[1 - \frac{\partial u}{\partial x} + \left(\frac{\partial u}{\partial x}\right)^2 + \cdots\right] \approx \frac{\partial v}{\partial x}$$

最后一个约等于号在小变形情况下成立。这种情况下，$\tan\theta \approx \theta$，因此

$$\theta = \frac{\partial v}{\partial x}$$

类似地，可以得到

$$\phi = \frac{\partial u}{\partial y}$$

从而

$$\gamma_{xy} = \phi + \theta = \frac{\partial u}{\partial y} + \frac{\partial v}{\partial x} \tag{2.2.5}$$

式 (2.2.3)、(2.2.4) 和 (2.2.5) 合起来构成了二维问题的几何方程，它们描述了应变分量与位移分量的空间变化率之间的关系。值得强调的是，这个几何方程成立的条件是小变形假设。如果不是小变形，结果要复杂一些（可参考王敏中等，2002，第 30 页）。

2.2.1.2　三维情况：抽象的数学概念

从对二维问题的分析，可获得一些启发，既然应变分量反映了位移分量的空间变化率，那么在三维情况下，我们不妨从位移的空间变化率的一般形式出发考虑。

在选定的坐标系 $Ox_1x_2x_3$ 下，位移的空间变化率 $u_{i,j}$ 可以表示为

$$u_{i,j} = \frac{1}{2}\left(u_{i,j} + u_{j,i}\right) + \frac{1}{2}\left(u_{i,j} - u_{j,i}\right)$$

这是一个对称张量和一个反对称张量的和。回忆我们曾经在式 (2.1.17) 中证明过 $u_{i,j}$ 是一个二阶张量，从而 $u_{j,i}$ 也是二阶张量。如果一个二阶张量的两个下标交换之后值不变，那么就称它是对称张量；如果两个下标交换之后值反号，则为反对称张量。其实这是一个普遍的结论，即任意一个二阶张量都可以写成一个对称张量和一个反对称张量之和的形式。记对称部分为

$$\varepsilon_{ij} = \frac{1}{2}\left(u_{i,j} + u_{j,i}\right) \tag{2.2.6}$$

并称此对称张量为应变张量[①]。式 (2.2.6) 蕴含了几个信息。它不仅提供了三维情况下应变

[①] 相应地，记反对称部分为

$$\omega_{ij} = \frac{1}{2}\left(u_{i,j} - u_{j,i}\right)$$

并称此张量为旋转张量。这个旋转张量实际上反映了弹性体运动中旋转的成分。注意这是与变形伴生的旋转成分，对于弹性体中的某个微元，如果存在变形分量，那么一定有旋转分量。弹性体整体未必表现出宏观的旋转运动。

分量的定义，而且明确给出了应变分量与位移分量之间的关系，实际上这个定义式本身就是几何方程。此外，它还表明了几个应变分量组成的有序数组形成了一个二阶张量[①]。

2.2.2　应力的概念和弹性运动方程

如前所述，弹性体对外界因素的响应可以从几何和物理两个角度考察，从几何角度的考察引入了应变的概念和几何方程；而从物理角度，则涉及应力的概念和弹性运动方程。相比于应变，应力的概念稍微复杂些。在具体考察之前，我们先梳理一下思路。面对一个新的物理量，我们想掌握它，需要分这么三步：第一，它的明确定义；第二，如何表示，特别是像应力这样的量，我们会遭遇到前所未有的"表示"问题；第三，如何定量地得到它，即涉及方程的建立。以下我们按照这个思路逐一介绍。

2.2.2.1　应力的概念

首先区分一对概念：外力和内力。显然，这是两个相对存在的概念。当我们考察一定区域的弹性体，凡是此区域外部的因素作用在该区域上的力，称为外力。根据作用区域和作用方式的不同，又可以分为体力和面力。体力一般是某种超距力，通过非接触传递，比如典型的是重力和因地球旋转而产生的 Coriolis（科里奥利）力。而面力则是直接作用在物体表面上的力，它的特点是直接与所考察的物体外表面接触，比如固体之间的压力和摩擦力。由于两种形式的外力作用特点的不同，它们在定解问题中的表现也不相同：体力出现在方程中，直接参与场方程，形成方程中的非齐次项；而面力则出现在边界条件中，形成第二类边界条件。

与外力相对的是内力。内力所描述的是物体内部的作用力[②]。当有外力作用时，弹性体内部分子或原子之间的平衡状态被打破，从而产生了一种分子或原子之间的附加内力。举例来说，在弹性体内部任意选择一个面元 ΔS，由于外力作用，弹性体内部产生了附加内力，ΔS 两侧的部分分别给对方的面上施加了力。我们定义应力为物体内部单位面积上的附加内力。数学上表示为

$$T^{\hat{n}} = \lim_{\Delta S \to 0} \frac{\Delta F}{\Delta S} \tag{2.2.7}$$

其中，$\hat{n}$ 为所选择的面元的法线方向，ΔF 为面元上的附加内力。式 (2.2.7) 有两点需要注意：首先，这里定义的应力 T 是一个矢量，代表单位面积上的力，为压强的量纲，单位为

---

① 根据上面的叙述，读者可能会提出这样两个问题：

(1) 在对二维情况的分析中，对于正应变和剪应变都只定义了一些特殊方向的值，比如正应变只考虑了 x 或 y 轴方向上的，而剪应变只定义了 x 和 y 轴之间夹角的变化，那么其他方向的形变怎么衡量？比如 Oxy 坐标系中的一条斜线，它的正应变是多少？

(2) 根据式 (2.2.6)，当 $i = 1$，$j = 2$ 时，$\varepsilon_{12} = (u_{1,2} + u_{2,1})/2$，而根据式 (2.2.5)，如果写为以数字表示的指标形式，有 $\gamma_{12} = u_{1,2} + u_{2,1}$。这两者之间差了一个倍数，而当 $i = j$ 时，二者的值是相等的，难道剪应变有两个定义？

对于第一个问题，可以转换一个角度考虑。既然应变是二阶张量，那么就保证了不同坐标系之间的表示遵从二阶张量的变换关系式 (2.1.15)。可以沿着这条斜线建立另一个坐标系，比如斜线的方向在这个新坐标系中就是 x' 轴的方向，那么可以利用原来的定义求出该坐标系下的应变。对于第二个问题，确实有两种定义剪应变的方式。以 γ_{ij} 表示的应变叫工程应变，而以 ε_{ij} 表示的应变叫张量应变。工程应变出现较早，具有明确的物理意义；而张量应变出现较晚，对于剪应变，物理意义并不那么直观，它的优点在于以式 (2.2.6) 定义的各分量组合起来构成一个二阶张量，因此满足二阶张量的各种性质。以工程应变方式定义的正应变和剪应变组合在一起，并不构成二阶张量。这是特别需要注意的。

② 它起源于物体的内部。一个不受外力作用的物体，其内部也有内力，从微观角度看，表现形式是分子或原子之间的相互作用力。在内力的作用下，一个不受外力作用的物体内部的分子或原子在平衡位置附近运动，达到平衡状态。

Pa；其次，这不是一个普通的矢量，因为它的大小和方向都依赖于面元 ΔS 的法线方向 $\hat{n}$，所以这里采取的记号是 $\boldsymbol{T}^{\hat{n}}$。应力矢量又被称作牵引力 (traction)。

2.2.2.2 应力的表示

一般以标量或矢量表示的物理量，表示它是很自然和简单的事。但是应力不同，正是由于它的定义依赖于面元的方向，给表示带来了复杂性。通常有两种方式表示应力矢量的分量：一是，用式 (2.2.7) 定义的矢量的分量表示，如 $T_x^{\hat{n}}$、$T_y^{\hat{n}}$ 和 $T_z^{\hat{n}}$，分别代表矢量 $\boldsymbol{T}^{\hat{n}}$ 在三个坐标轴上的投影；二是，用正向和切向分量表示，对于面元 ΔS，将 $\boldsymbol{T}^{\hat{n}}$ 分解为垂直于面元（即面元法线方向）的正应力和平行于面元的剪应力，传统上分别用符号 σ 和 τ 代表[①]。实际中更为常用的是第二种表示方法。特别地，当面元的法线方向为坐标轴方向时，我们有如下严格的符号规定。

首先定义面的方向。选取了法线方向为坐标轴方向的面元 ΔS，比如 x 轴，那么法线方向到底是 x 轴的正方向，还是负方向呢？这时需要明确一个概念，这里的法线方向为外法线方向。既然有外，必然有内。所以这个微元面的选取是与体相联系的[②]，外法线方向是由体内指向体外的。如果面元的外法线方向是 x 轴的正方向，那么我们称这个面为正 x 面；反之，若外法线方向是 x 轴的负方向，称这个面为负 x 面。

定义了面的方向之后，可以分两步考察应力分量的表示。第一步，根据上述第二种表示方法，以 x 面为例，将此面上的应力矢量分别沿着法线方向（即 x 方向）和切线方向作分解，得到正应力（记作 σ_x[③]）和剪应力。但是剪应力在垂直于 x 轴的面内方向未必沿着 y 轴或 z 轴，进一步将剪应力沿着 y 轴和 z 轴分解，得到两个剪应力分量，分别记作 τ_{xy} 和 τ_{xz}。由此可见，剪应力的两个下标，第一个代表面的法线方向，第二个代表力的作用方向。如同矢量一样，应力分量也有方向的规定，只是这里更为复杂。第二步，规定应力分量的方向，即符号。规定：在正面上（即外法线方向为坐标轴的正方向），所有沿着正坐标轴方向的应力分量为正；而在负面上（即外法线方向为坐标轴的负方向），所有沿负坐标轴方向的应力分量为正[④]。图 2.2.2 中以六面体表示了六个面（$\pm x$、$\pm y$ 和 $\pm z$）上的所有正的应力分量。以正六面体表示只是一种方便的表示方法，因为一来将正负面区分开来了，二来清楚地显示了体与面的关系。事实上，图中的三组平行的面从几何上看是分别重合的面，但是方向不同。

以上针对法线方向为坐标轴的这些面规定了应力分量的记号和正负号，但是对于一个法线方向是任意方向的面情况如何？这时需要考虑斜面上的应力。我们将得到一个重要的

---

① 由于历史原因，弹性力学中的符号有多种表示方法，这里只介绍最经常采用的符号表示。当涉及应力张量时，往往正应力和剪应力采用同一符号，有的用 τ，有的用 σ，由于此时没有歧义，所以通常不加区分。

② 在连续介质力学中，最基本的单位是质团，它的特点是宏观上充分小，而微观上充分大，连续介质假设认为连续体由这种质团无间隙地充满。所以在这种介质中选取的"面"都是与体相联系的。

③ 正应力一般只用一个下标代表，是因为它的方向与面的法线方向是一致的。有时也用重复的下标表示，记作 σ_{xx}。

④ 在上述的符号规定下，自然地，如果实际上的应力分量方向与规定的正方向相反，则符号为负。例如，$\tau_{xy}=-50$ MPa，表明这个应力分量的大小为 50 MPa，并且其方向与规定的正方向相反。这里还涉及一个更深层次的问题：为什么这么规定？如果说正面上的规定还与我们的直觉相符的话，那么负面上的规定就有些别扭了。反过来规定是否可以？需要明确，方向的规定必须与作用力与反作用力的关系相匹配，否则就不自洽从而产生矛盾。以图 2.2.2 中的 $\pm x$ 两个面为例来说明这一点，为了更简单清楚，我们只考虑这两个面上的正应力（即剪应力分量都为零）。在当前的规定下，$+x$ 面上的应力矢量方向为 x 轴正向，而 $-x$ 面上的应力矢量方向为 x 轴的负向。在这两个面上，这两个力大小相等，而方向相反，正好平衡。如果负面上的规定反过来，那么就会得到在 $-x$ 面上的应力矢量方向也沿着 x 轴的正向，这样就无法平衡了。

公式：斜面应力公式（又称为 Cauchy 公式）。另外，基于斜面应力公式，我们将说明上面针对特殊的面规定的那些应力分量组成的有序数组构成了一个二阶张量。

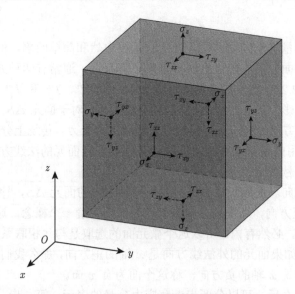

图 2.2.2　以六面体表示的应力分量

在六面体的各个面上标出了应力分量的正方向。σ_x、σ_y 和 σ_z 为正应力，垂直于所在面向外。τ_{xy} 和 τ_{xz} 为 x 面上的剪应力，在 $+x$ 面上，它们的方向分别与 y 轴和 z 轴的正向一致；而在 $-x$ 面上，则分别与 y 轴和 z 轴的负向一致。其余剪应力分量类似

考虑如图 2.2.3 所示的微四面体元 $OABC$，其中 OA、OB 和 OC 分别位于 x_1、x_2 和 x_3 轴上。$\triangle ABC$ 构成了坐标系 $Ox_1x_2x_3$ 内的一个斜面。假设斜面的外法线方向为 x_1'，这是另一个坐标系的一个轴。斜面上的应力矢量为 $\boldsymbol{p}$。考虑 x_1 方向上微四面体元的平衡，有

$$p_1 S_{\triangle ABC} = \tau_{11} S_{\triangle BOC} + \tau_{21} S_{\triangle AOC} + \tau_{31} S_{\triangle AOB} \tag{2.2.8}$$

其中，$S_{\triangle ABC}$ 代表 $\triangle ABC$ 的面积，其余类似。注意到三角形面积之间的关系

$$S_{\triangle AOC} = S_{\triangle ABC} \cos (x_1', x_2) \xlongequal{(2.1.11)} \alpha_{12} S_{\triangle ABC}$$

类似地，有

$$S_{\triangle BOC} = \alpha_{11} S_{\triangle ABC}, \quad S_{\triangle AOB} = \alpha_{13} S_{\triangle ABC}$$

因此，式 (2.2.8) 两边都除以 $S_{\triangle ABC}$，得

$$p_1 = \alpha_{11} \tau_{11} + \alpha_{12} \tau_{21} + \alpha_{13} \tau_{31} = \alpha_{1i} \tau_{i1} \tag{2.2.9}$$

类似地，可以得到

$$p_2 = \alpha_{1i} \tau_{i2}, \quad p_3 = \alpha_{1i} \tau_{i3} \tag{2.2.10}$$

综合式 (2.2.9) 和式 (2.2.10) 的结果为

$$p_k = \alpha_{1i}\tau_{ik} \tag{2.2.11}$$

将 p_k 往 x_1' 方向投影，可以得到 τ_{11}'

$$\tau_{11}' = \alpha_{11}p_1 + \alpha_{12}p_2 + \alpha_{13}p_3 = \alpha_{1k}p_k \xrightarrow{(2.2.11)} \alpha_{1i}\alpha_{1k}\tau_{ik} \tag{2.2.12}$$

类似可得

$$\tau_{12}' = \alpha_{1i}\alpha_{2k}\tau_{ik}, \quad \tau_{13}' = \alpha_{1i}\alpha_{3k}\tau_{ik} \tag{2.2.13}$$

综合式 (2.2.12) 和式 (2.2.13) 的结果，可以得到

$$\tau_{1n}' = \alpha_{1i}\alpha_{nk}\tau_{ik}$$

如果斜面的外法线方向取为 x_2' 或 x_3'，则上式中左端项和右两端的第一项的下标 1 分别替换成 2 和 3 即可。这就意味着

$$\tau_{jn}' = \alpha_{ji}\alpha_{nk}\tau_{ik}$$

这与式 (2.1.15) 相符，也就是说，所有应力分量 τ_{ik} 组合在一起构成了一个二阶张量。

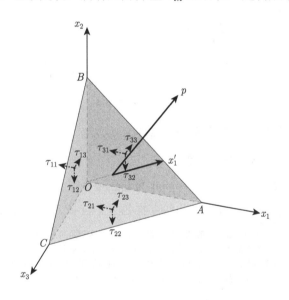

图 2.2.3　微四面体元上的力平衡

$OABC$ 为微四面体元，$\triangle ABC$ 面的外法线方向为 x_1'，应力矢量为 $\boldsymbol{p}$，在其他几个三角形上标出了应力分量

假如记 $\triangle ABC$ 的外法线单位矢量为 $\hat{\boldsymbol{n}}$，其分量为 $n_i = \alpha_{1i}$，即此面上的应力为 $\boldsymbol{T}^{\hat{n}}$，则根据式 (2.2.11)，可得

$$T_k^{\hat{n}} = n_i\tau_{ik} \quad \text{或} \quad \boldsymbol{T}^{\hat{n}} = \hat{\boldsymbol{n}} \cdot \boldsymbol{\tau} \tag{2.2.14}$$

其中，$\boldsymbol{\tau}$ 为由应力分量 τ_{ik} 组成的二阶张量。这个公式称为斜面应力公式，或者 Cauchy 公式。这个公式建立了应力张量与一个具体面上的应力矢量之间的关系。如果知道了应力张

量，那么只要给定了一个面的法线方向，将应力张量向这个方向做投影，就可以得到这个面上的应力矢量。Cauchy 公式同时还说明了应力张量是一点处应力状态的完整刻画[①]。

2.2.2.3　弹性运动方程

Cauchy 公式 (2.2.14) 表明，在给定某种应力分布的情况下，如何确定过弹性体中一点的任意平面上的应力分量。但是，这个关系不能用于确定物体中的应力分布。要实现这一点，需要建立包含应力分量的空间变化关系的方程[②]。

在弹性体中任意取一个封闭曲面 S，其包围的体积为 V。若体力分布为 $\boldsymbol{f}$，S 上的面力为 $\boldsymbol{T}^{\hat{n}}$[③]。根据牛顿第二定律，

$$\iiint_V \boldsymbol{f}\,\mathrm{d}V + \oiint_S \boldsymbol{T}^{\hat{n}}\,\mathrm{d}S = \iiint_V \rho\ddot{\boldsymbol{u}}\,\mathrm{d}V \tag{2.2.15}$$

等式的左边表示合外力，其中第一项为体力，第二项为面力；等式的右边为描述运动的项，$\ddot{\boldsymbol{u}}$ 代表对位移矢量求两阶时间导数，即加速度矢量。对于面力项，

$$\oiint_S \boldsymbol{T}^{\hat{n}}\,\mathrm{d}S \xrightarrow{(2.2.14)} \oiint_S \hat{\boldsymbol{n}}\cdot\boldsymbol{\tau}\,\mathrm{d}S \xrightarrow{(2.1.19)} \iiint_V \nabla\cdot\boldsymbol{\tau}\,\mathrm{d}V$$

代入式 (2.2.15)，得到

$$\iiint_V (\nabla\cdot\boldsymbol{\tau} + \boldsymbol{f} - \rho\ddot{\boldsymbol{u}})\,\mathrm{d}V = 0 \tag{2.2.16}$$

注意 V 是任意选择的封闭曲面 S 所包围的体积，当且仅当被积函数为零才能成立[④]，因此

$$\nabla\cdot\boldsymbol{\tau} + \boldsymbol{f} = \rho\ddot{\boldsymbol{u}} \tag{2.2.17}$$

这就是以应力张量和位移矢量联合表示的弹性运动方程。

2.2.3　本构关系（广义 Hooke 定律）

前面已经分别从弹性体对载荷响应的几何和物理角度介绍了应变和应力的概念，并已经建立了几何方程和弹性运动方程。几何方程包含了位移分量和应变分量，而运动方程包

---

① 根据应力矢量的定义式 (2.2.7)，过一点的某个面上的应力矢量与这个面的方向有关，要想知道这个点处完整的应力状态，原则上讲需要知道过这个点的所有面上的应力矢量；但是 Cauchy 公式告诉我们，不必如此麻烦，只需要知道三个互相垂直的面（由三个互相垂直的坐标轴两两组成的三个平面）上的应力矢量就够了。因为如果知道这三个面上的应力矢量，用它们的分量组成的是一个二阶张量，即应力张量，给定过一点的任意一个方向，都可以用 Cauchy 公式得到以该方向为法线方向的面上的应力矢量。

② 对于弹性力学中研究的静力学问题，就是平衡方程。平衡方程是联系不同应力分量的空间导数的方程，它描述了应力分量的空间变化关系，可以用来确定应力分量的大小。而对于与时间有关的运动问题，则需要包含位移的二阶空间导数项，成为运动方程。

③ 根据 $\boldsymbol{T}^{\hat{n}}$ 的定义，它是作用在物体内部的内力，而面力是作用在物体外表面的外力。说"面力为 $\boldsymbol{T}^{\hat{n}}$"，看起来有些概念上的矛盾。对此可借助外力和内力的相对性来理解。相对于所选定的体积来说，S 上作用的力的确是外力，但是相对于整个所研究的弹性体而言，S 位于弹性体内部，其上作用的力仍然属于内力。

④ 也可以采用等价的方式得到式 (2.2.17)，参见王敏中等（2002，第 57 页）。设 P 点为区域 V 中的一点，根据积分中值定理，式 (2.2.16) 可写为

$$(\nabla\cdot\boldsymbol{\tau}+\boldsymbol{f}-\rho\ddot{\boldsymbol{u}})_i\big|_{P_i^*} \iiint_V \mathrm{d}V = 0 \quad (\text{对 } i \text{ 不求和})$$

其中，P_i^* 为 V 中的一点，对于不同的 i，P_i^* 并不相同，上式约去积分项，并令体积 V 收缩至点 P，则 $P_i^* \to P$，从而同样得到式 (2.2.17) 的结论。

含了应力分量和位移分量, 从方程系统的求解来看, 这个方程组并不封闭, 即方程的数目小于待求函数的数目[1], 因此还需要补充方程, 这就是联系应力分量和应变分量的本构关系。

本构关系描述一个物质的特性, 比如应力–应变关系就描述了物质的力学特性。还有其他一些本构关系, 比如描述热传导特性、质量传递等特性。上面所介绍的应变和应力的概念, 以及相关的方程, 对基于连续介质假设的连续介质力学各个分支都成立, 正是以本构关系来区分连续介质运动的各种模型的[2]。在弹性动力学中, 本构关系即为广义 Hooke 定律[3], 其数学表达为

$$\tau_{ij} = C_{ijpq}\varepsilon_{pq} \tag{2.2.18}$$

其中, C_{ijpq} 是弹性系数, 它描述了物质固有的力学属性。C_{ijpq} 有四个下标, 可以证明, 它是一个四阶张量[4]。最一般的四阶张量具有 $3^4 = 81$ 个分量, 但是 C_{ijpq} 具有一些对称性质, 因此独立的分量数目没有这么多。比如, 根据应力分量和应变分量的对称性, 很容易看出, $C_{ijpq} = C_{jipq} = C_{ijqp}$, 此外从应变能密度的角度考虑, 可以得到 $C_{ijpq} = C_{pqij}$（王敏中等, 2002, 第 76 页）, 具有这种对称性质的四阶张量称为 Voigt 对称的四阶张量。容易验证, 它具有 21 个独立的分量; 也就是说, 最一般的各向异性弹性体, 具有的独立弹性参数是 21 个[5]。有若干个弹性参数可以描述各向同性弹性体的性质, 比如杨氏模量 E, Possion 比 ν, 剪切模量或刚性模量 μ, Lamé 常数 λ, 体积模量 K 等, 但这些量中只有两个是独立的。以 Lamé 常数 λ 和剪切模量 μ 表示, 对于各向同性弹性体, 可以将 C_{ijpq} 写为

$$C_{ijpq} = \lambda\delta_{ij}\delta_{pq} + \mu\left(\delta_{ip}\delta_{jq} + \delta_{iq}\delta_{jp}\right) \tag{2.2.19}$$

一般来说, 弹性参数 λ 和 μ 可以是位置的函数, 但是如果是均匀介质, 它们在弹性体内取常数。这种均匀各向同性介质是最简单的情况, 也是我们的主要研究对象[6]。

对于均匀各向同性介质, 广义 Hooke 定律的形式可以大大简化。将式 (2.2.19) 代入式 (2.2.18), 得到

$$\begin{aligned}\tau_{ij} &= \left[\lambda\delta_{ij}\delta_{pq} + \mu\left(\delta_{ip}\delta_{jq} + \delta_{iq}\delta_{jp}\right)\right]\varepsilon_{pq} \\ &= \lambda\varepsilon_{kk}\delta_{ij} + \mu\left(\varepsilon_{ij} + \varepsilon_{ji}\right) = \lambda\varepsilon_{kk}\delta_{ij} + 2\mu\varepsilon_{ij}\end{aligned}$$

---

[1] 具体地, 几何方程 (2.2.6) 包含 6 个独立的方程, 因为应变张量是对称张量, 因此独立的分量只有 6 个, 再加上 3 个位移分量, 共 9 个未知函数; 而运动方程 (2.2.17) 共 3 个方程, 但是有 9 个求解函数。除了 3 个位移分量以外, 有 6 个独立的应力分量。通常利用力矩平衡的条件, 得到剪应力互等的结论, 参见王敏中等（2002, 第 55, 56 页）。

[2] 一般而言, 介质的本构方程应由理论和实验共同建立: 首先在实验基础上提出简化模型, 然后从理论上找出该模型下的本构方程的一般形式, 再从实验上验证并确定其中出现的参数。

[3] 它是基于 1660 年英国物理学家 R. Hooke 发现的 Hooke 定律而建立。Hooke 定律以函数的形式表明力与伸长量呈正比关系。在弹性力学中, 分别有两个量和它们对应: 应力和应变。但是形式复杂得多, 因为它们各自都有 6 个独立的分量。一个自然的假设是: 每个应力分量都是所有应变分量的线性函数。这是 Hooke 定律在弹性力学中的推广, 因此称为广义 Hooke 定律。与其说这是基于理论分析得出的结论, 不如说这是基于简单的实验事实所做的合理的假定, 成立与否由实验结果来评判。事实表明, 这个应力–应变关系在一定范围内能够很好地刻画物质的力学性质。

[4] 前面我们分别对矢量和二阶张量引入了代数定义, 可以看出, 由低阶向高阶的拓展是直接的。比如基于二阶张量的变换式 (2.1.15), 可以自然地推广到四阶张量的变换式 $A'_{nstv} = \alpha_{ni}\alpha_{sj}\alpha_{tp}\alpha_{vq}A_{ijpq}$。作为练习, 读者可自行证明 C_{ijpq} 满足这个式子, 所以它是四阶张量。

[5] 当各向异性弹性体具有某些对称性时, 独立的弹性参数的数目进一步减少。比如具有一个对称面的弹性材料具有 13 个弹性参数, 具有两个对称面的材料（正交各向异性材料）具有 9 个弹性参数, 而具有一根对称轴的材料（横观各向同性材料）具有 5 个弹性参数; 而最简单的是各向同性材料, 只有两个弹性参数。详细的分析过程可以参考王敏中等（2002, 第 84～87 页）。

[6] 在很多情况下, 作为一级近似, 这个简单的模型可以作为介质的简化模型。但是在有些特殊情况下, 比如各向异性非常显著, 或者介质的性质变化剧烈, 不能当作均匀介质时, 就必须考虑各向异性或非均匀的性质。

2.2.4 均匀各向同性弹性体的方程系统

到目前为止，我们已经得到了几何方程、运动方程和本构方程（即广义 Hooke 定律）。为了分析方便，将均匀各向同性弹性体的各个方程以分量形式重写如下：

$$\begin{cases} \text{几何方程：} & \varepsilon_{ij} = \dfrac{1}{2}\left(u_{i,j} + u_{j,i}\right) \\[2mm] \text{运动方程：} & \tau_{ji,j} + f_i = \rho \ddot{u}_i \\[2mm] \text{本构方程：} & \tau_{ij} = \lambda \varepsilon_{kk}\delta_{ij} + 2\mu\varepsilon_{ij} \end{cases} \tag{2.2.20}$$

其中的待求函数为 u_i（3 个）、τ_{ji}（6 个）[①]和 ε_{ij}（6 个），一共 15 个函数。方程数目为：6 个几何方程、3 个运动方程和 6 个本构方程。方程数目和待求函数的数目相等，所以式 (2.2.20) 组成了一个闭合的方程系统。

这是一个复杂的方程系统。为了简化方程组的求解，根据问题边界条件的特点，可以有以下两种方式处理。

(1) 应力解法：从方程系统中消去位移分量和应变分量，只保留应力分量。平衡方程中只有应力分量，所以不变；根据几何方程可以得到应变协调方程，利用本构方程的应力–应变关系，将应变协调方程转化为应力协调方程，这样整个方程系统就变成只用应力分量表示的了。但是即便如此，还是很复杂，进一步简化的思路是引入一个中间函数，即应力函数，使得运动方程变成所有应力分量与应力函数之间的关系，而应力协调方程变成是应力函数满足的方程。这样，待求函数的数目变少了，只是一个应力函数，一旦应力函数求出来，根据应力分量与它的关系，所有应力分量可求。但是这么做的代价是方程的阶次提高了，比如对体力为常数的特殊情况，以应力函数表示的应力协调方程是一个四阶的双调和方程。

(2) 位移解法：从方程系统中消去应力分量和应变分量，只保留位移分量。仔细观察公式系统 (2.2.20)，发现并非想象的那么复杂。因为几何方程是以位移分量表示应变分量，本构方程是以应变分量表示应力分量，而运动方程则是应力分量和位移分量的组合。容易发现一个简化的方案是：把几何方程代入本构方程，再将本构方程代入运动方程，这样就得到了仅以位移分量表示的运动方程，三个未知函数三个方程，可以极大地简化公式系统。

以下根据位移解法的思路，得到以位移分量表示的运动方程。将几何方程代入本构方程，得到

$$\tau_{ij} = \lambda u_{k,k}\delta_{ij} + \mu\left(u_{i,j} + u_{j,i}\right)$$

并对其求空间导数，

$$\begin{aligned} \tau_{ji,j} &= \lambda u_{k,kj}\delta_{ij} + \mu\left(u_{i,jj} + u_{j,ij}\right) \xlongequal{(2.1.5)} \lambda u_{k,ki} + \mu\left(u_{i,jj} + u_{j,ij}\right) \\ &= (\lambda + 2\mu)u_{j,ji} - \mu\left(u_{j,ji} - u_{i,jj}\right) \\ &= (\lambda + 2\mu)u_{j,ji} - \mu\left(\delta_{im}\delta_{jn} - \delta_{in}\delta_{jm}\right)u_{n,mj} \end{aligned}$$

---

① 根据我们的约定，i, j 的取值为 1，2，3，因此应力分量 τ_{ji} 和应变分量 ε_{ij} 分别有 9 个。根据几何方程，ε_{ij} 为对称张量的分量，即满足 $\varepsilon_{ij} = \varepsilon_{ji}$，因此独立的分量只有 6 个。此外，在力矩平衡的情况下，剪应力互等，即 $\tau_{ij} = \tau_{ji}$，独立的应力分量也只有 6 个（参考王敏中等，2002，第 55~56 页）。

$$\xlongequal{(2.1.9)} (\lambda + 2\mu)u_{j,ji} - \mu\varepsilon_{ijk}\frac{\partial}{\partial x_j}\left(\varepsilon_{kmn}\frac{\partial}{\partial x_m}u_n\right)$$

将其代入运动方程，并写为矢量形式

$$\rho\ddot{\boldsymbol{u}} = (\lambda + 2\mu)\nabla(\nabla \cdot \boldsymbol{u}) - \mu\nabla \times (\nabla \times \boldsymbol{u}) + \boldsymbol{f} \tag{2.2.21}$$

这个以位移分量表示的弹性动力学方程是我们后续所有问题的出发点[①]。

2.3　弹性动力学互易定理

Betti 互易定理[②]，是弹性动力学中的重要定理，作为导出位移表示定理和震源表示定理的基础，它建立了作用在弹性体 V 上的两组不同的力和它们产生的位移之间的关系。

考虑两组体力 $\boldsymbol{f}(\boldsymbol{x}, t)$ 和 $\boldsymbol{g}(\boldsymbol{x}, t)$，它们在各自的边界条件和初始条件下，在边界为 S 的弹性体 V 中分别产生位移场 $\boldsymbol{u}(\boldsymbol{x}, t)$ 和 $\boldsymbol{v}(\boldsymbol{x}, t)$，以及应力场 $\boldsymbol{\tau}(\boldsymbol{u}(\boldsymbol{x}, t))$ 和 $\boldsymbol{\tau}(\boldsymbol{v}(\boldsymbol{x}, t))$[③]。根据 2.2 节介绍的运动方程 (2.2.20)，我们有

$$\tau_{ji,j}(\boldsymbol{u}(\boldsymbol{x}, t)) + f_i(\boldsymbol{x}, t) = \rho\ddot{u}_i(\boldsymbol{x}, t) \tag{2.3.1a}$$

$$\tau_{ji,j}(\boldsymbol{v}(\boldsymbol{x}, t)) + g_i(\boldsymbol{x}, t) = \rho\ddot{v}_i(\boldsymbol{x}, t) \quad (\boldsymbol{x} \in V) \tag{2.3.1b}$$

E. Betti 据此得出了两组关系，分别称为 Betti 第一互易定理和 Betti 第二互易定理（也称为 Betti 第一关系式和 Betti 第二关系式）。

2.3.1　Betti 第一互易定理

Betti 第一互易定理的数学表示为

$$\iiint_V \left[\boldsymbol{f}(\boldsymbol{x}, t) - \rho\ddot{\boldsymbol{u}}(\boldsymbol{x}, t)\right] \cdot \boldsymbol{v}(\boldsymbol{x}, t)\,\mathrm{d}V + \oiint_S \boldsymbol{T}(\boldsymbol{u}(\boldsymbol{x}, t), \hat{\boldsymbol{n}}) \cdot \boldsymbol{v}(\boldsymbol{x}, t)\,\mathrm{d}S$$

$$= \iiint_V \left[\boldsymbol{g}(\boldsymbol{x}, t) - \rho\ddot{\boldsymbol{v}}(\boldsymbol{x}, t)\right] \cdot \boldsymbol{u}(\boldsymbol{x}, t)\,\mathrm{d}V + \oiint_S \boldsymbol{T}(\boldsymbol{v}(\boldsymbol{x}, t), \hat{\boldsymbol{n}}) \cdot \boldsymbol{u}(\boldsymbol{x}, t)\,\mathrm{d}S \tag{2.3.2}$$

其中，$\hat{\boldsymbol{n}}$ 为边界面元的外法线单位矢量，$\boldsymbol{T}$ 为以 $\hat{\boldsymbol{n}}$ 为法线方向的面元上的应力矢量，根据斜面应力公式 (2.2.14)，

$$\boldsymbol{T}(\boldsymbol{u}(\boldsymbol{x}, t), \hat{\boldsymbol{n}}) = \hat{\boldsymbol{n}} \cdot \boldsymbol{\tau}(\boldsymbol{u}(\boldsymbol{x}, t)), \quad \boldsymbol{T}(\boldsymbol{v}(\boldsymbol{x}, t), \hat{\boldsymbol{n}}) = \hat{\boldsymbol{n}} \cdot \boldsymbol{\tau}(\boldsymbol{v}(\boldsymbol{x}, t)) \tag{2.3.3}$$

或者，把式 (2.3.3) 代入式 (2.3.2)，略去自变量，以分量形式表示为

[①] 一般来说，采用位移解法，问题的边界条件为边界处位移指定的第一类边界条件比较方便。对于后面我们要研究的 Lamb 问题，在自由界面上满足的是牵引力固定的第二类边界条件，需要利用本构关系和几何关系，将其转化为以位移表示的量。

[②] 又称为 Maxwell-Betti 互易功定理，或 Betti-Rayleigh 互易功定理。1864 年 J. C. Maxwell 首先针对一个具体的桁架问题提出了一个功互等定理，然后 1872 年，Betti 将其推广为弹性力学的功互易定理，1873 年 Rayleigh 将这一定理推广到弹性动力学问题的频率域描述，1887 年 Lamb 进行了动力学功的互易定理的一般研究，1936 年 N. N. Andleev 给出了该定理的若干应用。

[③] 应力场本身同位移场一样，也是空间坐标 $\boldsymbol{x}$ 和时间坐标 t 的函数。但注意到应力分量可以表示成应变分量的线性组合，而应变分量可以表示为位移的空间导数的组合（参考式 (2.2.20)），因此，实际上可以认为应力分量是位移场的函数，为了清楚地区分应力场是由两组体力中的哪一个导致的，我们将应力场表示为位移场的函数。

$$\iiint_V (f_i - \rho \ddot{u}_i)\, v_i\, \mathrm{d}V + \oiint_S n_j \tau_{ji} v_i\, \mathrm{d}S = \iiint_V (g_i - \rho \ddot{v}_i)\, u_i\, \mathrm{d}V + \oiint_S n_j \tau'_{ji} u_i\, \mathrm{d}S \qquad (2.3.4)$$

其中，$\tau_{ji} = \tau_{ji}(\boldsymbol{u})$，$\tau'_{ji} = \tau_{ji}(\boldsymbol{v})$。首先证明上式：

$$\text{左边} \xrightarrow{(2.3.1),\ (2.2.20)} \iiint_V (-\tau_{ji,j})\, v_i\, \mathrm{d}V + \oiint_S n_j (C_{jiks} u_{k,s})\, v_i\, \mathrm{d}S$$

$$\xrightarrow{(2.2.20),\ (2.1.19)} -\iiint_V (C_{jiks} u_{k,s})_{,j}\, v_i\, \mathrm{d}V + \iiint_V (C_{jiks} u_{k,s} v_i)_{,j}\, \mathrm{d}V$$

$$= \iiint_V C_{jiks} u_{k,s} v_{i,j}\, \mathrm{d}V$$

同理可得，

$$\text{右边} = \iiint_V C_{jiks} v_{k,s} u_{i,j}\, \mathrm{d}V = \iiint_V C_{skij} u_{k,s} v_{i,j}\, \mathrm{d}V = \iiint_V C_{jiks} u_{k,s} v_{i,j}\, \mathrm{d}V$$

可见两边相等，因此式 (2.3.4) 成立。如果把 $-\rho \ddot{u}_i$ 和 $-\rho \ddot{v}_i$ 视作惯性力，那么式 (2.3.2) 或式 (2.3.4) 表明，第一组力在第二组力产生的位移上所做的功，等于第二组力在第一组力产生的位移上所做的功。这个功其实包含三个部分：体力做的功、惯性力做的功和面力做的功，其中前两者对应于式 (2.3.2) 或式 (2.3.4) 中的体积分项，而面力做的功对应于面积分项[①]。

关于 Betti 第一互易定理，有两点需要说明：

(1) 定理中只提及第一组力和第二组力在弹性区域 V 内的情况，并没有说第一组力和第二组力只作用于区域 V。因此，可以将 Betti 互易定理的作用空间的条件放宽，两组体力 $\boldsymbol{f}(\boldsymbol{x}, t)$ 和 $\boldsymbol{g}(\boldsymbol{x}, t)$ 可以分别作用于弹性区域 V_1 和 V_2，但是要求它们有共同的作用区域 V[②]，在这个共同的作用区域内，弹性体的密度为 ρ，弹性参数为 C_{ijkl}。图 2.3.1 显示了两种典型的情况。一种是 V_1 和 V_2 有相交的区域 V，但各自都有不属于另一方的作用区域，见图 2.3.1 (a)；另一种是 V_1 完全包含于 V_2 之中，这时二者共同的作用区域就是 V_1，见图 2.3.1 (b)。另外需要注意一点，两组力在 S 上对应的边界条件不要求相同。

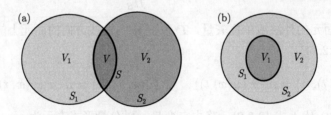

图 2.3.1   关于 Betti 互易定理作用空间的说明

(a) 以 S_1 为边界的弹性区域 V_1 和以 S_2 为边界的弹性区域 V_2 相交于以 S 为边界的弹性区域 V，此时 $V = V_1 \cap V_2$；

(b) 以 S_1 为边界的弹性区域 V_1 被包含于以 S_2 为边界的弹性区域 V_2 之内，此时 $V = V_1$

[①] 这个定理说的内容看起来有些古怪：第一组力并没有作用在第二组力产生的位移上，那么这个 "功" 是什么意思呢？姑且先把它看作一个形式上的 "功"，随后在 2.4 和 2.5 节中我们将看出这个定理的巨大威力，并且互易定理实际上也是现在被称作边界元法的一类方法的理论基础。正是因为这种交换的关系，这个定理被称作互易定理。

[②] 这个对空间作用区域条件的放宽对于理解第 3 章震源表示定理中 Green 函数的取法和连续性条件很重要，此处先埋个伏笔。

（2）虽然体力、位移场和应力场本身是时间的函数，但是定理中并没有强调时间因素，这就意味着第一组力（及其产生的位移场和应力场）的时刻不必与第二组力（及其产生的位移场和应力场）的时刻相同。比如，第一组对应的时刻取 t，而第二组对应的时刻取 $t' = \tau - t$，则式 (2.3.4) 可以写为

$$\iiint_V \Big[f_i(\boldsymbol{x}, t) - \rho \ddot{u}_i(\boldsymbol{x}, t) \Big] v_i(\boldsymbol{x}, t') \, \mathrm{d}V + \oiint_S T_i \big(\boldsymbol{u}(\boldsymbol{x}, t), \hat{\boldsymbol{n}} \big) v_i(\boldsymbol{x}, t') \, \mathrm{d}S$$

$$= \iiint_V \Big[g_i(\boldsymbol{x}, t') - \rho \ddot{v}_i(\boldsymbol{x}, t') \Big] u_i(\boldsymbol{x}, t) \, \mathrm{d}V + \oiint_S T_i \big(\boldsymbol{v}(\boldsymbol{x}, t'), \hat{\boldsymbol{n}} \big) u_i(\boldsymbol{x}, t) \, \mathrm{d}S \quad (2.3.5)$$

2.3.2　Betti 第二互易定理

式 (2.3.5) 两端对 t 从 $-\infty$ 到 $+\infty$ 积分，得到 Betti 第二互易定理，其数学表示为

$$\int_{-\infty}^{+\infty} \mathrm{d}t \iiint_V f_i(\boldsymbol{x}, t) v_i(\boldsymbol{x}, t') \, \mathrm{d}V + \int_{-\infty}^{+\infty} \mathrm{d}t \oiint_S T_i \big(\boldsymbol{u}(\boldsymbol{x}, t), \hat{\boldsymbol{n}} \big) v_i(\boldsymbol{x}, t') \, \mathrm{d}S$$

$$= \int_{-\infty}^{+\infty} \mathrm{d}t \iiint_V g_i(\boldsymbol{x}, t') u_i(\boldsymbol{x}, t) \, \mathrm{d}V + \int_{-\infty}^{+\infty} \mathrm{d}t \oiint_S T_i \big(\boldsymbol{v}(\boldsymbol{x}, t'), \hat{\boldsymbol{n}} \big) u_i(\boldsymbol{x}, t) \, \mathrm{d}S \quad (2.3.6)$$

其中，$t' = \tau - t$。比较式 (2.3.6) 和式 (2.3.5) 对 t 的积分式，可以发现唯一的区别在于与惯性力相关的项消失了。因此为了证明式 (2.3.6) 成立，只需要证明

$$\int_{-\infty}^{+\infty} \mathrm{d}t \iiint_V \rho \ddot{u}_i(\boldsymbol{x}, t) v_i(\boldsymbol{x}, \tau - t) \, \mathrm{d}V = \int_{-\infty}^{+\infty} \mathrm{d}t \iiint_V \rho \ddot{v}_i(\boldsymbol{x}, \tau - t) u_i(\boldsymbol{x}, t) \, \mathrm{d}V \quad (2.3.7)$$

假定对 V 和对 t 的积分次序可以交换[①]，此时有

$$\iiint_V \mathrm{d}V \int_{-\infty}^{+\infty} \rho \ddot{u}_i(\boldsymbol{x}, t) v_i(\boldsymbol{x}, \tau - t) \, \mathrm{d}t$$

$$= \iiint_V \mathrm{d}V \left\{ \Big[\rho \dot{u}_i(\boldsymbol{x}, t) v_i(\boldsymbol{x}, \tau - t) \Big] \Big|_{-\infty}^{+\infty} + \int_{-\infty}^{+\infty} \rho \dot{u}_i(\boldsymbol{x}, t) \dot{v}_i(\boldsymbol{x}, \tau - t) \, \mathrm{d}t \right\}$$

$$= \iiint_V \mathrm{d}V \int_{-\infty}^{+\infty} \rho \dot{u}_i(\boldsymbol{x}, t) \dot{v}_i(\boldsymbol{x}, \tau - t) \, \mathrm{d}t$$

其中，第一个等号是运用了分部积分，注意到

$$\dot{v}_i(\boldsymbol{x}, \tau - t) = \frac{\partial}{\partial (\tau - t)} v_i(\boldsymbol{x}, \tau - t) = -\frac{\partial}{\partial t} v_i(\boldsymbol{x}, \tau - t)$$

第二个等号利用了 $\dot{u}_i(\boldsymbol{x}, -\infty) = v_i(\boldsymbol{x}, -\infty) = 0$。同理，我们可以得到

$$\iiint_V \mathrm{d}V \int_{-\infty}^{+\infty} \rho \ddot{v}_i(\boldsymbol{x}, \tau - t) u_i(\boldsymbol{x}, t) \, \mathrm{d}t = \iiint_V \mathrm{d}V \int_{-\infty}^{+\infty} \rho \dot{v}_i(\boldsymbol{x}, \tau - t) \dot{u}_i(\boldsymbol{x}, t) \, \mathrm{d}t$$

因此式 (2.3.7) 成立，从而式 (2.3.6) 成立。

---

① 从数学上严格地说，积分次序能交换需要满足一定的连续条件。对于我们通常考虑的物理问题，假定这个连续性条件总是满足的。

　　Betti 第二互易定理的物理意义与 Betti 第一互易定理相同，区别在于它考虑了时间的因素，当对时间变量进行积分运算之后，惯性力项就抵消了，只剩下体力和面力所做的功。Betti 第二互易定理具有非常重要的意义，基于它，我们可以得到位移积分表示定理和弹性动力学系统 Green 函数的互易性质[①]。

2.4　弹性动力学方程系统的 Green 函数

　　Green 函数是数学物理中的重要概念，最早是由 19 世纪上半叶英国的数学物理学家 G. Green 提出的[②]。不同性质的方程对应不同的 Green 函数，比如 Laplace 方程、Possion 方程、Helmholtz 方程、波动方程等，都对应各自的 Green 函数；不仅如此，Green 函数还与边界条件和/或初始条件有关。一旦求出了 Green 函数，就可以利用它组合出任意分布（包括空间上和/或时间上）的源产生的场。对于弹性动力学问题，如果把弹性动力学方程连同问题的边界条件和/或初始条件一起称为弹性动力学方程系统，那么对于这个弹性动力学系统而言，简单地说，Green 函数就是单位集中脉冲力所产生的位移场。

2.4.1　弹性动力学方程系统 Green 函数的引入

　　考虑一种特殊的体力 f_i，即单位集中脉冲力。"集中"是对空间分布而言，这个体力只作用于空间中的一点 $\boldsymbol{\xi}$，力的方向为沿着某一个坐标轴；"脉冲"是对时间分布而言，这个体力作用的时间仅为某一时刻 τ。数学上，可将这种体力表示为

$$f_i(\boldsymbol{x}, t) = \delta_{in}\delta(\boldsymbol{x}-\boldsymbol{\xi})\delta(t-\tau) \tag{2.4.1}$$

其中，方程右边第一项为 Kronecker 符号，代表力的方向[③]，第二项和第三项为 Dirac δ 函数[④]，分别代表空间上该体力只作用于一点 $\boldsymbol{\xi}$，时间上该体力只作用于一个时刻 τ。对于式

　　[①] 具体地，对于 Betti 第二互易定理 (2.3.6)，我们可以做如下考虑：如果两组外力，其中一组就取实际物理问题中的外力，而另一组取一个特殊的外力，会发生什么？比式 (2.3.6) 等号左边的第一个体积分，如果体力 $\boldsymbol{f}(\boldsymbol{x}, t)$ 空间上和时间上都取 Dirac δ 函数，那么利用它的积分性质，这一项的积分结果就可以直接表示出来，从而可以得到形式上表示的位移。这正是我们接着要研究的内容。但是在此之前，我们先考察一下这种特殊的外力产生的位移场，即弹性动力学方程的 Green 函数。

　　[②] 他在 1828 年发表的《论数学分析在电磁理论上的应用》中提出了几个重要概念：一是类似于今天数学上的 Green 定理的一个定理，二是引入物理学中经常采用的势函数概念，三是引入 Green 函数的概念。郭敦仁先生解释："这概念之所以重要，是由于以下的原因：从物理上看，一个数理方程表示一种特定的场和产生这种场的源之间的关系（例如热传导方程表示温度场和热源的关系，泊松方程表示静电场和电荷分布的关系，等等），而 Green 函数则代表一个点源所产生的场。知道了一个点源的场，就可以用叠加的方法算出任意源的场。"（郭敦仁，1991，第 348 页）

　　[③] 乍看起来，式 (2.4.1) 有点问题：左边只有一个下标 i，而右边有两个下标 i 和 n。在这个式子中的 n 不视为一个自由指标，而是一个事先指定的数，取值为 1、2 或 3，代表某个坐标轴 x_i 的正方向。当自由指标 i 和这个事先指定的数相等时，此项取值为 1，否则为零。需要指出，这样的解释是只针对这个式子而言，对于像下面将要出现的，例如式 (2.4.2)，由于方程两边都有指标 n，因此 n 视为自由指标。

　　[④] δ 函数是一个方便描述集中分布的物理量的数学工具，最初是由英国著名的物理学家 P. Dirac 于 1930 年在其名著《量子力学原理》一书中作为"方便的记号"引入的，在近代物理学中有广泛的应用。δ 函数的传统定义为同时满足以下两个条件的函数

$$\delta(x) = \begin{cases} 0, & x \neq 0 \\ \infty, & x = 0 \end{cases}, \qquad \int_{-\infty}^{+\infty} \delta(x)\,\mathrm{d}x = 1$$

物理学上的很多点量和瞬时量，比如点质量、点电荷、点偶极子、瞬时点源等都可以用它来描述，不仅方便，而且物理含义清晰。但是这个在某一点处发散，而在积分下总体有限的奇异函数从诞生之初就遭到了纯数学家的非难。不久（20 世纪 30 年代），数学家们建立了一套广义函数理论（或称分布理论），在这个理论的基础上，可以像普通函数一样对它进行各种代数和分析运算。

(2.4.1) 表示的体力，它所产生的位移场记为 $G_{in}(\boldsymbol{x}, t; \boldsymbol{\xi}, \tau)$，这就是弹性动力学方程系统的 Green 函数，符号 G 代表 Green 函数，第一个下标 i 代表位移的分量，第二个下标 n 代表集中脉冲力作用的方向；括号中的自变量分成两组，分号之前的代表场点的空间坐标和时间坐标，而分号之后的代表源点的空间坐标和时间坐标。

对应于一般的弹性运动方程 (2.2.17)，Green 函数满足的弹性动力学方程是

$$\rho \ddot{G}_{in}(\boldsymbol{x}, t; \boldsymbol{\xi}, \tau) = \frac{\partial}{\partial x_j}\left[C_{ijpq} \frac{\partial}{\partial x_q} G_{pn}(\boldsymbol{x}, t; \boldsymbol{\xi}, \tau) \right] + \delta_{in}\delta(\boldsymbol{x} - \boldsymbol{\xi})\delta(t - \tau) \qquad (2.4.2)$$

需要说明的是，因为 Green 函数的自变量中有两组空间坐标，分别是场点和源点的坐标 $\boldsymbol{x}$ 和 $\boldsymbol{\xi}$，所以在表示 Green 函数的空间导数的时候，需要格外小心，特别是以简便方式表示的时候，比如 $G_{pn,q}(\boldsymbol{x}, t; \boldsymbol{\xi}, \tau)$，如果没有特别说明，就可能导致混淆。在式 (2.4.2) 中，方程右边的 δ_{in} 是二阶张量，因此 Green 函数 $\mathbf{G}(\boldsymbol{x}, t; \boldsymbol{\xi}, \tau)$ 是一个二阶张量，又可称作 Green 张量[①]。

2.4.2 Green 函数的互易性质

前面已经提到，Green 函数依赖于问题的边界条件和初始条件。初始条件一般取为

$$\mathbf{G}(\boldsymbol{x}, t; \boldsymbol{\xi}, \tau)\big|_{t=\tau} = \dot{\mathbf{G}}(\boldsymbol{x}, t; \boldsymbol{\xi}, \tau)\big|_{t=\tau} = \mathbf{0}$$

这表明在集中脉冲力作用时刻 τ 及之前，位移和速度等于零[②]。对于通常的问题，大多数情况下边界条件是不随时间变化的[③]，注意到式 (2.4.2) 中的体力项中与时间有关的项为 $\delta(t-\tau)$，因此 Green 函数在时间上只取决于场点的接收时刻与源点的作用时刻之差 $t - \tau$，与 t 和 τ 本身的值并无关系，因此时间原点可以任意移动。特别地，有

$$G_{in}(\boldsymbol{x}, t; \boldsymbol{\xi}, \tau) = G_{in}(\boldsymbol{x}, t-\tau; \boldsymbol{\xi}, 0) = G_{in}(\boldsymbol{x}, -\tau; \boldsymbol{\xi}, -t)$$

这表明 Green 函数具有时间上的互易性。只要边界条件不改变，作用于时刻 τ 而在时刻 t 观察的位移场与作用于时刻 0 而在时刻 $t - \tau$ 观察的位移场，以及作用于时刻 $-t$ 而在时刻 $-\tau$ 观察的位移场完全相同。

在空间上，也有类似的互易性质。2.3 节的互易定理建立了两组外力和它们分别产生的位移场之间的关联。如果分别取两组体力为作用点不同、作用时刻不同、作用方向也不同的集中脉冲力，则对应产生的就是两组不同的 Green 函数，利用互易定理，就可以建立这两组 Green 函数之间的关联。取

$$f_i(\boldsymbol{x}, t) = \delta_{im}\delta(\boldsymbol{x} - \boldsymbol{\xi}_1)\delta(t - \tau_1), \quad g_i(\boldsymbol{x}, t) = \delta_{in}\delta(\boldsymbol{x} - \boldsymbol{\xi}_2)\delta(t + \tau_2) \qquad (2.4.3)$$

它们产生的位移场分别为

$$u_i(\boldsymbol{x}, t) = G_{im}(\boldsymbol{x}, t; \boldsymbol{\xi}_1, \tau_1), \quad v_i(\boldsymbol{x}, t) = G_{in}(\boldsymbol{x}, t; \boldsymbol{\xi}_2, -\tau_2) \qquad (2.4.4)$$

[①] 特别地，对于与时间无关的静态情况，称为 Somigliana 函数或 Somigliana 张量，这是以 19 世纪后期到 20 世纪上半叶意大利数学家 Somigliana 的名字命名的。

[②] 对于初始条件，Aki 和 Richards (2002) 还附上了 $\boldsymbol{x} \neq \boldsymbol{\xi}$ 的条件，这是为了排除物理上的奇点，因为当 $\boldsymbol{x} = \boldsymbol{\xi}$ 时，Green 函数是没有意义的。

[③] 比如后面我们要研究的 Lamb 问题，自由界面上总是满足牵引力为零的边界条件。

将式 (2.4.3) 和式 (2.4.4) 代入式 (2.3.6)，有

$$\int_{-\infty}^{+\infty} \mathrm{d}t \iiint_V \delta_{im}\delta\left(\boldsymbol{x}-\boldsymbol{\xi}_1\right)\delta\left(t-\tau_1\right)G_{in}(\boldsymbol{x},\tau-t;\boldsymbol{\xi}_2,-\tau_2)\,\mathrm{d}V$$

$$+\int_{-\infty}^{+\infty}\mathrm{d}t\oiint_S n_j C_{jipq}\frac{\partial}{\partial x_q}G_{pm}(\boldsymbol{x},t;\boldsymbol{\xi}_1,\tau_1)G_{in}(\boldsymbol{x},\tau-t;\boldsymbol{\xi}_2,-\tau_2)\,\mathrm{d}S$$

$$=\int_{-\infty}^{+\infty}\mathrm{d}t\iiint_V\delta_{in}\delta\left(\boldsymbol{x}-\boldsymbol{\xi}_2\right)\delta\left(\tau-t+\tau_2\right)G_{im}(\boldsymbol{x},t;\boldsymbol{\xi}_1,\tau_1)\,\mathrm{d}V$$

$$+\int_{-\infty}^{+\infty}\mathrm{d}t\oiint_S n_j C_{jipq}\frac{\partial}{\partial x_q}G_{pn}(\boldsymbol{x},\tau-t;\boldsymbol{\xi}_2,-\tau_2)G_{im}(\boldsymbol{x},t;\boldsymbol{\xi}_1,\tau_1)\,\mathrm{d}S \tag{2.4.5}$$

如果问题的边界条件是齐次边界条件，即 Green 函数或其对应的牵引力在边界上为零，这意味着上式两边面积分项中的被积函数恒为零，因此面积分项为零，只剩下体积分项。根据 Kronecker 符号及 Dirac δ 函数的性质：

$$\int_{-\infty}^{+\infty}\delta(t-\tau)f(t)\,\mathrm{d}t=f(\tau),\qquad\iiint_V\delta\left(\boldsymbol{x}-\boldsymbol{\xi}\right)f(\boldsymbol{x})\,\mathrm{d}V(\boldsymbol{x})=f(\boldsymbol{\xi})\quad(\boldsymbol{\xi}\in V)$$

可以得到

$$G_{mn}(\boldsymbol{\xi}_1,\tau-\tau_1;\boldsymbol{\xi}_2,-\tau_2)=G_{nm}(\boldsymbol{\xi}_2,\tau+\tau_2;\boldsymbol{\xi}_1,\tau_1) \tag{2.4.6}$$

考虑两种特殊情况：

(1) $\tau_1=\tau_2=0$：此时有 $G_{mn}(\boldsymbol{\xi}_1,\tau;\boldsymbol{\xi}_2,0)=G_{nm}(\boldsymbol{\xi}_2,\tau;\boldsymbol{\xi}_1,0)$。注意到下标互换，场点和源点的空间坐标互换，而时间没有互换；代表对于相同的作用时刻和观测时刻，由作用在 $\boldsymbol{\xi}_2$ 点处的 n 方向的集中脉冲力产生的在 $\boldsymbol{\xi}_1$ 点处观测的 m 方向的位移场等于由作用在 $\boldsymbol{\xi}_1$ 点处的 m 方向的集中脉冲力产生的在 $\boldsymbol{\xi}_2$ 点处观测的 n 方向的位移场，这体现了 Green 函数的空间互易性。

(2) $\tau=0$：此时有 $G_{mn}(\boldsymbol{\xi}_1,-\tau_1;\boldsymbol{\xi}_2,-\tau_2)=G_{nm}(\boldsymbol{\xi}_2,\tau_2;\boldsymbol{\xi}_1,\tau_1)$。注意到下标、空间坐标和时间全部都互换了；代表由作用在 $-\tau_2$ 时刻 $\boldsymbol{\xi}_2$ 点处的 n 方向的集中脉冲力产生的在 $-\tau_1$ 时刻 $\boldsymbol{\xi}_1$ 点处观测的 m 方向的位移场等于由作用在 τ_1 时刻 $\boldsymbol{\xi}_1$ 点处的 m 方向的集中脉冲力产生的在 τ_2 时刻 $\boldsymbol{\xi}_2$ 点处观测的 n 方向的位移场，这体现了 Green 函数的时空互易性。

以上讨论的结果列于表 2.4.1 中。

表 2.4.1　Green 函数的互易性质

类别	互易关系	成立条件
时间互易性	$G_{in}(\boldsymbol{x},t;\boldsymbol{\xi},\tau)=G_{in}(\boldsymbol{x},t-\tau;\boldsymbol{\xi},0)$	边界条件不随时间变化
时间互易性	$G_{in}(\boldsymbol{x},t;\boldsymbol{\xi},\tau)=G_{in}(\boldsymbol{x},-\tau;\boldsymbol{\xi},-t)$	边界条件不随时间变化
空间互易性	$G_{mn}(\boldsymbol{\xi}_1,\tau;\boldsymbol{\xi}_2,0)=G_{nm}(\boldsymbol{\xi}_2,\tau;\boldsymbol{\xi}_1,0)$	齐次边界条件
时空互易性	$G_{mn}(\boldsymbol{\xi}_1,-\tau_1;\boldsymbol{\xi}_2,-\tau_2)=G_{nm}(\boldsymbol{\xi}_2,\tau_2;\boldsymbol{\xi}_1,\tau_1)$	齐次边界条件

2.5　位移的积分表示定理

有了 Betti 互易定理和 Green 函数的互易性质做基础，在本章的最后，我们将得出弹性动力学中的重要定理——位移的积分表示定理[①]。本节的具体目标是：给定弹性区域 V 中的体力分布 $\boldsymbol{f}$ 和弹性区域边界 S 上的边界条件，根据它们表示出弹性体内部区域一点处的位移场 $\boldsymbol{u}$[②]。以下将借助 Green 函数，运用 Betti 互易定理达成这个目标。

Betti 第二互易定理式 (2.3.6) 联系了两组外力及其产生的位移场。根据 2.4 节对 Green 函数空间互易性质的分析过程，可以获得这样的启发：如果两组体力中的一组取为集中脉冲力，那么利用 Dirac δ 函数的性质，就可以将包含它的体积分项明确地写出来；事实上，如果我们取另外一组体力就为实际问题中的体力，那么集中脉冲力将与实际的位移进行卷积[③]，而明确写出来的项恰好就是问题的位移场。

根据以上思路，我们取第一组体力和位移为 $f_i(\boldsymbol{x}, t)$ 和 $u_i(\boldsymbol{x}, t)$，而第二组体力和位移分别为

$$g_i(\boldsymbol{x}, t) = \delta_{in}\delta\left(\boldsymbol{x} - \boldsymbol{\xi}\right)\delta(t), \quad v_i(\boldsymbol{x}, t) = G_{in}(\boldsymbol{x}, t; \boldsymbol{\xi}, 0)$$

由于时间原点是任意的，不失一般性，选取了集中脉冲力的作用时刻为 $\tau = 0$。将两组体力和位移的表达式代入式 (2.3.6)，得到

$$\begin{aligned}
&\int_{-\infty}^{+\infty} \mathrm{d}t \iiint_V f_i(\boldsymbol{x}, t) G_{in}(\boldsymbol{x}, \tau - t; \boldsymbol{\xi}, 0)\,\mathrm{d}V(\boldsymbol{x}) \\
&\quad + \int_{-\infty}^{+\infty} \mathrm{d}t \oiint_S T_i\big(\boldsymbol{u}(\boldsymbol{x}, t), \hat{\boldsymbol{n}}\big) G_{in}(\boldsymbol{x}, \tau - t; \boldsymbol{\xi}, 0)\,\mathrm{d}S(\boldsymbol{x}) \\
&= \int_{-\infty}^{+\infty} \mathrm{d}t \iiint_V \delta_{in}\delta\left(\boldsymbol{x} - \boldsymbol{\xi}\right)\delta(\tau - t) u_i(\boldsymbol{x}, t)\,\mathrm{d}V(\boldsymbol{x}) \\
&\quad + \int_{-\infty}^{+\infty} \mathrm{d}t \oiint_S n_j C_{jipq} \frac{\partial}{\partial x_q} G_{pn}(\boldsymbol{x}, \tau - t; \boldsymbol{\xi}, 0) u_i(\boldsymbol{x}, t)\,\mathrm{d}S(\boldsymbol{x})
\end{aligned}$$

整理可得

$$u_n(\boldsymbol{\xi}, \tau) = \int_{-\infty}^{+\infty} \mathrm{d}t \iiint_V f_i(\boldsymbol{x}, t) G_{in}(\boldsymbol{x}, \tau - t; \boldsymbol{\xi}, 0)\,\mathrm{d}V(\boldsymbol{x})$$

---

① 在引言部分回顾地震学发展历史的时候曾经提到过，弹性动力学中的积分表示定理最初是由 Voltarra 于 1894 年得到的二维情况下的积分表示定理，随后由 Love 于 1904 年推广到三维情况。位移表示定理的发现为震源表示定理的建立奠定了基础，不过，后者的发现是 60 年之后的事了。

② 这个目标初看起来很大，因为整个弹性动力学研究的就是弹性体在外界加载下内部产生的位移场和应力场的性质。但是注意这里用的关键词是"表示"，我们只是形式上写出位移场的积分表达，但是这个积分具体怎么算出来不是现在所关心的问题。

③ 卷积的定义是

$$f(\tau) * g(\tau) = \int_{-\infty}^{+\infty} f(t)g(\tau - t)\,\mathrm{d}t$$

比较式 (2.3.6) 中关于 t 的积分，可以发现各个项实际上都是卷积运算，因此式 (2.3.6) 又可以写为

$$\begin{aligned}
&\iiint_V f_i(\boldsymbol{x}, \tau) * v_i(\boldsymbol{x}, \tau)\,\mathrm{d}V + \oiint_S T_i\big(\boldsymbol{u}(\boldsymbol{x}, \tau), \hat{\boldsymbol{n}}\big) * v_i(\boldsymbol{x}, \tau)\,\mathrm{d}S \\
&= \iiint_V g_i(\boldsymbol{x}, \tau) * u_i(\boldsymbol{x}, \tau)\,\mathrm{d}V + \oiint_S T_i\big(\boldsymbol{v}(\boldsymbol{x}, \tau), \hat{\boldsymbol{n}}\big) * u_i(\boldsymbol{x}, \tau)\,\mathrm{d}S
\end{aligned}$$

$$+ \int_{-\infty}^{+\infty} \mathrm{d}t \oiint_S \Big\{ T_i\big(\boldsymbol{u}(\boldsymbol{x}, t), \hat{\boldsymbol{n}}\big) G_{in}(\boldsymbol{x}, \tau - t; \boldsymbol{\xi}, 0)$$

$$- n_j C_{jipq} \frac{\partial}{\partial x_q} G_{pn}(\boldsymbol{x}, \tau - t; \boldsymbol{\xi}, 0) u_i(\boldsymbol{x}, t) \Big\} \mathrm{d}S(\boldsymbol{x}) \tag{2.5.1}$$

这样，我们已经明确地把位移场表示成积分形式。但是这里碰到了一个物理解释上的困难：上式左边位移分量的自变量为 $\boldsymbol{\xi}$ 和 τ，这并非场点的空间和时间坐标，实际上场点的空间和时间坐标分别为 $\boldsymbol{x}$ 和 t。为了物理上能解释得通，将式 (2.5.1) 中的 $\boldsymbol{x}$ 和 $\boldsymbol{\xi}$ 互换，τ 和 t 互换，得到

$$u_n(\boldsymbol{x}, t) = \int_{-\infty}^{+\infty} \mathrm{d}\tau \iiint_V f_i(\boldsymbol{\xi}, \tau) G_{in}(\boldsymbol{\xi}, t - \tau; \boldsymbol{x}, 0) \mathrm{d}V(\boldsymbol{\xi})$$

$$+ \int_{-\infty}^{+\infty} \mathrm{d}\tau \oiint_S \Big\{ T_i\big(\boldsymbol{u}(\boldsymbol{\xi}, \tau), \hat{\boldsymbol{n}}\big) G_{in}(\boldsymbol{\xi}, t - \tau; \boldsymbol{x}, 0)$$

$$- n_j C_{jipq} \frac{\partial}{\partial \xi_q} G_{pn}(\boldsymbol{\xi}, t - \tau; \boldsymbol{x}, 0) u_i(\boldsymbol{\xi}, \tau) \Big\} \mathrm{d}S(\boldsymbol{\xi}) \tag{2.5.2}$$

式 (2.5.2) 表明，在 t 时刻弹性体内部某点 $\boldsymbol{x}$ 处的位移包含以下几个部分的贡献：一是体力在整个弹性区域 V 内的贡献（体积分项），二是应力矢量在弹性区域边界 S 上的贡献（面积分项中的第一项），三是位移矢量本身在弹性区域边界 S 上的贡献（面积分项中的第二项）。体力项是弹性动力学方程中的非齐次项，而应力矢量和位移矢量为边界条件，视具体问题所给边界条件而定[①]。值得注意的是，每一项贡献都有一个权重：前两者权重为 Green 函数本身，而最后一项权重为 Green 函数对应的应力矢量。一般来说，求解一个问题的 Green 函数的复杂程度并不亚于求解这个问题本身，因此从这个意义上来说，式 (2.5.2) 只是提供了一个表示而已，本身并没有提供求解位移场的什么新信息。但是，式 (2.5.2) 的意义在于，它把我们求解一个复杂体力分布的弹性动力学方程问题转化成了一个特殊体力（集中脉冲力）的问题，一旦这个问题的解——Green 函数求出，可以利用它组合出实际待求问题的解。

仔细考察式 (2.5.2) 中的 Green 函数，可以发现变量中场点和源点坐标的位置与实际问题是相反的，这时，针对某些特殊类型的边界条件，可以利用 Green 函数的空间互易性质将其调换过来。根据 2.4 节的讨论（见表 2.4.1），我们知道在 Green 函数满足齐次边界条件下，具有空间互易性。而对于齐次边界条件，有两种情况：一种是 Green 函数本身在边界上为零，物理上对应刚性边界条件；另一种是 Green 函数对应的牵引力在边界上为零，物理上对应自由边界条件[②]。以下分别对其进行讨论。

(1) Green 函数满足刚性边界条件，即

$$G_{in}(\boldsymbol{\xi}, t - \tau; \boldsymbol{x}, 0)\big|_S = 0$$

---

① 如果问题的边界条件为第一类边界条件，即指定边界上的位移场，那么应力矢量在边界上为未知；如果问题的边界条件为第二类边界条件，即指定边界上的应力矢量，那么相应地，位移矢量本身在边界上未知。一般来说，式 (2.5.2) 构成了一个积分方程，即积分号下的被积函数也为未知函数的方程。

② 典型的例子是自由界面（地面），这是地震学关注的主要界面，因为绝大多数地震记录是在地面上获得的，这个面上的牵引力等于零。

此时根据空间互易性质，有 $G_{in}(\boldsymbol{\xi}, t-\tau; \boldsymbol{x}, 0) = G_{ni}(\boldsymbol{x}, t-\tau; \boldsymbol{\xi}, 0)$，因此式 (2.5.2) 可写为

$$u_n(\boldsymbol{x}, t) = \int_{-\infty}^{+\infty} \mathrm{d}\tau \iiint_V f_i(\boldsymbol{\xi}, \tau) G_{ni}(\boldsymbol{x}, t-\tau; \boldsymbol{\xi}, 0) \, \mathrm{d}V(\boldsymbol{\xi})$$
$$- \int_{-\infty}^{+\infty} \mathrm{d}\tau \oiint_S n_j C_{jipq} \frac{\partial}{\partial \xi_q} G_{pn}(\boldsymbol{\xi}, t-\tau; \boldsymbol{x}, 0) u_i(\boldsymbol{\xi}, \tau) \, \mathrm{d}S(\boldsymbol{\xi}) \qquad (2.5.3)$$

(2) Green 函数满足自由边界条件，即

$$n_j C_{jipq} \frac{\partial}{\partial \xi_q} G_{pn}(\boldsymbol{\xi}, t-\tau; \boldsymbol{x}, 0)\big|_S = 0$$

同样根据空间互易性质，有 $G_{in}(\boldsymbol{\xi}, t-\tau; \boldsymbol{x}, 0) = G_{ni}(\boldsymbol{x}, t-\tau; \boldsymbol{\xi}, 0)$，因此式 (2.5.2) 可写为

$$u_n(\boldsymbol{x}, t) = \int_{-\infty}^{+\infty} \mathrm{d}\tau \iiint_V f_i(\boldsymbol{\xi}, \tau) G_{ni}(\boldsymbol{x}, t-\tau; \boldsymbol{\xi}, 0) \, \mathrm{d}V(\boldsymbol{\xi})$$
$$+ \int_{-\infty}^{+\infty} \mathrm{d}\tau \oiint_S T_i\big(\boldsymbol{u}(\boldsymbol{\xi}, \tau), \hat{\boldsymbol{n}}\big) G_{in}(\boldsymbol{\xi}, t-\tau; \boldsymbol{x}, 0) \, \mathrm{d}S(\boldsymbol{\xi}) \qquad (2.5.4)$$

式 (2.5.3) 和式 (2.5.4) 分别是 Green 函数满足的两种不同的边界条件下的位移积分表示[①]。

总之，位移的积分表示定理利用 Green 函数作为权重，将弹性体内的位移场明确地表示成体力在弹性体中的贡献，以及应力矢量和位移矢量本身在边界上的贡献之和。一般而言，体力分布是给定的，而边界上的应力矢量或位移矢量视边界条件不同而定，这时整个问题的核心在于 Green 函数，如果能通过某种途径求出问题的 Green 函数，那么利用表示定理，就可以方便地得出弹性体中的位移场。位移的积分表示定理是震源表示定理的基础。

2.6 小　　结

本章中，我们从基础的数学预备知识出发，在回顾弹性动力学的重要概念——应变和应力的基础上，从牛顿力学的方程出发导出了弹性动力学方程，与几何方程和本构关系形成完整的方程组。为了获得这个方程组的解，采用位移解法，首先将这个方程组转化为仅以位移矢量表示的方程。进一步地，通过 Betti 互易定理，并引入弹性力学的 Green 函数，最终得到位移表示定理，将位移显式地表示成弹性体内部的体力以及弹性体表面的位移和牵引力的加权积分，权重为 Green 函数或其空间导数。这样一来，就把求解弹性体的位移

[①] Aki 和 Richards (2002, p.29) 在谈到这个问题的时候指出，看起来这两个式子有些矛盾，因为两个面积分项截然不同：式 (2.5.3) 代表位移场取决于边界上的位移，而式 (2.5.4) 则代表位移场取决于边界上的牵引力。解释这个"矛盾"只需要注意一个事实：在弹性体表面 S 上的一点，我们不能同时指定位移和牵引力。因为如果指定位移，那么定解问题的解就是唯一的，边界上的牵引力就是计算得到的，不能任意指定，否则可能导致矛盾；反过来也成立，如果指定牵引力，定解问题的解就确定了位移本身的值，也不能任意指定。那么在实际问题中究竟采用式 (2.5.3) 还是式 (2.5.4) 呢？需要视产生 Green 函数的那组体力对应的边界条件而定，如果是刚性边界条件，那么采用式 (2.5.3)，这里有两种情况：如果 $f_i(\boldsymbol{\xi}, \tau)$ 的这组体力对应的边界条件是第一类边界条件，那么问题非常简单，直接将边界上的位移值代入即可；如果对应的边界条件是第二类边界条件，那么此时问题较为复杂，边界上的位移值未知，式 (2.5.3) 构成了一个积分方程。同样的方法可以分析产生 Green 函数的那组体力对应的边界条件为自由边界条件的情况。

响应问题转化成了求解 Green 函数的问题，一旦得到问题的 Green 函数，我们就可以通过位移表示定理得到任意体力和边界条件下的位移场。

　　本章的内容看起来与地震学并无明显的关联，但是它形成了我们在第 3 章将要介绍的震源表示定理的基础。地震学问题中的源具有一定的特殊性，在很多情况下，可以近似为两个密接在一起的面，二者在一定的应力条件下发生相对的错动。针对这种特殊的源，基于位移表示定理得到震源的积分表示定理，是第 3 章的任务。

第 3 章　震源表示理论

在第 2 章中，我们在弹性动力学的范畴内得到了位移表示定理。这是作为连续介质的弹性体对外部加载的响应问题普遍成立的结论。本章将以此为基础，继续研究含有位移错断（简称为位错）的弹性体的位移表示定理，这是简化的地震震源模型所产生的位移场的表示定理。因为包含位错的弹性体不再满足连续介质的位移单值且连续的条件，所以需要特别考虑。

本章中，我们在简要地回顾有关震源理论历史的基础上，首先介绍震源表示定理，包括如何根据第 2 章中得到的位移表示定理得到它，震源表示定理的物理意义以及用途。然后介绍与震源表示定理密切相关的两个重要概念：等效体力和地震矩张量，证明地震学中的一个重要结论"剪切破裂产生的位移场等效于一对无矩双力偶产生的位移场"，以及地震矩张量的物理意义和具体的数学表达。

3.1　震源理论简史

与很多可以直接观测的科学和工程问题不同，震源不能够直接观测[①]，只能通过间接的方式去认识它，因此人类对震源的了解经历了漫长的过程。一直到 20 世纪 60 年代才建立了被称为"现代地震学的第一原理"的震源表示定理。在第 1 章中，提到了 20 世纪 60 年代以来震源物理学的进展，它们大都建立在 1963~1964 年得到的震源表示定理的基础上。为了对这个定理的建立背景有更好的了解，我们首先简要地回顾震源理论的历史。

如果说"人类发展的历史就是伴随着地震发生的历史"，大概并不为过。早在几千年前，人们就开始探究地震发生的原因。古老文化中一般认为地震是神灵发怒的表现形式。不过，作为两个文明古国的希腊和中国，对地震的发生给出了自然的解释，大致上都是认为这是由于气的聚合而引起的 (Agnew, 2002)。这种认识一直延续到 1755 年发生的葡萄牙里斯本地震。正是由于对这次破坏性地震的全面研究，人类才第一次明确地认识到地表的震动和地球介质中传播的波动有关，这在第 1 章中已经提及。但是，进一步有关震源的认识一直推进较为迟缓，这种情况一直延续到 20 世纪初。1906 年，在美国旧金山发生了一次破坏性的大地震，震后考察发现在一些地点上，圣·安德列斯断层的两侧相对水平移动达到了 6.5 m，并且不仅在断层上，在很远处也会产生地面运动。H. Reid 针对这一现象，于 1910 年左右提出了弹性回跳理论[②]。

---

① 一方面地球内部的不可入性，使得地震学家们无法深入 10 km 以下直接观测震源；另一方面，从实际工作的角度看，因为目前还不能准确预知地震何时何处发生，所以很难预先在发震断层上布设观测仪器对震源的过程进行直接观测。

② 最初被称作弹性回跳假说 (elastic rebound hypothesis)，提出后经实践检验被地震学界普遍接受而被称为弹性回跳理论。这个理论认为，断层附近的地层随着板块运动而不断发生变形，能量以弹性应变能的形式储存在岩石中，直到断层内部累积的形变超过了岩石能够承受的极限，断层发生错动。由于岩石本身具有弹性，在断裂发生时弹性变形的岩石，在力消失后向相反的方向整体回跳，恢复到未变形的状态。在这个过程中，储存的弹性应变能释放出来，一部分用于克服断层面间的摩擦，转化为热能；一部分用于打破分子间的结合力使岩石发生破裂；而另一部分转化为使地面震动的弹性波能量。这是出现最早、应用最广的关于地震成因的理论。

弹性回跳理论表明断层破裂导致了地表的震动，如何将观测到的地震波记录与震源处发生的情况联系起来，是地震学家们关心的问题。P 波初动具有易辨识的特点，因此很多地震学家致力于从观测记录中获得的初动来寻求震源的特征。由于当时日本具有较为密集的地震台分布，日本的地震学家是这个领域的领先者。1923 年，日本发生了破坏性的关东大地震①，Nakano (1923) 研究了此次地震，第一次把弹性回跳理论和 P 波初动的四象限分布联系起来，并提出了单力偶②震源模型。但是，单力偶的模型有合力矩，这意味着震源区力矩不平衡。Honda (1962) 提出了另外一种模型——双力偶模型，解决了力矩不平衡的问题。单力偶和双力偶是当时被地震学家提出用于当作地震震源的两种主导性模型。第二次世界大战之后，日本的震源机制研究在 H. Honda 的领导下，以双力偶模型为代表；而与此同时，美国和苏联的研究者倡导用单力偶模型。从理论上说，观测应当能显示出这两个模型之间的差异。但是，这两个模型的 P 波辐射图形相似，尽管 S 波的辐射图形差别很大，但是当时的数据质量不足以用来分析 S 波的辐射图形。因此，在缺乏理论上的合理性论证情况下，仅凭当时的观测不能确定哪个才是正确的震源模型。

在地震学家们关于两种震源模型展开争论的同时，有关震源的理论正在酝酿着一场重要的突破。20 世纪 50 年代诞生了解决震源问题的理论工具——断层理论③。Steketee (1958)奠定了断层理论的基础，并在静态情况下就地震与断层之间的关系进行了研究。她设想在弹性体内切割形成断层 Σ，它的两个面分别记为 Σ^+ 和 Σ^-。在力的作用下，两个面分别产生位移，造成位移不连续。断层上位移的不连续是形成介质中其他地方位移的来源。这个想法后来被应用于建立震源表示定理。Knopoff 和 Gilbert (1959, 1960) 进一步考虑了动态情况。有了断层理论作为基础，终于在 60 年代初期诞生了震源表示定理。Maruyama (1963)，以及 Burridge 和 Knopoff (1964) 分别针对均匀、各向同性介质的特殊情况和非均匀、各向异性的一般情况，研究了动态地震位错的体力等效问题，从理论上证明了剪切位错源产生的位移场等效于双力偶产生的位移场④。在这两篇论文问世之后，有关单力偶和双力偶的持续了 40 年的争论终于结束了。

震源表示定理的建立开启了震源问题研究的黄金时代。根据这个定理，如果断层面上的位错（即位移间断）是作为空间位置和时间的已知函数，同时断层的几何形状已知，那么由断层错动引发的整个地球介质的运动就可以确定了。这意味着我们可以用断层面上的位错来解释观测到的地震运动。这里并不涉及应力，因此属于运动学的范畴。相应地，这种以断层位错来描述震源的模式，称为位错模式。在这种模式中，为了定量地刻画震源，通常用一些参数来表征，比如断层的长度和宽度、破裂速度、错动量和上升时间（指断层上的一点从开始发生错动到最后错动不变所经历的时间）。在此基础上可以对不同的破裂模型所

---

① 这次地震的规模达到里氏 8.1 级，是 20 世纪世界上最大的地震灾害之一。地震和由地震引发的次生灾害（特别是火灾）导致的人员伤亡和财产损失是前所未有的。日本得到了血的惨痛教训，并且这次地震对日本的防灾工作产生了深远的影响。例如，日本著名的地震学研究机构——东京大学地震研究所，就成立于关东地震两年之后的 1925 年。

② 一对大小相等、方向相反的力如果作用在相距很近的两条平行线上，这一对力称为力偶。

③ 又称位错理论。这个理论起源于意大利数学家 Volterra 在 1907 年的工作，他首先使用了 distorsione（位错）一词。而"断层"的说法是 Love 于 1927 年首先提出的。

④ 尽管 Burridge 和 Knopoff (1964) 的主要目的是论证体力等效，但是这篇论文的重要性和意义远比得到这个结论要深远。它不仅建立了震源表示定理，成为后续地震波传播和震源物理的理论基础，而且为后续定义一些表征震源的重要参数提供了依据。例如，K. Aki 正是基于这篇论文，于 1966 年导出了著名的地震矩公式 $M_0 = \mu\overline{[u]}S$，其中 M_0 是标量地震矩，μ 是剪切模量，$\overline{[u]}$ 是断层位错的平均值，S 是断层面积。

激发的近场和远场地震波的性质展开研究，以著名的 Haskell 模型为代表 (Haskell, 1964)，包括矩形断层单侧破裂和双侧破裂等。除了矩形断层以外，还提出了圆形断层等模型。位错模式有助于了解断层的有限性和几何特点对于地震波辐射的影响，因此在 20 世纪 60 年代后期和 70 年代被广泛地应用于解释地震记录。但是，值得注意的是，在位错模式中，经常以一种比较随意的方式来指定位错，比如单侧破裂或者双侧破裂，在很多情况下，这些指定的位错未必能同时满足控制方程和破裂准则的要求。

对上述缺陷的自然修正是，用根据断层面上的物理条件（包括边界条件和初始条件）计算出来的位错时空历史来代替随意指定的位错。与位错模式相对应，通常把这种模式称作裂纹模式。由于真实的物理条件涉及断层面附近的应力场，所以这属于动力学的范畴。作为岩石断裂动力学在震源问题中的应用，震源动力学最初由 Kostrov (1966) 引入，他研究了反平面裂纹的自发传播问题①。在裂纹模式下，断层上的初始应力和强度分布，以及应力随滑动量等的变化规律（称为破裂准则，或摩擦准则②）共同决定了断层面上的破裂行为，包括扩展、加速和停止等。由于裂纹模式涉及较为复杂的数学处理，所以在 20 世纪 60 年代末和 70 年代的很多研究都集中于处理固定破裂速度的裂纹传播问题和简单的二维自发传播问题。三维自发破裂问题很难通过解析的方式获得，通常只能借助于数值模拟方式求解。

自 20 世纪 70 年代后期以来，随着计算条件的改进以及数字化地震记录的增多，震源运动学和震源动力学沿着各自的道路都取得了突飞猛进的发展。在震源运动学领域，地震学家们运用各种记录数据（包括远场和近场的地震数据，以及 GPS 记录等），采用各种反演手段，获取发生在全球各地的地震的详细破裂过程（例如，Kikuchi and Kanamori, 1982, 1991）。这为人们清楚地了解震源的运动情况提供了宝贵的依据。特别值得一提的是，除了增进对震源了解的理论意义之外，大地震发生后，在交通和通信都阻断的情况下，通过快速的震源运动学反演可以获得灾区的烈度分布，这对于指导救灾工作具有非常重要的现实意义。另外，在震源动力学领域，地震学家们试图从各种不同的角度认识震源的物理机制，解释震源复杂性的起因。比如在 20 世纪 70 年代末和 80 年代初，Das 和 Aki (1977)，以及 Kanamori 和 Stewart(1978) 分别提出了障碍体 (barrier) 模式和凹凸体 (asperity) 模式来描述断层强度和应力分布的不均匀性。除此以外，断层几何形态的复杂性，以及地表与断层破裂之间的耦合效应，都会导致复杂的震源破裂图像，这些都是震源动力学关注的问题（例如，Tada and Yamashita, 1997; Aochi et al., 2000; Zhang and Chen, 2006）。由于在震源动力学中涉及应力的因素，通过反演获得研究区域的初始应力分布是它的目标之一。但是，由于震源动力学的正演计算相对比较耗时，所以相关的反演研究在过去的 20 年间才刚刚起步。可以预想，随着计算性能的提升，在不久的将来，随着震源动力学反演研究的不断深入，地震学家们将有可能通过反演获取发震区域的应力场分布，这对于预测未来可

---

① 即 anti-plane 问题，对应于断裂力学中的第 III 型裂纹，是破裂传播的方向与位移方向垂直的情况。剪切裂纹的另外一种情况是切平面 (in-plane) 裂纹，对应于断裂力学中的第 II 型裂纹，其破裂传播方向与位移方向一致。在反平面问题中，仅存在一个方向的位移分量，因此相对比较容易研究。而在切平面问题中，存在两个方向的耦合位移分量，问题要复杂得多。自发传播是相对于固定破裂速度的裂纹传播而言的，裂纹的扩展不是由人指定，而是根据各种物理条件确定的。

② 一般这需要根据岩石力学实验来确定。目前常用的破裂准则有滑动弱化摩擦准则、速率弱化摩擦准则和速率–状态相关的摩擦准则。在研究同震破裂问题时，多数采用滑动弱化摩擦准则。

能发生的地震具有重要的意义。

回顾人类关于地震震源认识的这段历史可以清楚地看到，在过去的一百年中，我们从根据 1906 年旧金山大地震之后不久才建立的弹性回跳模型，只能粗略地描述地震震源的过程，到今天能够结合各种地震资料和大地测量资料通过运动学反演获得详细的地震破裂过程，并且通过震源动力学正演了解各种复杂的物理和几何因素如何影响震源动力学破裂过程，完成了巨大的跨越。在这整个过程中，建立于半个多世纪前的震源表示定理，无疑是一个重要的里程碑。

3.2 震源表示定理

3.2.1 模型和简化假设

从实际问题的角度看，地震震源是分布在一个空间区域内的。在构造应力的作用下，断层两侧产生相对的运动。当我们把目光集中于震源区时，会发现这里其实包含了非常复杂的物理过程。由于挤压和摩擦的作用，岩块会发生破碎，同时伴随着摩擦生热和流体的侵入。这个区域的典型量值在厘米到米的量级[①]。这里发生的复杂过程显然不是仅用弹性动力学方程就能刻画的。

但是，如果将视线稍微拉远一点，就会发现震源区可以近似地看作通过一个几何面密接在一起的断层，其接触的两个面之间发生位移间断。以断层模型为基础，我们可以进一步研究如何在连续介质力学的范畴里考察震源问题[②]。震源区内复杂的非弹性部分的作用可以等效地包含在某个物理量中（即地震矩张量，3.4.2 节将深入讨论这个问题），这样一来，问题仍然可以在连续介质的模型下考虑。

针对需要研究的问题，我们建立的模型（以下称为模型 I）如图 3.2.1(a) 所示。断层面 Σ 位于以 S 为边界的弹性体 V 中，Σ^+ 和 Σ^- 分别为断层的上、下表面[③]，$\hat{\nu}$ 为从断层的下表面指向上表面的法线方向。为了基于位移表示定理得到震源表示定理，我们还需要引入另外一个模型（以下称为模型 II），见图 3.2.1(b)。这是由脉冲力产生 Green 函数的问题对应的空间，其外边界 S 和 V 与模型 I 完全相同，唯一的区别是不存在断层面[④]。因此，在模型 II 中，有下式成立

$$G_{in}\big|_{\Sigma^+} = G_{in}\big|_{\Sigma^-} \tag{3.2.1}$$

---

① 震源作用产生的断层破碎区的厚度与滑动量有关，二者的对数大致呈线性关系 (Scholz, 1987)。对于一次地震，滑动量大概在米的量级，对应产生的破碎区厚度大致在厘米到米的量级。从更长的时间尺度上看，在断层面上反复发生的地震累积起来的滑动量，则对应更大的断层破碎区厚度。例如北美的圣·安德列斯断层，累积的滑动量达几十千米，对应的断层破碎区厚度可达百米的量级。

② 模型的选择至关重要，不能太简单，也不能太复杂。一方面，我们建立的模型要能够反映实际物理问题的主要矛盾（这往往需要通过根据模型建立的理论预言的结果与实际测量的结果比对是否相符来验证）；另一方面，这个模型又要简单到我们可以处理。

③ 这里的"上"和"下"是人为指定的，一般与问题的边界有关。比如在某些问题中，自由表面是 S 的一部分，对于断层不是正好垂直于地表的倾斜情况，靠近地表的一侧定义为"上"，另一侧为"下"。

④ 为什么需要引入模型 II？回忆在第 2 章中讲述的互易定理，两组分别位于两个弹性空间 V_1 和 V_2。并且，我们在针对 Betti 第一互易定理的说明中特别强调，两组作用的空间不需要严格相同，互易定理只在其空间的交集中成立。在模型 II 中，由 S 所包围的空间区域 V 是一个连续介质体。这对于得到式 (3.2.1) 非常关键，这是得到震源表示定理的必要条件。如果 Green 函数仍然是模型 I 中的，这个关系式并不成立，因为在断层面上存在位移间断。

$G_{in}|_{\Sigma^+}$ 和 $G_{in}|_{\Sigma^-}$ 分别代表在模型 II 中对应于模型 I 中断层的上、下表面处的 Green 函数值。

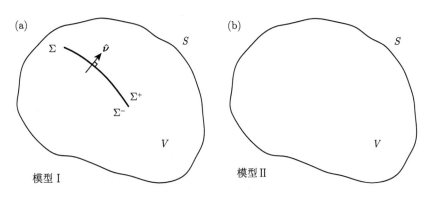

图 3.2.1　断层模型示意图

(a) 真实问题的模型 I，Σ 为由面 Σ^+ 和 Σ^- 密接组成的断层，法线方向为 $\hat{\boldsymbol{\nu}}$；(b) Green 函数对应的模型 II，外边界为 S，模型所在空间为 V

为了方便分析，我们还需要做两个简化假设如下：

(1) 可以忽略体力的变化[①]。在地震学问题中，体力一般指重力，这个假设意味着地震发生前后重力改变的效应可以忽略[②]，从而位移表示定理式 (2.5.2) 中等号右端的第一个体积分项可以略去。

(2) u_i 和 G_{in} 分别满足模型 I 和模型 II 中外边界 S 上的齐次边条件。一个直接推论是式 (2.5.2) 中有关 S 上复杂的面积分可以去掉，这也正是引入这个假设的原因。但是，这是一个很强的条件，显然并不是任意选择的 S 都能满足这个条件。事实上，我们不妨换个角度看，与其说这是一个"假设"，不如说，我们针对具体的问题选择合适的 S，使得这个条件成立[③]。

3.2.2　震源表示定理的导出

我们希望从位移表示定理 (2.5.2) 出发，得到图 3.2.1(a) 所示的模型 I 中断层 Σ 两侧的位移不连续所导致的位移场。但是，首先就遇到一个困难：模型 I 中由外边界 S 所包围的弹性介质 V 并不是一个连续介质。因为 Σ 两侧的位移不是连续的，不满足连续介质力学要求的位移连续的前提条件，这意味着式 (2.5.2) 并不成立。

---

① 即地震发生之后的体力与之前的体力之差。在地震发生之前和发生之后的应力、位移和体力分别满足式 (2.2.17)，两式相减，就得到了应力变化、位移变化和体力变化满足的方程，也是式 (2.2.17) 的形式。对于我们所研究的地震学问题，实际上根据控制方程得到的是地震发生之后相对于之前的位移变化量，以及对应的应力变化量，而这个控制方程中的体力项，则是体力的变化量。相应地，位移表示定理里面的量，都是变化量。在地震学问题中，除非特殊的场合，比如在震源动力学问题中的摩擦准则，应用的是绝对的应力值，其他场合所说的"应力"、"位移"和"体力"等，都是指的变化量。以后不再重复说明。

② 早在 19 世纪末，已经有研究表明在地震学问题中，多数情况下重力的效应是不重要的 (Bromwich, 1898)，仅在考虑全球模型的长周期地震波问题中才是不可忽略的。

③ 比如，我们考虑一个含有断层的弹性半空间内的问题，就可以选择 $S = S_0 + S_\infty$，其中 S_0 是自由表面，而 S_∞ 是无穷远边界。这样，在 S_0 上，u_i 和 G_{in} 都满足牵引力为零的齐次边条件，而在 S_∞ 上，它们都满足本身为零的齐次边条件。这样选择的 S 就符合了这个假设的要求。

断层理论提供了解决这个问题的一个新的视角。如果我们把断层面视为区域的内边界，考虑由 $S + \Sigma^+ + \Sigma^-$ 所包围的区域，那么导致不满足连续介质力学条件的断层上、下表面的位移不连续条件就转化成了区域的边界条件，该区域仍然是连续介质。这样，式 (2.5.2) 仍然成立，只不过等号右端的面积分，由 S 变成了 $S + \Sigma^+ + \Sigma^-$，从而有

$$
\begin{aligned}
u_n(\boldsymbol{x}, t) = & \int_{-\infty}^{+\infty} \mathrm{d}\tau \iiint_V f_i(\boldsymbol{\xi}, \tau) G_{in}(\boldsymbol{\xi}, t-\tau; \boldsymbol{x}, 0)\,\mathrm{d}V(\boldsymbol{\xi}) \\
& + \int_{-\infty}^{+\infty} \mathrm{d}\tau \oiint_{S+\Sigma^++\Sigma^-} \Big\{ T_i\big(\boldsymbol{u}(\boldsymbol{\xi}, \tau), \hat{\boldsymbol{\nu}}\big) G_{in}(\boldsymbol{\xi}, t-\tau; \boldsymbol{x}, 0) \\
& - u_i(\boldsymbol{\xi}, \tau)\nu_j(\boldsymbol{\xi}) C_{ijpq}(\boldsymbol{\xi}) \frac{\partial}{\partial \xi_q} G_{pn}(\boldsymbol{\xi}, t-\tau; \boldsymbol{x}, 0) \Big\}\,\mathrm{d}S(\boldsymbol{\xi})
\end{aligned}
\tag{3.2.2}
$$

根据简化假设 (1)，体积分为零。此外，注意到两个面积分项的被积函数是模型 I 中的位移（或牵引力）与模型 II 中的牵引力（或位移）交叉相乘，而前面已经交代过，齐次边条件是位移或牵引力在边界上取零的意思。这就是说，无论满足哪一种齐次边条件，根据简化假设 (2)，这两项在 S 上的面积分都等于零。同时，在齐次边条件下，Green 函数满足空间互易性，即

$$
G_{in}(\boldsymbol{\xi}, t-\tau; \boldsymbol{x}, 0) = G_{ni}(\boldsymbol{x}, t-\tau; \boldsymbol{\xi}, 0)
\tag{3.2.3}
$$

从而，式 (3.2.2) 可以简写为

$$
\begin{aligned}
u_n(\boldsymbol{x}, t) = & \int_{-\infty}^{+\infty} \mathrm{d}\tau \oiint_{\Sigma^++\Sigma^-} \Big\{ T_i\big(\boldsymbol{u}(\boldsymbol{\xi}, \tau), \hat{\boldsymbol{\nu}}\big) G_{ni}(\boldsymbol{x}, t-\tau; \boldsymbol{\xi}, 0) \\
& - u_i(\boldsymbol{\xi}, \tau)\nu_j(\boldsymbol{\xi}) C_{ijpq}(\boldsymbol{\xi}) \frac{\partial}{\partial \xi_q} G_{np}(\boldsymbol{x}, t-\tau; \boldsymbol{\xi}, 0) \Big\}\,\mathrm{d}\Sigma(\boldsymbol{\xi})
\end{aligned}
$$

为了分析问题方便，我们把断层上、下表面的积分拆开来写，同时用 ν_j^+ 和 ν_j^- 区别标注两个面的法线方向，如图 3.2.2 所示，把上式改写为

$$
\begin{aligned}
u_n(\boldsymbol{x}, t) = & \int_{-\infty}^{+\infty} \mathrm{d}\tau \iint_{\Sigma^+} \Big\{ T_i\big(\boldsymbol{u}(\boldsymbol{\xi}, \tau), \hat{\boldsymbol{\nu}}^+\big) G_{ni}(\boldsymbol{x}, t-\tau; \boldsymbol{\xi}, 0) \\
& - u_i(\boldsymbol{\xi}, \tau)\nu_j^+(\boldsymbol{\xi}) C_{ijpq}(\boldsymbol{\xi}) \frac{\partial}{\partial \xi_q} G_{np}(\boldsymbol{x}, t-\tau; \boldsymbol{\xi}, 0) \Big\}\,\mathrm{d}\Sigma(\boldsymbol{\xi}) \\
& + \int_{-\infty}^{+\infty} \mathrm{d}\tau \iint_{\Sigma^-} \Big\{ T_i\big(\boldsymbol{u}(\boldsymbol{\xi}, \tau), \hat{\boldsymbol{\nu}}^-\big) G_{ni}(\boldsymbol{x}, t-\tau; \boldsymbol{\xi}, 0) \\
& - u_i(\boldsymbol{\xi}, \tau)\nu_j^-(\boldsymbol{\xi}) C_{ijpq}(\boldsymbol{\xi}) \frac{\partial}{\partial \xi_q} G_{np}(\boldsymbol{x}, t-\tau; \boldsymbol{\xi}, 0) \Big\}\,\mathrm{d}\Sigma(\boldsymbol{\xi})
\end{aligned}
\tag{3.2.4}
$$

注意到 $T_i\big(\boldsymbol{u}(\boldsymbol{\xi}, \tau), \hat{\boldsymbol{\nu}}^+\big)\big|_{\Sigma^+}$ 和 $T_i\big(\boldsymbol{u}(\boldsymbol{\xi}, \tau), \hat{\boldsymbol{\nu}}^-\big)\big|_{\Sigma^-}$ 分别是上、下表面上的牵引力，它们形成了一对反作用力，因此

$$
T_i\big(\boldsymbol{u}(\boldsymbol{\xi}, \tau), \hat{\boldsymbol{\nu}}^+\big)\big|_{\Sigma^+} = -T_i\big(\boldsymbol{u}(\boldsymbol{\xi}, \tau), \hat{\boldsymbol{\nu}}^-\big)\big|_{\Sigma^-}
$$

另外，根据式 (3.2.1)，两个面积分中的第一项可以互相抵消。注意到断层上、下表面上的外法线方向相反，如果令

$$
\nu_j(\boldsymbol{\xi}) \triangleq \nu_j^-(\boldsymbol{\xi}) = -\nu_j^+(\boldsymbol{\xi}), \quad [u_i(\boldsymbol{\xi}, \tau)] \triangleq u_i(\boldsymbol{\xi}, \tau)\big|_{\Sigma^+} - u_i(\boldsymbol{\xi}, \tau)\big|_{\Sigma^-}
$$

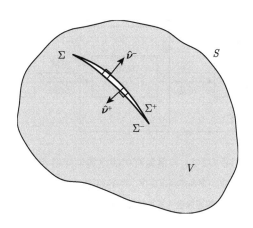

图 3.2.2　断层上、下表面的法线方向

Σ 为由上、下表面 Σ^+ 和 Σ^- 组成的断层，其法线方向分别为 $\hat{\boldsymbol{\nu}}^+$ 和 $\hat{\boldsymbol{\nu}}^-$。为了突出显示，将断层上、下表面拉开一定的
距离。外边界为 S，灰色区域为内外边界所共同围成的区域 V

最终可以将式 (3.2.4) 化简得到

$$u_n(\boldsymbol{x},t) = \int_{-\infty}^{+\infty} \mathrm{d}\tau \iint_{\Sigma} [u_i(\boldsymbol{\xi},\tau)]\,\nu_j(\boldsymbol{\xi})C_{ijpq}(\boldsymbol{\xi})G_{np,q'}(\boldsymbol{x},\,t-\tau;\,\boldsymbol{\xi},0)\,\mathrm{d}\Sigma(\boldsymbol{\xi}) \qquad (3.2.5)$$

式中，$G_{np,q'} = \partial G_{np}/\partial \xi_q$[①]。这就是震源表示定理。式 (3.2.5) 表明，在含有断层的弹性区域 V 内任一点的位移，可以表示为断层面上的滑动量 $[u_i(\boldsymbol{\xi},\tau)]$ 的加权积分。权重包括介质参数 C_{ijpq}、断层的几何形状 ν_j，以及 Green 函数的空间导数 $G_{np,q'}$。换句话说，地震波场由上述因素共同决定。

3.2.3　震源表示定理的意义和应用

根据震源表示定理 (3.2.5)，假定我们知道了断层区的介质参数，同时了解了发震断层的几何形状，一旦给定了断层面上位错的时空演化历史，其辐射的地震波场就唯一地确定了。这需要通过 Green 函数的空间导数来连接。注意到 Green 函数是模型 II 中的，因此它与我们所考虑的问题中的断层 Σ 无关。从理论上讲，一旦介质模型确定，Green 函数就确定了。当然，如何具体求解 Green 函数是另外一回事。这是后续内容的主题。

在 Green 函数可以通过其他方法计算得到的前提下，式 (3.2.5) 实际上建构了地震波场与断层面上的位错之间的关系。一方面，我们可以通过设定断层面上的位错函数，来获得它所产生的位移场；另一方面，也可以根据观测到的各种地震记录，反过来推断断层面上的位错时空历史。前者是正演的过程，而后者是反演的过程。这里面并没有涉及导致位错产生的力的因素，因此，这是震源运动学研究的领域，见图 3.2.3。

基于式 (3.2.5) 左侧的位移，由几何关系可以得到应变分量，再根据本构关系，可以得

---

① 由于 Green 函数中含有场点和源点两组空间坐标，为了避免混乱，必须明确这种简写的方式是对哪一组空间坐标求导。此处用带撇号表示是对源点坐标的空间导数。

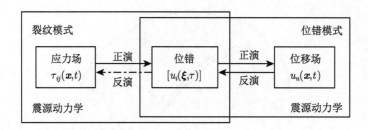

图 3.2.3   与震源有关的地震学问题示意图

以断层面上位错函数为连接，分为震源动力学和震源运动学，前者联系应力场与位错，后者联系位错与位移场。它们分别对应
着震源描述的两种模式：裂纹模式和位错模式

到应力分量。如果令场点位于断层面上[1]，那么就得到了断层面上的应力分布。具体地，

$$\tau_{kl}(\boldsymbol{x}_{\mathrm{P}}, t) = C_{klnm}(\boldsymbol{x}_{\mathrm{P}}) u_{n,m}(\boldsymbol{x}_{\mathrm{P}}, t)$$

$$= C_{klnm}(\boldsymbol{x}_{\mathrm{P}}) \iint_{\Sigma} m_{pq}(\boldsymbol{\xi}, t) * \left. \frac{\partial^2 G_{np}(\boldsymbol{x}, t; \boldsymbol{\xi}, 0)}{\partial x_m \partial \xi_q} \right|_{\boldsymbol{x}=\boldsymbol{x}_{\mathrm{P}}} \mathrm{d}\Sigma(\boldsymbol{\xi}) \tag{3.2.6}$$

其中，$*$ 代表卷积运算，$\boldsymbol{x}_{\mathrm{P}}$ 代表位于断层面邻域的点，

$$m_{pq}(\boldsymbol{\xi}, t) = [u_i(\boldsymbol{\xi}, t)] \nu_j(\boldsymbol{\xi}) C_{ijpq}(\boldsymbol{\xi}) \tag{3.2.7}$$

可以认为式 (3.2.6) 是震源表示定理的另外一种形式，它可以直接由式 (3.2.5) 得到。由于式 (3.2.6) 中涉及了应力[2]，所以这属于震源动力学的问题，见图 3.2.3。震源动力学研究的是裂纹扩展问题，从解数学物理方程的角度看，由于已破裂和未破裂部分的边界在破裂演化过程中是变化的，所以这是一个运动边界的问题。扩展的裂纹前缘附近存在较强的应力集中，对计算方法的分辨率提出了较高的要求。另外，控制破裂行为的摩擦准则往往是非线性的，例如在滑动弱化摩擦准则中，尽管一旦破裂发生，在达到临界滑动弱化位移之前，应力随着位错增加而线性地减小，但是在此之前的应力积累阶段，和之后的自由滑移阶段，二者并不满足线性关系。由于以上种种原因，震源动力学问题的求解并非易事。运用数值方法来计算，为了达到一定的计算精度，计算成本往往很高。这使得包括了大量正演过程的反演工作很难开展。目前已有的少量研究都是做了极大简化的，接近真实的震源动力学反演研究尚未开展，因此在图 3.2.3 中的动力学反演箭头用虚线表示。

[1] 严格地说是不可以这么做的。因为式 (3.2.5) 中的场点 $\boldsymbol{x}$ 应该位于区域的内部，而不能位于内边界上。当然我们可以令 $\boldsymbol{x}$ 无限地趋近于断层面，而不严格地位于断层面上来避免这一点。或者令 $\boldsymbol{x}$ 严格地位于断层面上，而在断层面上相关位置处通过"挖掉"一个小区域而在邻近位置补充一个尺度趋于无穷小的其他面的方式，将边界上的点转化为内点。张海明 (2004) 详细叙述了这个过程，有意深入了解的读者可以参考。

[2] 有必要再次强调的是，式 (3.2.6) 中的应力分量和位错分量，都是相对于地震之前的变化量，这个方程本身并不能提供关于绝对应力场的信息。由于这两个都是未知的，而且等式右端的被积函数中含有未知函数，所以式 (3.2.6) 是一个积分方程。要同时得到断层面上的位错和应力分布，还需要联立控制断层破裂行为的摩擦准则来求解。根据断层附近的初始应力场计算断层上的位错和应力降的过程为正演。值得注意的是，尽管式 (3.2.6) 仅涉及应力的变化量，但是，摩擦准则中用到了绝对应力值，因此在震源动力学的正演问题中，需要假定初始的应力场。在实际计算中，位错和应力降（即应力的改变量，由于地震发生过程通常伴随着应力值的降低，所以经常把应力的改变量简单地称为应力降）是同时得到的。应力降在位错发生过程中是动态变化的，用于判断断层上某一点是否破裂的应力值是初始应力场叠加上地震过程中的应力降之后的结果。应力场动态演化的起点，是地震发生前的初始应力场。

以上是以震源为研究对象所做的考虑。在地震学问题中，震源和地球介质结构是两个主要的关注对象。如果以地球介质为研究对象，在给定位错的时空历史的前提下，根据式 (3.2.5) 可以通过反演获得 C_{ijpq}，从而得到地球介质的结构。这意味着，式 (3.2.5) 虽然被称为震源表示定理，其实它也形成了研究地球介质结构的框架。正是它提供了地震波传播和震源研究的理论基础，因此在地震学中的地位无可取代。

3.3 位错源的等效体力

3.3.1 为什么要研究等效体力？

地震是由发生在断层上的位错导致的，近一百年来已经成为人们的共识。不过，即便是将断层简化成密接在一起的两个平面，位错的空间分布也可能会非常复杂。而且，这种发生在弹性模型内部的位移不连续，破坏了连续介质假设成立的条件，使得基于弹性力学建立起来的方程必须经过修正才能运用。在 3.2 节中，我们借助于位错理论中处理断层的方式，将其视为内边界，经过改写，才能够利用位移表示定理。本质上讲，这是一种将内源转化为边界条件的处理方式。很自然地，我们会提出这样一个问题：有没有可能将模型 I 中断层上的位错等效[1]为模型 II 中的某种体力（称为等效体力）分布（参见图 3.2.1)？如果可以，那么介质将转化为连续介质，从而问题的数学模型变为：求非齐次项为等效体力的弹性动力学方程，在 S 上的齐次边界条件下的解。这个数学模型相对比较简单。另外，早期的地震学家们对能够解释观测到的地震辐射图案的力学模型很感兴趣。因此等效体力的问题早在 20 世纪 20 年代就受到地震学家们的关注。正如在 3.1 节中对震源问题的历史回顾中所说的，在这个过程中，提出了两种模型——单力偶和双力偶，但由于当时观测资料的限制，仅从 P 波的观测资料中无法区分二者，这个问题一直到 60 年代震源表示定理的诞生才得以解决[2]。

3.3.2 等效体力的数学表达和性质

如果位错导致的位移场可以等效为某种体力 $\boldsymbol{f}^{[\boldsymbol{u}]}$ 的分布，注意到简化假设 (2) 和式 (3.2.3)，那么位移表示定理式 (2.5.2) 可以简写为

$$u_n(\boldsymbol{x}, t) = \int_{-\infty}^{+\infty} \mathrm{d}\tau \iiint_V f_p^{[\boldsymbol{u}]}(\boldsymbol{\eta}, \tau) G_{np}(\boldsymbol{x}, t - \tau; \boldsymbol{\eta}, 0) \,\mathrm{d}V(\boldsymbol{\eta}) \tag{3.3.1}$$

与式 (3.2.5) 比较，既然等效体力产生的位移与位错产生的位移相等，那么方程的右端就应该对应相等。二者有个明显的区别，式 (3.3.1) 的被积函数中出现的是 Green 函数分量 G_{np}，而式 (3.2.5) 的被积函数中出现的是 Green 函数分量的空间导数 $G_{np,q'}$。这提示我们，如果能把 $G_{np,q'}$ 用 G_{np} 表示，就有可能找到 $f_p^{[\boldsymbol{u}]}$ 的表达式。根据 Dirac δ 函数的性质

$$\int_{-\infty}^{+\infty} \delta'(x - y) f(x) \,\mathrm{d}x = -\int_{-\infty}^{+\infty} \delta(x - y) f'(x) \,\mathrm{d}x = -f'(y) \tag{3.3.2}$$

---

① 顾名思义，就是尽管来源不同，由模型 I 中断层上的位错产生的位移和由模型 II 中的等效体力分布所产生的位移完全相同。换句话说，仅从场点的位移无法分辨产生它的源竟是位错还是等效体力。

② 事实上，Maruyama (1963)，以及 Burridge 和 Knopoff (1964) 的论文主题就是等效体力问题，在研究这个问题的同时"顺带"建立了震源表示定理。我们叙述的顺序是反过来的，先建立震源表示定理，再介绍等效体力问题。

不难得到

$$\frac{\partial}{\partial \xi_q} G_{np}(\boldsymbol{x},\, t-\tau;\, \boldsymbol{\xi},\, 0) = - \iiint_V \frac{\partial}{\partial \eta_q} \delta(\boldsymbol{\eta}-\boldsymbol{\xi}) G_{np}(\boldsymbol{x},\, t-\tau;\, \boldsymbol{\eta},\, 0)\, \mathrm{d}V(\boldsymbol{\eta})$$

把上式代入式 (3.2.5) 得到

$$
\begin{aligned}
u_n(\boldsymbol{x},t) &= \int_{-\infty}^{+\infty} \mathrm{d}\tau \iint_\Sigma [u_i(\boldsymbol{\xi},\tau)]\, \nu_j(\boldsymbol{\xi}) C_{ijpq}(\boldsymbol{\xi}) \\
&\quad \cdot \left\{ - \iiint_V \frac{\partial}{\partial \eta_q} \delta(\boldsymbol{\eta}-\boldsymbol{\xi}) G_{np}(\boldsymbol{x},\, t-\tau;\, \boldsymbol{\eta},\, 0)\, \mathrm{d}V(\boldsymbol{\eta}) \right\} \mathrm{d}\Sigma(\boldsymbol{\xi}) \\
&= \int_{-\infty}^{+\infty} \mathrm{d}\tau \iiint_V \left\{ - \iint_\Sigma [u_i(\boldsymbol{\xi},\tau)]\, \nu_j(\boldsymbol{\xi}) C_{ijpq}(\boldsymbol{\xi}) \frac{\partial}{\partial \eta_q} \delta(\boldsymbol{\eta}-\boldsymbol{\xi})\, \mathrm{d}\Sigma(\boldsymbol{\xi}) \right\} \\
&\quad \cdot G_{np}(\boldsymbol{x},\, t-\tau;\, \boldsymbol{\eta},\, 0)\, \mathrm{d}V(\boldsymbol{\eta})
\end{aligned}
\tag{3.3.3}
$$

第二个等号成立是因为只进行了交换积分次序的操作，当然这需要默认所有函数满足交换积分次序结果不变所要求的连续性条件。比较式 (3.3.3) 和式 (3.3.1) 的右端，得到

$$
\begin{aligned}
f_p^{[\boldsymbol{u}]}(\boldsymbol{\eta}, \tau) &= - \iint_\Sigma [u_i(\boldsymbol{\xi},\tau)]\, \nu_j(\boldsymbol{\xi}) C_{ijpq}(\boldsymbol{\xi}) \frac{\partial}{\partial \eta_q} \delta(\boldsymbol{\eta}-\boldsymbol{\xi})\, \mathrm{d}\Sigma(\boldsymbol{\xi}) \\
&\xlongequal{(3.2.7)} - \iint_\Sigma m_{pq}(\boldsymbol{\xi},\tau) \frac{\partial}{\partial \eta_q} \delta(\boldsymbol{\eta}-\boldsymbol{\xi})\, \mathrm{d}\Sigma(\boldsymbol{\xi})
\end{aligned}
\tag{3.3.4}
$$

这就是我们要求的位错函数的等效体力，这是对于一般的各向异性非均匀介质都成立的关系。式 (3.3.4) 对应的矢量形式为

$$\boldsymbol{f}^{[\boldsymbol{u}]}(\boldsymbol{\eta}, \tau) = - \iint_\Sigma \mathbf{m}(\boldsymbol{\xi},\tau) \cdot \nabla \delta(\boldsymbol{\eta}-\boldsymbol{\xi})\, \mathrm{d}\Sigma(\boldsymbol{\xi})$$

利用 Dirac δ 函数导数的积分性质，由式 (3.3.4) 可以进一步得到

$$f_p^{[\boldsymbol{u}]}(\boldsymbol{\eta}, \tau) = \iint_\Sigma m_{pq}(\boldsymbol{\xi},\tau) \frac{\partial}{\partial \xi_q} \delta(\boldsymbol{\eta}-\boldsymbol{\xi})\, \mathrm{d}\Sigma(\boldsymbol{\xi}) = - \frac{\partial}{\partial \xi_q} m_{pq}(\boldsymbol{\xi},\tau) \bigg|_{\boldsymbol{\xi}=\boldsymbol{\eta}} \tag{3.3.5}$$

注意到式 (3.2.7) 的定义，由弹性系数 C_{ijpq} 的性质，有 $m_{pq} = m_{qp}$，因此上式的矢量形式为

$$\boldsymbol{f}^{[\boldsymbol{u}]}(\boldsymbol{\eta}, \tau) = -\nabla \cdot \mathbf{m}(\boldsymbol{\eta},\tau) \xlongequal{(3.2.7)} -\nabla \cdot \left\{ [u_i(\boldsymbol{\eta},\tau)]\, \nu_j(\boldsymbol{\eta}) C_{ijpq}(\boldsymbol{\eta}) \hat{e}_p \hat{e}_q \right\} \tag{3.3.6}$$

根据等效体力的表达式 (3.3.4) 或式 (3.3.5)，可以发现 $\boldsymbol{f}^{[\boldsymbol{u}]}(\boldsymbol{\eta}, \tau)$ 满足如下的性质：

(1) 从时间变化上看，等效体力的时间变化行为（时间函数）与位错函数相同；从空间分布上看，在图 3.2.1(b) 所示的模型 II 中，等效体力只分布在与图 3.2.1(a) 的模型 I 中断层 Σ 相应的位置上。

(2) 等效体力的合力为零。不难验证[①]

$$\iiint_V f_p^{[\boldsymbol{u}]}(\boldsymbol{\eta}, \tau)\, \mathrm{d}V(\boldsymbol{\eta}) = \iiint_V \left\{ - \iint_\Sigma m_{pq}(\boldsymbol{\xi},\tau) \frac{\partial}{\partial \eta_q} \delta(\boldsymbol{\eta}-\boldsymbol{\xi})\, \mathrm{d}\Sigma(\boldsymbol{\xi}) \right\} \mathrm{d}V(\boldsymbol{\eta})$$

---

① 这里是通过式 (3.3.4) 得到的。作为练习，读者可从式 (3.3.5) 或式 (3.3.6) 出发考虑，结论是相同的。

$$= -\iint_\Sigma m_{pq}(\boldsymbol{\xi}, \tau) \left\{ \iiint_V \frac{\partial}{\partial \eta_q} \delta(\boldsymbol{\eta} - \boldsymbol{\xi}) \, dV(\boldsymbol{\eta}) \right\} d\Sigma(\boldsymbol{\xi})$$
$$= 0$$

最后一个等号成立是因为被积函数中大括号内的结果为零（参见式 (3.3.2)，其中的 $f(x) = 1$）。

(3) 等效体力的合力矩为零。即

$$\iiint_V (\boldsymbol{\eta} - \boldsymbol{\eta}_0) \times \boldsymbol{f}^{[\boldsymbol{u}]}(\boldsymbol{\eta}, \tau) \, dV(\boldsymbol{\eta}) = 0$$

式中，$\boldsymbol{\eta}_0$ 是为了计算力矩所选择的参考点。证明留给读者作为练习。

以上有关等效体力的性质 (2) 和 (3) 是可以预期的。因为如若不然，将会导致震源区整体的运动或旋转，这与实际情况不符。并且，等效体力只分布在对应于断层面的空间位置上，这也与我们的直观判断相符。但这些只是提供了有关等效体力比较粗略的认识。进一步提出的问题是，等效体力的具体分布究竟是怎样的？我们可以据此建构什么样的物理模型？

前面曾经提到过，式 (3.3.4) 和式 (3.3.5) 是对一般的各向异性非均匀介质都成立的，形式较为复杂。如果我们考虑各向同性均匀介质的特殊情况，并且针对平面断层，建立合适的坐标系，就可能回答上述问题。

3.3.3 平面剪切位错源的等效体力 (I)：力偶 + 单力

以各向同性均匀介质中的平面剪切位错源为例考虑，见图 3.3.1。建立坐标系 $O\xi_1\xi_2\xi_3$，使得断层平面位于 $\xi_3 = 0$ 的平面内，同时，选择 ξ_1 轴的正向与位错发生的方向一致。这样的坐标系称为震源坐标系。因此，我们有

$$[u_i(\boldsymbol{\xi}, \tau)] = \delta_{i1}[u_1(\xi_1, \xi_2, 0, \tau)], \quad \nu_j = \delta_{j3} \tag{3.3.7}$$

同时注意到对于各向同性弹性体，有弹性系数 C_{ijpq} 的具体表达式（参见式 (2.2.19)）

$$C_{ijpq} = \lambda \delta_{ij}\delta_{pq} + \mu(\delta_{ip}\delta_{jq} + \delta_{iq}\delta_{jp})$$

把它们代入到式 (3.3.5) 得到

$$f_p^{[\boldsymbol{u}]}(\boldsymbol{\eta}, \tau) = -\frac{\partial}{\partial \xi_q}[u_1(\xi_1, \xi_2, 0, \tau)]\Big[\lambda\delta_{13}\delta_{pq} + \mu(\delta_{1p}\delta_{3q} + \delta_{3p}\delta_{1q})\Big]\Big|_{\boldsymbol{\xi}=\boldsymbol{\eta}}$$
$$= -\mu\left\{\delta_{1p}\frac{\partial}{\partial \eta_3}\Big([u_1(\eta_1, \eta_2, 0, \tau)]\delta(\eta_3)\Big) + \delta_{3p}\delta(\eta_3)\frac{\partial}{\partial \eta_1}[u_1(\eta_1, \eta_2, 0, \tau)]\right\}$$

具体地，

$$\begin{cases} f_1^{[\boldsymbol{u}]}(\boldsymbol{\eta}, \tau) = -\mu[u_1(\eta_1, \eta_2, 0, \tau)]\delta'(\eta_3) \\ f_2^{[\boldsymbol{u}]}(\boldsymbol{\eta}, \tau) = 0 \\ f_3^{[\boldsymbol{u}]}(\boldsymbol{\eta}, \tau) = -\mu\frac{\partial}{\partial \eta_1}[u_1(\eta_1, \eta_2, 0, \tau)]\delta(\eta_3) \end{cases}$$

这样，我们就得到了等效体力的三个分量的具体表达式。以下分别考虑 $f_1^{[u]}(\boldsymbol{\eta}, \tau)$ 和 $f_3^{[u]}(\boldsymbol{\eta}, \tau)$ 的性质。

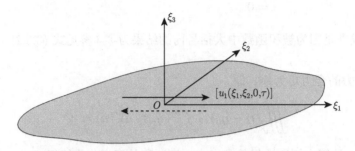

图 3.3.1   震源坐标系下的平面剪切位错源

平面断层位于 $\xi_3 = 0$ 的平面内，位错的方向沿着 ξ_1 轴。实线箭头和虚线箭头分别代表断层的上表面和下表面上发生的位移

3.3.3.1 $f_1^{[u]}(\boldsymbol{\eta}, \tau)$

首先，注意到

$$\iiint_V f_1^{[u]}(\boldsymbol{\eta}, \tau)\,\mathrm{d}V(\boldsymbol{\eta}) = -\mu \iint_\Sigma [u_1(\eta_1, \eta_2, 0, \tau)] \left[\int_{\eta_3^{\min}}^{\eta_3^{\max}} \delta'(\eta_3)\,\mathrm{d}\eta_3 \right] \mathrm{d}\eta_1\,\mathrm{d}\eta_2 = 0$$

其中，$\eta_3^{\min} = \min\{\eta_3(\eta_1, \eta_2)\}$，$\eta_3^{\max} = \max\{\eta_3(\eta_1, \eta_2)\}$。因此 $f_1^{[u]}(\boldsymbol{\eta}, \tau)$ 的合力为零。值得注意的是，被积函数中方括号中关于 η_3 的积分等于零，因此对于每一个断层面上的面元 $\mathrm{d}\eta_1\,\mathrm{d}\eta_2$ 都有合力为零。

其次，对于 $f_1^{[u]}(\boldsymbol{\eta}, \tau)$ 的合力矩，有

$$\iiint_V (\boldsymbol{\eta} - \boldsymbol{\eta}_0) \times \left[f_1^{[u]}(\boldsymbol{\eta}, \tau)\hat{\boldsymbol{e}}_1 \right] \mathrm{d}V(\boldsymbol{\eta}) \xrightarrow{\boldsymbol{\eta}_0 = \boldsymbol{0}} \iiint_V \varepsilon_{ij1}\eta_j f_1^{[u]}(\boldsymbol{\eta}, \tau)\hat{\boldsymbol{e}}_i\,\mathrm{d}V(\boldsymbol{\eta})$$

$$= \iiint_V \varepsilon_{231}\eta_3 f_1^{[u]}(\boldsymbol{\eta}, \tau)\hat{\boldsymbol{e}}_2\,\mathrm{d}V(\boldsymbol{\eta}) + \iiint_V \varepsilon_{321}\eta_2 f_1^{[u]}(\boldsymbol{\eta}, \tau)\hat{\boldsymbol{e}}_3\,\mathrm{d}V(\boldsymbol{\eta})$$

$$= -\mu \iiint_V (\eta_3\hat{\boldsymbol{e}}_2 - \eta_2\hat{\boldsymbol{e}}_3)[u_1(\eta_1, \eta_2, 0, \tau)]\delta'(\eta_3)\,\mathrm{d}V(\boldsymbol{\eta})$$

$$= -\mu \iint_\Sigma [u_1(\eta_1, \eta_2, 0, \tau)] \left[\int_{\eta_3^{\min}}^{\eta_3^{\max}} \delta'(\eta_3)\,(\eta_3\hat{\boldsymbol{e}}_2 - \eta_2\hat{\boldsymbol{e}}_3)\,\mathrm{d}\eta_3 \right] \mathrm{d}\eta_1\,\mathrm{d}\eta_2$$

$$= \mu\hat{\boldsymbol{e}}_2 \iint_\Sigma [u_1(\eta_1, \eta_2, 0, \tau)]\,\mathrm{d}\eta_1\,\mathrm{d}\eta_2 \tag{3.3.8}$$

这意味着每个断层面元的 $f_1^{[u]}(\boldsymbol{\eta}, \tau)$ 都造成了沿 ξ_2 轴的力矩。

综合上述两点，在断层的每个面元上，$f_1^{[u]}(\boldsymbol{\eta}, \tau)$ 的合力为零，而它造成了沿 ξ_2 轴的力矩。根据这个性质，我们可以用一个力偶的模型来描述 $f_1^{[u]}(\boldsymbol{\eta}, \tau)$ 分布的图像[①]：类似于

---

① 在寻找等效体力模型的时候，不可能也没有必要找"唯一"的模型。这是因为场点处的位移是整个断层面的综合结果，仅从位移相等，我们无法推断每个断层面的情况。因此，等效体力不唯一是必然的。所以选取等效体力的标准是，只要具有相应的性质，图像简单明晰即可。

图 3.3.1 中所显示的位错分布，在断层的上表面和下表面的每个面元上，$f_1^{[u]}(\boldsymbol{\eta}, \tau)$ 的方向分别是沿着 ξ_1 轴的正向和负向，大小相等，但方向相反，同时彼此相隔一个趋于无限小的距离，它将产生一个合力矩。

3.3.3.2 $f_3^{[u]}(\boldsymbol{\eta}, \tau)$

采用与分析 $f_1^{[u]}(\boldsymbol{\eta}, \tau)$ 相同的方式，通过其合力和合力矩的性质来寻找合适的模型。

由于

$$
\begin{aligned}
\iiint_V f_3^{[u]}(\boldsymbol{\eta}, \tau)\,\mathrm{d}V(\boldsymbol{\eta}) &= -\mu \iiint_V \frac{\partial}{\partial \eta_1}[u_1(\eta_1, \eta_2, 0, \tau)]\delta(\eta_3)\,\mathrm{d}\eta_1\,\mathrm{d}\eta_2\,\mathrm{d}\eta_3 \\
&= -\mu \iint_\Sigma \frac{\partial}{\partial \eta_1}[u_1(\eta_1, \eta_2, 0, \tau)]\,\mathrm{d}\eta_1\,\mathrm{d}\eta_2 \\
&= -\mu \int_{\eta_2^{\min}}^{\eta_2^{\max}} [u_1(\eta_1, \eta_2, 0, \tau)]\Big|_{\eta_1=\eta_1^{\min}}^{\eta_1=\eta_1^{\max}}\,\mathrm{d}\eta_2 = 0
\end{aligned}
$$

其中，$\eta_i^{\min} = \min(\eta_i)$，$\eta_i^{\max} = \max(\eta_i)$ $(i = 1, 2)$。最后一个等号成立，是因为断层的边缘处位错量为零[①]。这意味着 $f_3^{[u]}(\boldsymbol{\eta}, \tau)$ 的合力也为零。注意与 $f_1^{[u]}(\boldsymbol{\eta}, \tau)$ 不同的是，在断层面的每个面元上，$f_3^{[u]}(\boldsymbol{\eta}, \tau)$ 的合力并不为零，但是对整个断层面 Σ 的积分为零[②]。

$f_3^{[u]}(\boldsymbol{\eta}, \tau)$ 的合力矩为

$$
\begin{aligned}
&\iiint_V (\boldsymbol{\eta} - \boldsymbol{\eta}_0) \times \left[f_3^{[u]}(\boldsymbol{\eta}, \tau)\hat{\boldsymbol{e}}_3\right]\,\mathrm{d}V(\boldsymbol{\eta}) \xlongequal{\boldsymbol{\eta}_0=\boldsymbol{0}} \iiint_V \varepsilon_{ij3}\eta_j f_3^{[u]}(\boldsymbol{\eta}, \tau)\hat{\boldsymbol{e}}_i\,\mathrm{d}V(\boldsymbol{\eta}) \\
&= \iiint_V \varepsilon_{123}\eta_2 f_3^{[u]}(\boldsymbol{\eta}, \tau)\hat{\boldsymbol{e}}_1\,\mathrm{d}V(\boldsymbol{\eta}) + \iiint_V \varepsilon_{213}\eta_1 f_3^{[u]}(\boldsymbol{\eta}, \tau)\hat{\boldsymbol{e}}_2\,\mathrm{d}V(\boldsymbol{\eta}) \\
&= -\mu \iiint_V (\eta_2\hat{\boldsymbol{e}}_1 - \eta_1\hat{\boldsymbol{e}}_2)\frac{\partial}{\partial \eta_1}[u_1(\eta_1, \eta_2, 0, \tau)]\delta(\eta_3)\,\mathrm{d}V(\boldsymbol{\eta}) \\
&= -\mu \int_{\eta_2^{\min}}^{\eta_2^{\max}} \left\{ (\eta_2\hat{\boldsymbol{e}}_1 - \eta_1\hat{\boldsymbol{e}}_2)[u_1(\eta_1, \eta_2, 0, \tau)]\Big|_{\eta_1=\eta_1^{\min}}^{\eta_1=\eta_1^{\max}} \right. \\
&\qquad \left. + \int_{\eta_1^{\min}}^{\eta_1^{\max}} [u_1(\eta_1, \eta_2, 0, \tau)]\hat{\boldsymbol{e}}_2\,\mathrm{d}\eta_1 \right\}\,\mathrm{d}\eta_2 = -\mu\hat{\boldsymbol{e}}_2 \iint_\Sigma [u_1(\eta_1, \eta_2, 0, \tau)]\,\mathrm{d}\eta_1\,\mathrm{d}\eta_2
\end{aligned}
$$

可见，它正好与 $f_1^{[u]}(\boldsymbol{\eta}, \tau)$ 的合力矩互为相反数。这表明，等效体力总体产生的合力矩为零，这与一般情况下的结论是一致的。

根据以上分析，$f_3^{[u]}(\boldsymbol{\eta}, \tau)$ 整体的性质与 $f_1^{[u]}(\boldsymbol{\eta}, \tau)$ 类似，都是合力为零，而产生 ξ_2 轴方向的力矩，正好可以与 $f_1^{[u]}(\boldsymbol{\eta}, \tau)$ 所产生的力矩抵消。但是，一个显著的区别是，在断层的面元上，$f_3^{[u]}(\boldsymbol{\eta}, \tau)$ 的合力并不为零。因此，力偶的模型并不适合于 $f_3^{[u]}(\boldsymbol{\eta}, \tau)$。我们只能笼统地说，在整个断层面上，$f_3^{[u]}(\boldsymbol{\eta}, \tau)$ 是一个单力的分布，整体上满足上面描述的性质。

---

① 这是一个合理的假定，因为我们选择断层面 Σ 的标准是，保证它是一个充分大的平面，使得发生破裂的区域位于这个平面内。这意味着在断层的边缘位错为零。如果不是这样，说明这个断层面取得不够大，在此之外的区域内仍然有破裂的出现。需要继续加大 Σ，直到条件得到满足。

② 这个结论可以从第二个等号右端的积分号下的被积函数看出来。在断层面元 $\mathrm{d}\eta_1\,\mathrm{d}\eta_2$ 上，$f_3^{[u]}$ 的合力为 $-\mu\frac{\partial}{\partial \eta_1}[u_1(\eta_1, \eta_2, 0, \tau)]\,\mathrm{d}\eta_1\,\mathrm{d}\eta_2$，一般情况下这是非零的。

综合上面对于等效体力分量的分析，我们可以获得如下认识：对于各向同性均匀介质中平面断层上产生的剪切位错，其等效体力在断层面内垂直于位错矢量的方向上没有分量，断层面内平行于位错的方向上为一对力偶，而在垂直于断层面的方向上为一个单力的分布。整体上，等效体力的合力和合力矩都为零。

3.3.4　平面剪切位错源的等效体力 (II)：双力偶

前面我们是从等效体力的表达式出发，得到等效体力的第一种形式：力偶 + 单力。以下直接从震源表示定理来考虑这个问题。仍然是在震源坐标系中（图 3.3.1），因此式 (3.3.7) 仍然成立。将式 (3.3.7) 和式 (2.2.19) 代入式 (3.2.5) 中，有

$$
\begin{aligned}
u_n(\boldsymbol{x},t) &= \mu \iint_\Sigma [u_1(\boldsymbol{\xi},t)]\left(\delta_{1p}\delta_{3q}+\delta_{1q}\delta_{3p}\right)*\frac{\partial}{\partial\xi_q}G_{np}(\boldsymbol{x},t;\boldsymbol{\xi},0)\,\mathrm{d}\Sigma(\boldsymbol{\xi}) \\
&= \mu \iint_\Sigma [u_1(\boldsymbol{\xi},t)]*\left\{\frac{\partial}{\partial\xi_3}G_{n1}(\boldsymbol{x},t;\boldsymbol{\xi},0)+\frac{\partial}{\partial\xi_1}G_{n3}(\boldsymbol{x},t;\boldsymbol{\xi},0)\right\}\mathrm{d}\Sigma(\boldsymbol{\xi}) \\
&= \mu \lim_{\varepsilon\to0}\iint_\Sigma \frac{[u_1(\boldsymbol{\xi},t)]}{2\varepsilon}*\Big[G_{n1}(\boldsymbol{x},t;\boldsymbol{\xi}+\varepsilon\hat{\boldsymbol{e}}_3,0)-G_{n1}(\boldsymbol{x},t;\boldsymbol{\xi}-\varepsilon\hat{\boldsymbol{e}}_3,0) \\
&\quad + G_{n3}(\boldsymbol{x},t;\boldsymbol{\xi}+\varepsilon\hat{\boldsymbol{e}}_1,0)-G_{n3}(\boldsymbol{x},t;\boldsymbol{\xi}-\varepsilon\hat{\boldsymbol{e}}_1,0)\Big]\mathrm{d}\Sigma(\boldsymbol{\xi})
\end{aligned}
\tag{3.3.9}
$$

根据 2.4.1 节介绍的 Green 函数的含义，上式中积分号下的四个 Green 函数，分别是作用在 $\boldsymbol{\xi}$ 附近的四个力 $\boldsymbol{f}^{(i)}$（$i=1,2,3,4$）所产生的，见图 3.3.2。因为 $\boldsymbol{f}^{(1)}$ 和 $\boldsymbol{f}^{(2)}$ 为竖直方向上相隔 2ε 的一对力偶，而 $\boldsymbol{f}^{(3)}$ 和 $\boldsymbol{f}^{(4)}$ 为水平方向上相隔 2ε 的另外一对力偶，并且它们所产生的力矩互相抵消，所以是一对无矩双力偶。这就是说，位移场可以看作是由双力偶产生的。

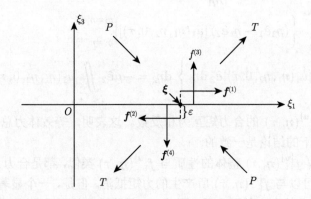

图 3.3.2　双力偶模型示意图

以震源坐标系 $\xi_2=0$ 的截面为例，平面断层位于 ξ_1 轴上。$\boldsymbol{\xi}$ 为断层上的一点。$\boldsymbol{f}^{(1)}$ 和 $\boldsymbol{f}^{(2)}$ 为水平方向上相隔 2ε 的一对力偶，而 $\boldsymbol{f}^{(3)}$ 和 $\boldsymbol{f}^{(4)}$ 为竖直方向上相隔 2ε 的另外一对力偶。图中还标出了拉张轴（T 轴）和压缩轴（P 轴）的方向

为了更清楚地显示这一点，以下来证明，由图 3.3.2 中的双力偶所产生的位移场的表达式就是式 (3.3.9)。

考虑具有如下形式的四个集中脉冲型的单力

$$\begin{cases} f_p^{(1)}(\boldsymbol{x},t) = F(\boldsymbol{\xi},\tau_0)\delta_{p1}\delta\left[\boldsymbol{x} - (\boldsymbol{\xi} + \varepsilon\hat{\boldsymbol{e}}_3)\right]\delta(t-\tau_0) \\ f_p^{(2)}(\boldsymbol{x},t) = -F(\boldsymbol{\xi},\tau_0)\delta_{p1}\delta\left[\boldsymbol{x} - (\boldsymbol{\xi} - \varepsilon\hat{\boldsymbol{e}}_3)\right]\delta(t-\tau_0) \\ f_p^{(3)}(\boldsymbol{x},t) = F(\boldsymbol{\xi},\tau_0)\delta_{p3}\delta\left[\boldsymbol{x} - (\boldsymbol{\xi} + \varepsilon\hat{\boldsymbol{e}}_1)\right]\delta(t-\tau_0) \\ f_p^{(4)}(\boldsymbol{x},t) = -F(\boldsymbol{\xi},\tau_0)\delta_{p3}\delta\left[\boldsymbol{x} - (\boldsymbol{\xi} - \varepsilon\hat{\boldsymbol{e}}_1)\right]\delta(t-\tau_0) \end{cases}$$

其中，$F(\boldsymbol{\xi},\tau_0) = \mu[u_1(\boldsymbol{\xi},\tau_0)]/2\varepsilon$ 为这几个单力的大小，与力的作用点位置 $\boldsymbol{\xi}$ 和作用时刻 τ_0 有关。以 $f_p^{(1)}(\boldsymbol{x},t)$ 为例，将其代入式 (3.3.1)，有

$$\begin{aligned} u_n^{(1)}(\boldsymbol{x},t) &= \int_{-\infty}^{+\infty}\mathrm{d}\tau\iiint_V \frac{\mu[u_1(\boldsymbol{\xi},\tau_0)]}{2\varepsilon}\delta_{p1}\delta\left[\boldsymbol{\eta} - (\boldsymbol{\xi}+\varepsilon\hat{\boldsymbol{e}}_3)\right]\delta(\tau-\tau_0) \\ &\quad \cdot G_{np}(\boldsymbol{x}, t-\tau; \boldsymbol{\eta}, 0)\,\mathrm{d}V(\boldsymbol{\eta}) \\ &= \frac{\mu[u_1(\boldsymbol{\xi},\tau_0)]}{2\varepsilon}G_{n1}(\boldsymbol{x}, t-\tau_0; \boldsymbol{\xi}+\varepsilon\hat{\boldsymbol{e}}_3, 0) \end{aligned}$$

类似地，$f_p^{(i)}(\boldsymbol{x},t)$ $(i=2,3,4)$ 产生的位移场分别为

$$u_n^{(2)}(\boldsymbol{x},t) = -\frac{\mu[u_1(\boldsymbol{\xi},\tau_0)]}{2\varepsilon}G_{n1}(\boldsymbol{x}, t-\tau_0; \boldsymbol{\xi}-\varepsilon\hat{\boldsymbol{e}}_3, 0)$$

$$u_n^{(3)}(\boldsymbol{x},t) = \frac{\mu[u_1(\boldsymbol{\xi},\tau_0)]}{2\varepsilon}G_{n3}(\boldsymbol{x}, t-\tau_0; \boldsymbol{\xi}+\varepsilon\hat{\boldsymbol{e}}_1, 0)$$

$$u_n^{(4)}(\boldsymbol{x},t) = -\frac{\mu[u_1(\boldsymbol{\xi},\tau_0)]}{2\varepsilon}G_{n3}(\boldsymbol{x}, t-\tau_0; \boldsymbol{\xi}-\varepsilon\hat{\boldsymbol{e}}_1, 0)$$

将它们求和，取作用点位置 $\boldsymbol{\xi}$ 在断层面 Σ 上的积分，并对作用时刻 τ_0 取积分，同时 ε 取极限，得到

$$\begin{aligned} u_n(\boldsymbol{x},t) &= u_n^{(1)}(\boldsymbol{x},t) + u_n^{(2)}(\boldsymbol{x},t) + u_n^{(3)}(\boldsymbol{x},t) + u_n^{(4)}(\boldsymbol{x},t) \\ &= \mu\lim_{\varepsilon\to 0}\iint_\Sigma \frac{[u_1(\boldsymbol{\xi},t)]}{2\varepsilon} * \Big[G_{n1}(\boldsymbol{x},t; \boldsymbol{\xi}+\varepsilon\hat{\boldsymbol{e}}_3, 0) - G_{n1}(\boldsymbol{x},t; \boldsymbol{\xi}-\varepsilon\hat{\boldsymbol{e}}_3, 0) \\ &\quad + G_{n3}(\boldsymbol{x},t; \boldsymbol{\xi}+\varepsilon\hat{\boldsymbol{e}}_1, 0) - G_{n3}(\boldsymbol{x},t; \boldsymbol{\xi}-\varepsilon\hat{\boldsymbol{e}}_1, 0)\Big]\mathrm{d}\Sigma(\boldsymbol{\xi}) \end{aligned}$$

这与式 (3.3.9) 的结果一致。这样，我们就可以得到如下结论：断层上的剪切位错所产生的位移场，等效于双力偶所产生的位移场。从上面的论证过程可以看出，这个结论对于断层上的点是逐点成立的。也就是说，断层上每一点 $\boldsymbol{\xi}$ 处的剪切位错产生的位移场，都可以用图 3.3.2 中所示的双力偶来等效。需要说明的是，在位错方向确定的情况下，双力偶中包含的四个单力的大小和方向是唯一确定的。此外，由 $\boldsymbol{f}^{(i)}$ $(i=1,2,3,4)$ 产生的应力状态，可以直观地用拉张轴（T 轴，即 $\boldsymbol{f}^{(1)}$ 和 $\boldsymbol{f}^{(3)}$ 的合力方向，以及 $\boldsymbol{f}^{(2)}$ 和 $\boldsymbol{f}^{(4)}$ 的合力方向）和压缩轴（P 轴，与 T 轴垂直）来表示[①]，如图 3.3.2 所示。它们分别代表主拉应力和主压应力的方向。这对于后续分析剪切位错源产生的位移场性质有帮助。

---

① 这里所说的"拉张"和"压缩"，指仅由位错产生的应力部分。绝对的应力值是位错产生的应力与地震发生前的初始应力之和，因此总的应力场并不是这里所说的状态。一般来说，地下的应力场都是处于压缩的状态。

3.3.5　两组等效体力之间的关系

以上分别从等效体力的具体形式以及直接从震源表示定理出发，得到了两种等效体力的模型，分别是力偶 + 单力的模型和双力偶模型。前面已经提到过，对于等效体力而言，由于只要求它所产生的位移场与位错源产生的相同，而观测点处的位移场，是断层面上各个面源产生位移场的综合结果，仅根据它无法唯一地确定每个面元上力的分布。因此存在不同的等效体力模型是可以预期的。

现在我们希望揭示这两组等效体力背后的关系，它们从本质上是等价的。根据 Green 函数的定义，以及 3.3.4 节的分析，不难获得这样的认识：集中脉冲型的单力，以及由一对这样的单力组成的力偶，所产生的位移场分别是 Green 函数和 Green 函数的空间导数。因此对于式 (3.3.9) 中第二个等号右端的结果，可以判断产生它的力是两组力偶，由于这两组力偶分别是 ξ_1 和 ξ_3 方向上的，所以得出的等效体力模型是双力偶。

观察式 (3.3.9) 第二个等号右端大括号中的两个 Green 函数导数，分别是对 ξ_3 和 ξ_1 求导的，而 $\mathrm{d}\Sigma(\boldsymbol{\xi}) = \mathrm{d}\xi_1\,\mathrm{d}\xi_2$，$\xi_1$ 是积分变量而 ξ_3 不是。这种差别导致了对 ξ_1 的空间导数项可以利用分部积分将求导转移到位错函数上去，而对 ξ_3 的空间导数项则无法进一步转化。具体地，

$$u_n(\boldsymbol{x},t) = \mu \iint_\Sigma [u_1(\boldsymbol{\xi},t)] * \left\{ \frac{\partial}{\partial \xi_3} G_{n1}(\boldsymbol{x},t;\boldsymbol{\xi},0) + \frac{\partial}{\partial \xi_1} G_{n3}(\boldsymbol{x},t;\boldsymbol{\xi},0) \right\} \mathrm{d}\Sigma(\boldsymbol{\xi})$$

$$= \mu \iint_\Sigma [u_1(\boldsymbol{\xi},t)] * \frac{\partial}{\partial \xi_3} G_{n1}(\boldsymbol{x},t;\boldsymbol{\xi},0)\, \mathrm{d}\Sigma(\boldsymbol{\xi})$$

$$- \mu \iint_\Sigma \frac{\partial}{\partial \xi_1}[u_1(\boldsymbol{\xi},t)] * G_{n3}(\boldsymbol{x},t;\boldsymbol{\xi},0)\, \mathrm{d}\Sigma(\boldsymbol{\xi})$$

等式右端的两项分别含有 Green 函数的空间导数和 Green 函数本身。根据上面的分析，它们分别是由力偶和单力导致的。注意到这也是从震源表示定理出发而得到的结论，与从等效体力出发得到的结论相同。这说明，无论是力偶 + 单力的模型，还是双力偶的模型，都可以用来作为等效体力，二者是等价的。

既然如此，我们就可以选择一组更简单明晰的模型作为等效体力。由于单力的具体分布并不清楚，只知道它在断层面上的合力和合力矩为零；而相比之下，断层上每一处都是双力偶的模型更为清楚，因此我们选择双力偶作为剪切位错源的等效体力，并最终得到结论：断层上的剪切破裂所产生的位移场等效于无矩双力偶所产生的位移场。这个结论对于断层面上的每一点都成立。

3.4　地震矩张量

3.4.1　地震矩张量的定义和性质

在式 (3.2.6) 中，为了书写简便，曾经引入在式 (3.2.7) 中定义的 m_{pq}

$$m_{pq}(\boldsymbol{\xi},t) = [u_i(\boldsymbol{\xi},t)]\, \nu_j(\boldsymbol{\xi})\, C_{ijpq}(\boldsymbol{\xi}) \tag{3.4.1}$$

在很多场合下，我们会研究远场的问题[①]。这时震源表示定理式 (3.2.5) 可改写为

$$u_n(\boldsymbol{x}, t) = \iint_\Sigma m_{pq}(\boldsymbol{\xi}, t)\, \mathrm{d}\Sigma(\boldsymbol{\xi}) * G_{np,q'}(\boldsymbol{x}, t; \boldsymbol{\xi}_0, 0) = M_{pq}(t) * G_{np,q'}(\boldsymbol{x}, t; \boldsymbol{\xi}_0, 0) \quad (3.4.2)$$

其中，$\boldsymbol{\xi}_0$ 是断层面上任意选取的一点用来表征远场情况下的 Green 函数中的源点位置，$M_{pq}(t)$ 定义为

$$M_{pq}(t) = \iint_\Sigma m_{pq}(\boldsymbol{\xi}, t)\, \mathrm{d}\Sigma(\boldsymbol{\xi}) = \iint_\Sigma [u_i(\boldsymbol{\xi}, t)]\, \nu_j(\boldsymbol{\xi}) C_{ijpq}(\boldsymbol{\xi})\, \mathrm{d}\Sigma(\boldsymbol{\xi}) \quad (3.4.3)$$

$M_{pq}(t)$ 的量纲为 $[\mathrm{N \cdot m}]$，与力矩相同。对于各向同性均匀介质中的平面断层剪切位错，在震源坐标系中，根据式 (3.4.3)，有

$$M_{pq}(t) = \mu\, (\delta_{1p}\delta_{3q} + \delta_{3p}\delta_{1q}) \iint_\Sigma [u_1(\boldsymbol{\xi}, t)]\, \mathrm{d}\Sigma(\boldsymbol{\xi}) \quad (3.4.4)$$

写成矩阵形式，为

$$\mathbf{M}(t) = M_0(t) \begin{bmatrix} 0 & 0 & 1 \\ 0 & 0 & 0 \\ 1 & 0 & 0 \end{bmatrix}, \quad M_0(t) = \mu \iint_\Sigma [u_1(\boldsymbol{\xi}, t)]\, \mathrm{d}\Sigma(\boldsymbol{\xi}) = \mu\overline{[u_1(t)]}A$$

其中，

$$\overline{[u_1(t)]} = \frac{1}{A} \iint_\Sigma [u_1(\boldsymbol{\xi}, t)]\, \mathrm{d}\Sigma(\boldsymbol{\xi})$$

为平均错动量，A 为断层面积。$M_0(t)$ 称为地震矩。由上式可见 $M_{13} = M_{31} = M_0(t)$，与式 (3.3.8) 中 $f_1^{[\boldsymbol{u}]}$ 产生的力矩大小相同。这说明 $M_{pq}(t)$ 代表部分等效体力的力矩。此外，从 $M_{pq}(t)$ 的定义式不难验证它符合二阶张量的判据式 (2.1.15)。基于以上原因，把按式 (3.4.3) 定义的 $M_{pq}(t)$ 叫做地震矩张量。而把其积分形式定义中的被积函数 $m_{pq}(\boldsymbol{\xi}, t)$ 叫做地震矩密度张量。

根据式 (3.4.3)，由弹性系数 C_{ijpq} 的性质（$C_{ijpq} = C_{ijqp}$）可知 $M_{pq} = M_{qp}$，即 $M_{pq}(t)$ 是个对称张量。对于各向同性介质中的剪切位错，不难从式 (3.4.4) 得到 $M_{pp} = 0$，这表明对于剪切位错而言，地震矩张量的迹为零。

在一般的直角坐标系下，各向同性均匀介质中的平面剪切位错，假定发生位错的方向上的单位向量为 $\hat{e}$，那么 $[u_i(\boldsymbol{\xi}, t)] = [u(\boldsymbol{\xi}, t)]e_i$。记 $[u(\boldsymbol{\xi}, t)]$ 的空间平均量为 $\overline{[u(t)]}$。那么，根据式 (3.4.3)，对应的地震矩张量可写为

$$M_{pq}(t) = \mu \iint_\Sigma [u_i(\boldsymbol{\xi}, t)]\, \nu_j(\delta_{ip}\delta_{jq} + \delta_{iq}\delta_{jp})\, \mathrm{d}\Sigma(\boldsymbol{\xi}) = M_0(t)(e_p\nu_q + e_q\nu_p) \quad (3.4.5)$$

其中，$M_0(t) = \mu\overline{[u(t)]}A$。可以看到，$M_{pq}(t)$ 的表达式中，$\hat{e}$ 和 $\hat{\boldsymbol{\nu}}$ 的地位是完全等同的。换句话说，假如这两个量互换，不会影响地震矩张量 $M_{pq}(t)$。这意味着对于剪切位错点源发出的地震波，无法区分这两个互相垂直的平面中哪一个是断层面、哪一个是与其垂直的面（称为辅助面）。

[①] 顾名思义，远场意味着观测点离源点很远。场点和源点之间的距离远远大于断层的特征尺度，使得从场点看来，无法分辨 Green 函数在断层面上的分布情况。也就是说，可以近似地认为 Green 函数在断层区域上的空间变化可以忽略，从而从积分号下提到积分号外面来。

3.4.2 地震矩张量的物理意义

在 3.2 节中，我们将断层面视为密接在一起的具有位移间断的两个面，把这两个面作为内边界，在内外边界所共同包围的区域中，位移满足单值连续的条件，因此基于在连续介质力学的范畴里成立的位移表示定理而得到了震源表示定理。但是如果我们将目光聚焦于断层面本身，其上发生的位移错断不满足位移连续性的条件，因此震源过程显然不是基于连续介质假设的弹性理论所能够解释的，位移错断本身就是震源非弹性效应的一种体现。不难想象，基于位错定义的矩密度张量 $m_{pq}(\boldsymbol{\xi},\tau)$（参见式 (3.4.1)）也必然包含了非弹性的信息，与震源处发生的非弹性过程有关联。以下从更一般的角度考虑这个问题[①]。

在 3.2.1 节介绍震源表示定理的模型和假设的时候曾经提到过，在地震发生的过程中，震源区经历了复杂的物理过程，这是不能够仅以遵循广义 Hooke 定律的弹性本构来描述的。仅由弹性过程不会形成震源，因此从一般的角度来看，可以将地震的震源视为偏离了弹性应变的体积源。在这个过程中产生的塑性变形、热效应和相变等因素，都会导致在一定区域内出现无应力的应变[②]。总的应变 ε_{pq} 为由于外力作用导致的弹性应变 ε_{pq}^e 与非弹性效应产生的无应力的应变（即非弹性应变）ε_{pq}^* 之和

$$\varepsilon_{pq} = \varepsilon_{pq}^e + \varepsilon_{pq}^*$$

应力与弹性应变遵循广义 Hooke 定律（式 (2.2.18)），

$$\tau_{ij} = C_{ijpq}\varepsilon_{pq}^e = C_{ijpq}(\varepsilon_{pq} - \varepsilon_{pq}^*)$$

将其代入到不含有外力作用 ($f_i = 0$) 的弹性运动方程 (2.2.17) 中，有

$$(C_{ijpq}\varepsilon_{pq})_{,j} - (C_{ijpq}\varepsilon_{pq}^*)_{,j} = \rho\ddot{u}_i$$

如果把 $-(C_{ijpq}\varepsilon_{pq}^*)_{,j}$ 视为等效体力 $f_i^{[\boldsymbol{u}]}$，

$$f_i^{[\boldsymbol{u}]} = -(C_{ijpq}\varepsilon_{pq}^*)_{,j}$$

那么由总应变根据弹性关系得到的应力仍然满足弹性运动方程

$$(C_{ijpq}\varepsilon_{pq})_{,j} + f_i^{[\boldsymbol{u}]} = \rho\ddot{u}_i$$

如果定义非弹性应力 τ_{ij}^* 为由非弹性应变根据广义 Hooke 定律得到形式上的应力[③]，即

$$\tau_{ij}^* = C_{ijpq}\varepsilon_{pq}^*$$

[①] 本节的分析参考了陈运泰和顾浩鼎的《震源理论》（中国科学院大学授课内部讲义）。

[②] stress-free strain。以热膨胀产生的应变为例。在某一特定的温度下，由于外力的作用，会同时产生应力和应变。但是，如果在外力作用的同时，还伴随着温度变化，情况就有所不同。设想一个弹性体，在温度升高的过程中，不受外力作用。因为应变衡量的是相对于作用之前发生的形变，而弹性体在温度升高的过程中发生了体膨胀，所以这个过程产生了正应变。但是，因为弹性体没有受到约束，其内部并没有产生附加的内力，所以这个过程没有产生应力。当然，如果在温度升高的过程中同时有外力的作用，那么外力仍然同时导致应力和应变。最终的应力为外力导致，而应变为由外力导致的部分和由温度变化导致的部分之和。

[③] 这种定义方式看起来很奇怪。需要强调的是，这仅仅是借助于弹性本构关系的形式来定义的，并不意味着非弹性应力与弹性应力之间有什么联系。

那么, 有

$$f_i^{[\boldsymbol{u}]} = -\tau_{ij,j}^*, \quad \text{即} \quad \boldsymbol{f}^{[\boldsymbol{u}]} = -\nabla \cdot \boldsymbol{\tau}^*$$

对比式 (3.3.6), 可以看出

$$m_{ij}(\boldsymbol{\eta}, \tau) = \tau_{ij}^*(\boldsymbol{\eta}, \tau) \tag{3.4.6}$$

式 (3.4.6) 表明, 地震矩密度张量等于非弹性应变按照线弹性的本构关系 (Hooke 定律) 计算出来的非弹性应力, 它是真实的应变 ε_{pq} 按照 Hooke 定律计算出的应力 (称为模型应力, model stress) $C_{ijpq}\varepsilon_{pq}$ 与真实的由外力导致的弹性应力 τ_{ij} 之差。τ_{ij}^* 又称作应力过量 (stress glut) (Backus and Mulcahy, 1976)。

综上所述, 地震矩密度张量代表的是震源区非弹性的应力张量, 即应力过量, 表示的是由震源区内部的非弹性过程所引起的变形所对应的应力。注意到以上是将震源视作一定体积内发生的物理过程而做的分析, 因此式 (3.4.6) 表示的矩密度张量是针对空间中的一点定义的。具体地, 对于位错源, 矩密度张量是在震源面上定义的, 见式 (3.4.1)。非弹性应变部分对应着断层面上发生的位移错断[①]。而作为地震矩密度张量的面积分 (式 (3.4.3)), 地震矩张量则是上述效应在断层面上的综合。

3.4.3 地震矩张量的具体表达

根据式 (3.4.4), 各向同性均匀介质中平面剪切破裂的地震矩张量 $M_{pq}(t)$ 在震源坐标系下, 除了 $M_{13}(t) = M_{31}(t) = M_0(t)$ 之外, 所有其余的分量都为零。这是地震矩张量的最简化表达。

但是, 在有些场合下, 为了分析问题方便, 我们需要地震矩张量在其他坐标系下的表达。比如, 以震源 (地震的起始破裂点) 在地表的投影 (即震中) 为原点 O、以北向和东向为 x_1 轴和 x_2 轴, 而以垂直地面向下的方向为 x_3 轴建立的震中坐标系, 见图 3.4.1。

断层平面在震中坐标系下可以以任意形态存在。为了定量描述断层面上的剪切破裂在震中坐标系中的地震矩张量, 需要引入几个重要的角度。

(1) 走向 (strike) ϕ_s。断层面与水平面的交线延伸的方向, 称为断层的走向, 见图 3.4.1 中的虚线。ϕ_s 定义为: 从北向开始顺时针度量, 沿着走向方向看去, 断层的上盘位于观察者的右侧。ϕ_s 的范围是 $[0°, 360°)$。

(2) 倾角 (dip) δ。断层面上与走向方向相垂直的线称为倾斜线, 它与其在地表的投影线之间的夹角为倾角。这个角度等于断层面的法线方向 $\hat{\boldsymbol{\nu}}$ 与垂直轴之间的夹角, 如图 3.4.1 中所示, 以 $-x_3$ 方向开始度量, 范围是 $[0°, 90°]$。

(3) 倾伏角 (rake, 又称滑动角) λ。断层面上的滑动方向 $\hat{\boldsymbol{e}}$ 与走向线之间的夹角, 以走向线开始逆时针度量, 范围取 $(-180°, 180°]$ (有时也取 $[0°, 360°)$)。由于 $[\boldsymbol{u}(\boldsymbol{\xi}, \tau)]$ 定义为断层上表面位移与下表面位移之差, 因此当 $0° < \lambda < 180°$ 时为逆断层, 而当 $-180° < \lambda < 0°$ 时为正断层。特别地, 当 $\lambda = 0°$ 时, 为左旋走滑断层 (站在断层的一侧, 看另一侧是从右向左运动的, 为左旋, 反之为右旋), 而当 $\lambda = 180°$ 时, 为右旋走滑断层。当 $\lambda = 90°$ 时, 为倾滑断层。

[①] 从某种角度上看, 可以认为在断层理论中, 我们是将断层面上发生的复杂的非弹性过程, 等效为位移的错断。再次强调, 虽然地震矩密度张量的表达式中含有弹性系数 C_{ijpq}, 但是这仅仅是借用了弹性本构的形式, 并不意味着我们考虑震源区发生的过程是基于弹性模型。

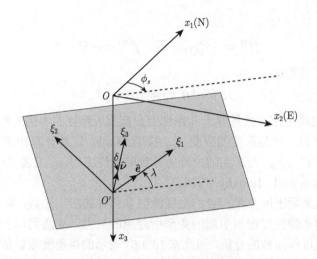

图 3.4.1　震中坐标系下的平面断层

O 为震中，即震源在地表的投影。x_1 轴和 x_2 轴分别指向北和东，x_3 轴垂直地面向下。灰色矩形为断层面。$O'\xi_1\xi_2\xi_3$ 为震源坐标系，$\hat{e}$ 为位错方向的单位矢量，$\hat{\nu}$ 为断层面的法向量。虚线为断层的走向。δ、ϕ_s 和 λ 分别为断层面的倾角 (dip)、走向 (strike) 和倾伏角 (rake)

引入这几个角度以后，可以用它们表达震中坐标系中的地震矩张量分量。有两种途径可以选择：一是通过坐标变换的方式，既然地震矩张量是一个二阶张量，那么它就满足二阶张量的坐标变换关系式 (2.1.15)，我们可以通过震源坐标系中的表达，利用坐标轴旋转得到震中坐标系中的表达；二是基于式 (3.4.5)，直接将 e_i 和 ν_i 在震中坐标系下的表示代入获得。以下我们以第一种方式为例[①]。

如果将图 3.4.1 中的震中坐标系 $Ox_1x_2x_3$ 和震源坐标系 $O'\xi_1\xi_2\xi_3$ 分别当作式 (2.1.15) 中的带撇号的新坐标系和不带撇号的老坐标系，那么两个坐标系的转换矩阵的分量

$$\alpha_{i'j} = \cos(\hat{\boldsymbol{x}}_i, \hat{\boldsymbol{\xi}}_j)$$

由图 3.4.1 中所示的几何关系[②]，我们得到

$$\alpha_{1'1} = \cos\lambda\cos\phi_s + \cos\delta\sin\lambda\sin\phi_s, \qquad \alpha_{1'3} = -\sin\delta\sin\phi_s \qquad (3.4.7\text{a})$$

$$\alpha_{2'1} = \cos\lambda\sin\phi_s - \cos\delta\sin\lambda\cos\phi_s, \qquad \alpha_{2'3} = \sin\delta\cos\phi_s \qquad (3.4.7\text{b})$$

$$\alpha_{3'1} = -\sin\lambda\sin\delta, \qquad \alpha_{3'3} = -\cos\delta \qquad (3.4.7\text{c})$$

---

① 作为练习，请读者自己按照第二种方式求解，得到的结果是一样的。

② 以 $\alpha_{1'1}$ 为例。它代表 ξ_1 轴上的单位矢量 $\hat{e}$ 在 x_1 轴上的投影。首先将 $\hat{e}$ 在断层面上分解为沿着虚线（走向）方向的分量 $\hat{e}^{(1)}$ 和垂直于虚线的分量 $\hat{e}^{(2)}$，显然 $|\hat{e}^{(1)}| = \cos\lambda$，$|\hat{e}^{(2)}| = \sin\lambda$。将 $\hat{e}^{(1)}$ 平移到 x_1x_2 平面中的虚线处，并在 x_1 方向取投影，得到 $\cos\lambda\cos\phi_s$。$\hat{e}^{(2)}$ 需要先在平行于 x_1x_2 的平面上做投影，得到 $\sin\lambda\cos\delta$，位于垂直于虚线的直线上，进一步往 x_1 轴做投影，得到 $\cos\delta\sin\lambda\sin\phi_s$。两部分之和为 $\alpha_{1'1}$，即

$$\alpha_{1'1} = \cos\lambda\cos\phi_s + \cos\delta\sin\lambda\sin\phi_s$$

类似可求出所有其他的分量。

根据式 (2.1.15)，震中坐标系中的地震矩张量

$$M'_{ij} = \alpha_{i'p}\alpha_{j'q}M_{pq}$$

将 $\alpha_{i'j}$ 代入上式，并注意到非零的分量只有 $M_{13}(t) = M_{31}(t) = M_0(t)$（见式 (3.4.4)），得到

$$
\begin{aligned}
M'_{11}(t) &= \alpha_{1'1}\alpha_{1'3}M_{13}(t) + \alpha_{1'3}\alpha_{1'1}M_{31}(t) \\
&= -M_0(t)(\sin\delta\cos\lambda\sin 2\phi_s + \sin 2\delta\sin\lambda\sin^2\phi_s)
\end{aligned}
\tag{3.4.8a}
$$

$$
\begin{aligned}
M'_{12}(t) = M'_{21}(t) &= \alpha_{1'1}\alpha_{2'3}M_{13}(t) + \alpha_{1'3}\alpha_{2'1}M_{31}(t) \\
&= M_0(t)\left(\sin\delta\cos\lambda\cos 2\phi_s + \frac{1}{2}\sin 2\delta\sin\lambda\sin 2\phi_s\right)
\end{aligned}
\tag{3.4.8b}
$$

$$
\begin{aligned}
M'_{13}(t) = M'_{31}(t) &= \alpha_{1'1}\alpha_{3'3}M_{13}(t) + \alpha_{1'3}\alpha_{3'1}M_{31}(t) \\
&= -M_0(t)\left(\cos\delta\cos\lambda\cos\phi_s + \cos 2\delta\sin\lambda\sin\phi_s\right)
\end{aligned}
\tag{3.4.8c}
$$

$$
\begin{aligned}
M'_{22}(t) &= \alpha_{2'1}\alpha_{2'3}M_{13}(t) + \alpha_{2'3}\alpha_{2'1}M_{31}(t) \\
&= M_0(t)(\sin\delta\cos\lambda\sin 2\phi_s - \sin 2\delta\sin\lambda\cos^2\phi_s)
\end{aligned}
\tag{3.4.8d}
$$

$$
\begin{aligned}
M'_{23}(t) = M'_{32}(t) &= \alpha_{2'1}\alpha_{3'3}M_{13}(t) + \alpha_{2'3}\alpha_{3'1}M_{31}(t) \\
&= -M_0(t)\left(\cos\delta\cos\lambda\sin\phi_s - \cos 2\delta\sin\lambda\cos\phi_s\right)
\end{aligned}
\tag{3.4.8e}
$$

$$
M'_{33}(t) = M_0(t)\sin 2\delta\sin\lambda
\tag{3.4.8f}
$$

以上得到的是用地震矩 $M_0(t)$ 和三个角度（δ、ϕ_s 和 λ）表示的震中坐标系中的地震矩张量[①]。这说明用这 4 个量（有时称为**断层参数**）就可以表示一个纯剪切位错源。

3.5　小　　结

震源问题和地震波在地球介质中的传播问题是地震学关注的两个重要课题。在第 2 章得到的位移表示定理的基础上，本章基于位错理论对于震源的处理方法，得到了震源表示定理。这个定理将断层面上的错动与地球介质中的辐射地震波场建立联系，因此成为地震学中很多研究方向的基础。基于这个定理，本章还详细地讨论了等效体力的问题，不仅得到了它的数学表达，也得到了一个简单明晰的等效体力模型：双力偶模型。此外，我们还讨论了地震矩密度张量和地震矩张量的概念，通过分析得到地震矩密度张量对应着震源区发生的非弹性过程中的应力，并得到了以四个断层参数表示的震中坐标系中的地震矩张量表示。

震源表示定理表明，如果已知断层面上的位错函数，就可以得到地震波场；反过来，可以借由地震记录，反演位错的时空分布。而位错和地震波场之间的桥梁，是 Green 函数的空间导数。在地震学问题中，Green 函数都是弹性运动方程在体力取集中脉冲力情况下的

---

① 作为二阶张量，地震矩张量当然具有二阶张量所具有的所有性质。比如，它有本征值和本征向量，可以采用各种分解，用形象的几何方式来表示它，等等。这些和随后的内容关联不大，因此略去不表。

解，方程始终不变。但是注意到不同的介质模型和边界条件对应的 Green 函数不同，因此如何求取各种介质模型下的 Green 函数和它的空间导数就是下一步需要解决的主要问题。

从 19 世纪中叶得到无限均匀介质中的 Green 函数开始一直到现在，有无数的数学家、力学家和地球物理学家投入到 Green 函数的研究中。其中对地震学研究影响最为深远的，当数 1904 年 Lamb 的开创性研究所提出的 Lamb 问题。尽管此后的一百多年间，特别是计算机广泛应用之后，利用数值解法求解各种真实的复杂介质中的地震波问题已经成为地震学研究的重要分支，但是半空间介质作为地球的最简单最重要的近似模型，一直到今天仍有很多研究关注。半空间模型的解是两部分之和：无限的弹性介质本身的贡献，以及自由表面的贡献。由于弹性波动在自由表面附近的相互作用，在半无限的弹性介质中会产生比无限的弹性介质中复杂得多的现象，一个典型的例子是 Rayleigh 波的产生。在进行这种复杂的效应的探讨之前，先集中精力研究不包含自由表面的无限的弹性介质自身伴随的地震波问题是必要的。在接下来的第 4 章中，我们首先考虑无限均匀介质中的地震波问题。

第 4 章　无限均匀介质中的地震波

从本章起，我们的主要注意力将集中于求解两种简化的介质模型中的地震波问题：各向同性均匀的无限介质和半无限介质。本书的主题——Lamb 问题，与半无限介质有关。但是，无限介质是弹性动力学方程唯一存在简单的闭合形式解的情况，并且它是进一步考虑半无限介质问题的基础。在本章中，我们首先考虑这种简单模型下的地震波问题，重点关注无限空间中的 Green 函数和位错源导致的位移场。

在场方程固定而边界条件不同的各种定解问题中，无限介质的模型提供的是无穷远边界条件。从解数学物理方程的角度看，这无疑是最简单的情况。因此从这种情况入手，是个好的选择，我们可以将注意力集中于处理方程本身，而不必考虑如何处理复杂的边界条件[①]。

在本章中，我们将运用势函数方法，基于 Lamé 定理，通过分别求解 P 波和 S 波对应的势函数所满足的波动方程，最终组合成为希望求解的 Green 函数。无限空间的 Green 函数具有简明的形式，因此，以此为基础的位错源引起的位移场也具有相对简单的形式。我们将从空间分布和时间分布两个角度分析它所具有的性质。这些结果将为之后章节中求解 Lamb 问题打下基础。

4.1　求　解　思　路

在 2.2 节的最后，我们得到了式 (2.2.21)，这是求解 Green 函数的出发点。它的分量形式为

$$\rho \ddot{u}_i = (\lambda + \mu)u_{j,ji} + \mu u_{i,jj} + f_i \tag{4.1.1}$$

这是一个非常复杂的偏微分方程，比我们比较熟悉的 Laplace 方程、Poisson 方程、Helmholtz 方程、热传导方程、波动方程等都要复杂。在具体求解之前，梳理一下我们已有的工具，选择一个最合适的工具来求解是必要的。

求解一个偏微分方程，整体的思路是遵循"将未知转化为已知，将复杂转化为简单"的化归原则。采用各种手段，使其化简为常微分方程，甚至代数方程，以便于求解。主要的手段，可以采取积分变换的方式。由于常用的积分变换，比如 Laplace 变换、Fourier 变换等，都具有这种性质：原来求解域中的导数运算，经过变换之后，在变换域中变成了相乘的运算，这样就使得在变换域中的运算变得简单。对于多变量的问题，可以采用将部分甚至全部自变量进行积分变换的方式，来实现问题的简化。

---

① 我们知道对于一个偏微分方程，仅由方程本身是得不到问题的解的，必须结合特定的边界条件。在控制方程一定的情况下，问题的解随着边界条件的不同而千差万别。事实上，有些问题的复杂性并不来自方程，而是来自边界条件。我们在本书中要考虑的两种模型下的 Green 函数求解提供了一个极佳的例证。在无限介质的情况下，解的形式非常简单；但是对于半无限介质，由于界面的存在，问题的求解难度和解的复杂程度就不可同日而语。在本书中的后续章节，我们将会针对这个问题做深入的讨论和分析。

当然，如果问题本身就具有某种对称性，利用对称性首先进行问题的简化，往往会达到事半功倍的效果。当前的问题就是这样。我们求解的介质模型是无限空间模型，而且体力是单位的集中脉冲力，因此，整个空间区域内只有力的作用点是特殊的。如果我们取这个作用点作为坐标原点，由于波场在各个方向上都一样，所以问题具有球对称性。这意味着如果我们采用球坐标系 (r,θ,ϕ) 来求解，那么待求的函数只随 r 变化，而与 θ 和 ϕ 无关。这样，不需要采用任何积分变换，问题自动就转化为常微分方程[①]。

回顾弹性力学中对于应力问题的解法，有一种解法叫做**势函数法**。基本的思路是：对于保守力的情况，通过引入势函数，使得平衡方程转化为应力分量用势函数的表达，而将应力分量满足的协调方程转化为应力函数满足的方程，从而实现将待求解的方程转化为数目更少的应力函数所满足的方程。通过求解应力函数，从而得到了应力分量。当前我们要解决的问题，可以采用类似的思路。借助于矢量的 Helmholtz 分解，可以将位移场转化为两组势函数的表达。应用 Lamé 定理的结论：这两组势函数，分别满足标量和矢量的波动方程，从而将对复杂的方程的求解转化为对相对简单的波动方程的求解，实现整个问题的求解，如图 4.1.1。

图 4.1.1   基于 Lamé 定理求解弹性动力学方程的思路

4.2   Lamé 定理

定理的表述为：对于满足弹性运动方程 (4.1.1) 的位移场，如果体力 $\boldsymbol{f}$ 可以用 Helmholtz 势[②]表示为

$$\boldsymbol{f} = \nabla F + \nabla \times \boldsymbol{H} \tag{4.2.1}$$

其中，$\nabla \cdot \boldsymbol{H} = 0$，那么存在势函数 ϕ 和 $\boldsymbol{\Psi}$，使得

(1) $\boldsymbol{u} = \nabla \phi + \nabla \times \boldsymbol{\Psi}$，且 $\nabla \cdot \boldsymbol{\Psi} = 0$；

(2) $\ddot{\phi} = F/\rho + \alpha^2 \nabla^2 \phi$，$\alpha^2 = (\lambda + 2\mu)/\rho$；

(3) $\ddot{\boldsymbol{\Psi}} = \boldsymbol{H}/\rho + \beta^2 \nabla^2 \boldsymbol{\Psi}$，$\beta^2 = \mu/\rho$。

证明   假定位移和速度的初值 $\boldsymbol{u}(\boldsymbol{x}, 0)$ 和 $\dot{\boldsymbol{u}}(\boldsymbol{x}, 0)$ 的 Helmholtz 分解表示为

---

① 但是，注意到这种球对称性是只有无限介质的模型才有的便利，如果考虑的是有限界面的半空间问题，例如，在接下来的几章要考虑的 Lamb 问题中，这种对称性就不存在了，需要另寻他法。

② 根据 Helmholtz 定理，对于任意的矢量 $\boldsymbol{a}$，总存在标量势 φ 和矢量势 $\boldsymbol{b}$，使得 $\boldsymbol{a}$ 可以表示为 $\boldsymbol{a} = \nabla \varphi + \nabla \times \boldsymbol{b}$，并且 $\nabla \cdot \boldsymbol{b} = 0$。这可以通过构造一个 Poisson 方程来得到证明。假设 $\boldsymbol{u}$ 是满足 Poisson 方程 $\nabla^2 \boldsymbol{u} = \boldsymbol{a}$ 的解。注意到根据式 (2.1.18)，

$$\nabla^2 \boldsymbol{u} = \nabla(\nabla \cdot \boldsymbol{u}) - \nabla \times (\nabla \times \boldsymbol{u}) = \boldsymbol{a}$$

因此，显然取 $\varphi = \nabla \cdot \boldsymbol{u}$ 和 $\boldsymbol{b} = -\nabla \times \boldsymbol{u}$ 即可。

$$\dot{\boldsymbol{u}}(\boldsymbol{x},0) = \nabla A + \nabla \times \boldsymbol{B}, \quad \boldsymbol{u}(\boldsymbol{x},0) = \nabla C + \nabla \times \boldsymbol{D}$$

其中, $\nabla \cdot \boldsymbol{B} = \nabla \cdot \boldsymbol{D} = 0$, 取[1]

$$\phi(\boldsymbol{x},t) = \frac{1}{\rho}\int_0^t (t-\tau)\big[F(\boldsymbol{x},\tau) + (\lambda + 2\mu)\nabla \cdot \boldsymbol{u}(\boldsymbol{x},\tau)\big]\,\mathrm{d}\tau + tA + C$$

$$\boldsymbol{\Psi}(\boldsymbol{x},t) = \frac{1}{\rho}\int_0^t (t-\tau)\big[\boldsymbol{H}(\boldsymbol{x},\tau) - \mu\nabla \times \boldsymbol{u}(\boldsymbol{x},\tau)\big]\,\mathrm{d}\tau + t\boldsymbol{B} + \boldsymbol{D}$$

因此, 有

$$\nabla\phi + \nabla \times \boldsymbol{\Psi} = \int_0^t (t-\tau)\ddot{\boldsymbol{u}}(\boldsymbol{x},\tau)\,\mathrm{d}\tau + t\dot{\boldsymbol{u}}(\boldsymbol{x},0) + \boldsymbol{u}(\boldsymbol{x},0)$$

$$= \big[(t-\tau)\dot{\boldsymbol{u}}(\boldsymbol{x},\tau)\big]\Big|_0^t + \int_0^t \dot{\boldsymbol{u}}(\boldsymbol{x},\tau)\,\mathrm{d}\tau + t\dot{\boldsymbol{u}}(\boldsymbol{x},0) + \boldsymbol{u}(\boldsymbol{x},0)$$

$$= -t\dot{\boldsymbol{u}}(\boldsymbol{x},0) + \boldsymbol{u}(\boldsymbol{x},t) - \boldsymbol{u}(\boldsymbol{x},0) + t\dot{\boldsymbol{u}}(\boldsymbol{x},0) + \boldsymbol{u}(\boldsymbol{x},0) = \boldsymbol{u}(\boldsymbol{x},t)$$

并且由于 $\nabla \cdot \nabla \times \boldsymbol{u} = \nabla \cdot \boldsymbol{H} = \nabla \cdot \boldsymbol{B} = \nabla \cdot \boldsymbol{D} = 0$, 显然 $\nabla \cdot \boldsymbol{\Psi} = 0$。

利用含参变量积分的导数关系

$$\frac{\partial}{\partial t}\int_0^t f(t,\tau)\,\mathrm{d}\tau = \int_0^t \frac{\partial}{\partial t}f(t,\tau)\,\mathrm{d}\tau + f(t,t) \quad \text{和} \quad \frac{\partial}{\partial t}\int_0^t f(\tau)\,\mathrm{d}\tau = f(t)$$

以及

$$\nabla \cdot \boldsymbol{u} = \nabla \cdot \nabla\phi + \nabla \cdot \nabla \times \boldsymbol{\Psi} = \nabla^2\phi, \quad \nabla \times \boldsymbol{u} = \nabla \times \nabla\phi + \nabla \times \nabla \times \boldsymbol{\Psi} = -\nabla^2\boldsymbol{\Psi}$$

可以得到

$$\ddot{\phi} = \frac{1}{\rho}\frac{\partial}{\partial t}\left\{\int_0^t \big[F(\boldsymbol{x},\tau) + (\lambda + 2\mu)\nabla \cdot \boldsymbol{u}(\boldsymbol{x},\tau)\big]\,\mathrm{d}\tau + A\right\}$$

$$= \frac{F}{\rho} + \alpha^2\nabla \cdot \boldsymbol{u} = \frac{F}{\rho} + \alpha^2\nabla^2\phi$$

类似地, 有

$$\ddot{\boldsymbol{\Psi}} = \frac{\boldsymbol{H}}{\rho} - \beta^2\nabla \times \boldsymbol{u} = \frac{\boldsymbol{H}}{\rho} + \beta^2\nabla^2\boldsymbol{\Psi}$$

Lamé 定理表明, 如果对于分别满足标量波动方程和矢量波动方程的标量势函数 ϕ 和矢量势函数 $\boldsymbol{\Psi}$, 分别取它们的梯度和旋度并求和, 结果恰好是我们需要求解的位移场 $\boldsymbol{u}$[2]。这为求解无限空间内的 Green 函数提供了思路: 分别求解 P 波对应的势函数 ϕ 和 S 波对应的矢量势函数 $\boldsymbol{\Psi}$ 各自满足的波动方程的解, 我们要求的位移场 $\boldsymbol{u} = \nabla\phi + \nabla \times \boldsymbol{\Psi}$。因此, 获得波动方程的解是第一步。

---

① Lamé 定理的结论是存在两个势函数, 满足若干性质, 如果明确给出这两个势函数的形式, 只要验证它们满足所有的性质, 定理自然得证。关键的问题是如何构造这两个势函数。这可以从 $\boldsymbol{u}$ 满足的运动方程的形式, 以及 $\nabla\phi + \nabla \times \boldsymbol{\Psi}$ 的结果要等于 $\boldsymbol{u}$ 获得启发: ϕ 中应该含有 $F + (\lambda + 2\mu)\nabla \cdot \boldsymbol{u}$, 而 $\boldsymbol{\Psi}$ 中应含有 $\boldsymbol{H} - \mu\nabla \times \boldsymbol{u}$。如果分别构造这两个函数与 t 的卷积, 再稍微修正一下利用初始条件的表达即可。

② 反过来说也对, 就是对位移场 $\boldsymbol{u}$ 做形如 Lamé 定理的结论 (1) 中的分解, 那么这两个势函数分别满足标量和矢量波动方程。顺便提及, 由于这两个波动方程的传播速度分别是 P 波和 S 波的速度, 所以 $\boldsymbol{u}$ 的这种分解恰好是 P 波和 S 波的分解。注意到 $\nabla \times \nabla\phi = 0$ 以及 $\nabla \cdot \nabla \times \boldsymbol{\Psi} = 0$, 因此从场论的观点看, P 波是一种无旋场, 而 S 波是一种无源场。

4.3　波动方程的解

在直角坐标系中，矢量波动方程可以视为由矢量的三个分量各自满足的波动方程组合而成，因此只需要考虑标量波动方程就可以了。我们的目标是求解如下形式的波动方程在无穷远边界条件和零初始条件下的解

$$\ddot{\phi}(\boldsymbol{x},t) = \frac{F(\boldsymbol{x},t)}{\rho} + \alpha^2 \nabla^2 \phi \tag{4.3.1}$$

有多种方法可以求解波动方程。由于本书中运用位移表示定理得到位移场，需要进而转为求解问题的 Green 函数的做法，从本质上讲是一种 Green 函数解法。为了对这个解法有更深的认识，以下我们采用 Green 函数法求解上述波动方程的解。首先通过求解对应的波动方程 Green 函数，然后利用它来组合式 (4.3.1) 的解。

4.3.1　波动方程的 Green 函数解

记波动方程的 Green 函数为 $g(\boldsymbol{x},t;\boldsymbol{\xi},\tau)$，它满足的定解问题为

$$\ddot{g}(\boldsymbol{x},t;\boldsymbol{\xi},\tau) = \delta(\boldsymbol{x}-\boldsymbol{\xi})\delta(t-\tau) + c^2\nabla^2 g(\boldsymbol{x},t;\boldsymbol{\xi},\tau) \tag{4.3.2a}$$

$$g(\boldsymbol{x},t;\boldsymbol{\xi},\tau)\big|_{\boldsymbol{x}\to\infty} = 0 \tag{4.3.2b}$$

$$g(\boldsymbol{x},t;\boldsymbol{\xi},\tau)\big|_{t<\tau} = 0, \quad \dot{g}(\boldsymbol{x},t;\boldsymbol{\xi},\tau)\big|_{t<\tau} = 0 \tag{4.3.2c}$$

波动方程涉及的自变量为三个空间变量 x_i 和一个时间变量 t。为了简化问题的分析，我们首先采用方便利用初始条件的 Laplace 变换，将其变换到 Laplace 域中，然后利用空间对称性，化为常微分方程来处理。记

$$\bar{g} = \bar{g}(\boldsymbol{x},p;\boldsymbol{\xi},\tau) = \mathscr{L}\{g(\boldsymbol{x},t;\boldsymbol{\xi},\tau)\} = \int_0^{+\infty} g(\boldsymbol{x},t;\boldsymbol{\xi},\tau)\mathrm{e}^{-pt}\,\mathrm{d}t$$

其中，$\mathscr{L}\{\cdot\}$ 代表 Laplace 变换。由 Laplace 变换的性质

$$\mathscr{L}\{\ddot{g}(\boldsymbol{x},t;\boldsymbol{\xi},\tau)\} = p^2\bar{g}(\boldsymbol{x},p;\boldsymbol{\xi},\tau) - pg(\boldsymbol{x},0;\boldsymbol{\xi},\tau) - \dot{g}(\boldsymbol{x},0;\boldsymbol{\xi},\tau)$$

结合式 (4.3.2c)，有 $\mathscr{L}\{\ddot{g}(\boldsymbol{x},t;\boldsymbol{\xi},\tau)\} = p^2\bar{g}$。对式 (4.3.2a) 两边做 Laplace 变换，得到

$$c^2\nabla^2\bar{g} - p^2\bar{g} = -\delta(\boldsymbol{x}-\boldsymbol{\xi})\mathrm{e}^{-p\tau} \tag{4.3.3}$$

这是一个仅含有对三个空间变量求导的 Laplace 域中的方程。注意到问题的对称性，如果取以力的作用点 $\boldsymbol{\xi}$ 为原点的球坐标系，坐标为 (r,θ,φ)，$\bar{g}$ 只是 r 的函数，而与 θ 和 φ 无关。这样，根据 ∇^2 在球坐标系中的表达式

$$\nabla^2 = \frac{1}{r^2}\frac{\partial}{\partial r}\left(r^2\frac{\partial}{\partial r}\right) + \frac{1}{r^2\sin\theta}\frac{\partial}{\partial\theta}\left(\sin\theta\frac{\partial}{\partial\theta}\right) + \frac{1}{r^2\sin^2\theta}\frac{\partial^2}{\partial\varphi^2} = \frac{1}{r^2}\frac{\mathrm{d}}{\mathrm{d}r}\left(r^2\frac{\mathrm{d}}{\mathrm{d}r}\right)$$

式 (4.3.3) 可以简写为

$$c^2\frac{1}{r^2}\frac{\mathrm{d}}{\mathrm{d}r}\left(r^2\frac{\mathrm{d}\bar{g}}{\mathrm{d}r}\right) - p^2\bar{g} = -\delta(\boldsymbol{x})\mathrm{e}^{-p\tau}$$

这是一个特殊的常微分方程，一般情况下 $(r \neq 0)$ 是齐次的，只有当 $r = 0$ 的时候才是非齐次的。注意到当 $r \neq 0$ 时，

$$c^2 \frac{1}{r^2} \frac{\mathrm{d}}{\mathrm{d}r}\left(r^2 \frac{\mathrm{d}\bar{g}}{\mathrm{d}r}\right) - p^2 \bar{g} = c^2 \frac{\mathrm{d}^2}{\mathrm{d}r^2}(r\bar{g}) - p^2(r\bar{g}) = 0$$

不难得到

$$\bar{g} = \frac{A}{r}\mathrm{e}^{\pm \frac{p}{c}r} \xrightarrow[\mathrm{Re}(p),c,r>0]{(4.3.2\mathrm{b})} \bar{g} = \frac{A}{r}\mathrm{e}^{-\frac{p}{c}r}$$

其中，A 为待定系数，需要由 $r = 0$ 情况下的非齐次方程来确定。考虑到式 (4.3.3) 中的非齐次项为 Dirac δ 函数，因此取以坐标原点（即 $\boldsymbol{\xi}$ 点）为球心、半径 $\varepsilon \to 0$ 的小球 V_ε，并对式 (4.3.3) 两端做对 V_ε 的体积分，由于

$$\iiint_{V_\varepsilon} c^2 \nabla^2 \bar{g} \,\mathrm{d}V \xlongequal{(2.1.19)} \iint_{S_\varepsilon} c^2 \frac{\partial \bar{g}}{\partial n}\,\mathrm{d}S = c^2 \int_0^{2\pi} \mathrm{d}\phi \int_0^\pi \left[r^2 \sin\theta \frac{\mathrm{d}\bar{g}}{\mathrm{d}r}\right]\Bigg|_{r=\varepsilon} \mathrm{d}\theta$$

$$= -4\pi c^2 \lim_{\varepsilon \to 0} A\left(1 + \frac{\varepsilon p}{c}\right)\mathrm{e}^{-\frac{p}{c}\varepsilon} = -4A\pi c^2$$

$$\iiint_{V_\varepsilon} p^2 \bar{g}\,\mathrm{d}V = \lim_{\varepsilon \to 0} \int_0^{2\pi} \mathrm{d}\phi \int_0^\pi \sin\theta\,\mathrm{d}\theta \int_0^\varepsilon p^2 A r \mathrm{e}^{-\frac{p}{c}r}\,\mathrm{d}r$$

$$= -\lim_{\varepsilon \to 0} 4\pi p^2 A \frac{p}{c}\left[\varepsilon \mathrm{e}^{-\frac{p}{c}\varepsilon} + \frac{c}{p}\mathrm{e}^{-\frac{p}{c}r}\Big|_0^\varepsilon\right] = 0$$

因此，$A = \mathrm{e}^{-p\tau}/(4\pi c^2)$，从而

$$\bar{g} = \frac{1}{4\pi c^2 r}\mathrm{e}^{-p\left(\tau + \frac{r}{c}\right)}$$

这样就得到了变换域中的解 $\bar{g}$。

下面的任务是根据变换域中的解得到求解域中的解 g。根据 Laplace 变换的普遍反演公式[①]，令 $p = s + \mathrm{i}\sigma$，并注意到 Dirac δ 函数的性质

$$\delta(t) = \frac{1}{2\pi}\int_{-\infty}^{+\infty} \mathrm{e}^{\mathrm{i}\omega t}\,\mathrm{d}\omega, \quad \text{以及} \quad f(x)\delta(x-a) = f(a)\delta(x-a)$$

我们得到

$$g(\boldsymbol{x},t;\boldsymbol{\xi},\tau) = \frac{1}{2\pi \mathrm{i}c^2}\int_{s-\mathrm{i}\infty}^{s+\mathrm{i}\infty} \frac{\mathrm{e}^{\left(t-\tau-\frac{r}{c}\right)p}}{4\pi r}\,\mathrm{d}p = \frac{\mathrm{e}^{s\left(t-\tau-\frac{r}{c}\right)}}{4\pi c^2 r}\frac{1}{2\pi}\int_{-\infty}^{+\infty} \mathrm{e}^{\mathrm{i}\left(t-\tau-\frac{r}{c}\right)\sigma}\,\mathrm{d}\sigma$$

$$= \frac{\mathrm{e}^{s\left(t-\tau-\frac{r}{c}\right)}}{4\pi c^2 r}\delta\left(t-\tau-\frac{r}{c}\right) = \frac{1}{4\pi c^2 r}\delta\left(t-\tau-\frac{r}{c}\right)$$

$$= \frac{1}{4\pi c^2}\frac{\delta\left(t-\tau-\frac{|\boldsymbol{x}-\boldsymbol{\xi}|}{c}\right)}{|\boldsymbol{x}-\boldsymbol{\xi}|} \tag{4.3.4}$$

---

① 若函数 $F(p) = F(s+\mathrm{i}\sigma)$ 在区域 $\mathrm{Re}(p) = s > s_0$ 内满足：(1) $F(p)$ 解析；(2) 当 $|p| \to \infty$ 时，$F(p)$ 一致地趋于 0；(3) 对于所有的 $\mathrm{Re}(p) - s > s_0$，沿直线 $L : \mathrm{Re}(p) = s$ 的无穷积分 $\int_{s-\mathrm{i}\infty}^{s+\mathrm{i}\infty} |F(p)|\,\mathrm{d}\sigma \ (s > s_0)$ 收敛，则对于 $\mathrm{Re}(p) = s > s_0$，$F(p)$ 的原函数为

$$f(t) = \frac{1}{2\pi \mathrm{i}}\int_{s-\mathrm{i}\infty}^{s+\mathrm{i}\infty} F(p)\mathrm{e}^{pt}\,\mathrm{d}p$$

4.3.2   波动方程的解

得到波动方程的 Green 函数解之后，可以利用它来得到波动方程 (4.3.1) 的解。比较式 (4.3.1) 和式 (4.3.2a) 可以看出，二者的区别仅在于方程右端的非齐次项。注意到

$$\frac{F(\boldsymbol{x},t)}{\rho} = \int_{-\infty}^{+\infty} \mathrm{d}\tau \iiint_V \frac{F(\boldsymbol{\xi},\tau)}{\rho} \delta(\boldsymbol{x}-\boldsymbol{\xi}) \delta(t-\tau)\, \mathrm{d}V(\boldsymbol{\xi})$$

把式 (4.3.4) 代入式 (4.3.2a)，两侧同乘以 $F(\boldsymbol{\xi},\tau)/\rho$，并对 τ 和 V 做积分，通过比对，不难看出

$$\begin{aligned}
\phi(\boldsymbol{x},t) &= \int_{-\infty}^{+\infty} \mathrm{d}\tau \iiint_V \frac{F(\boldsymbol{\xi},\tau)}{4\pi\rho\alpha^2} \frac{\delta\left(t-\tau-\dfrac{|\boldsymbol{x}-\boldsymbol{\xi}|}{\alpha}\right)}{|\boldsymbol{x}-\boldsymbol{\xi}|}\, \mathrm{d}V(\boldsymbol{\xi}) \\
&= \frac{1}{4\pi\rho\alpha^2} \iiint_V \frac{F\left(\boldsymbol{\xi},t-\dfrac{|\boldsymbol{x}-\boldsymbol{\xi}|}{\alpha}\right)}{|\boldsymbol{x}-\boldsymbol{\xi}|}\, \mathrm{d}V(\boldsymbol{\xi})
\end{aligned} \tag{4.3.5}$$

4.4   无限介质中 Green 函数解的导出

根据图 4.1.1 中显示的求解思路，需要先得到体力 $\boldsymbol{f}$ 的势函数 F 和 $\boldsymbol{H}$，然后根据 4.3 节波动函数的解，取标量势函数 ϕ 的梯度和矢量势函数 $\boldsymbol{\Psi}$ 的旋度，二者相加形成 Green 函数。

4.4.1   体力势函数 F 和 $\boldsymbol{H}$ 的具体表达式

对式 (4.2.1) 两端取散度，得到

$$\nabla \cdot \boldsymbol{f} = \nabla \cdot \nabla F + \nabla \cdot \nabla \times \boldsymbol{H} = \nabla^2 F$$

由于体力 $\boldsymbol{f}$ 是已知的，所以这是一个关于 F 的 Poisson 方程，它的解为[①]

$$F(\boldsymbol{x},t) = -\frac{1}{4\pi} \iiint_V \frac{\nabla \cdot \boldsymbol{f}(\boldsymbol{\xi},t)}{|\boldsymbol{x}-\boldsymbol{\xi}|}\, \mathrm{d}V(\boldsymbol{\xi}) \tag{4.4.1}$$

类似地，对式 (4.2.1) 两端取旋度，得到

$$\nabla \times \boldsymbol{f} = \nabla \times \nabla F + \nabla \times \nabla \times \boldsymbol{H} \xlongequal{(2.1.18)} \nabla(\nabla \cdot \boldsymbol{H}) - \nabla^2 \boldsymbol{H} = -\nabla^2 \boldsymbol{H}$$

因此，

---

① Poisson 方程的形式为 $\nabla^2 F(\boldsymbol{x}) = G(\boldsymbol{x})$，与式 (4.3.1) 中的波动方程比较，可以认为这是波动方程去掉随时间变化的导数项的退化版本。因此，4.3 节针对波动方程的分析过程仍然适用于 Poisson 方程的求解，并且没有进行 Laplace 变换和反变换的过程，更为简单。它的解为

$$F(\boldsymbol{x}) = -\frac{1}{4\pi} \iiint \frac{G(\boldsymbol{\xi})}{|\boldsymbol{x}-\boldsymbol{\xi}|}\, \mathrm{d}V(\boldsymbol{\xi})$$

具体导出过程留给读者作为练习。

$$H(\boldsymbol{x}, t) = \frac{1}{4\pi} \iiint_V \frac{\nabla \times \boldsymbol{f}(\boldsymbol{\xi}, t)}{|\boldsymbol{x} - \boldsymbol{\xi}|} \mathrm{d}V(\boldsymbol{\xi}) \tag{4.4.2}$$

我们的目标是求 Green 函数，因此 $\boldsymbol{f}$ 有具体的形式，见式 (2.4.1)。考虑到空间中只有力的作用点特殊，因此为了利用对称性，将坐标原点选在力的作用点上，并且令力作用在 $t = 0$ 时刻，这时集中脉冲力源可表示为

$$f_i(\boldsymbol{x}, t) = \delta_{ip}\delta(\boldsymbol{x})\delta(t)$$

其中 p 代表某个确定的方向。因此

$$\nabla \cdot \boldsymbol{f}(\boldsymbol{x}, t) = f_{i,i} = \delta_{ip}\frac{\partial \delta(\boldsymbol{x})}{\partial x_i}\delta(t)$$

$$\nabla \times \boldsymbol{f}(\boldsymbol{x}, t) = \varepsilon_{ijk}\delta_{kp}\frac{\partial \delta(\boldsymbol{x})}{\partial x_j}\delta(t)\hat{e}_i = -\varepsilon_{ipj}\frac{\partial \delta(\boldsymbol{x})}{\partial x_j}\delta(t)\hat{e}_i$$

分别代入到式 (4.4.1) 和式 (4.4.2) 中，得到体力的势函数 F 和 $\boldsymbol{H}$ 的表达式为

$$F(\boldsymbol{x}, t) = -\frac{1}{4\pi}\frac{\partial}{\partial x_p}\frac{1}{|\boldsymbol{x}|}\delta(t) \tag{4.4.3a}$$

$$H_i(\boldsymbol{x}, t) = -\frac{1}{4\pi}\varepsilon_{ipj}\frac{\partial}{\partial x_j}\frac{1}{|\boldsymbol{x}|}\delta(t) \tag{4.4.3b}$$

4.4.2 位移势函数 ϕ 和 $\boldsymbol{\Psi}$ 的具体表达式

根据 Lamé 定理，位移的标量势函数 ϕ 和矢量势函数 $\boldsymbol{\Psi}$ 分别满足波动方程

$$\ddot{\phi} = \frac{F}{\rho} + \alpha^2\nabla^2\phi \quad \text{和} \quad \ddot{\boldsymbol{\Psi}} = \frac{\boldsymbol{H}}{\rho} + \beta^2\nabla^2\boldsymbol{\Psi}$$

利用式 (4.3.5) 中的结果，结合体力势函数的具体表达式 (4.4.3)，容易写出

$$\phi(\boldsymbol{x}, t) = -\frac{1}{4^2\pi^2\rho\alpha^2} \iiint_V \frac{\delta\left(t - \dfrac{|\boldsymbol{x} - \boldsymbol{\xi}|}{\alpha}\right)}{|\boldsymbol{x} - \boldsymbol{\xi}|} \frac{\partial}{\partial \xi_p}\frac{1}{|\boldsymbol{\xi}|}\mathrm{d}V(\boldsymbol{\xi}) \tag{4.4.4a}$$

$$\boldsymbol{\Psi}(\boldsymbol{x}, t) = -\frac{\varepsilon_{ipj}\hat{e}_i}{4^2\pi^2\rho\beta^2} \iiint_V \frac{\delta\left(t - \dfrac{|\boldsymbol{x} - \boldsymbol{\xi}|}{\beta}\right)}{|\boldsymbol{x} - \boldsymbol{\xi}|} \frac{\partial}{\partial \xi_j}\frac{1}{|\boldsymbol{\xi}|}\mathrm{d}V(\boldsymbol{\xi}) \tag{4.4.4b}$$

我们希望能够得到 ϕ 和 $\boldsymbol{\Psi}$ 的闭合形式表达。比较这两个式子，可以发现等号右侧的体积分形式是一样的，令它们为 I_1

$$I_1 = \iiint_V \frac{\delta\left(t - \dfrac{|\boldsymbol{x} - \boldsymbol{\xi}|}{c}\right)}{|\boldsymbol{x} - \boldsymbol{\xi}|} \frac{\partial}{\partial \xi_p}\frac{1}{|\boldsymbol{\xi}|}\mathrm{d}V(\boldsymbol{\xi})$$

注意到 I_1 是对场点 $\boldsymbol{\xi}$ 在整个空间内的积分，且被积函数中出现了 $|\boldsymbol{x} - \boldsymbol{\xi}|$，因此方便的做法是，选择以 $\boldsymbol{x}$ 为球心的球坐标系，从而

$$I_1 = \int_0^{+\infty} \left[\iint_{|\boldsymbol{\xi} - \boldsymbol{x}| = R} \frac{\delta\left(t - \dfrac{R}{c}\right)}{R} \frac{\partial}{\partial \xi_p} \frac{1}{|\boldsymbol{\xi}|} \, \mathrm{d}S(\boldsymbol{\xi}) \right] \mathrm{d}R = \int_0^{+\infty} \frac{\delta\left(t - \dfrac{R}{c}\right)}{R} I_2(R) \, \mathrm{d}R$$

$$(4.4.5)$$

其中，

$$I_2(R) = \iint_{|\boldsymbol{\xi} - \boldsymbol{x}| = R} \frac{\partial}{\partial \xi_p} \frac{1}{|\boldsymbol{\xi}|} \, \mathrm{d}S(\boldsymbol{\xi}) \tag{4.4.6}$$

$I_2(R)$ 的积分表达形式已经相当简单了，但是直接计算并不容易。为了计算式 (4.4.6) 中的积分，引入一个辅助矢量 $\boldsymbol{\eta}$，使得被积函数中的

$$\frac{1}{|\boldsymbol{\xi}|} = \lim_{|\boldsymbol{\eta}| \to 0} \frac{1}{|\boldsymbol{\xi} - \boldsymbol{\eta}|}$$

这样就可以利用这个关系把这个分式对 ξ_q 的求导转化为对 η_q 的求导。因为 $\boldsymbol{\eta}$ 并不是自变量，所以求导运算可以移到积分号之外，从而达到简化积分运算的目的。注意并利用到以下的结论

$$\frac{\partial}{\partial \eta_p} \frac{1}{|\boldsymbol{\xi} - \boldsymbol{\eta}|} = -\frac{\partial}{\partial \xi_p} \frac{1}{|\boldsymbol{\xi} - \boldsymbol{\eta}|} \tag{4.4.7}$$

可以将 $I_2(R)$ 的积分转化为

$$I_2(R) = \lim_{|\boldsymbol{\eta}| \to 0} \iint_{|\boldsymbol{\xi} - \boldsymbol{x}| = R} \frac{\partial}{\partial \xi_p} \frac{1}{|\boldsymbol{\xi} - \boldsymbol{\eta}|} \, \mathrm{d}S(\boldsymbol{\xi})$$

$$= -\lim_{|\boldsymbol{\eta}| \to 0} \iint_{|\boldsymbol{\xi} - \boldsymbol{x}| = R} \frac{\partial}{\partial \eta_p} \frac{1}{|\boldsymbol{\xi} - \boldsymbol{\eta}|} \, \mathrm{d}S(\boldsymbol{\xi}) = -\lim_{|\boldsymbol{\eta}| \to 0} \frac{\partial}{\partial \eta_p} I_3(R, \boldsymbol{\eta}) \tag{4.4.8}$$

其中，

$$I_3(R, \boldsymbol{\eta}) = \iint_{|\boldsymbol{\xi} - \boldsymbol{x}| = R} \frac{1}{|\boldsymbol{\xi} - \boldsymbol{\eta}|} \, \mathrm{d}S(\boldsymbol{\xi})$$

图 4.4.1 显示了求解积分 I_3 的示意图。在 $\triangle ABC$ 中，$\overline{AC} = R'$，$\overline{AB} = r$，$\overline{BC} = R$，$\angle ABC = \theta$，根据余弦定理：

$$R'^2 = r^2 + R^2 - 2rR\cos\theta \quad \Longrightarrow \quad \frac{\sin\theta \, \mathrm{d}\theta}{R'} = \frac{\mathrm{d}R'}{rR}$$

因此，

$$I_3(R, \boldsymbol{\eta}) = \int_0^\pi \frac{1}{R'(\theta)} 2\pi R^2 \sin\theta \, \mathrm{d}\theta = 2\pi R^2 \int_{\theta=0}^{\theta=\pi} \frac{\mathrm{d}R'}{rR} = \frac{2\pi R}{r} R' \Big|_{\theta=0}^{\theta=\pi}$$

$$= \begin{cases} \dfrac{4\pi R^2}{r}, & r > R \\ 4\pi R, & r < R \end{cases} = 4\pi R + 4\pi R^2 \left(\frac{1}{r} - \frac{1}{R} \right) H(r - R)$$

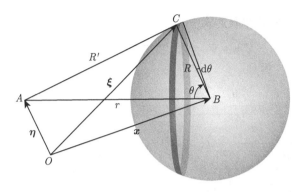

图 4.4.1　求解积分 I_3 的示意图

I_3 为对 $\boldsymbol{x}$ 为球心、$|\boldsymbol{\xi} - \boldsymbol{x}|$ 为半径的球面的积分。O 为源的作用点，$\boldsymbol{\eta}$ 是起点为 O 的辅助矢量。$\overline{AC} = R'$，$\overline{AB} = r$，

$\overline{BC} = R$，$\angle ABC = \theta$，深灰色条带为面元 $\mathrm{d}S = 2\pi R^2 \sin\theta \, \mathrm{d}\theta$

其中，$r = |\boldsymbol{x} - \boldsymbol{\eta}|$。注意最后一个等号将以分段函数表示的结果用阶跃函数"拼接"起来。这是必要的，因为在把 $I_3(R, \boldsymbol{\eta})$ 的结果代回积分 $I_2(R)$ 时需要对 η_p 求导，分段函数的形式会漏掉在分段点的导数[①]。

将 I_3 的结果代回到式 (4.4.8)，并注意到 R 与 η_q 无关，因此

$$I_2(R) = -4\pi R^2 \lim_{|\boldsymbol{\eta}| \to 0} \left\{ \frac{\partial}{\partial \eta_p} \frac{1}{r} H(r - R) + \left(\frac{1}{r} - \frac{1}{R} \right) \delta(r - R) \right\}$$

$$\xlongequal{(4.4.7)} 4\pi R^2 \lim_{|\boldsymbol{\eta}| \to 0} \frac{\partial}{\partial x_p} \frac{1}{r} H(r - R) \qquad (\text{利用了} \, x\delta(x) = 0)$$

$$= 4\pi R^2 \frac{\partial}{\partial x_p} \frac{1}{|\boldsymbol{x}|} H(|\boldsymbol{x}| - R)$$

将其代入式 (4.4.5)，并回代入式 (4.4.4)，得到

$$\phi(\boldsymbol{x}, t) \xlongequal{\tau = \frac{R}{\alpha}} -\frac{1}{4^2 \pi^2 \rho \alpha^2} \int_0^{\frac{|\boldsymbol{x}|}{\alpha}} \frac{\delta(t - \tau)}{\tau} 4\pi R^2 \frac{\partial}{\partial x_p} \frac{1}{|\boldsymbol{x}|} \mathrm{d}\tau$$

$$= -\frac{1}{4\pi\rho} \frac{\partial}{\partial x_p} \frac{1}{|\boldsymbol{x}|} \int_0^{\frac{|\boldsymbol{x}|}{\alpha}} \tau \delta(t - \tau) \, \mathrm{d}\tau \tag{4.4.9a}$$

$$\Psi_i(\boldsymbol{x}, t) \xlongequal{\tau = \frac{R}{\beta}} -\frac{\varepsilon_{ipj}}{4\pi\rho} \frac{\partial}{\partial x_j} \frac{1}{|\boldsymbol{x}|} \int_0^{\frac{|\boldsymbol{x}|}{\beta}} \tau \delta(t - \tau) \, \mathrm{d}\tau \tag{4.4.9b}$$

---

① 举例来说，阶跃函数本身是以分段函数给出的，

$$H(x) = \begin{cases} 1, & \text{当 } x > 0 \text{ 时} \\ \dfrac{1}{2}, & \text{当 } x = 0 \text{ 时} \\ 0, & \text{当 } x < 0 \text{ 时} \end{cases}$$

在 $x > 0$ 和 $x < 0$ 的区间上分别都是一个常数。如果分段求导，结果为零，这样体现不出 $x = 0$ 处的不连续性。在广义函数的范畴里，阶跃函数的导数是 Dirac δ 函数，即 $H'(x) = \delta(x)$。阶跃函数本身在 $x = 0$ 处的间断通过 δ 导数的值为无穷大得到体现。

4.4.3   Green 函数解的具体表达式

根据 Lamé 定理，$\boldsymbol{u} = \nabla\phi + \nabla\times\boldsymbol{\Psi}$。当体力取集中脉冲力时，$\boldsymbol{u}$ 就是 Green 函数。因此，将式 (4.4.9) 代入，得到

$$
\begin{aligned}
G_{np}(\boldsymbol{x},t) &= \frac{\partial\phi}{\partial x_n} + \varepsilon_{nki}\frac{\partial\Psi_i}{\partial x_k} \\
&= -\frac{1}{4\pi\rho}\frac{\partial^2}{\partial x_n\partial x_p}\frac{1}{|\boldsymbol{x}|}J(|\boldsymbol{x}|,\alpha) - \frac{1}{4\pi\rho}\frac{\partial}{\partial x_p}\frac{1}{|\boldsymbol{x}|}\frac{\partial}{\partial x_n}J(|\boldsymbol{x}|,\alpha) \\
&\quad -\frac{1}{4\pi\rho}\varepsilon_{nki}\varepsilon_{ipj}\left\{\frac{\partial^2}{\partial x_k\partial x_j}\frac{1}{|\boldsymbol{x}|}J(|\boldsymbol{x}|,\beta) + \frac{\partial}{\partial x_j}\frac{1}{|\boldsymbol{x}|}\frac{\partial}{\partial x_k}J(|\boldsymbol{x}|,\beta)\right\}
\end{aligned} \tag{4.4.10}
$$

其中，

$$
J(|\boldsymbol{x}|,c) = \int_0^{\frac{|\boldsymbol{x}|}{c}}\tau\delta(t-\tau)\,\mathrm{d}\tau
$$

注意到

$$
\frac{\partial}{\partial x_p}|\boldsymbol{x}| = \frac{x_p}{r}\triangleq\gamma_p,\quad \frac{\partial}{\partial x_p}\frac{1}{|\boldsymbol{x}|} = -\frac{1}{r^2}\gamma_p
$$

$$
\frac{\partial^2}{\partial x_n\partial x_p}\frac{1}{|\boldsymbol{x}|} = \frac{1}{r^3}(3\gamma_n\gamma_p - \delta_{np}),\quad \frac{\partial}{\partial x_n}J(|\boldsymbol{x}|,\alpha) = \frac{\gamma_n}{\alpha^2}r\delta(t-t_\mathrm{P})
$$

$$
\int_{t_\mathrm{P}}^{t_\mathrm{S}}\tau\delta(t-\tau)\,\mathrm{d}\tau = t\left[H(t-t_\mathrm{P}) - H(t-t_\mathrm{S})\right],\quad t_\mathrm{P} = \frac{r}{\alpha},\quad t_\mathrm{S} = \frac{r}{\beta}
$$

其中，γ_p 随坐标不同而变化，反映了方向性效应，称为方向因子。把以上结果代入式 (4.4.10)，最终得到无限空间的 Green 函数为

$$
\begin{aligned}
G_{np}(\boldsymbol{x},t;\boldsymbol{0},0) &= \frac{3\gamma_n\gamma_p - \delta_{np}}{4\pi\rho r^3}t\left[H(t-t_\mathrm{P}) - H(t-t_\mathrm{S})\right] \\
&\quad + \frac{\gamma_n\gamma_p}{4\pi\rho\alpha^2 r}\delta(t-t_\mathrm{P}) - \frac{\gamma_n\gamma_p - \delta_{np}}{4\pi\rho\beta^2 r}\delta(t-t_\mathrm{S})
\end{aligned} \tag{4.4.11}
$$

4.5   无限空间 Green 函数和一般位移场的性质

4.5.1   Green 函数的性质

式 (4.4.11) 为无限空间 Green 函数的表达式。首先，注意到这是一个闭合形式的解析表达，而且形式比较简单，便于分析它的性质。Green 函数为正比于 r^{-2}①和 r^{-1} 的项之和，由于它们分别在近场和远场占主导，所以分别称为近场项和远场项。近场项仅在 P 波和 S 波到时之间 $(t_\mathrm{P} < t < t_\mathrm{S})$ 才非零，且与 P 波或 S 波的速度无关；而远场项中 P 波和 S 波分离，形成了仅与 α 有关的远场 P 波项，和仅与 β 有关的远场 S 波项。这样，Green 函数可以写为

$$
G_{np}(\boldsymbol{x},t;\boldsymbol{0},0) = G_{np}^\mathrm{N}(\boldsymbol{x},t;\boldsymbol{0},0) + G_{np}^\mathrm{FP}(\boldsymbol{x},t;\boldsymbol{0},0) + G_{np}^\mathrm{FS}(\boldsymbol{x},t;\boldsymbol{0},0)
$$

---

① 初看起来第一项似乎是正比于 r^{-3}。注意到分子中还有 t，而这一项仅在 $\frac{r}{\alpha} < t < \frac{r}{\beta}$ 才非零，因此 $t = \frac{r}{c},\beta < c < \alpha$。这样分母消去一个 r。

其中，等号右端的三项分别为近场项 (near-field)、远场 P 波项 (far-field P) 和远场 S 波项 (far-Field S)，

$$G_{np}^{\mathrm{N}}(\boldsymbol{x}, t; \boldsymbol{0}, 0) = \frac{3\gamma_n\gamma_p - \delta_{np}}{4\pi\rho r^3} t \big[H(t - t_{\mathrm{P}}) - H(t - t_{\mathrm{S}}) \big] \tag{4.5.1a}$$

$$G_{np}^{\mathrm{FP}}(\boldsymbol{x}, t; \boldsymbol{0}, 0) = \frac{\gamma_n\gamma_p}{4\pi\rho\alpha^2 r} \delta(t - t_{\mathrm{P}}) \tag{4.5.1b}$$

$$G_{np}^{\mathrm{FS}}(\boldsymbol{x}, t; \boldsymbol{0}, 0) = -\frac{\gamma_n\gamma_p - \delta_{np}}{4\pi\rho\beta^2 r} \delta(t - t_{\mathrm{S}}) \tag{4.5.1c}$$

4.5.1.1 Green 函数的时间变化性质

如果固定一个空间点的位置，考察 Green 函数的分量随着 t 的变化行为，不难看出：

(1) P 波项和 S 波项分别有一个从脉冲作用的时刻开始的延迟时间，即 P 波到时 t_{P} 和 S 波到时 t_{S}；

(2) 远场 P 波和远场 S 波项只是在各自的到时处有一个脉冲；

(3) 近场项则在 $t_{\mathrm{P}} < t < t_{\mathrm{S}}$ 时间段内随 t 线性增加。

图 4.5.1 显示了一个由 x_3 方向的单位作用力产生的 Green 函数。

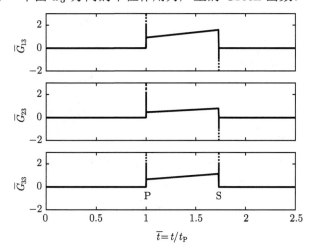

图 4.5.1 由 x_3 方向的单位集中脉冲力产生的位移分量 $\bar{G}_{i3} = 4\pi\mu r G_{i3}$

观测点位于 $\boldsymbol{x} = (2, 1, 3)$ km。P 波和 S 波到时处的虚线代表向上或向下到无穷大

4.5.1.2 Green 函数的空间变化性质

在式 (4.5.1) 中，无论近场项还是远场项，时间函数受方向因子的调制（一般称为辐射图案或辐射花样，radiation pattern），它们反映了在同一时刻，Green 函数分量随着观测点位置的不同而变化的情况。这对于根据不同地点的地震记录反推震源的性质很重要。记辐射图案为 $\mathscr{A}$，近场、远场 P 波和远场 S 波的辐射图案分别为

$$\mathscr{A}_{np}^{\mathrm{N}} = 3\gamma_n\gamma_p - \delta_{np}, \quad \mathscr{A}_{np}^{\mathrm{FP}} = \gamma_n\gamma_p, \quad \mathscr{A}_{np}^{\mathrm{FS}} = -(\gamma_n\gamma_p - \delta_{np})$$

不失一般性，仍然以沿 x_3 轴的作用力为例 ($p = 3$)。注意到根据方向因子的定义，$\hat{\gamma}$ 代表了从力的作用点到场点方向的单位矢量。因此，如果以力的作用点为球心作一个球面，$\hat{\gamma}$ 就

是球面的外法线方向。注意到

$$\mathscr{A}_{n3}^{\mathrm{FP}} \propto \gamma_n, \quad \mathscr{A}_{n3}^{\mathrm{FS}} \gamma_n \propto -(\gamma_n \gamma_n \gamma_3 - \gamma_n \delta_{n3}) = 0$$

这说明远场 P 波的位移平行于 $\hat{\gamma}$（即与球面垂直），而远场 S 波的位移垂直于 $\hat{\gamma}$（即与球面相切）。图 4.5.2 和图 4.5.3 分别显示了远场 P 波和远场 S 波的辐射图案在球面上的分布情况。对于远场 P 波的辐射图案（图 4.5.2），所有的位置处的辐射图案都垂直于球面，在 $x_1 x_2$ 平面上为零，沿着球面向 x_3 轴的正方向，幅值越来越大，并且为正；而沿着球面向 x_3 轴的负方向，幅值也越来越大，但是为负。考虑到这是沿着 x_3 轴施加的力导致的，这与直觉上的判断是一致的。对于远场 S 波的辐射图案（图 4.5.3），所有的位置处的辐射图案都与球面相切，在 $x_1 x_2$ 平面上幅值最大，沿着球面往 $\pm x_3$ 轴方向，幅值都越来越小，一直到两极变为零，方向都是沿着球面指向 x_3 轴正向的方向。

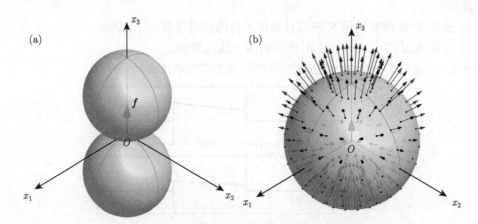

图 4.5.2　远场 P 波辐射图案 $\mathscr{A}_{n3}^{\mathrm{FP}}$ 的空间分布情况

(a) 辐射图案的幅度（绝对值）；(b) 在球面上的矢量分布，箭头的长度和方向分别代表辐射图案的大小和方向。图中标出了力 $\boldsymbol{f}$ 的施加方向

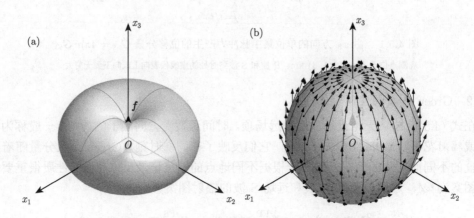

图 4.5.3　远场 S 波辐射图案 $\mathscr{A}_{n3}^{\mathrm{FS}}$ 的空间分布情况

(a) 辐射图案的幅度（绝对值）；(b) 在球面上的矢量分布，箭头的长度和方向分别代表辐射图案的大小和方向。图中标出了力 $\boldsymbol{f}$ 的施加方向

近场项的辐射图案不像远场 P 波和远场 S 波那样具有简单的空间分布。图 4.5.4 显示了近场辐射图案在球面上的分布情况。与图 4.5.2 和图 4.5.3 相比，显然更为复杂。可以认为是它们的综合。总体上讲，在靠近 $\pm x_3$ 轴的地方，垂直于球面的部分占主导，而在靠近 $x_1 x_2$ 平面的地方，与球面相切的部分占主导。

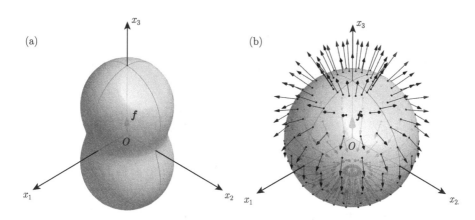

图 4.5.4　近场辐射图案 $\mathscr{A}^{\mathrm{N}}_{n3}$ 的空间分布情况

(a) 辐射图案的幅度（绝对值）；(b) 在球面上的矢量分布，箭头的长度和方向分别代表辐射图案的大小和方向。图中标出了力 $\boldsymbol{f}$ 的施加方向

4.5.2　一般时间函数点源产生的位移场

式 (4.4.11) 的 Green 函数表达中，远场 P 波项和远场 S 波项都是 δ 函数的形式。因为 δ 函数是比较特殊的函数，它本身的值为无穷大，而其积分为有限数，所以为了更好地解释单力点源产生的位移场的性质，现在来考虑集中力具有一个时间变化函数 $S(t)$ 的情况，一般称 $S(t)$ 为震源时间函数 (source time function, STF)。相应地，为了以示区别，Green 函数改记为 $G_{np}^{S(t)}$。根据位移表示定理 (2.5.3)，有

$$G_{np}^{S(t)}(\boldsymbol{x}, t; \boldsymbol{0}, 0) = G_{np}(\boldsymbol{x}, t; \boldsymbol{0}, 0) * S(t)$$

$$= \frac{3\gamma_n\gamma_p - \delta_{np}}{4\pi\rho r^3} t\big[H(t - t_{\mathrm{P}}) - H(t - t_{\mathrm{S}})\big] * S(t)$$

$$+ \frac{\gamma_n\gamma_p}{4\pi\rho\alpha^2 r}\delta(t - t_{\mathrm{P}}) * S(t) - \frac{\gamma_n\gamma_p - \delta_{np}}{4\pi\rho\beta^2 r}\delta(t - t_{\mathrm{S}}) * S(t) \qquad (4.5.2)$$

显然 $G_{np}^{S(t)}$ 的结果取决于 $S(t)$ 的具体形式。

4.5.2.1　阶跃函数产生的位移场

为了得到具体的感性认识，首先考虑一种重要的特殊情况，$S(t) = H(t)$，其中 $H(t)$ 为阶跃函数，又称 Heaviside 函数。注意到

$$\delta(t - t_{\mathrm{P}}) * H(t) = \int_{-\infty}^{+\infty} H(t - \tau)\delta(\tau - t_{\mathrm{P}})\,\mathrm{d}\tau = H(t - t_{\mathrm{P}})$$

$$tH(t-t_{\mathrm{P}}) * H(t) = \int_{-\infty}^{+\infty} H(t-\tau)\tau H(\tau-t_{\mathrm{P}})\,\mathrm{d}\tau = H(t-t_{\mathrm{P}})\int_{t_{\mathrm{P}}}^{t}\tau\,\mathrm{d}\tau$$

$$= \frac{1}{2}(t^2 - t_{\mathrm{P}}^2)H(t-t_{\mathrm{P}})$$

因此,

$$G_{np}^{H(t)}(\boldsymbol{x},t;\boldsymbol{0},0) = \frac{3\gamma_n\gamma_p - \delta_{np}}{8\pi\rho r^3}\left[(t^2 - t_{\mathrm{P}}^2)H(t-t_{\mathrm{P}}) - (t^2 - t_{\mathrm{S}}^2)H(t-t_{\mathrm{S}})\right]$$

$$+ \frac{\gamma_n\gamma_p}{4\pi\rho\alpha^2 r}H(t-t_{\mathrm{P}}) - \frac{\gamma_n\gamma_p - \delta_{np}}{4\pi\rho\beta^2 r}H(t-t_{\mathrm{S}}) \tag{4.5.3}$$

首先注意到当 $t \to \infty$ 时,$G_{np}^{H(t)}(\boldsymbol{x},t;\boldsymbol{0},0)$ 就退化成了静态解 $G_{np}^{H:\mathrm{static}}(\boldsymbol{x};\boldsymbol{0})$,

$$G_{np}^{H:\mathrm{static}}(\boldsymbol{x};\boldsymbol{0}) = \frac{1}{8\pi\rho r}\left(\frac{\delta_{np} - \gamma_n\gamma_p}{\alpha^2} + \frac{\delta_{np} + \gamma_n\gamma_p}{\beta^2}\right)$$

这是个非常简洁的结果。仍然以沿着 x_3 作用的力为例,注意现在不是脉冲力,而是持续施加的集中力,在这个力作用下,引起了空间的静态位移场。图 4.5.5 显示了以力的作用点为球心的球面上的位移情况。从图上可以看出,由于受沿 x_3 轴向上的力的作用,球面上各点处都产生向上的位移。但是在 $x_3 > 0$ 的区域内,水平位移是远离 x_3 轴的,而在 $x_3 < 0$ 的区域内,水平位移向 x_3 轴汇聚。为了清楚地展示这一点,图 4.5.6 显示了位移在 x_3 轴上方的平面 Π_1 和 x_3 轴下方的平面 Π_2 上的分布。变形前的平面 Π_1 和平面 Π_2 用灰色显示,变形之后的平面用黑色显示。选取的网格点的对应变化用灰色箭头标出。从图中可以清楚地看到垂直力在 $x_3 > 0$ 和 $x_3 < 0$ 的空间内分别产生水平方向的分离和汇聚,而在竖直方向上,都产生了向上的位移。这种效应随着远离原点而衰减。

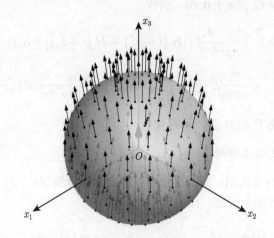

图 4.5.5　无限空间的静态位移场 $G_{n3}^{H:\mathrm{static}}(\boldsymbol{x};\boldsymbol{0})$ 在球面上的分布

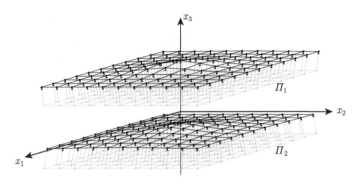

图 4.5.6　无限空间的静态位移场 $G_{n3}^{H;\mathrm{static}}(\boldsymbol{x};\boldsymbol{0})$ 在平面 Π_1 和 Π_2 上的分布

变形前后的平面用灰色显示，变形之后的平面用黑色显示。灰色箭头代表位移

比较式 (4.5.3) 与式 (4.4.11)，不难发现除了近场项相差一个常数以外，远场项的辐射图案是相同的。因此阶跃函数 $H(t)$ 导致的位移场与 Green 函数的差别只体现在时间变化行为上。为了方便比对，我们仍然以图 4.5.1 中显示的情况为例，其他参数均不变，只是集中力的时间函数变化为 $H(t)$。图 4.5.7 显示了空间中两个位置 $\boldsymbol{x}=(2,1,3)$ (km) 和 $\boldsymbol{x}=(2,1,-3)$ (km) 处的位移分量 $G_{i3}^{H(t)}$ 随时间的变化情况，横坐标为用 P 波到时 t_{P} 作无量纲化的时间 $\bar{t}$，而纵坐标为用 $(8\pi\mu r)^{-1}$ 作无量纲化的位移。在 P 波到时 $\bar{t}_{\mathrm{P}}=1$ 和 S 波到时 $\bar{t}_{\mathrm{S}}=\sqrt{3}$ 处有非常陡峭的震相出现，这对应于图 4.5.1 中的两个脉冲，后者在时间上为前者的导数。在 $\bar{t}_{\mathrm{S}}$ 之后，位移不再产生变化，此时的位移为静态位移，正是上一段讨论的内容。

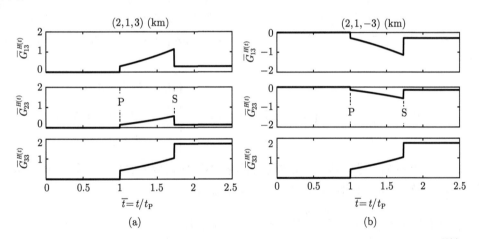

图 4.5.7　由 x_3 方向的单位集中阶跃函数力产生的不同场点 $\boldsymbol{x}$ 处的无量纲位移 $\bar{G}_{i3}^{H(t)}$

(a) $\boldsymbol{x}=(2,1,3)$ (km)；(b) $\boldsymbol{x}=(2,1,-3)$ (km)。$\bar{G}_{i3}^{H(t)}=G_{i3}^{H(t)}\cdot 8\pi\mu r$

为了更形象地观察在力的作用下，介质内质点的运动情况，图 4.5.8 显示上述两点处质点的运动轨迹。可以看出，质点均从球面上开始运动，首先分别沿着正的径向和负的径向方向运动，这对应着图 4.5.7 中 P 波到时处的运动，然后在 $t_{\mathrm{P}}<t<t_{\mathrm{S}}$ 时间段内偏离径向方向运动。在 S 波到时 t_{S} 处，质点突然改变运动方向，沿着垂直于径向的方向运动，这

对应着 S 波震相。最终在 S 波震相到达之后，运动终止。仔细分析终止时刻的质点位置，可以发现位于 $\boldsymbol{x} = (2,1,3)$ (km) 处的质点在水平方向远离 x_3 轴，而位于 $\boldsymbol{x} = (2,1,-3)$ (km) 处的质点则更加靠近 x_3 轴。这是图 4.5.7 所显示的它们的水平分量互为相反数的体现。两处的质点都产生了沿 x_3 轴正向的位移。

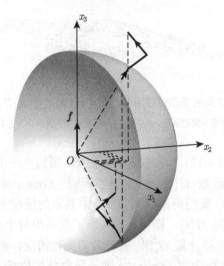

图 4.5.8　由阶跃函数单力产生的 $\boldsymbol{x} = (2,1,3)$ km 和 $(2,1,-3)$ km 处的质点运动轨迹

4.5.2.2　斜坡函数产生的位移场

尽管阶跃函数与 Green 函数中的 δ 函数关系密切，是后者的直接积分结果，但是这样的时间函数与实际情况不很相符。震源的滑动一般是从零开始，逐渐增加到最后的滑动量；这意味着力也是逐渐施加的，这种行为用斜坡函数 (ramp function) $R(t)$ 来刻画更为合适，其表达式为

$$R(t) = \frac{t}{t_0} H(t) + \left(1 - \frac{t}{t_0}\right) H(t - t_0) = \begin{cases} 0, & \text{当 } t < 0 \text{ 时} \\ \dfrac{t}{t_0}, & \text{当 } 0 \leqslant t \leqslant t_0 \text{ 时} \\ 1, & \text{当 } t > t_0 \text{ 时} \end{cases} \quad (4.5.4)$$

其中，t_0 为上升时间，是力从零开始施加到保持不变所需要的时间[①]。图 4.5.9 显示了斜坡函数的形状。把式 (4.5.4) 代入式 (4.5.2) 中，注意到

$$R(t) * \delta(t - t_{\mathrm{P}}) = \int_{-\infty}^{+\infty} R(t - \tau) \delta(\tau - t_{\mathrm{P}}) \, \mathrm{d}\tau$$

$$R(t) * tH(t - t_{\mathrm{P}}) = \int_{-\infty}^{+\infty} R(\tau)(t - \tau) H(t - \tau - t_{\mathrm{P}}) \, \mathrm{d}\tau = H(t - t_{\mathrm{P}}) T(t, t_{\mathrm{P}})$$

其中，

$$T(t, \tau) = \frac{1}{6t_0} \left[H(t_0 + \tau - t)(t - \tau)^2 (t + 2\tau) + H(t - t_0 - \tau) t_0 (3t^2 + t_0^2 - 3t_0 t - 3\tau^2) \right]$$

---

① 注意在斜坡函数的数学定义中，上升时间 t_0 是作为分母出现的，因此不能等于零。所以阶跃函数 $H(t)$ 不能简单地用 $t_0 = 0$ 来从斜坡函数得到。

我们得到斜坡函数 $R(t)$ 所产生的位移场 $G_{np}^{R(t)}(\boldsymbol{x}, t; \boldsymbol{0}, 0)$ 为

$$G_{np}^{R(t)}(\boldsymbol{x}, t; \boldsymbol{0}, 0) = \frac{3\gamma_n \gamma_p - \delta_{np}}{4\pi\rho r^3} \left[H\left(t - t_{\mathrm{P}}\right) T(t, t_{\mathrm{P}}) - H\left(t - t_{\mathrm{S}}\right) T(t, t_{\mathrm{S}}) \right]$$
$$+ \frac{\gamma_n \gamma_p}{4\pi\rho\alpha^2 r} R\left(t - t_{\mathrm{P}}\right) - \frac{\gamma_n \gamma_p - \delta_{np}}{4\pi\rho\beta^2 r} R\left(t - t_{\mathrm{S}}\right)$$

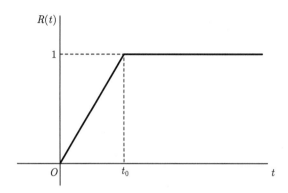

图 4.5.9　上升时间为 t_0 的斜坡函数

与阶跃函数的解式 (4.5.3) 类似，斜坡函数的解中空间辐射图案跟 Green 函数一样，差别只体现在随时间变化的部分。由于斜坡函数中含有一个重要的参数 t_0，可以预期这个参数将对位移场 $G_{np}^{R(t)}(\boldsymbol{x}, t; \boldsymbol{0}, 0)$ 产生影响。图 4.5.10 中显示了不同 t_0 取值的情况下，$\boldsymbol{x} = (2, 1, 3)$

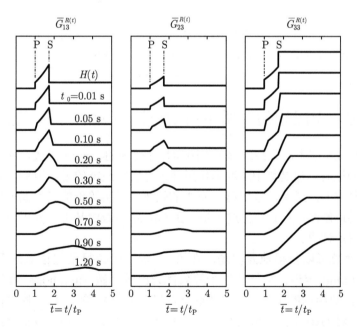

图 4.5.10　由不同上升时间的斜坡函数 $R(t)$ 的 x_3 方向集中力产生的无量纲位移 $\bar{G}_{i3}^{R(t)}$
观测点位于 $\boldsymbol{x} = (2, 1, 3)$ km。横轴为用 P 波到时 t_{P} 作了无量纲化的时间。$\bar{G}_{i3}^{R(t)} = G_{i3}^{R(t)} \cdot 4\pi\mu r$，图中的 "P" 和 "S"
分别代表 P 波和 S 波，其到时分别为 $t_{\mathrm{P}} = 0.47$ s 和 $t_{\mathrm{S}} = 0.81$ s

(km) 处的位移场情况。为了比对，图中也标出了阶跃函数的结果。可以非常清楚地看出，t_0 对波形的影响很大。随着 t_0 的增大，位移波形越来越平缓。当 $t_0 > t_{\mathrm{P}}$ 时，基本上从波形上已经无法辨认出明显的 P 波和 S 波震相了。

　　不同上升时间取值情况下位移波形上的差异，必然也体现在质点运动轨迹上。图 4.5.11 显示了 $\boldsymbol{x} = (2, 1, 3)$ (km) 处几种不同 t_0 取值下的质点运动轨迹。图中的 R_1、R_2 和 R_3 三个轨迹分别对应于 $t_0 = 0.1\,\mathrm{s}$、$0.5\,\mathrm{s}$ 和 $1.2\,\mathrm{s}$。为了方便比对，也标出了阶跃函数的质点运动轨迹（以 H 标识）。可以明显地看到，随着 t_0 的增大，R_i 轨迹偏离 H 越来越远，P 波和 S 波的震相也越来越不容易辨识。但是，质点最终都停留在同一点上。

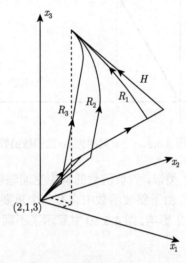

图 4.5.11　　不同上升时间 t_0 的斜坡函数单力导致的 $\boldsymbol{x} = (2, 1, 3)$ km 处的质点运动轨迹

R_1、R_2 和 R_3 分别对应于 $t_0 = 0.1\,\mathrm{s}$、$0.5\,\mathrm{s}$ 和 $1.2\,\mathrm{s}$ 的阶跃函数的单力导致的质点运动轨迹，而 H 对应于阶跃函数的单力导致的质点运动轨迹

4.6　无限均匀介质中剪切位错点源产生的地震波

　　在 4.4 节和 4.5 节中，分别求解了无限均匀介质中的 Green 函数，并分析了它在空间和时间分布上的性质。但是集中脉冲力作用并不是实际地震的震源模型。实际地震是由断层面上的位错导致的，或者，根据第 2 章中的叙述，是由等价的双力偶产生的。为了了解无限均匀介质的地震波，有必要更进一步，在 Green 函数的基础上分析位错源导致的地震波解，并研究它的性质。

　　有不同的途径可以获得地震波场。在第 3 章中已经得到位错源的等效体力表达式 (3.3.4)，根据 Lamé 定理，只要从这个等效体力出发，做 Helmholtz 势分解，按照与前面求解 Green 函数相同的步骤，就可以获得位错源的位移场[1]。另一种途径是，直接基于震源表示定理，对 Green 函数求空间导数，并代入式 (3.2.5)。由于我们已经得到了 Green 函数的闭合表达形式，所以直接求空间导数即可。以下采用这种方式分析。

---

[1] 作为练习，读者可以尝试按照这种方式求解，并与后面按照另一种方式得到的结果对比。

4.6.1 剪切位错点源辐射的地震波解

目前关注的情况是点源，它并非没有几何形状的"点"，而是远场情况下的近似，因此，根据式 (3.4.2)，这时的地震波场可以表示为

$$u_n(\boldsymbol{x},t) = M_{pq}(t) * G_{np,q'}(\boldsymbol{x},t;\boldsymbol{\xi}_0,0) \tag{4.6.1}$$

其中，$\boldsymbol{\xi}_0$ 为断层面上的某个参考点。根据第 3 章的内容，地震矩张量分量 M_{pq} 刻画了震源的信息，在研究当前的问题中是作为已知的量。因此，我们只需要求出 $G_{np,q'}$ 就可以进一步得到位错源产生的位移场。

从式 (4.4.11) 出发，对方程的右端进行求导。注意到以下的结论，

$$\frac{\partial r}{\partial \xi_q} = -\gamma_q, \quad \frac{\partial \gamma_n}{\partial \xi_q} = \frac{\gamma_n \gamma_q - \delta_{nq}}{r}, \quad \frac{\partial}{\partial \xi_q}\delta\left(t - t_{\mathrm{P}}\right) = \frac{\gamma_q}{c}\dot{\delta}\left(t - t_{\mathrm{P}}\right)$$

$$\frac{\partial r}{\partial \xi_q}\left\{t\left[H\left(t - t_{\mathrm{P}}\right) - H\left(t - t_{\mathrm{S}}\right)\right]\right\} \xrightarrow{x\delta(x)=0} \gamma_q \left[\frac{t_{\mathrm{P}}}{\alpha}\delta\left(t - t_{\mathrm{P}}\right) - \frac{t_{\mathrm{S}}}{\beta}\delta\left(t - t_{\mathrm{S}}\right)\right]$$

不难得到

$$\begin{aligned}
G_{np,q'} ={}& \frac{15\gamma_n\gamma_p\gamma_q - 3\gamma_n\delta_{pq} - 3\gamma_p\delta_{nq} - 3\gamma_q\delta_{np}}{4\pi\rho r^4} t\left[H\left(t - t_{\mathrm{P}}\right) - H\left(t - t_{\mathrm{S}}\right)\right] \\
&+ \frac{6\gamma_n\gamma_p\gamma_q - \gamma_n\delta_{pq} - \gamma_p\delta_{nq} - \gamma_q\delta_{np}}{4\pi\rho\alpha^2 r^2}\delta\left(t - t_{\mathrm{P}}\right) \\
&- \frac{6\gamma_n\gamma_p\gamma_q - \gamma_n\delta_{pq} - \gamma_p\delta_{nq} - 2\gamma_q\delta_{np}}{4\pi\rho\beta^2 r^2}\delta\left(t - t_{\mathrm{S}}\right) \\
&+ \frac{\gamma_n\gamma_p\gamma_q}{4\pi\rho\alpha^3 r}\dot{\delta}\left(t - t_{\mathrm{P}}\right) - \frac{(\gamma_n\gamma_p - \delta_{np})\gamma_q}{4\pi\rho\beta^3 r}\dot{\delta}\left(t - t_{\mathrm{S}}\right)
\end{aligned}$$

代入到式 (4.6.1) 中，有

$$\begin{aligned}
u_n(\boldsymbol{x},t) ={}& \frac{15\gamma_n\gamma_p\gamma_q - 3\gamma_n\delta_{pq} - 3\gamma_p\delta_{nq} - 3\gamma_q\delta_{np}}{4\pi\rho r^4}\int_{t_{\mathrm{P}}}^{t_{\mathrm{S}}}\tau M_{pq}(t - \tau)\,\mathrm{d}\tau \\
&+ \frac{6\gamma_n\gamma_p\gamma_q - \gamma_n\delta_{pq} - \gamma_p\delta_{nq} - \gamma_q\delta_{np}}{4\pi\rho\alpha^2 r^2}M_{pq}\left(t - t_{\mathrm{P}}\right) \\
&- \frac{6\gamma_n\gamma_p\gamma_q - \gamma_n\delta_{pq} - \gamma_p\delta_{nq} - 2\gamma_q\delta_{np}}{4\pi\rho\beta^2 r^2}M_{pq}\left(t - t_{\mathrm{S}}\right) \\
&+ \frac{\gamma_n\gamma_p\gamma_q}{4\pi\rho\alpha^3 r}\dot{M}_{pq}\left(t - t_{\mathrm{P}}\right) - \frac{(\gamma_n\gamma_p - \delta_{np})\gamma_q}{4\pi\rho\beta^3 r}\dot{M}_{pq}\left(t - t_{\mathrm{P}}\right)
\end{aligned} \tag{4.6.2}$$

这是由地震矩张量 $M_{pq}(t)$ 导致的位移场，对于任意形式的位错函数 $[u_i(\boldsymbol{\xi},t)]$、任意的弹性介质 $C_{ijpq}(\boldsymbol{\xi})$，以及任意形状的断层 $\nu_j(\boldsymbol{\xi})$ 都成立。假如我们进一步将问题限定为考虑各向同性均匀介质中，平面断层上发生的剪切破裂，那么地震矩张量 $M_{pq}(t)$ 可表示为式 (3.4.5)，将其代入到式 (4.6.2)，得到

$$u_n(\boldsymbol{x},t) = \frac{30\gamma_p e_p\gamma_q\gamma_n - 6e_p\gamma_p\nu_n - 6\gamma_q\nu_q e_n}{4\pi\rho r^4}\int_{t_{\mathrm{P}}}^{t_{\mathrm{S}}}\tau M_0(t - \tau)\,\mathrm{d}\tau$$

$$+ \frac{12\gamma_p e_p \gamma_q \nu_q \gamma_n - 2e_p \gamma_p \nu_n - 2\gamma_q \nu_q e_n}{4\pi\rho\alpha^2 r^2} M_0\left(t - t_{\mathrm{P}}\right)$$

$$- \frac{12\gamma_p e_p \gamma_q \nu_q \gamma_n - 3e_p \gamma_p \nu_n - 3\gamma_q \nu_q e_n}{4\pi\rho\beta^2 r^2} M_0\left(t - t_{\mathrm{s}}\right)$$

$$+ \frac{2\gamma_p e_p \gamma_q \nu_q \gamma_n}{4\pi\rho\alpha^3 r} \dot{M}_0\left(t - t_{\mathrm{P}}\right)$$

$$- \frac{2\gamma_p e_p \gamma_q \nu_q \gamma_n - \gamma_p e_p \nu_n - \gamma_q \nu_q e_n}{4\pi\rho\beta^3 r} \dot{M}_0\left(t - t_{\mathrm{s}}\right) \tag{4.6.3}$$

4.6.2　剪切位错点源地震波场的性质

式 (3.4.5) 给出了以地震矩的时间函数 $M_0(t)$ 表示的剪切位错点源产生的位移表达。位移场的时间变化显然是由地震矩的时间变化决定的，因为 $M_0(t) = \mu\overline{[u(t)]}A$，所以与断层面上发生的错动的时间变化直接相关。根据随着 r 增加衰减次幂的不同，将式 (4.6.3) 中的位移场 $u_n(\boldsymbol{x},t)$ 分为三类：

(1) 近场项 (near-field)，正比于 $\dfrac{1}{r^4}\displaystyle\int_{t_{\mathrm{P}}}^{t_{\mathrm{S}}} \tau M_0(t-\tau)\,\mathrm{d}\tau$，记为 $u_n^{\mathrm{N}}(\boldsymbol{x},t)$。

(2) 中间场项 (intermediate)①，正比于 $r^{-2}M_0(t-t_{\mathrm{P}})$ 或 $r^{-2}M_0(t-t_{\mathrm{s}})$。由于含有 α 和 β 的项是分离的，所以又分为中间场 P 波项 $u_n^{\mathrm{IP}}(\boldsymbol{x},t)$ 和中间场 S 波项 $u_n^{\mathrm{IS}}(\boldsymbol{x},t)$。

(3) 远场项 (far-field)，正比于 $r^{-1}\dot{M}_0(t-t_{\mathrm{P}})$ 或 $r^{-1}\dot{M}_0(t-t_{\mathrm{s}})$②。类似于中间场项，P 波和 S 波也是分离的，又分为远场 P 波项 $u_n^{\mathrm{FP}}(\boldsymbol{x},t)$ 和远场 S 波项 $u_n^{\mathrm{FS}}(\boldsymbol{x},t)$。

4.6.2.1　剪切位错点源的辐射图案

根据上面的性质，我们可以把位移场明确地表示为各个项之和的形式

$$u_n(\boldsymbol{x},t) = u_n^{\mathrm{N}}(\boldsymbol{x},t) + u_n^{\mathrm{IP}}(\boldsymbol{x},t) + u_n^{\mathrm{IS}}(\boldsymbol{x},t) + u_n^{\mathrm{FP}}(\boldsymbol{x},t) + u_n^{\mathrm{FS}}(\boldsymbol{x},t) \tag{4.6.4}$$

其中，

$$u_n^{\mathrm{N}}(\boldsymbol{x},t) = \frac{\mathscr{A}_n^{\mathrm{N}}}{4\pi\rho r^4} \int_{t_{\mathrm{P}}}^{t_{\mathrm{S}}} \tau M_0(t-\tau)\,\mathrm{d}\tau \tag{4.6.5a}$$

$$u_n^{\mathrm{IP}}(\boldsymbol{x},t) = \frac{\mathscr{A}_n^{\mathrm{IP}}}{4\pi\rho\alpha^2 r^2} M_0\left(t-t_{\mathrm{P}}\right), \quad u_n^{\mathrm{IS}}(\boldsymbol{x},t) = \frac{\mathscr{A}_n^{\mathrm{IS}}}{4\pi\rho\beta^2 r^2} M_0\left(t-t_{\mathrm{s}}\right) \tag{4.6.5b}$$

$$u_n^{\mathrm{FP}}(\boldsymbol{x},t) = \frac{\mathscr{A}_n^{\mathrm{FP}}}{4\pi\rho\alpha^3 r} \dot{M}_0\left(t-t_{\mathrm{P}}\right), \quad u_n^{\mathrm{FS}}(\boldsymbol{x},t) = \frac{\mathscr{A}_n^{\mathrm{FS}}}{4\pi\rho\beta^3 r} \dot{M}_0\left(t-t_{\mathrm{s}}\right) \tag{4.6.5c}$$

而上式中的 $\mathscr{A}_n^{\mathrm{N}}$、$\mathscr{A}_n^{\mathrm{IP}}$、$\mathscr{A}_n^{\mathrm{IS}}$、$\mathscr{A}_n^{\mathrm{FP}}$ 和 $\mathscr{A}_n^{\mathrm{FS}}$ 分别为各个对应项的辐射图案，分别定义为

$$\mathscr{A}_n^{\mathrm{N}} \triangleq 30\gamma_p e_p \gamma_q \nu_q \gamma_n - 6e_p \gamma_p \nu_n - 6\gamma_q \nu_q e_n \tag{4.6.6a}$$

$$\mathscr{A}_n^{\mathrm{IP}} \triangleq 12\gamma_p e_p \gamma_q \nu_q \gamma_n - 2e_p \gamma_p \nu_n - 2\gamma_q \nu_q e_n \tag{4.6.6b}$$

---

① "中间场项"的提法，容易让人误以为它和近场项以及远场项类似，在空间的某个区域内占位移的主要部分。其实不存在它占主导的情况，这个事实可以通过比较 r^{-3}、r^{-2} 和 r^{-1} 三条曲线明显地看出。这个名称的取法，只是因为它随 r 增大的衰减行为介于近场和远场项之间而已。Aki 和 Richards (2002, p.77) 也提到了这一点。

② 需要特别注意的是，与 Green 函数的远场项不同，位错点源的远场项不是正比于地震矩 M_0 本身，而是正比于 $\dot{M}_0$，这意味着远场 P 波和 S 波项受位错函数的时间变化率控制，而非其本身。

$$\mathscr{A}_n^{\mathrm{IS}} \triangleq -(12\gamma_p e_p \gamma_q \nu_q \gamma_n - 3e_p \gamma_p \nu_n - 3\gamma_q \nu_q e_n) \tag{4.6.6c}$$

$$\mathscr{A}_n^{\mathrm{FP}} \triangleq 2\gamma_p e_p \gamma_q \nu_q \gamma_n \tag{4.6.6d}$$

$$\mathscr{A}_n^{\mathrm{FS}} \triangleq -(2\gamma_p e_p \gamma_q \nu_q \gamma_n - \gamma_p e_p \nu_n - \gamma_q \nu_q e_n) \tag{4.6.6e}$$

注意到根据上面的定义，不难发现

$$\mathscr{A}_n^{\mathrm{N}} = 9\mathscr{A}_n^{\mathrm{FP}} - 6\mathscr{A}_n^{\mathrm{FS}}, \quad \mathscr{A}_n^{\mathrm{IP}} = 4\mathscr{A}_n^{\mathrm{FP}} - 2\mathscr{A}_n^{\mathrm{FS}}, \quad \mathscr{A}_n^{\mathrm{IS}} = -3\mathscr{A}_n^{\mathrm{FP}} + 3\mathscr{A}_n^{\mathrm{FS}} \tag{4.6.7}$$

这表明近场项和中间场项的辐射图案都可以用远场 P 波项和远场 S 波项的辐射图案的组合来表示。因此只要掌握了远场 P 波项和远场 S 波项的辐射图案的特征，其他项就可以通过它们的组合来形成。

式 (4.6.6) 中的辐射图案的表达式涉及三个单位矢量：$\hat{\gamma}$、$\hat{e}$ 和 $\hat{\nu}$，回忆在第 3 章中，我们在研究等效体力的时候，为了表示方便而引入了震源坐标系，在其中 $\hat{e}$ 和 $\hat{\nu}$ 有最简的表达。以下我们采用震源坐标系，将辐射图案用震源坐标系下的球坐标表示，来考察辐射图案的空间分布。图 4.6.1 中显示了震源坐标系，在这个坐标系中，一点 $\boldsymbol{x}$ 对应的球坐标为 (r, θ, ϕ)。球坐标系基矢量的直角坐标分量用球坐标可以表达为

$$\hat{e} = (1, 0, 0), \quad \hat{\nu} = (0, 0, 1), \quad \hat{\gamma} = \hat{e}_r = (\sin\theta\cos\phi, \sin\theta\sin\phi, \cos\theta)$$

代入到式 (4.6.6d) 和式 (4.6.6e) 中，并注意到

$$\hat{e}_\theta = (\cos\theta\cos\phi, \cos\theta\sin\phi, -\sin\theta), \quad \hat{e}_\phi = (-\sin\phi, \cos\phi, 0)$$

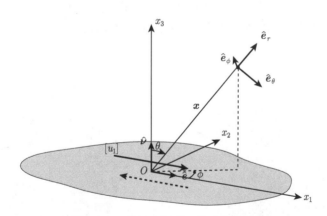

图 4.6.1　震源坐标系下的球坐标表示

平面断层的法线方向为 $\hat{\nu} = (0, 0, 1)$，位错方向的单位矢量为 $\hat{e} = (1, 0, 0)$。震源坐标系中 $\boldsymbol{x} = (r, \theta, \phi)$ 位置处的球坐标基为 $(\hat{e}_r, \hat{e}_\theta, \hat{e}_\phi)$

得到

$$\vec{\mathscr{A}}^{\mathrm{FP}} = \sin 2\theta \cos\phi(\sin\theta\cos\phi, \sin\theta\sin\phi, \cos\theta) = \sin 2\theta \cos\phi \, \hat{e}_r \tag{4.6.8a}$$

$$\vec{\mathscr{A}}^{\mathrm{FS}} = \left(\cos\theta - \sin\theta\sin 2\theta\cos^2\phi, -\sin\theta\sin 2\theta\sin\phi\cos\phi, -\sin\theta\cos 2\theta\cos\phi\right)$$

$$= \cos 2\theta \cos \phi \hat{e}_\theta - \cos \theta \sin \phi \hat{e}_\phi \tag{4.6.8b}$$

把式 (4.6.8) 代入式 (4.6.7)，得到近场项和中间场项的辐射图案为

$$\vec{\mathscr{A}}^{\mathrm{N}} = 9 \sin 2\theta \cos \phi \hat{e}_r - 6 \left(\cos 2\theta \cos \phi \hat{e}_\theta - \cos \theta \sin \phi \hat{e}_\phi \right) \tag{4.6.9a}$$

$$\vec{\mathscr{A}}^{\mathrm{IP}} = 4 \sin 2\theta \cos \phi \hat{e}_r - 2 \left(\cos 2\theta \cos \phi \hat{e}_\theta - \cos \theta \sin \phi \hat{e}_\phi \right) \tag{4.6.9b}$$

$$\vec{\mathscr{A}}^{\mathrm{IS}} = -3 \sin 2\theta \cos \phi \hat{e}_r + 3 \left(\cos 2\theta \cos \phi \hat{e}_\theta - \cos \theta \sin \phi \hat{e}_\phi \right) \tag{4.6.9c}$$

根据式 (4.6.8) 的结果，远场 P 波的辐射图案方向与 $\hat{e}_r (= \hat{\gamma})$ 相同，如果仍然考虑以源点为球心的球面，它沿着球面的法线方向。而远场 S 波的辐射图案是 $\hat{e}_\theta$ 和 $\hat{e}_\phi$ 两个方向的分量的组合，因此它是沿着球面的切线方向的。通常把沿着 $\hat{e}_\theta$ 方向的 S 波称作 SV 波，而把沿着 $\hat{e}_\phi$ 方向的 S 波称作 SH 波[①]。

图 4.6.2 和图 4.6.3 分别显示了远场 P 波和远场 S 波辐射图案的空间分布情况。远场 P 波辐射图案的幅度（图 4.6.2 (a)）在空间中呈规则的四瓣分布，如果作 $x_2 = 0$ 的切面，将呈现地震学教科书上都会显示的经典的玫瑰花瓣图形。辐射图案在球面上的矢量分布（图 4.6.2 (b)）显示了更为丰富的信息。如果以 x_2 为轴，分别在球面上作 $x_1 x_2$ 平面内和 $x_2 x_3$ 平面内的圆将球面切分为四个部分，辐射图案的矢量向球面以外和以内相间出现。在 $x_1 x_2$ 平面内的实线圆在断层面内，而与之垂直的虚线圆，在地震学中通常称之为辅助面。在球体的中心处标出了等效体力（双力偶），可以看出，远场 P 波辐射图案的方向与组成双力偶的四个单力方向密切相关。辐射图案向外的部分，对应于拉张的应力状态，而向里的部分对应于压缩的应力状态。对应的四部分中心处的球径方向则分别为 T 轴和 P 轴。辐射图案的这种内外相间的分布直接对应了地表观测点的 P 波初动方向，因此根据不同区域地表观测记录的 P 波初动方向的分布情况，可以获得关于地震断层面分布的信息。远场 S 波辐

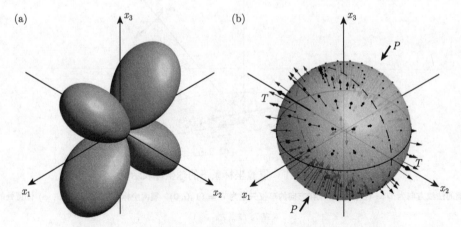

图 4.6.2   位错点源远场 P 波辐射图案 $\mathscr{A}_n^{\mathrm{FP}}$ 的空间分布情况

(a) 辐射图案的幅度（绝对值）；(b) 在球面上的矢量分布，箭头的长度和方向分别代表辐射图案的大小和方向。球面上的实线圆和虚线圆分别代表断层面和辅助面。T 和 P 分别为拉张轴和压缩轴

[①] SV 波与 P 波之间有密切的关联，比如在有界面存在的情况下，在界面处可以发生二者之间的转换。而 SH 波则与前两者没有关联。在第 6 章中，我们将从数学上揭示其中的缘由。

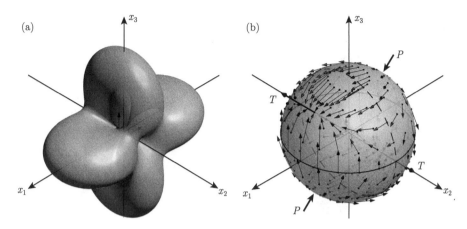

图 4.6.3 位错点源远场 S 波辐射图案 $\mathscr{A}_n^{FS}$ 的空间分布情况

(a) 辐射图案的幅度（绝对值）；(b) 在球面上的矢量分布，箭头的长度和方向分别代表辐射图案的大小和方向。球面上的
实线圆和虚线圆分别代表断层面和辅助面。T 和 P 分别为拉张轴和压缩轴

射图案的幅度（图 4.6.3 (a)）在空间中也有类似的四瓣分布，但是与 P 波对应的图案有 45°
的角度差。正如预期的那样，辐射图案在球面上的矢量都沿着球面的切线方向（图 4.6.3
(b)），并且在以断层面和辅助面划分得到的四个球面区域中，从压缩轴散开并向拉张轴
汇聚。

由于远场 S 的辐射图案包含了 $\hat{e}_\theta$ 和 $\hat{e}_\phi$ 两个方向的分量，整体上看其矢量在球面上的
分布比较复杂。图 4.6.4 和图 4.6.5 分别显示了远场 SV 波（$\hat{e}_\theta$ 分量）和远场 SH 波（$\hat{e}_\phi$ 分
量）的辐射图案。它们在球面上分别具有沿着经线和纬线的方向。不过，辐射图案的幅度
分布呈现较为复杂的分布。远场 SV 波辐射图案的幅度分布在沿 x_1 方向上有较为规则的
分布，而在 x_3 方向上则不很规则；与此类似，远场 SH 波辐射图案的幅度分布在 x_3 方向上
也不规则。不过二者的综合效果产生了规则的远场 S 波辐射图案的幅度分布，见图 4.6.3 (a)。

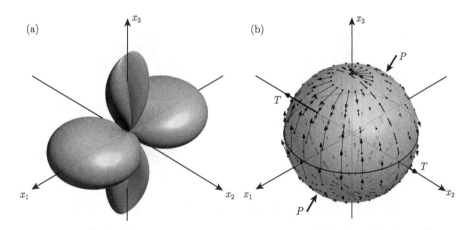

图 4.6.4 位错点源远场 SV 波辐射图案 $\mathscr{A}_n^{FSV}$ 的空间分布情况

(a) 辐射图案的幅度（绝对值）；(b) 在球面上的矢量分布，箭头的长度和方向分别代表辐射图案的大小和方向。球面上的
实线圆和虚线圆分别代表断层面和辅助面。T 和 P 分别为拉张轴和压缩轴

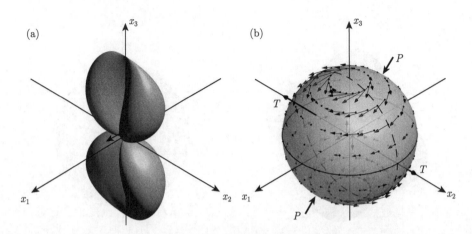

图 4.6.5　位错点源远场 SH 波辐射图案 $\mathscr{A}_n^{\mathrm{FSH}}$ 的空间分布情况

(a) 辐射图案的幅度（绝对值）；(b) 在球面上的矢量分布，箭头的长度和方向分别代表辐射图案的大小和方向。球面上的
实线圆和虚线圆分别代表断层面和辅助面。T 和 P 分别为拉张轴和压缩轴

　　与远场项不同，中间场项的 P 波和 S 波，以及近场项含有 $\hat{e}_r$、$\hat{e}_\theta$ 和 $\hat{e}_\phi$ 三个方向的分量，因此它们的矢量在球面上的分布更为复杂，见图 4.6.6 ~ 图 4.6.8。但是辐射图案的幅度分布相对比较规则。

　　由上面的分析可见，除了远场的 P 波和 S 波项以外，中间场和近场项的辐射图案都呈现比较复杂的分布。这意味着在距离震源较近的区域内，地震波场随着方位的变化呈现复杂的特征。在远场情况下，近场和中间场项衰减较快，而远场项起主导作用，这时地震波场的整体方向性特征比较明显。

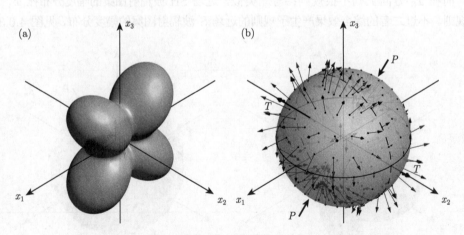

图 4.6.6　位错点源中间场 P 波辐射图案 $\mathscr{A}_n^{\mathrm{IP}}$ 的空间分布情况

(a) 辐射图案的幅度（绝对值）；(b) 在球面上的矢量分布，箭头的长度和方向分别代表辐射图案的大小和方向。球面上的
实线圆和虚线圆分别代表断层面和辅助面。T 和 P 分别为拉张轴和压缩轴

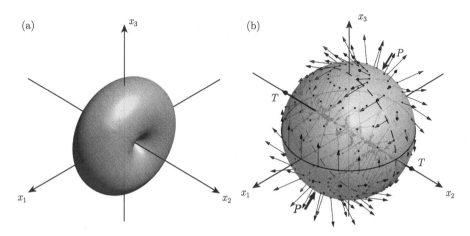

图 4.6.7　位错点源中间场 S 波辐射图案 $\mathscr{A}_n^{\mathrm{IS}}$ 的空间分布情况

(a) 辐射图案的幅度（绝对值）；(b) 在球面上的矢量分布，箭头的长度和方向分别代表辐射图案的大小和方向。球面上的
实线圆和虚线圆分别代表断层面和辅助面。T 和 P 分别为拉张轴和压缩轴

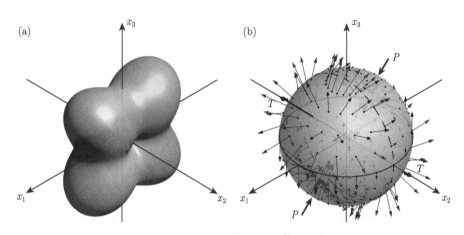

图 4.6.8　位错点源近场辐射图案 $\mathscr{A}_n^{\mathrm{N}}$ 的空间分布情况

(a) 辐射图案的幅度（绝对值）；(b) 在球面上的矢量分布，箭头的长度和方向分别代表辐射图案的大小和方向。球面上的
实线圆和虚线圆分别代表断层面和辅助面。T 和 P 分别为拉张轴和压缩轴

4.6.2.2　一般的时间函数产生的位移场

在式 (4.6.3) 中，随时间变化的量是地震矩 $M_0(t) = \mu\overline{[u(t)]}A$。而平均位错 $\overline{[u(t)]} = \overline{[u]}S(t)$，其中 $S(t)$ 是时间函数，因此，

$$M_0(t) = \mu\overline{[u]}AS(t) = M_0 S(t), \quad M_0 \triangleq \mu\overline{[u]}A$$

式 (4.6.3) 可以改写为

$$u_n(\boldsymbol{x}, t) = \frac{M_0 \mathscr{A}_n^{\mathrm{N}}}{4\pi\rho r^4}\int_{t_{\mathrm{P}}}^{t_{\mathrm{S}}}\tau S(t-\tau)\,\mathrm{d}\tau + \frac{M_0 \mathscr{A}_n^{\mathrm{IP}}}{4\pi\rho\alpha^2 r^2}S\left(t-t_{\mathrm{P}}\right) + \frac{M_0 \mathscr{A}_n^{\mathrm{IS}}}{4\pi\rho\beta^2 r^2}S\left(t-t_{\mathrm{S}}\right)$$

$$+ \frac{M_0 \mathscr{A}_n^{\mathrm{FP}}}{4\pi\rho\alpha^3 r} \dot{S}(t - t_{\mathrm{P}}) + \frac{M_0 \mathscr{A}_n^{\mathrm{FS}}}{4\pi\rho\beta^3 r} \dot{S}(t - t_{\mathrm{S}}) \tag{4.6.10}$$

如果时间函数 $S(t)$ 取阶跃函数 $H(t)$, 由于

$$\int_{t_{\mathrm{P}}}^{t_{\mathrm{S}}} \tau H(t - \tau)\,\mathrm{d}\tau = \frac{1}{2}(t^2 - t_{\mathrm{P}}^2)H(t - t_{\mathrm{P}}) - \frac{1}{2}(t^2 - t_{\mathrm{S}}^2)H(t - t_{\mathrm{S}}) \triangleq P(t)$$

则式 (4.6.10) 可具体表示为

$$u_n(\boldsymbol{x}, t) = \frac{M_0 \mathscr{A}_n^{\mathrm{N}}}{4\pi\rho r^4} P(t) + \frac{M_0 \mathscr{A}_n^{\mathrm{IP}}}{4\pi\rho\alpha^2 r^2} H(t - t_{\mathrm{P}}) + \frac{M_0 \mathscr{A}_n^{\mathrm{IS}}}{4\pi\rho\beta^2 r^2} H(t - t_{\mathrm{S}})$$

$$+ \frac{M_0 \mathscr{A}_n^{\mathrm{FP}}}{4\pi\rho\alpha^3 r} \delta(t - t_{\mathrm{P}}) + \frac{M_0 \mathscr{A}_n^{\mathrm{FS}}}{4\pi\rho\beta^3 r} \delta(t - t_{\mathrm{S}}) \tag{4.6.11}$$

注意到远场项的时间函数为 $\delta(t - t_{\mathrm{P}})$ 和 $\delta(t - t_{\mathrm{S}})$, 因此在波形上表现为在 P 波到时 t_{P} 和 S 波到时 t_{S} 处的两个脉冲。类似于 Green 函数本身那样, 参见图 4.5.1。因为脉冲型的震相不具有实际意义, 所以我们随后考虑适用于位错源的最简单的时间函数——斜坡函数。

不过, 式 (4.6.11) 可以提供关于静态位移场的有用信息。考虑 $t \to \infty$ 时的情况, 得到静态位移场为

$$u_n^{\mathrm{static}}(\boldsymbol{x}) = \frac{M_0}{8\pi\mu r^2} \left[\mathscr{A}_n^{\mathrm{N}}(1 - k^2) + 2k^2 \mathscr{A}_n^{\mathrm{IP}} + 2\mathscr{A}_n^{\mathrm{IS}} \right] \qquad \left(k = \frac{\beta}{\alpha} \right)$$

$$\xlongequal{(4.6.9)} \frac{M_0}{8\pi\mu r^2} \left[(3 - k^2) \mathscr{A}_n^{\mathrm{FP}} + 2k^2 \mathscr{A}_n^{\mathrm{FS}} \right]$$

$$\xlongequal{(4.6.8)} \frac{M_0}{8\pi\mu r^2} \left[(3 - k^2) \sin 2\theta \cos\phi \hat{\boldsymbol{e}}_r \right.$$

$$\left. + 2k^2 (\cos 2\theta \cos\phi \hat{\boldsymbol{e}}_\theta - \cos\theta \sin\phi \hat{\boldsymbol{e}}_\phi) \right]$$

远场 P 波和 S 波的脉冲信号在 $t \to \infty$ 时为零, 因此它们对于静态位移没有贡献。从上式的结果看, 位错点源引起的静态位移场具有各个方向的分量。图 4.6.9 和图 4.6.10 分别显示了以点源为球心的球面上的位移分布和在 x_3 轴上方和下方的平面上的分布情况。图 4.6.9 (a) 中显示的静态位移幅度分布与远场 P 波的辐射图案有些相类似。在球面上的分布清楚地显示了在拉张区的位移是自球面向外, 而压缩区的位移是向内, 并且位移在 $x_1 x_3$ 平面内取到最大值。图 4.6.10 中两个平面上的静态位移场结果同样显示了这个特征。

如果式 (4.6.10) 中的时间函数 $S(t)$ 取斜坡函数 $R(t)$, 见式 (4.5.4), 因为

$$\dot{R}(t) = \frac{1}{t_0} \left[H(t) + t\delta(t) - H(t - t_0) - (t - t_0)\delta(t - t_0) \right]$$

$$\xlongequal{x\delta(x)=0} \frac{1}{t_0} \left[H(t) - H(t - t_0) \right] \triangleq B(t) \tag{4.6.12}$$

所以由斜坡函数导致的远场 P 波和 S 波的时间变化行为是箱型的, 即当 $0 < t < t_0, \dot{R}(t)$ 时为 1, 其余情况为零。此外,

$$\frac{1}{t_0} \int_{t_{\mathrm{P}}}^{y} \tau(x - \tau)H(x - \tau)\,\mathrm{d}\tau = P(x, t_{\mathrm{P}}) - P(x, y)$$

其中，

$$P(x, y) = \frac{1}{6t_0}\left[x^3 - (3x - 2y)y^2\right]H(x - y) \tag{4.6.13}$$

因此

$$\int_{t_P}^{t_S} \tau R(t - \tau)\,\mathrm{d}\tau = \frac{1}{t_0}\int_{t_P}^{t_S}\left[\tau(t - \tau)H(t - \tau) - \tau(t - t_0 - \tau)H(t - t_0 - \tau)\right]\mathrm{d}\tau$$

$$= P(t, t_P) - P(t, t_S) - P(t - t_0, t_P) + P(t - t_0, t_S) \tag{4.6.14}$$

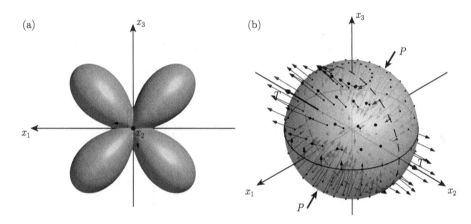

图 4.6.9 位错点源引起的静态位移场

(a) 辐射图案的幅度（绝对值）；(b) 在球面上的矢量分布，箭头的长度和方向分别代表辐射图案的大小和方向。球面上的实线圆和虚线圆分别代表断层面和辅助面。T 和 P 分别为拉张轴和压缩轴

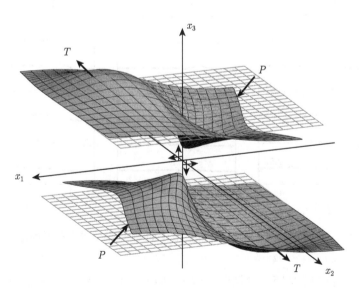

图 4.6.10 位错点源引起的静态位移场在 x_3 轴上方和下方的平面上的分布

T 和 P 分别代表拉张轴和压缩轴。变形之前的平面用灰色网格表示

将式 (4.6.12) 和式 (4.6.14) 代入式 (4.6.10)，得到

$$u_n(\boldsymbol{x},t) = \frac{M_0 \mathscr{A}_n^{\mathrm{N}}}{4\pi\rho r^4} \big[P(t,t_{\mathrm{P}}) - P(t,t_{\mathrm{S}}) - P(t-t_0,t_{\mathrm{P}}) + P(t-t_0,t_{\mathrm{S}}) \big]$$

$$+ \frac{M_0 \mathscr{A}_n^{\mathrm{IP}}}{4\pi\rho\alpha^2 r^2} R(t-t_{\mathrm{P}}) + \frac{M_0 \mathscr{A}_n^{\mathrm{IS}}}{4\pi\rho\beta^2 r^2} R(t-t_{\mathrm{S}})$$

$$+ \frac{M_0 \mathscr{A}_n^{\mathrm{FP}}}{4\pi\rho\alpha^3 r} B(t-t_{\mathrm{P}}) + \frac{M_0 \mathscr{A}_n^{\mathrm{FS}}}{4\pi\rho\beta^3 r} B(t-t_{\mathrm{S}}) \qquad (4.6.15)$$

其中，辐射图案的表达式见式 (4.6.6) 或式 (4.6.8)、式 (4.6.9)，$P(t_1、t_2)$、$R(t)$ 和 $B(t)$ 的定义分别见式 (4.6.13)、式 (4.5.4) 和式 (4.6.12)。

图 4.6.11 显示了不同上升时间 t_0 取值的情况下，时间函数为斜坡函数的位错点源产生的位移分量 $\bar{u}_i$。可以看到波形上一个很明显的特征是，在 P 波和 S 波到时之后有一个明显的箱型震相。从前面的分析不难得知，这正是时间函数为斜坡函数的位错源的远场波项的特征。这个箱型的宽度为 t_0，因此当 $t_0 \to 0$ 时，远场震相趋向于脉冲。而当 $t_0 > t_{\mathrm{s}} - t_{\mathrm{P}}$ 时（即 $\bar{t}_0 > \sqrt{3} - 1 \approx 0.732$），见图中的 $\bar{t}_0 = 1.07, 1.50, 1.92$ 和 2.57，P 波之后的箱型和 S 波之后的箱型产生了交叠。随着 t_0 的增大，波形的幅度越来越小。

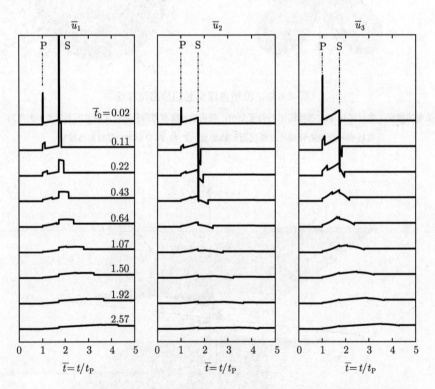

图 4.6.11   不同上升时间 t_0 的斜坡函数 $R(t)$ 的位错点源产生的无量纲位移分量 $\bar{u}_i(t)$

观测点位于 $\boldsymbol{x} = (2, 1, 3)$ km。横轴为用 P 波到时 t_{P} 作了无量纲化的时间，$\bar{u}_i(t) = 4\pi\mu r^2 u_i(t)$。图中所标的 $\bar{t}_0 = t/t_{\mathrm{P}}$，"P" 和 "S" 分别为 P 波和 S 波，其到时分别为 $t_{\mathrm{P}} = 0.47$ s 和 $t_{\mathrm{S}} = 0.81$ s

为了清楚地了解近场、中间场和远场各个部分对整体波形的贡献，图 4.6.12 中以 $t_0 =$

0.2 s（对应 $\bar{t}_0 = 0.43$）为例，显示了整体的位移分量 $\bar{u}_i$（用粗线表示）与近场项 $(\bar{u}_i^{\mathrm{N}})$、中间场项 $(\bar{u}_i^{\mathrm{IP}}$ 和 $\bar{u}_i^{\mathrm{IS}})$ 和远场项 $(\bar{u}_i^{\mathrm{FP}}$ 和 $\bar{u}_i^{\mathrm{FS}})$ 各个部分。正如式 (4.6.15) 中所显示的，近场、中间场和远场分别为斜坡函数的积分、斜坡函数本身，以及箱型函数（即斜坡函数的导数），因此从波形上看，逐渐显现出不连续的特征。整体上看，时间函数为斜坡函数的位错点源，波形上最突出的特征是远场 P 波和 S 波的箱型震相，其宽度与上升时间 t_0 相等。远场 P 波项和 S 波项的存在，使得波形上与阶跃函数呈现明显的区别。这也充分说明了时间函数对于地震波波形的影响很大。通过对地震波记录的反演，可以了解地震断层上位错的时间变化历史。

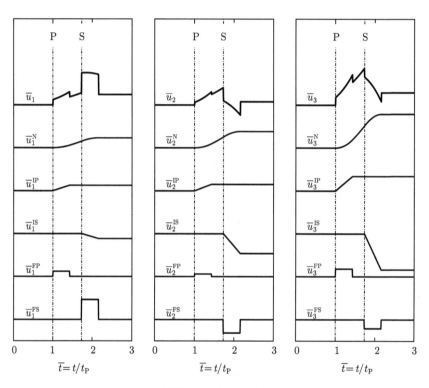

图 4.6.12　由 $t_0 = 0.2$ s 的斜坡函数位错点源产生的无量纲位移 $\bar{u}_i$ 及各个组成部分

包括近场项 $(\bar{u}_i^{\mathrm{N}})$、中间场项 $(\bar{u}_i^{\mathrm{IP}}$ 和 $\bar{u}_i^{\mathrm{IS}})$ 和远场项 $(\bar{u}_i^{\mathrm{FP}}$ 和 $\bar{u}_i^{\mathrm{FS}})$。总位移用粗线表示。横轴为用 P 波到时 t_{P} 作了无量纲化的时间，$\bar{u}_i(t) = 4\pi\mu r^2 u_i(t)$。虚线标出了 P 波和 S 波到时

图 4.6.13 显示了 $t_0 = 0.2$ s（对应 $\bar{t}_0 = 0.43$）的斜坡函数位错点源产生的质点轨迹。质点最终位置的特征与图 4.5.8 中阶跃函数的单力导致的情况类似，但是一个明显的区别是中间过程要复杂得多。在离开球面的 P 波震相处，质点运动沿着球径方向，而在 S 波震相处，质点运动垂直于球径（对照图 4.6.11 分析不难看出）。

正如图 4.6.11 中所展示的，随着 t_0 的增加，波形的幅度显著减小，这一特点也明显地体现在质点运动轨迹上，见图 4.6.14。图中显示了 $\bar{t}_0 = 0.22$、1.07 和 2.57（参见图 4.6.11）三种取值情况下的质点运动轨迹。运动路径有显著差异，但是最终都终止在同一点处。这同时也表明了瞬态过程的特点：尽管最终的静态位移相同，但是中间可能经历了运动幅度

差异巨大的复杂过程。

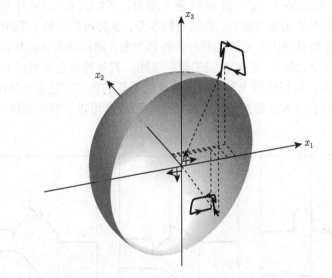

图 4.6.13   由斜坡函数位错点源产生的 $\boldsymbol{x} = (2, 1, 3)$ km 和 $(2, 1, -3)$ km 处的质点运动轨迹

位错函数的上升时间 $t_0 = 0.2$ s。与图 4.5.8 类似，质点从球面上开始运动，最后终止于一点

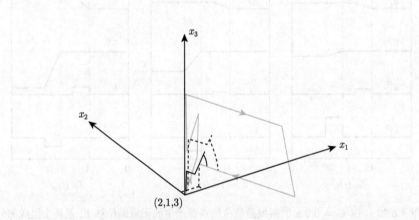

图 4.6.14   不同 t_0 的由斜坡函数位错点源导致的 $\boldsymbol{x} = (2, 1, 3)$ km 处的质点运动轨迹

浅灰色实线、黑色虚线和黑色实线分别对应于 $\tilde{t}_0 = 0.22$、1.07 和 2.57（参考图 4.6.11）

　　注意到以上所展示的例子，包括辐射图案的空间分布和位错点源导致的位移场等，都是在震源坐标系下的。震源坐标系对于展示辐射图案和计算位移场是方便的，但是从实际应用的角度看却并不方便，因为地震波是在地表记录的，我们必须计算在地表坐标系下的位移，才有可能和实际的地震记录比对，获取震源和介质的信息。

4.7   震中坐标系下位错点源和有限尺度源产生的位移场

　　尽管在本章考虑的无限空间的介质模型中不存在地表，但是为了给以后将要研究的 Lamb 问题提供比对，深入了解自由界面的效应，假设一个虚拟的"地表平面"，并以此建立坐标系，求出这个坐标系下的位移场是有必要的。注意这个"地表平面"是实际上不存在的，只是无限空间中人为选定的某个平面。

在"地表"建立的坐标系，选择两个轴（比如一般选取 x_1 轴和 x_2 轴）位于地表平面内而另外一个轴（一般选 x_3 轴）垂直地表向下是自然的。但是如何选择坐标原点具有一定的自由度。通常为了考虑问题方便，将坐标原点 O 选在震中的位置，引入 3.4.3 节中介绍过的震中坐标系，见图 3.4.1。

4.7.1 震中坐标系下位错点源产生的位移场

根据位错点源产生的位移场表达式 (4.6.3)，我们需要运用 $\hat{\gamma}$、$\hat{\nu}$ 和 $\hat{e}$ 三个单位矢量在震中坐标系下的具体表达。由图 3.4.1 和式 (3.4.7)，

$$\hat{e} = (\alpha_{1'1}, \alpha_{2'1}, \alpha_{3'1})$$
$$= (\cos\lambda\cos\phi_s + \cos\delta\sin\lambda\sin\phi_s, \cos\lambda\sin\phi_s - \cos\delta\sin\lambda\cos\phi_s, -\sin\lambda\sin\delta)$$
$$\hat{\nu} = (\alpha_{1'3}, \alpha_{2'3}, \alpha_{3'3}) = (-\sin\delta\sin\phi_s, \sin\delta\cos\phi_s, -\cos\delta) \tag{4.7.1}$$

$\hat{\gamma}$ 为源–场连线方向的单位矢量。如图 4.7.1 所示，如果记源–场连线与竖直轴的夹角为 θ，源–场连线在地表的投影与 x_1 轴（北向轴）的夹角为 ϕ，则由几何关系不难写出

$$\hat{\gamma} = (\sin\theta\cos\phi, \sin\theta\sin\phi, -\cos\theta) \tag{4.7.2}$$

把式 (4.7.1) 和式 (4.7.2) 代入式 (4.6.6)，并进而代入式 (4.6.5) 和式 (4.6.4)，最终即可得到在震中坐标系下表示的位移场[①]。

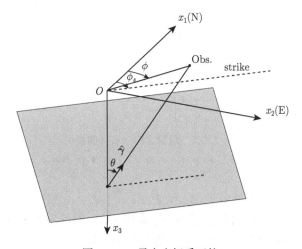

图 4.7.1　震中坐标系下的 $\hat{\gamma}$

θ 和 ϕ 分别为源–场连线与竖直轴的夹角，以及源–场连线在地表的投影与 x_1 轴（北向轴）的夹角，虚线为断层的走向，与北向的夹角为 ϕ_s，"Obs." 代表观测点

以下通过一个具体的例子来展示。考虑在深度为 $h = 10$ km 处的 1 km×1 km 的垂直左旋走滑断层在"地表"处产生的位移场。介质参数和各个计算参数见表 4.7.1。

---

① 由于表示形式比较复杂，就不罗列结果了。上述代入关系很清楚，非常便于程序实现。

表 4.7.1　计算参数表

参数（单位）	取值	参数（单位）	取值
$\delta(°)$	90	α (km/s)	8.00
$\lambda(°)$	0	β (km/s)	4.62
$\phi_s(°)$	90	ρ (g/cm^3)	3.30
t_0 (s)	3.00	$\overline{[u]}$ (m)	1.00
h (km)	10	A (km^2)	1.00

　　为了显示方位效应，我们计算两条测线上 A_i 和 B_i $(i=1,2,\cdots,11)$ 处的位移，它们分别平行和垂直于断层的走向，如图 4.7.2 所示。因为各点到震源的距离（约 100~140 km）远远大于震源的尺度（1 km），所以可视为远场问题，把震源当成点源来处理。

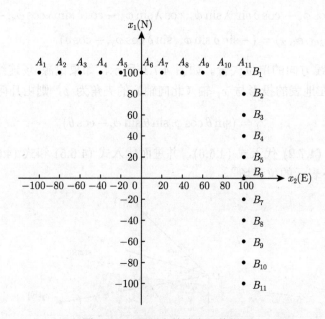

图 4.7.2　观测点的分布（俯视）

沿平行于 x_2 轴和 x_1 轴分别设 A_i 和 B_i $(i=1,2,\cdots,11)$ 各 11 个测点，其中 A_{11} 与 B_1 重合

　　图 4.7.3 和图 4.7.4 分别显示了 A_i 和 B_i $(i=1,2,\cdots,11)$ 各点处由垂直的左旋走滑破裂导致的位移场。图 4.7.3 中显示了 u_1 分量和 u_3 分量呈现对于 x_1 轴的对称特征，而 u_2 分量则沿着 x_2 方向连续分布。由于 A_i 的各个测点以 A_6 点为中心，往两侧和震源之间的距离变大，所以各个测点处震相的到时关于 A_6 对称，往两侧越来越延迟。垂直于 x_2 轴的各个测点 B_i 处的位移特征与 A_i 处有所不同。图 4.7.4 表明，B_i 各点处的位移的 u_2 分量和 u_3 分量呈现对于 x_2 轴的对称特征，而 u_1 分量则沿着 x_1 方向连续分布。东北、西北、西南和东南四个象限三个分量的静态位移场的正负情况[①] 列于表 4.7.2 中。

---

　　① 位移场是矢量，矢量是以与规定的坐标轴正向是否一致来定义正负号的。举例来说，在西北和东南两个象限内 u_1 的符号分别为正号和负号，代表了它们分别沿 x_1 轴的正向和负向，都体现了远离断层在地表投影的特点。

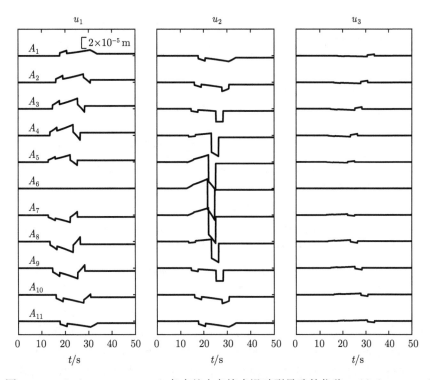

图 4.7.3　A_i $(i = 1, 2, \cdots, 11)$ 各点处由左旋走滑破裂导致的位移 $u_i(t)$ $(i = 1, 2, 3)$

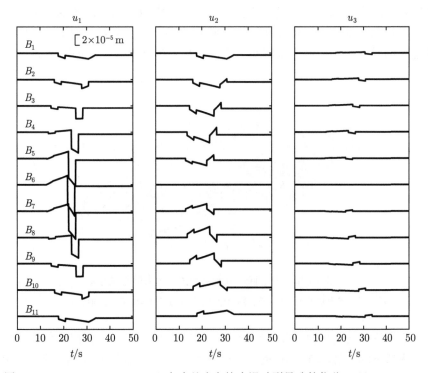

图 4.7.4　B_i $(i = 1, 2, \cdots, 11)$ 各点处由左旋走滑破裂导致的位移 $u_i(t)$ $(i = 1, 2, 3)$

表 4.7.2　静态位移分量在各个象限中的正负情况

象限	u_1	u_2	u_3
西北 $(x_1 > 0, x_2 < 0)$	+	−	−
东南 $(x_1 < 0, x_2 > 0)$	−	+	−
东北 $(x_1 > 0, x_2 > 0)$	−	−	+
西南 $(x_1 < 0, x_2 < 0)$	+	+	+

除此以外，A_i 和 B_i $(i = 1, 2, \cdots, 11)$ 各点处的位移场还有以下特征：

(1) 由于可以认为是远场情况，所以远场波项在波项中占优势，体现在 P 波到时和 S 波到时之后紧随的箱型震相；

(2) 瞬时变化的幅度远大于最终的静态位移；

(3) 总体上看，横向的位移分量 u_1 和 u_2 的幅度明显大于垂向的位移分量 u_3。

结合走滑断层的等效体力和 P、T 轴分布情况有助于理解波形的上述特征。图 4.7.5 显示了地表处的静态位移场，图中还标出了直立左旋的走滑断层的等效双力偶以及 P、T 轴。由于是走向为 90° 的左旋断层，北侧的断层面相对于南侧的断层向西运动，因此它的等效双力偶是图中所示的分布，它位于平行于地表的平面内，对应着西北和东南方向为拉张轴 T 轴，而东北和西南方向为压缩轴 P 轴。这样的应力分布，使得地球介质在西北–东南方向上受拉伸，而在东北–西南方向上受挤压。这将直接导致在西北和东南两个象限内的水平位移呈现远离断层的特点，而在东北和西南两个象限内则是向断层汇聚。另外，在垂直方向上，由于 Poisson 比的存在，西北和东南两个象限内的地表会下沉，而东北和西南两个象限内的地表会抬升，并且由于当前的算例 Poisson 比为 0.25，因此这种抬升或下沉的幅度要小于水平运动的幅度。这也体现了走滑断层的特点，它主要引起水平方向的运动，而垂直向的运动相对不明显。这样就解释了上面所描述的波形上呈现的现象。

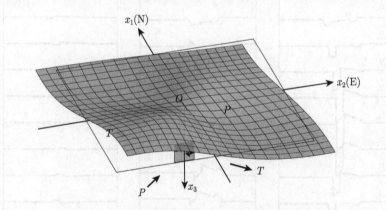

图 4.7.5　由垂直走滑断层产生的地表静态位移场

变形前的区域为矩形。图中标出了等效的双力偶和 P、T 轴

最后，值得注意的是位移分量的幅度。图 4.7.3 和图 4.7.4 中标出了位移的幅值，它给出了量值的大致概念。埋深 10 km 的 1 km² 的断层，平均位错是 1 m，它在 100 km 以外的"地表"引起的静态位移和动态位移幅度分别是微米和几十至上百微米的量级。地震矩 M_0 正比于平均位错量和断层面积，因此平均位错越大、断层面积越大，它所引起的位移场

就越大。比如，仍然考虑上面的例子，如果断层不是 1 km×1 km，而是 50 km×10 km，结果会怎样？

4.7.2 震中坐标系下有限尺度的位错源产生的位移场

能否把一个震源当作点源来近似，要视情况而定。对于 4.7.1 节考虑的例子，如果断层的尺度是 50 km×10 km，这个尺度与断层和观测点之间的距离可比，因此不能当作点源来处理，必须考虑断层的有限尺度效应。通常的做法是，将有限尺度的断层面划分成若干子断层，子断层的规模足够小，使得可以当作点源来处理，然后将各个子断层导致的位移场做叠加。

以下仍然以 4.7.1 节的问题为例来显示。其他所有参数都不变，只是断层替换为 50 km×10 km。如图 4.7.6 所示，断层上边界距离 x_2 轴 10 km。将断层划分为 50×10 个大小为 1 km^2 的正方形子断层，每个子断层的位置为其中心的点。每个子断层大小与 4.7.1 节的相同，因此可以视作点源。

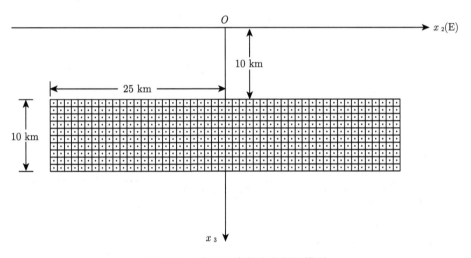

图 4.7.6　有限尺度的直立断层模型

断层大小为 50 km×10km，其上边界距 x_2 轴 10 km。断层划分为 50×10 个大小为 1 km^2 的正方形子断层，其位置用中心的黑点代表

考虑一个经典的单侧破裂的 Haskell 模型：在 $t = 0$ 时刻断层从最左边的一列子断层开始破裂，然后以 $v_c = 3$ km/s（$\approx 0.65\beta$）的速度向右侧传播[①]。图 4.7.7 和图 4.7.8 显示了由这个有限尺度的震源导致的位移场。可以看到，整体上的波形比单个的点源光滑得多，而且震相到时处不像单个点源那样有尖锐的变化，这是有限尺度源导致的位移场的典型特征。尽管对于单个的子断层来讲，在测点 A_i 和 B_i ($i = 1, 2, \cdots, 11$) 观察，都可以将其视为点源，从而在波形上体现出明显的远场特征：箱型的震相（图 4.7.3 和图 4.7.4），但是对于由点源组合而成的图 4.7.6 中的有限断层，断层传播而导致推迟效应，叠加的效果却从波形上看不到箱型的远场震相了。由于延迟效应的存在，整个波列的时间变长了。

---

① 在进行点源叠加的时候，注意到因为破裂传播导致的延迟效应即可，因为并不是所有的点都是在 $t = 0$ 时刻破裂的。

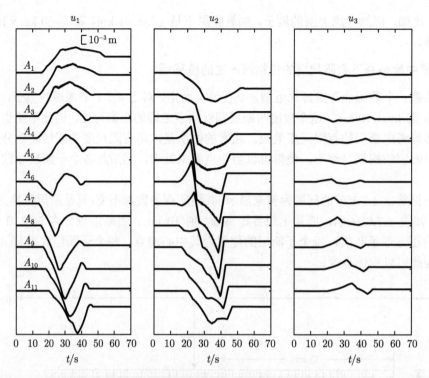

图 4.7.7   由 50×10 个子断层组成的有限尺度断层导致的 A_i $(i = 1, 2, \cdots, 11)$ 点处的位移

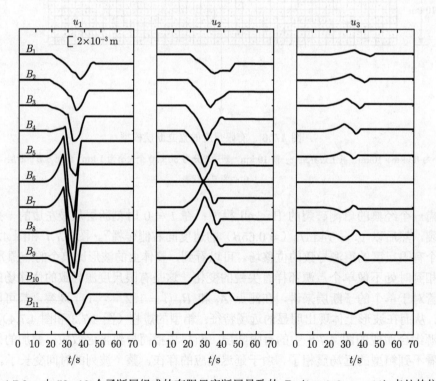

图 4.7.8   由 50×10 个子断层组成的有限尺度断层导致的 B_i $(i = 1, 2, \cdots, 11)$ 点处的位移

比对图 4.7.3、图 4.7.7，以及图 4.7.4、图 4.7.8，会发现一个有趣的现象。位于测线 A 上各测点的中心位置 A_6 处，由位于 x_3 轴上的单个子断层导致的 u_1 和 u_3 分量为零（图 4.7.3），但是由有限断层导致的 u_1 和 u_3 分量却不为零（图 4.7.7）。而同样位于测线中心位置的 B_6 处，无论是单个子断层还是有限断层，其位移场的 u_2 和 u_3 分量却都为零。注意到对于图 4.7.6 中所示的有限尺度断层，A_6 和 B_6 的位置是不对等的：对于测点 B_6 来说，所有的子断层的方位角 ϕ 都是 90°，从而导致了所有辐射图案的 2 和 3 分量都为零（见式 (4.6.6)）；但是对于测线 A 上的测点来说，只有 A_6 能够使得所有辐射图案的 1 和 3 分量为零（从而导致 u_1 和 u_3 为零），对于断层上分布的其他子断层，就没有这样的关系，因此叠加的效果导致了上面的现象。

对于有限尺度的震源问题，利用这里采用的划分成子断层，分别当作点源，将其产生的位移场做叠加的做法自然面临一个问题：究竟划分成多大的子断层合适？当然子断层的尺寸越大，计算的成本越低，但是带来的效果却是难以保证精确的结果。仔细观察图 4.7.7，会发现在一些位移分量上出现波形"抖动"的现象，比如 $A_2 \sim A_4$ 处的 u_1 分量，和 $A_2 \sim A_6$ 处的 u_2 分量比较显著。这究竟是物理问题本质如此，还是由子断层尺度选取过大导致的？为了探究这个问题，我们把图 4.7.6 中的断层划分为 100×20 个子断层，即子断层的尺寸为 0.5 km×0.5 km。图 4.7.9 显示了加密之后的测线 A 上各点的位移分量。与图 4.7.7 对比，明显"抖动"现象就消失了[①]。

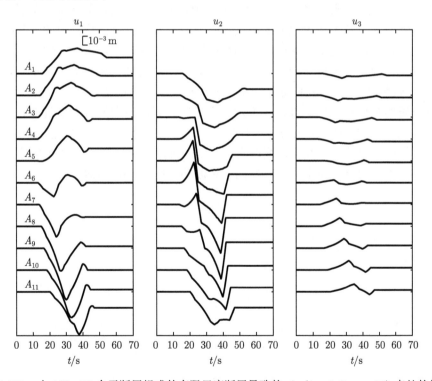

图 4.7.9 由 100×20 个子断层组成的有限尺度断层导致的 A_i ($i = 1, 2, \cdots, 11$) 点处的位移

---

① 在实际计算的时候，很难有个理论上的定量标准来判断，一般根据计算条件，选取一个合适的子断层尺寸，如果发现计算结果有不合理的类似于这里出现的"抖动"现象，就继续加密，看看结果是否有所改善，直到得到一个合理的结果为止。

最后，仍然注意位移的幅度。这个 50 km×10 km 的有限尺度断层，在平均位错为 1 m 的假定下，在 100 km 以外的"地表"处产生的位移场幅度可以达到接近厘米的量级。这是个很可观的数字。如果断层扩展达到上百千米，并且距离断层比较近，这就很具有破坏性。另外，值得注意的是，当前我们考虑的是无限介质的模型，如果真正存在地表，波动在地表处会出现更为复杂的行为，导致更为严重的破坏。这将是我们接下来要研究的内容。

4.8　小　结

作为弹性介质最为简单的模型，各向同性均匀的无限介质是研究地震波问题最佳的切入点。在本章中，我们首先求解了无限介质模型中的 Green 函数。这是通过 Lamé 定理，对位移做势分解，并求解势函数满足的波动方程来实现的。无限介质 Green 函数最大的特点是具有形式非常简单的闭合形式解，这为我们进一步分析波场的性质提供了极大的便利。Green 函数的形式可以明确地写成近场项和远场项的和，并且在各项中，代表方向性效应的辐射图案和时间函数项是分离的。因此，我们可以方便地研究各个波场项的空间分布特点和时间变化行为。

由集中脉冲力引起的 Green 函数是分析在地震学上更有意义的剪切位错源导致的地震波问题的基础。本章的第二部分 (4.6 和 4.7 节)，也是重点内容，分析了剪切位错源的地震波场及其性质。尽管形式上比 Green 函数要复杂，但是整体上，剪切位错源引起的位移场也可以明确地表示为各种波场成分的形式，并且每种成分也可以将辐射图案和时间函数分离。我们比较详尽地讨论了各种波场项的辐射图案，并且以斜坡函数为例，详细地研究波场的时间变化行为。根据第 3 章中讨论的等效体力，剪切位错源等效于无矩的双力偶，与此有关的 P 轴和 T 轴，为我们分析和解释波形提供了有力的工具。

无限介质的模型对于地球来说，不是个合适的模型，因为没有考虑到地表的存在。在有地表的情况下，地震波表现出怎样的行为？这将是本书随后各章的主题。我们将看到，地表的引入，使得问题的复杂程度急剧增大，但是同时，其中也蕴含了更有意思的物理现象，比如将出现无限空间介质模型中不存在的一种波动：Rayleigh 面波。

第 5 章 Lamb 问题的研究历史概述

有了前面几章的准备,从本章开始,终于进入本书的主题——Lamb 问题。正如在第 1 章的开篇谈到的,Lamb 问题在地震学和相关领域内是一个存在已久的经典问题,在 Lamb (1904) 之后,不断地有针对这个问题的研究问世,并且一直延续到今天。

在进入 Lamb 问题的具体研究之前,对前人的研究作一番梳理是非常必要的。鉴于与 Lamb 问题相关的研究涉及大量的数学处理,特别是在早年没有计算机的条件下,必须采用各种复杂的渐近分析技术研究积分,比如最速下降法和鞍点法,这些是今天的大多数人都不熟悉的方法。为了不被过多的数学细节干扰,我们略去所有的数学公式,只概述其处理方法和思路。这对于了解研究历史的目的来说已经足够了。此外,需要特别说明的是,Lamb 问题的研究历史已逾百年,相关的研究浩如烟海,不可能也没有必要穷尽所有相关的研究,我们只能选取最有代表性的重要工作[①]做讨论,试图使读者对有关 Lamb 问题的背景和研究历史建立比较清楚的认识。

5.1 Lamb 的开创性工作

5.1.1 Lamb (1904) 所著论文出现的背景

弹性理论建立于 19 世纪 20 年代,在此之前,地震学的研究缺乏坚实的理论基础,以半经验的定性研究为主。而自此之后,地震学家们[②]则将注意力投入到基于严格的弹性理论来解释地震现象中来。在弹性理论刚刚出现没多久,Possion 就注意到在弹性介质中,存在速度不等的两种波动,就是人们后来所说的 P 波和 S 波。有关弹性介质中波动传播问题的经典工作是 19 世纪中叶,Stokes 关于无限介质中弹性波的解。尽管这与实际的地震学问题相去甚远,但是毕竟往通向实际问题的道路上迈出了第一步。Stokes 解提供了弹性介质内部波动传播的基本规律,在第 4 章中已经进行了详尽的考察。

Lamb (1904) 之前最重要的研究工作是 Rayleigh (1885)。Rayleigh 基于一种简谐振动的平面波解形式,发现在满足自由界面边界条件的要求之下,这种解是存在的。这种以略低于 S 波速度 β 的速度($v_\mathrm{R} \approx 0.9194\beta$)传播的波动,具有一些异于之前人们已经了解的 P 波和 S 波的特征,比如它主要沿着地表传播;正如试解反映的那样,它的振幅随着深度增加迅速衰减;在地表的运动轨迹是一个逆进的椭圆;它的幅度随传播距离的衰减慢于 P 波和 S 波。随后 Oldham 于 1897 年在对印度地震的研究中识别出了 Poisson 预言的 P 波和 S 波,以及 Rayleigh 预言的 Rayleigh 波。人们至此已经确信,自由界面的对地

---

① 如何界定"最有代表性的重要工作",有一定主观性,这是仁者见仁智者见智的事。这里选择介绍的几项工作只是个人认为的最有代表性的一些工作。需要说明的是,与 Lamb 问题相关的研究,比如运动源、各向异性半空间的情况,不在本章的讨论之列。

② 其实严格地说并非专业从事地震学研究的学者,而是数学家或物理学家,只不过他们偶有把成果运用到地震学领域,比如两种形式面波的发现者 Rayleigh 和 Love,以及这里要提到的 Lamb 问题的开创者 Lamb。

表震动特征的影响超出了基于直觉的预期。但是，Rayleigh 的研究毕竟是基于平面波的假定，换句话说，可以认为是无穷远的一个源激发的波动，如果考虑力的作用会怎样？另外，如果不是简谐振动结果如何？这些问题都有待于回答。可以说，Lamb (1904) 正是为了回答这些问题而进行了深入的研究。

5.1.2   Lamb 研究的问题和论文的主要内容

在 Rayleigh (1885) 的论文发表将近 20 年后，英国的物理学家 Horace Lamb 于 1904 年在英国皇家学会哲学会刊 (*Philosophical Transactions of Royal Society*) 上发表了题为《关于沿着弹性固体表面的振动传播》的论文[①]，见图 5.1.1。

PHILOSOPHICAL TRANSACTIONS.

I. *On the Propagation of Tremors over the Surface of an Elastic Solid.*

By HORACE LAMB, *F.R.S.*

Received June 11,—Read June 11,—Revised October 28, 1903.

图 5.1.1   Lamb (1904) 的题为《关于沿着弹性固体表面的振动传播》的论文

Lamb 考虑的主要是作用于半无限空间表面的力源所导致的地表震动问题。首先从二维情况入手，计算了沿着地表的一条线施加的压力，仍然以简谐振动的情况作为出发点，随后过渡到任意变化的时间函数。然后以此为基础，考虑了关于垂直轴对称的三维问题。Lamb 也考虑了压缩波的内线源问题，给出了问题的积分解。

在论文的第一部分"二维问题"中，Lamb 从位移满足的运动方程出发，通过引入势函数，将耦合的位移分量满足的偏微分方程组转化为两个势函数各自满足的波动方程。在引入简谐振动的假定之后，波动方程退化为 Helmholtz 方程。Lamb 首先考虑了一种在自由界面上随坐标周期分布的边界力，并通过积分得到集中力[②]。通过让 Helmholtz 方程的一般解满足边界条件，得到了位移的积分表达。对于具有一定深度的线源，Lamb 也给出了相应的积分结果[③]。剩下的问题是对积分的处理，最好的结果是能够得到闭合形式的解答。但是由于问题的复杂性，闭合形式的解答是不存在的，只能退而求其次，求在特殊情况（远场

---

① 这篇长达 42 页的论文，由于采用了很多在当时那个年代解决这个问题不得不采用的数学技巧，所以在现在的我们看来比较难懂。

② 注意到在 Lamb 发表论文的 20 世纪初，还没有 Dirac δ 函数这样的数学工具来表示集中力，因此，Lamb 必须采取这种积分的方式来表示。事实上表征线源的 Fourier 积分正是 δ 函数的 Fourier 反变换。前文已经提到，δ 函数是在 1930 年前后由 Dirac 首先引入的，数学家们建立广义函数理论来完善其数学基础则是更晚的事了。

③ 对于有深度的线源，由于源出现在求解区域之中，所以不可能通过齐次方程获得问题解。Lamb 的处理思路是，首先进行空间延拓，考虑无限介质情况，给出无限介质的解；然后在自由界面对称处放置镜像源，试图通过二者之和满足边界条件的方式来得到问题的解；但是发现这样做不到，必须引入第三个在自由界面处作用的垂向力。这样，在三个线源的共同作用下，方程和边界条件得到满足，因此得到了埋藏源产生的位移。

情况）下的渐近解。通过对积分路径上枝点和极点的仔细分析[1]，根据留数定理把积分表示为以闭合形式表达的极点贡献和以主值积分表示的其余部分的贡献之和[2]。对于远场情况，利用渐近展开可以得到主值积分的近似估计，从而获得以初等函数的组合表示的位移分量的近似解。最终位移的近似解可以用三项初等函数之和表达，其中一项是极点的贡献，代表 Rayleigh 波，考虑到简谐振动的时间因子，发现 Rayleigh 波的运动轨迹恰为一个椭圆；另外两项是路径积分的贡献，分别代表 P 波和 S 波的贡献。

在论文的第二部分"三维问题"中，Lamb 在问题关于 z 轴对称的假定[3]之下，继续研究点源导致的位移场。Lamb 首先仍然考虑随时间周期变化的作用力。求解问题的思路大致与二维情况相同，但是一个重要的区别是位移的势函数表达中引入了 0 阶和 1 阶 Bessel 函数。Bessel 函数的出现使得在作用力的表达上自然地运用了 Hankel 变换（又称为 Fourier-Bessel 变换）。这是一种今天的大多数读者都不熟悉的变换[4]。同样地，基于空间上周期分布力的结果，通过积分得到垂直集中力导致的位移积分表达，其中含有 Bessel 函数。Lamb 借助于 Bessel 函数的一种积分表达，实现了可以根据二维的结果直接通过简单的求导运算得到三维的结果。至此，得到了远场情况下位移的渐近表达式；同样地，这个近似表达显含了 Rayleigh 波和 P 波、S 波的贡献。

作用力的简谐变化必然导致位移的简谐变化，这显然具有很大的局限性。Lamb 注意到了这一点，并尝试将其推广到任意时间变化情况；特别地，他考虑了一种形状类似于脉冲的时间函数。以 Rayleigh 波项为例，Lamb 将结果中的简谐变化项替换成了任意时间函数[5]，并显示了 Rayleigh 波对应的位移图像；对于位移结果中的另外两项，做类似的处理。作为该论文最重要的直观计算结果，在正文部分的最后，Lamb 显示了图 5.1.2 的位移图像。这是由他所考虑的近似脉冲源所产生的远离该源的地表处的位移随时间的变化（q_0 和 w_0 分别为水平位移和垂直位移）。这是历史上的第一幅理论地震图，其中最初的波动是 P 波，第二个出现的波动是 S 波，Lamb 称这两个震相为"小振动"(minor tremor)；而在尾端出现的振幅巨大波动是 Rayleigh 波，Lamb 称之为"主要的振动"(main shock)。尽管 Lamb

---

① 位移的积分表达实际上是对实变数的积分，但是在处理积分的时候首先做的一步是将实变数推广到复数域。这样做看起来是把问题弄复杂了，但其实具有重要的意义，可以通过灵活地转换积分路径达到出其不意的效果。本书的下册中，正是利用基于复变函数的积分技术发展的 Cagniard-de Hoop 方法来获得 Lamb 问题的时间域解。在计算机出现之后，对于实数积分可以通过数值方式来实现，但是在 Lamb 的年代，这是不可能的；将其转移到复数域考虑是唯一可行的方式。

② 极点的贡献实际上转化为绕极点的半圆弧积分，其结果可以表示为初等函数。到目前为止，事实上只是把原始的积分表达变换为另外一些积分，但是这种转化意义在于这些积分可以相对容易地近似计算出来。

③ 即 z 轴垂直于自由表面。这个假定的引入，使得问题的求解得以简化，比如所有关于柱坐标系内极角的变化都为零，位移可以用两个量来表示：一个是在水平面之内的分量 q，另一个是与 z 轴平行的 w。但是代价是只能考虑垂直力的作用，并且这种问题并非真正意义上的"三维"。

④ 其正反变换分别为

$$\tilde{f}(\zeta) = \int_0^\infty f(r) J_n(\zeta r) r \, dr, \quad f(r) = \int_0^\infty \tilde{f}(\zeta) J_n(\zeta r) \zeta \, d\zeta$$

⑤ 实际上这种"替换"并非严格的，因为如果力作用项中的时间函数是任意的，则在求解过程之初就不能将方程直接退化为 Helmholtz 方程，而必须采取对时间变量的积分变换，例如 Laplace 变换，得到变换域中的 Helmholtz 方程，而对最后的结果需要进行反 Laplace 变换。经过这番运算，不仅求解的复杂程度大大增加，而且解的形式肯定与时间的简谐变化情况有所不同。也许 Lamb 只是为了做一个粗略的估计吧。

显示的地震图与实际观测的地震图相差甚远①，但是结果无疑揭示了一个重要结论：在远离震源的地方，Rayleigh 波是位移波形中最显著的成分。此外，Lamb 注意到 P 波和 S 波震相反映了原始脉冲作用的时间积分，而 Rayleigh 波则反映了原始脉冲本身。

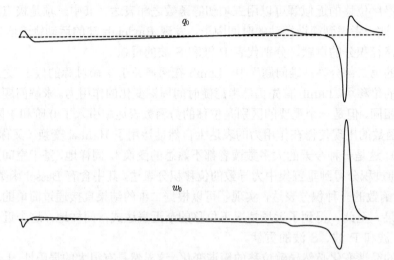

图 5.1.2   Lamb (1904) 得到的历史上第一幅理论地震图

这是由近似脉冲源所产生的距离源很远处地表的水平位移 q_0 和垂直位移 w_0 随时间的变化

5.1.3   几点评论

Lamb 的研究是里程碑式的开创性工作，正是这篇经典的论文开辟了运用严格的弹性理论研究地震波动问题的道路，也形成了"Lamb 问题"这样一个在半个多世纪时间内都是地震学研究的前沿的研究课题。Lamb 在其论文中显示了历史上第一幅理论地震图，这个示范作用是巨大的。理论地震图是很多地震学研究的基础，可以毫不夸张地说，这是地震学家们认识地球介质和震源的一把钥匙。因此就 Lamb 的研究工作对后来地震学研究的重要性来说，怎么强调都不为过。

谈到 Lamb (1904)，就不得不提到 Rayleigh (1885)。与后者基于平面波和完全自由的地表边界条件所做的分析相比较，Lamb (1904) 的分析过程要复杂得多，主要体现在对位移积分表达的渐近估计上。如果说 Rayleigh (1885) 只是说明了存在 Rayleigh 波这个事实的话，Lamb (1904) 则从数学角度揭示了 Rayleigh 波产生的原因。这种基于弹性理论所做的分析方式，很快引起了应用数学家和地震学家们的注意，在遵循其基本分析方法的基础上不断拓宽研究范围。

当然，以苛刻的眼光来看，Lamb 的研究并非尽善尽美。一些为了分析方便而作的假定限制了其应用范围：

(1) 只研究了表面处的位移。

(2) 考虑了力源作用于表面的情况。尽管 Lamb 对位于介质内部的力源情况也给出了

---

① 原因显然是 Lamb 考虑的是过于简化的模型，这与实际情况相差很大。在介质方面，均匀半空间的模型忽略了介质的空间变化，所以没有频散现象；在力源方面，Lamb 仅仅考虑了垂直力的作用，这显然并非实际地震的情况。根据第 3 章介绍我们知道，实际造成地震的断层上的剪切位错等效于一对无矩双力偶，这远非一个简单的垂直力所能代表的。

积分表达,但是并没有对该积分表达进一步分析。力源位于地表,意味着可以将这个力看作边界力,参与到边界条件中,而不必考虑非齐次的方程,给求解带来很大的便利。

(3) 对于三维情况,只考虑了垂直作用力的特殊情况。这样的问题具有关于力的作用轴方向对称的特点,从而使得对于三维问题,仍然可以像二维问题那样只考虑一重积分,给求解带来很大便利。

(4) 力源的时间变化,主要考虑了周期变化力。对于非周期变化力,尽管也有讨论,但缺乏严格的分析。

(5) 只能得到远场的渐近解。因为不是远场的情况,积分表达很难进一步简化,所以只能退而求其次做远场的假定。

5.1.4 有关 Lamb 问题中源的补充说明

在 1.1.1 节中,我们曾经根据源点和场点的空间位置不同,把 Lamb 问题分成了三类。有关 Lamb 问题的源,有以下两点需要说明:

(1) 关于作用力的方向。在 Lamb 研究的三维问题中,只考虑了垂直于地表施加的作用情况。这当然很重要的是出于处理问题的方便考虑,因为垂直力意味着问题具有以力的方向为轴的对称性,这对于简化问题非常重要。在我们之后要研究的 Lamb 问题中,没有做这种假定。力可以沿着任何方向施加。这个限制条件的打破是必要的,因为具有地震学实际意义的双力偶源,不可能只由垂直方向的力组合而成。

(2) 关于时间函数。在寻求弹性运动方程 (2.2.21) 的解的时候,有必要明确地区分单频运动和瞬态 (transient) 运动。前者又称做稳态 (steady state) 或简谐 (harmonic) 运动,这是 Lamb 研究的问题中主要考虑的一种情况。这时的时间函数可以写为 $e^{i\omega t}$,ω 为角频率。这意味着问题是处于动力学的稳定状态;换句话说,从一开始就是如此,因此在这样的问题中不存在初始条件。力的这种时间变化形式也体现在解中,虽然这种情况在数学处理上相对方便得多,但是其应用范围是有限的。而对于瞬态运动,点源的时间函数可以是任意的形式,并且假定是从某一时刻开始施加,因此相应的定解问题需要提供初始条件。从地震学的实际研究对象角度看,这是更为合理的一种情况。因为震源是从某个时刻开始破裂的,问题必然有个初始的条件。但是相应地,问题处理起来也比稳态问题要复杂。

以上几点,就是我们面临的需要解决的 Lamb 问题的主要特征。从定解问题的描述来看并不复杂,但是想完全地获得问题的解却具有很高的难度。因此自 Lamb (1904) 的论文发表后,一方面,他的分析方法被后来的研究者效仿;另一方面,前面所描述的局限性也成为后来研究者克服的目标。

后续的研究工作,大体上可以分为两类:一类是延续 Lamb 的思路,首先研究简谐波的解,然后将简谐波做 Fourier 合成,得到时间域问题的解答。在简谐波的情况下(单频),问题的解就是积分形式,因此这种方法涉及多重积分的计算。另一类方法是建立在 Cagniard-de Hoop 方法的基础上的,通过复数域内的分析,巧妙地规避了积分的直接计算而得到时间域问题的解答。这种方法首先由法国数学家 Cagniard 于 20 世纪 30 年代提出,并经 de Hoop (1960) 的改进而成。后来成为解决包括地震学在内的很多学科中的问题的利器。

5.2   基于 Fourier 合成的方法

Lamb (1904) 的目标是获得垂直脉冲力的响应，相当于部分的 Green 函数分量。他首先得到了简谐力作用下的单频解，而后通过 Fourier 变换合成为瞬态解。这可以表示为双重积分。Lamb 没有直接计算这种瞬态解，而是转而研究了它们的一般性质，并在此基础上给出了自由表面的大致运动历史。应该说，Lamb 的处理方式是直接的，因为应用 Fourier 合成是一种通用的技术。但是如何计算这个双重积分是个难点。在当时没有计算机的条件下，想要定量地得到结果，必须运用渐近分析的技术。

在 Lamb 的开创性工作之后相当长的时间内，延续上述做法的研究一直是 Lamb 问题研究的主流。由于在 20 世纪的前半段还没有出现计算机，无法通过数值手段计算积分，这类研究往往需要运用最速下降法、稳相法等数学分析的技术手段，分析获得积分的渐近解。因此导致了应用这类方法困难重重。对以上提到的 Lamb 研究工作的局限性的每一点突破，都会面临技术上的困难，因此这方面的研究各有侧重点。其中，以 Nakano (1925) 和 Lapwood (1949) 的工作最具有代表性。

5.2.1   Nakano (1925) 关于 Rayleigh 波的研究

Nakano (1925) 是继 Lamb (1904) 之后第一个较有影响力的研究。在这篇题为《关于 Rayleigh 波》的长达 94 页的论文中，Nakano 试图阐明当固体内部存在力源时，Rayleigh 波是如何形成和传播的。为了简化问题的分析，他基于弹性理论针对二维问题展开了详细的讨论[①]。与 Lamb (1904) 并没有特别针对 Rayleigh 波深入讨论不同的是，Nakano 注意到在震中距与震源深度相比不是很大的地震观测记录上，很难识别出 Rayleigh 波，因此他特别考察了 Rayleigh 波出现的条件。

与 Lamb (1904) 类似，Nakano 也是从周期性的线源情况出发，对于位移分量满足的二维齐次运动方程，得到了与 Lamb (1904) 相同的解答。他首先考虑了自由界面上并不施加边界力的情况，这恰是 Rayleigh 和 Lamb 都考虑过的简单情况，自然得到了相同的结论；然后分别只考虑 P 波和 S 波对应的势函数的影响，得到了相应的位移积分表达。在将积分变量拓展到复数域并运用围路积分得到了和 Lamb 相同的积分表达之后，Nakano 采取了与 Lamb 不同的处理方式。他运用了 Debye 的最速下降法[②]得到了积分的渐近表达。

接下来 Nakano 分"压缩源"(compressional origin) 和"变形源"(distortional origin) 两个部分，以相同的方式分别考虑 P 波和 S 波对应的势函数产生的位移场。与 Lamb 不同的是，Nakano 主要关注埋藏源的情况（即力源位于半空间内部）。按照 Lamb (1904) 描述过的方法，首先考虑无限空间内的解，然后通过放置一个关于自由界面对称的像源，让二者之

---

① 相当于突破了上述 Lamb 工作中的第 (2) 条限制。此外，Nakano (1925) 基于最速下降法的分析结果并不局限于远场，因此也突破了第 (5) 条限制。

② 这是一种在 z 的绝对值较大时，近似地估计形如

$$I(z) = \int_L g(\zeta) \mathrm{e}^{-z f(\zeta)}\, \mathrm{d}\zeta$$

的一种复变积分方法，又称作鞍点法。它的基本思想是，根据积分只与 L 的端点有关而与路径无关的特点，通过选取积分路径 L'，使得函数 $f(\zeta)$ 随着 L' 的改变急剧地变化。由于 z 的绝对值 $|z|$ 很大，因此 $z f(\zeta)$ 的实部 $\mathrm{Re}\,[z f(\zeta)]$ 变化也很大，最后只用 $\mathrm{Re}\,[z f(\zeta)]$ 极小值附近的结果就可以近似地表达对积分的贡献。

和满足自由界面边条件，为了达到这个要求，还必须在自由界面处增加一个位移，这样他得到了由埋藏在半空间内部的源产生的自由界面上的位移场的积分表达。通过仔细地考虑三种不同情况下的最速下降路径，Nakano 得到了以三个部分的贡献之和表达的位移[1]，而其中代表 Rayleigh 波贡献的一项当取得非零值时要满足一定的条件（即产生 Rayleigh 波的条件，与震中距和震源深度的比值有关[2]）。在得到周期作用力源的解之后，Nakano 接着考虑了非周期力源的情况。通过将边界上势函数的时间变化部分替换成任意函数，并按类似方法讨论，他得到了非周期力源作用下相应的结果[3]。

Nakano 的论文得到的重要结论是 Rayleigh 波产生的条件。正如他在论文中所说，虽然不能给出 Rayleigh 波变得显著的精确位置，但是可以给出它不会出现的范围。在存在自由界面的情况下，Rayleigh 波是作为 P 波和 S 波在地表相互作用的结果而产生的。对于一般的非简谐作用力而言，不同周期的运动之间的相互作用，使得 Rayleigh 波逐步达到其峰值；在这种情况下，很难确定严格意义下的"起始"。除此之外，Nakano 还有一个重要发现，就是当震中距大于一定值时，出现了另外两种波动，他称之为"表面 S 波"(surface S-wave) 和"表面 P 波"(surface P-wave)。它们沿着地表传播，但是并非严格意义上的自由表面波。Nakano 认为由变形源产生的表面 P 波是可能的，只是其起始与直达 P 波和 S 波相比并不尖锐；但是由压缩源引起的表面 S 波的真实性则并不确定，因为文中仅仅是针对周期源得到的结果。

可以说，Nakano (1925) 是在 Lamb (1904) 建立的求解框架之下，针对某一问题深入研究的范例。Nakano 关注的重点在于 Rayleigh 波出现的条件，因此他放弃了对复杂的三维问题的讨论，而将注意力集中于二维问题的研究。与 Lamb (1904) 不同的是，Nakano 深入研究了力源位于半空间内部情况下的地表位移积分表达，这个积分表达 Lamb (1904) 也得出过，但是并未对积分的计算作深入讨论。Nakano 用最速下降法对这个积分表达进行了详细的讨论，克服了 Lamb 只能针对远场得出近似解的限制，得到了 Rayleigh 波产生的条件，并取得了一些关于 Rayleigh 性质的深入认识。但遗憾的是 Nakano 的论文中并没有显示合成地震图并进行讨论。

5.2.2 Lapwood (1949) 关于阶跃函数源的位移场的研究

H. Jeffreys 曾经在 Lapwood (1949) 发表前不久提到，大部分观测者在震中距小于 20°的地震记录中认为是 S 波的运动事实上并非 S 波，但目前还不知道它是什么。结合 Nakano (1925) 的工作，对可能存在的表面 S 波的性质做进一步探究或许会对回答这个问题有所帮助。这正是 Lapwood (1949) 研究的动机。与 Lamb (1904) 和 Nakano (1925) 不同的是，

---

[1] 分别是以积分表示的 P 波和 S 波贡献，和以初等函数表达的 Rayleigh 波贡献。这一点与 Lamb 的结论相似。不过，正像 Nakano 在论文中指出的，这种分成几部分表示的方式有一定"随意性"，如果取不同的积分路径，可能得到不同的物理解释。

[2] 这个条件，根据 Nakano 的结论，与最初的扰动是"压缩源"还是"变形源"有关，分别是

$$\frac{x}{f} > \frac{V_3}{\sqrt{V_1^3 - V_3^3}} \quad \text{和} \quad \frac{x}{f} > \frac{V_3}{\sqrt{V_2^3 - V_3^3}}$$

其中，x 和 f 分别是震中距和震源深度，V_1、V_2 和 V_3 分别是 P 波、S 波和 Rayleigh 波的传播速度。需要指出，这个结论的得出依赖于分析方法，在本书的下册中，我们将基于 Cagniard-de Hoop 方法，针对二维问题得到不同的条件。

[3] 和 Lamb 做法类似，一般时间变化的力源也是通过将位移势函数的时间变化部分做替换而得到的，并非通过严格求解偏微分方程得到的。

Lapwood (1949) 主要研究了时间函数是阶跃函数的线源产生的地表附近位移场[1]，见图 5.2.1。从技术上看，Lapwood (1925) 运用了最初由 A. Sommerfeld 提出并由 Jeffreys 运用于地球物理问题的基于 Riemann 面的回路积分技术，这比 Lamb 和 Nakano 的分析更为方便。

THE DISTURBANCE DUE TO A LINE SOURCE IN A SEMI-INFINITE ELASTIC MEDIUM

By E. R. LAPWOOD, *Department of Geodesy and Geophysics, University of Cambridge, and Yenching University, Peiping West, China*

(*Communicated by H. Jeffreys, F.R.S.—Received 2 February 1948—Revised 16 October 1948*)

When a cylindrical pulse is emitted from a line source buried in a semi-infinite homogeneous elastic medium, the subsequent disturbance at any point near the surface is much more complex than for an incident plane pulse. The curvature of the wave-fronts produces diffraction effects, of which the Rayleigh-pulse is the most important.

In this paper the exact formal solution is given in terms of double integrals. These are evaluated approximately for the case when the depths of source and point of reception are small compared with their distance apart, allowing a description of the sequence of pulses which arrive at the point of reception. When that point is at the surface and distant from the epicentre, the disturbance there can be regarded as made up of the following pulses, in order of arrival: (*a*) for initial *P*-pulse at source: *P*-pulse, surface *S*-pulse and Rayleigh-pulse; (*b*) for initial *S*-pulse: surface *P*-pulse, *S*-pulse and Rayleigh-pulse. If the initial pulse has the form of a jerk in displacement, the *P*- and *S*-pulses arrive as similar jerks, whereas the Rayleigh-pulse is blunted, having no definite beginning or end. The surface *P*-pulse takes a minimum-time path and arrives with a jerk in velocity. The surface *S*-pulse, on the other hand, is confined to the neighbourhood of the surface and arrives as a blunted pulse. Moreover, part of the *S*-pulse arrives before the time at which it would be expected on geometrical theory.

Although derived on very restricting hypotheses, these results may throw some light on seismological problems. In particular, it is shown that when the sharp *S*-pulse of ray theory is converted by the presence of the surface *S*-pulse and the spreading of *S* into a blunted pulse, the duration of this composite pulse is of the same order of magnitude as the observed scatter of readings of *Sg* and other distortional pulses from near earthquakes.

图 5.2.1   Lapwood (1949) 的题为《半无限弹性介质内的线源产生的扰动》的论文

Lapwood (1949) 的研究与 Lamb (1904) 和 Nakano (1925) 显著不同的一点是关于时间函数。任何时间函数的扰动既可以认为是不同周期的简谐波的组合，也可以认为是不同时刻的阶跃函数的组合。Lapwood 选择了后者，因为他认为简单的简谐振动并非震源的合适表达。由于严格地考虑了时间函数的因素，所以 Lapwood 研究的出发点是以位移势函数表示的波动方程，而非 Lamb (1904) 和 Nakano (1925) 的 Helmholtz 方程。势函数可以表示为简谐振动解（0 阶 Hankel 函数）的频率积分。采用类似于 Lamb (1904) 和 Nakano (1925) 的步骤，通过放置镜像源和在自由表面附加位移的方式，得到了位移势函数的积分表达；因为含有对频率的积分，所以这是一个双重积分。Lapwood 研究的重点在于对这个积分的处理。在将积分变量拓展到复数域之后，发现被积函数的表达需要一个四叶 Riemann 面来刻画；通过限制多值函数的实部范围，将研究区域限制在其中的一叶上[2]。根据留数定理，可以将积分路径更改为沿着两条割线的路径（Γ_α 和 Γ_β）和环绕极点的路径（Γ_γ）。环绕极

---

① 虽然研究的是二维问题，但是 Lapwood (1949) 的工作同时突破了第 5.1.3 节提到第 (1)、(2)、(4)、(5) 条限制。

② 限制多值函数取值的不同方式将导致不同的 Riemann 叶。不同的 Riemann 叶之间通过割线来连接。当以取导致多值性的根式实部为零画割线时，割线在复平面内为双曲线的一部分。由于 Lapwood 的双重积分中含有对频率的积分，而频率同时也扩展到复数域，使得被积函数的奇点并不在积分路径上。Lamb (1904) 考虑的问题并非如此，奇点恰好在积分路径上，因此 Lamb 不得不使用积分的主值。

点的路径积分给出的是 Rayleigh 波，这与 Lamb (1904) 和 Nakano (1925) 的结论是相似的。然而，通过对沿着割线路径积分的分析，Lapwood 总结出八种形式的波动，见图 5.2.2，包括反射 P 波（PP），转换 P 波（PS），反射 S 波（SS），转换 S 波（SP），这些震相在平面波的情况下都存在；另外还有与自由界面相联系的其他几种波动：sPs 波（起始和终止都是 S 波，但大部分路径上以 P 波速度传播）、pSp 波（起始和终止都是 P 波，但大部分路径上以 S 波速度传播）、sP 波（起始为 S 波，终止为 P 波，并且大部分路径上为 P 波），以及 pS 波（起始为 P 波，终止为 S 波，并且大部分路径上为 S 波）。Lapwood 解释这后面四种震相与曲面波前碰到自由界面时产生的衍射效应有关。虽然这种基于积分路径的分析可以导致方便的物理解释，但是并不便于给出积分值。Lapwood 运用稳相法[1]逐个估计这些积分在远场情况下的近似值。

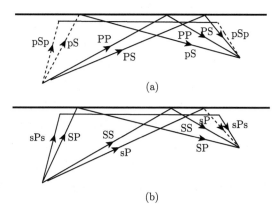

图 5.2.2　Lapwood (1949) 通过分析复平面内的积分得到的自由界面附近的八种震相

(a) P 震源所产生的波；(b) SV 震源所产生的波

　　Lapwood (1949) 工作的一大亮点是他首次严格地研究了非简谐力源产生的位移场，这一点具有重要意义。由 Rayleigh (1885) 开始，地震学的研究往往局限于力源是简谐振动的简单情况，这当然是出于简化问题的目的。Lamb (1904) 和 Nakano (1925) 虽然都注意到这个局限，也都对非周期力源进行过讨论，但是不严格的。正如 Cagniard (1962) 论述的，一方面，显然简谐稳态只是地震波传播的一种极端情况，只能提供关于波动传播一般情况的不完整的和不确定的不严格信息；另一方面，通过 Fourier 变换把正弦波解叠加的做法即便可行，也同时带来一个局限性，就是很难研究一个用 Fourier 积分表示的函数的性质。同时，Jeffreys 曾经在 30 年代初指出，简单的阶跃函数和它导致的响应对于很广的一类地震是成立的[2]。因此研究诸如阶跃函数的时间函数力源对于地震学问题具有重要的实际意义。

---

　　[1] 稳相法主要应用于下面类型的积分

$$I = \int \varphi(x) \mathrm{e}^{\mathrm{i} f(x)} \, \mathrm{d}x$$

当 $\varphi(x)$ 缓慢变化时，周期函数 $\mathrm{e}^{\mathrm{i} f(x)}$ 经过了很多个周期。因此除了使得 $f(x)$ 处于稳定的那些值以外，对积分有贡献的各个部分之间相互抵消而使得积分为零。一般而言稳定值不会相互抵消，所以在 x 的稳定值处，被积函数的近似等于常数 $\varphi(x)$ 乘以函数 $\mathrm{e}^{\mathrm{i} f(x)}$。

　　[2] 从今天的视角来看，确实如此。震源动力学的模拟表明了断层面上的滑动量是近似按照斜坡函数演化的，而阶跃函数可以认为是斜坡函数的简化。

5.2.3　此类方法的评述和近期研究

采用基于不同波动成分合成的方法，无论是简谐波还是阶跃函数型的波合成，位移解都表示为双重积分的形式。如何求解这个双重积分是这类方法面临的最大困难。正如我们对上面几项经典工作的叙述中显示的，在没有计算机协助的情况下，为了能得到定量的结果，必须在各种简化假设的情况下，采用包括最速下降法和稳相法在内的各种渐近方法。对于每一条简化假设的突破，都会面临很大的数学处理上的困难。正因为如此，这类研究相对不多，并且主要集中在 20 世纪前半叶。这有如下两个原因：

(1) Cagniard-de Hoop 方法的出现，使得对 Lamb 问题的求解出现柳暗花明的景象。借助于这种巧妙的处理方式，对于二维问题，可以获得精确的解答，而对于三维问题，也只需要用一重积分即可表达时间域解；对这个积分进行细致的分析，甚至能获得广义闭合形式的解析解。因此相比于当前这种方法，具有明显的优势[①]。由于这个原因，20 世纪 50 年代以后，基本上有关 Lamb 问题的研究都采用 Cagniard-de Hoop 方法或其变化形式来处理。

(2) 计算机的出现使得积分的计算可以通过程序来实现。如前所述，如何求解双重积分是最大的困难。但是，从 20 世纪 50 年代计算机开始普遍应用之后，积分的求解可以不必借助于复杂的渐近分析而通过计算机来实现。特别是在 1965 年由 J. W. Cooley 和 T. W. Tukey 提出快速傅里叶变换 (FFT) 算法之后，基于频率域计算的合成地震图技术迅速兴起。一方面，对于频率的积分可以采用 FFT 来进行，另一方面，另外一重波数或慢度积分也可以采用数值计算来实现。由于这类技术可以方便地推广到分层介质，自 20 世纪 50 年代以来发展了一系列方法，比如 Thomson-Haskell 方法、传播矩阵法、反射率法、广义反透射系数法等，因此应用范围相比于 Lamb 问题来说广泛得多。第 6 章将要介绍的方法就是属于这一类方法。

5.3　基于 Cagniard 方法的时间域解法

自 Lamb (1904) 的研究开始，研究者们的目标是一致的：获得时间域瞬态解的表达。前面所叙述的研究，都是采用合成的方式，要么采用简谐波，要么采用阶跃函数型的波，结果都需要表示为双重积分的形式。必须采用各种方式直接计算这个双重积分，才能获得问题的解。20 世纪 30 年代，法国数学家 L. Cagniard 独辟蹊径提出了一种全新的方法，为 Lamb 问题的求解开辟了一条新的道路，沿着这条道路，出现了很多的后续工作，不断完善 Lamb 问题的求解。

5.3.1　Cagniard 方法的提出和改进

在 5.1.3 节中罗列了 Lamb (1904) 的几条局限性。之后的研究往往是针对其中的一条或几条实现突破。其中，对时间函数的处理是很重要的一条。Lamb 的做法是首先研究稳态[②]的简谐函数形式解，然后将其叠加形成其他时间函数对应的解。但是，分析一个用

[①] Aki 和 Richards (2002) 曾经直截了当地说，Cagniard-de Hoop 方法是 Lamb 问题的最佳解法。在本书的下册中，我们将详尽地研究这种方法在 Lamb 问题中的应用。

[②] 稳态指随时间的变化是稳定的，比如简谐振动，就是以单一频率运动的情况。稳态解的好处是显然的，方程中对 t 的二阶偏导数，除了相差系数以外，仍然为原来的函数形式。对于齐次方程的情况，甚至两端可约去时间变化项而直接将方程转化为不存在时间变化的形式，便于求解。

Fourier 积分表示的函数的性质是很困难的。如何能得到 Lamb 问题的完整的、严格的精确解，是地震学家们梦寐以求的目标。

1939 年，法国数学家 L. Cagniard 总结其在过去几年中发展的方法，出版了一本名为《行进地震波的反射和折射》的法文专著。Cagniard 在书中考虑了如下问题：两个各向同性的均匀弹性半无限介质通过一个平界面连接[①]，其中一个介质内有一个初始的球面波。他试图求解两个介质中任一点处的随时间变化的位移，特别关注了由于平面界面的存在而对入射的球面波产生的影响。

Cagniard 采用了 Laplace 变换，因此在拉氏域内问题由初值–边值问题转化为了边值问题。无论是采用 Lamb 的分析方法，还是采用积分变换的方式，边值问题的解仍然需要用积分的形式表达。当然，为了得到时间域的解，还需要做 Laplace 的反变换。Cagniard 方法的巧妙之处在于对这些积分变换的逆变换的处理，他并不是采用各种渐近方法来直接处理积分，而是借助于变量替换和改变复平面上的积分路径的方式，将边值问题的积分解转化为标准的 Laplace 变换的形式。因此时间域的解通过观察就可获得。简单地说，Cagniard 方法是通过精巧的复变分析技术来求解地震波问题的方法。但是由于 Cagniard 方法处理过程较为复杂，即便是专业的数学家掌握起来也颇有难度，所以在发表之后的一段时间内并没有得到广泛的重视和应用。此外，Cagniard 的工作中考虑的是球面波源，并非具有方向性的力源，这也许是其工作没有迅速得到应用的另一个原因。

需要指出的是，几乎在 Cagniard 方法产生的同时，苏联学者 V. Smironv 和 S. Sobolev 独立发现了等价的方法；随后，在 1940 年左右，美国数学家和物理学家 C. L. Pekeris 采用了另一种与 Cagniard 方法等价的方法解决了表面脉冲问题。Pekeris 并非像 Cagniard 一样采用 Laplcace 变换，而是采用了一种所谓运算微积分 (operational calculus) 技术。因此这种方法有时被称为 Cagniard-Pekeris 方法。

在 Cagniard 方法提出 20 年之后，迎来一次重要的改进。荷兰物理学家 A. T. de Hoop 于 1960 年发表了一篇仅七页的短文，通过引入 de Hoop 变换，成功地将 Cagniard 方法应用于解决地震脉冲问题中。在 Cagniard-Pekeris 方法中，使用的是柱坐标系，因此采用 Hankel 变换是方便的。但是另一方面也带来了数学处理上的复杂性。与此不同，de Hoop 采用了笛卡儿坐标系，因此求解过程涉及空间坐标的 Fourier 变换。de Hoop 变换的引入，使得可以方便地进行数学处理。因此可以说，de Hoop 的改进，不仅保留了 Cagniard 方法的精髓，而且使得其更加简便易行，能够被从事科学和工程研究的各个领域的科学家掌握并运用。为了纪念 de Hoop 的贡献，这种方法后来更经常地被称为 Cagniard-de Hoop 方法。

且不论涉及的数学处理难易，仅从地震波是瞬变而非稳态的特征来看，基于 Fourier 合成的方法固然可行，但是并非最佳的方式。从这个角度讲，一方面，Cagniard-de Hoop 方法采用 Laplace 变换而非 Fourier 变换，更符合地震波的瞬变特征。另一方面，问题的本质特征决定了无论采用何种积分变换，最终的解都将以多重积分的方式表达。按照常规的思维，只能正面去处理一个个的积分，这时必然面对很大的数学困难。Cagniard-de Hoop 方法创造性地应用了迂回的战术思想，充分利用了复变积分在复平面内路径上的自由度，成功地实现了将多重积分凑成标准的拉氏变换形式，从而直接获得时间域内的瞬变解的目的。

---

① Lamb 问题是界面一侧是弹性介质，而另一侧是真空，可以认为是 Cagniard 所考虑的问题的简化版本。

Cagniard 方法被提出之后，有不少基于 Cagniard 方法所做的有关 Lamb 问题的研究，其中以 C. L. Pekeris, W. W. Garvin 和 C. C. Chao 的工作为代表。特别是 de Hoop 做出改进之后，L. R. Johnson 于 1974 年系统地总结了三类 Lamb 问题的解。随着计算机的发展，一方面，地震学家们关注更为接近地球介质的模型中的地震图计算，比如平行层状介质、横向不均匀介质等，另一方面，有关 Lamb 问题的广义闭合形式解的研究引起了许多研究者的兴趣。

5.3.2　基于 Cagniard 方法的研究：从 20 世纪 50 年代到 70 年代中期

Cagniard 的开创性工作为此后沿着这个方向的研究开辟了道路。不过正如前面所说，Cagniard 并没有直接研究具有实际的地震学意义的力源问题。直到十几年之后，以色列籍的美国数学家和物理学家 Pekeris 发表了两篇重要的论文，分别研究了地表源和埋藏源的地表响应问题。Pekeris 所考虑的力源的时间函数都是阶跃函数，并且都是垂直载荷。前文已经提到，Pekeris 采用的是一种与 Cagniard 方法等价的方法来处理的。

在关于地表源的第一篇论文 (Pekeris, 1955a) 中，他研究了垂直作用于地表的地表瞬态解（即第一类 Lamb 问题），并给出了数值结果，如图 5.3.1 所示。

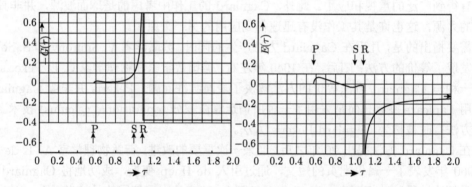

图 5.3.1　Pekeris (1955a) 关于第一类 Lamb 问题的数值结果

图中显示的是垂直作用在地表的阶跃函数力引起的垂直（左）和水平（右）方向的位移

这是地震学历史上第一次获得时间函数为阶跃函数 $H(t)$ 的单力源的位移图像[①]。图中显示了在 S 波到来之后，紧接着会出现振幅为无穷大的 Rayleigh 波。这是第一类 Lamb 问题的解的显著特征。

在关于埋藏源的第二篇论文 (Pekeris, 1955b) 中，他接着处理了半空间中有限深度处施加的垂直载荷的问题，这是第二类 Lamb 问题。对于第一类 Lamb 问题，Pekeris 成功地将结果表示为初等函数与椭圆积分的组合。但是对于埋藏源的第二类 Lamb 问题，他只给出了积分解，没有得到广义闭合形式的表达。两年后，他和同事给出了内部源在地表引起的位移场的数值结果 (Pekeris and Lifson, 1957)，如图 5.3.2 所示。图中清楚地显示了随着震中距 r 和震源深度 H 的比值改变，垂直和水平位移的相应变化。当源作用在半空间内部的时候，Rayleigh 波的振幅是有限的；并且振幅随着 r/H 的增大而增大，极限情况是

---

① 虽然 Lapwood (1949) 研究了时间函数为阶跃函数的相应问题，但是他没有展示这种位移随时间的变化曲线。

力作用在自由表面的情况（图中最下面一行的波形，即图 5.3.1）。这些结果无疑对于了解 Lamb 问题解的特点具有非常重要的意义。应该说，Pekeris 的系列工作是自 Cagniard 方法问世以来在 Lamb 问题的研究上出现的首次巨大进步。需要指出的是，Pekeris 的工作仅限于 Poisson 体的情况，即 Poisson 比 $\nu = 0.25$；并且，仅考虑了垂直力源的情况，这使得问题具有轴对称性，给数学处理带来了便利。

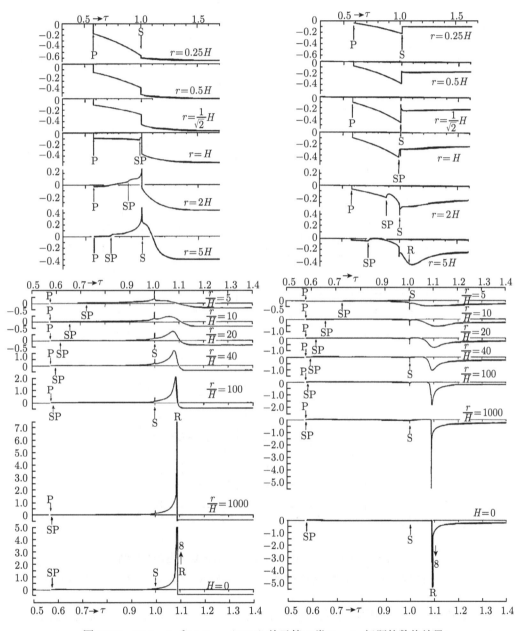

图 5.3.2 Pekeris 和 Lifson (1957) 关于第二类 Lamb 问题的数值结果

图中显示的是不同震中距 r 和震源深度 H 比值的情况下，垂直作用在半空间内部的阶跃函数力引起的垂直（左）和水平（右）方向的位移。"P"、"SP"、"S" 和 "R" 分别代表 P 波、SP 波、S 波和 Rayleigh 波

　　几乎在同时，Garvin (1956) 采用 Cagniard 方法，研究了二维情况下由埋藏线源激发的轴对称扰动所引起的地表位移（第二类 Lamb 问题），得到了任意 Poisson 比下的表达式。与三维情况不同的是，二维问题的解具有完全用初等函数表示的闭合形式。

　　Pekeris 的论文发表之后不久，Chao 于 1960 年把表面源推广到水平力的情况。力的水平施加破坏了问题的对称性，因此与轴对称的垂直力相比，处理起来更加困难。特别对于位于半空间内部的水平力，Chao (1960) 指出这种情况很难处理。采用了 Pekeris 的方法，他获得了表面的位移解，如图 5.3.3 所示。图中分别显示了径向、切向和垂向的位移分量随时间的变化曲线。可以看到，在存在 P-SV 耦合作用的径向和垂向方向上，存在明显的 Rayleigh 波。与图 5.3.1 中显示的垂直力导致的位移场具有类似的特征。作为主要是 SH 成分的切向分量，则没有 Rayleigh 的成分。与 Pekeris 的工作类似，Chao 的结果也只对 Poisson 体 ($\nu = 0.25$) 成立。

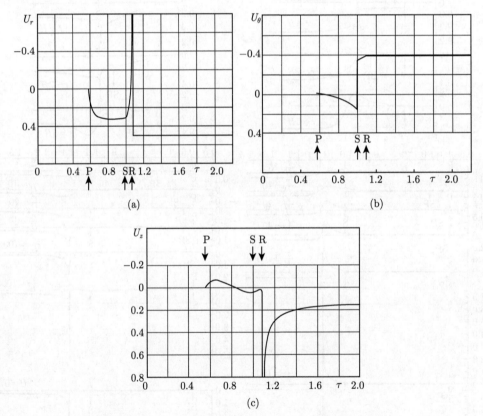

图 5.3.3　Chao (1960) 关于第一类 Lamb 问题的数值结果

水平作用在地表的阶跃函数力引起的径向位移 U_r（a）、切向位移 U_θ（b）和垂向位移 U_z（c）

　　大部分有关 Lamb 问题的研究注意力集中在地表处的位移场。这是可以理解的，因为毕竟多数的地震观测仪器是设置在地表的。但是，地球内部的位移场是怎样的？这个问题同样引起了地震学家们的兴趣。1966 年，W. M. Eason 对半空间表面上施加的垂直力引起的内部位移场进行了尝试求解。他采用了与 Cagniard-Pekeris 方法不同的策略，他的方法中涉及了沿着环绕奇异点路径和绕复平面上的割线的回路积分。在 Eason (1966) 的做法中，结果不依赖于 Poisson 体的假设，因此对于不同 Poisson 比的材料都成立。相比于自由界面处的位移，内部位移场显然更加复杂，因此 Eason (1966) 的最终解是相当复杂的有限积分的形式。

针对此前的研究只局限于 Poisson 体的局限性，Mooney (1974) 以积分形式的 Pekeris 解 (Pekeris, 1955a) 为出发点，通过改变 Cagniard-Pekeris 方法中的积分路径，将 Pekeris 有关第一类 Lamb 问题的工作推广到了具有任意 Poisson 比 ν 的一般材料。图 5.3.4 显示了 Mooney 得到的不同 Poisson 比（$\nu = 0.15, 0.25, 0.33$ 和 0.4）情况下的垂直位移。

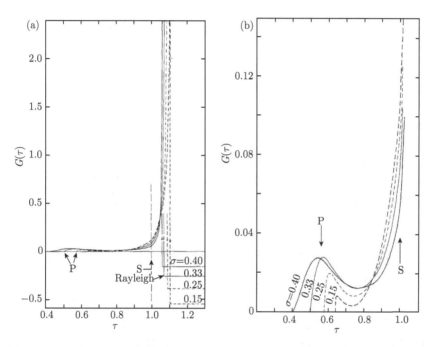

图 5.3.4　Mooney (1974) 关于任意 Poisson 比下的第一类 Lamb 问题的数值结果

左图为垂直位移，右图为其局部放大。图中 σ 表示 Poisson 比

截止到 20 世纪 70 年代初期，有关 Lamb 问题的研究，从整体来说已经比较完善了。不同的研究从不同的角度，突破了 Lamb (1904) 研究的限制。人们得以从各种角度一窥一般情况下的 Lamb 问题解的真容。比如，地震学家们已经知晓在没有远场近似的情况下，以阶跃函数为时间函数的水平力和竖直力，作用在地表或者地下的情况下，在地表导致的位移场。虽然第三类 Lamb 问题仍然没有得到解决，但是大体上已经比较完整了。正如科学史上经常出现的那样，往往在从各个角度所做的个别研究达到一定的数量之后，就会有一个集大成性质的研究出现。Lamb 问题的研究也不例外。

5.3.3　Johnson (1974)：Lamb 问题完整的积分解答

1974 年，美国地球物理学家 L. R. Johnson 发表了题为《Lamb 问题的 Green 函数》的论文，如图 5.3.5。在这篇集大成的里程碑式的论文中，Johnson 系统地运用了 Cagniard-de

Hoop 方法，得到了三类 Lamb 问题的 Green 函数的精确积分表达。不仅如此，Johnson 还明确地给出了震源表示定理里面涉及的 Green 函数空间导数的积分表示。可以说，除了结果是以积分形式而非闭合形式表示的以外，Johnson 的工作完美地实现了求解一般性的 Lamb 问题的所有期许：结果涵盖了所有的三类 Lamb 问题的源–场空间组合、不限于远场、力可以以任何方式施加，以及时间函数任意。

Geophys. J. R. astr. Soc. (1974) **37**, 99–131.

Green's Function for Lamb's Problem

Lane R. Johnson

(Received 1973 October 15)*

Summary

The complete solution to the three-dimensional Lamb's problem, the problem of determining the elastic disturbance resulting from a point force in a half space, is derived using the Cagniard–de Hoop method. In addition, spatial derivatives of this solution with respect to both the source co-ordinates and the receiver co-ordinates are derived. The solutions are quite amenable to numerical calculations and a few results of such calculations are given.

图 5.3.5　Johnson (1974) 的题为《Lamb 问题的 Green 函数》的论文

　　Cagniard-Pekeris 方法中，问题是在柱坐标系下求解的。这会带来两个问题：一是相比于轴对称的竖直力，水平力的表示较为困难；二是问题求解的过程中避免不了要引入含有 Bessel 函数的 Hankel 变换。与此不同，在 Cagniard-de Hoop 方法中，问题是在笛卡儿坐标系下求解的，这自然地避免了上述提到的两个困难。Johnson 的解法遵循标准的 Cagniard-de Hoop 流程，对时间变量和空间变量分别采用了单边和双边的 Laplace 变换，通过引入 de Hoop 变换的变量替换，在复平面内更改积分路径，实现了把关于空间变量的双重反 Fourier 变换凑成标准的 Laplace 变换的形式。Johnson 得到的积分，是以有限积分的形式给出的，尽管积分看起来是奇异的，但是可以通过简单的代换达到去除奇异性的目的。通过数值积分，可以方便地实现问题的求解。图 5.3.6 和图 5.3.7 分别显示了 Johnson 得到的第二类和第三类 Lamb 问题的不同源–场空间组合下的 Green 函数的数值结果。与图 5.3.2 类似，从图 5.3.6 中，可以清楚地看到不同的震中距和震源深度比情况下，地表位移是如何产生变化的。同时，图 5.3.7 首次清晰地展示了源、场同时位移地下的第三类 Lamb 问题的解的波形。相比于第二类 Lamb 问题，具有更复杂的反射和转换震相。

　　不幸的是，Johnson 的工作并没有引起足够的重视。很重要的原因也许是，Johnson 对于求解过程只是进行了非常简略的概述，没有提供详细的过程。尽管如此，Johnson 的论文堪称经典，这是对 Lamb 问题的积分解答的完整总结。

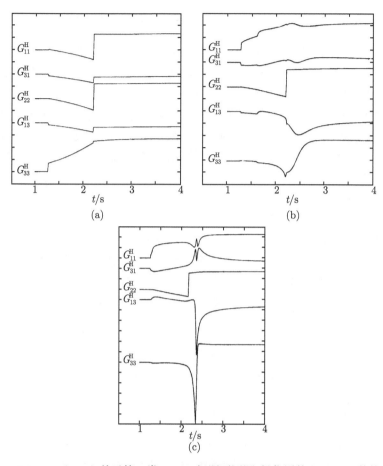

图 5.3.6　Johnson (1974) 关于第二类 Lamb 问题不同源–场位置的 Green 函数的数值结果

(a) $\boldsymbol{\xi} = (2, 0, 0)$，$\boldsymbol{x} = (0, 0, 10)$；(b) $\boldsymbol{\xi} = (10, 0, 0)$，$\boldsymbol{x} = (0, 0, 2)$；(c) $\boldsymbol{\xi} = (10, 0, 0)$，$\boldsymbol{x} = (0, 0, 0.2)$

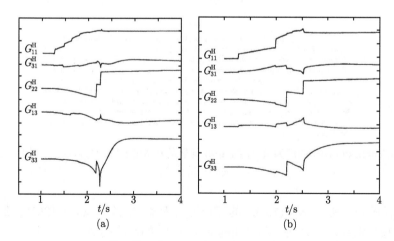

图 5.3.7　Johnson (1974) 关于第三类 Lamb 问题不同源–场位置的 Green 函数的数值结果

(a) $\boldsymbol{\xi} = (10, 0, 1)$，$\boldsymbol{x} = (0, 0, 2)$；(b) $\boldsymbol{\xi} = (10, 0, 4)$，$\boldsymbol{x} = (0, 0, 2)$

5.3.4   Johnson (1974) 之后关于 Lamb 问题广义闭合形式解的研究

Johnson (1974) 的解是完备的，因此可以借助于计算机实现对于一般 Lamb 问题的计算。但是，如果说从理论上看，Johnson 的工作还有什么可以进一步完善的话，那就是将这些积分进一步地简化，得到广义闭合形式的解析解。这是数学求解 Lamb 问题的终极目标。

20 世纪 70 年代后期，正是震源动力学的蓬勃发展的阶段。为了给位移表示的边界积分方程法提供 Green 函数解，Richards 于 1979 年发表了《点源 Lamb 问题的基本解和它们与自发破裂传播的三维研究的关联》的论文，见图 5.3.8。从论文的标题，就可以看出 Richards 的研究动机。在这篇论文里，Richards 针对第一类 Lamb 问题，从 Johnson (1974) 的积分解出发，通过变量替换，将积分拆解为若干基本的成分，针对每一个成分做细致的分析，获得了部分积分的闭合形式的解答。正如 Pekeris (1955a) 显示的，第一类 Lamb 问题的解中包含椭圆积分。Richards (1979) 并没有将不能转化为用初等函数表示的闭合形式的那些积分写成标准的椭圆积分形式，这些积分采用数值方法求解。由于 Pekeris (1955a) 仅考虑了垂直力和 Poisson 体的特殊情况，因此他的解是不完备的。而 Richards 的出发点是 Johnson 获得的完备的积分表达，因此自然地，他得到的解是当时有关第一类 Lamb 问题的完备的广义闭合形式表达。

Bulletin of the
Seismological Society of America

Vol. 69   August 1979   No. 4

ELEMENTARY SOLUTIONS TO LAMB'S PROBLEM FOR A POINT
SOURCE AND THEIR RELEVANCE TO THREE-DIMENSIONAL STUDIES
OF SPONTANEOUS CRACK PROPAGATION

By Paul G. Richards

ABSTRACT

Certain exact solutions to Lamb's problem (the transient response of an elastic half-space to a force applied at a point) involve the computation merely of three square roots, and about ten arithmetic operations (+, −, ×, ÷). They arise when both source and receiver lie on the free surface. It is just these solutions which are needed in a method due to Hamano for obtaining the slip function (displacement discontinuity), as a function of space and time, for planar tension cracks and shear cracks which grow spontaneously with arbitrary shape. The solutions are described here in detail, for an elastic medium with general Poisson's ratio. They include perhaps the simplest-possible example of the $\bar{P}$-wave.

图 5.3.8   Richards (1979) 的题为《点源 Lamb 问题的基本解和它们与自发破裂传播的三维研究的关联》的论文

但是遗憾的是，Richards (1979) 的工作鲜为人知。正如 Kausel (2012) 在引言中做的大段评述中写的那样，一方面，和 Johnson (1974) 的风格类似，论文中没有详细的推导，只列出了主要的结果；另一方面，也许是更重要的原因，由于 Richards 做这个工作的动机是为边界积分方程法提供基本解，所以似乎他本人都没有意识到这个工作在 Lamb 问题研究方面的价值。

　　三十多年后，Kausel (2012) 重新研究了这个问题（图 5.3.9），把 Richards (1979) 中没有完全转化为标准的椭圆积分的部分做了进一步分析，得到了第一类 Lamb 问题的最简表达式。

PROCEEDINGS
—OF—
THE ROYAL SOCIETY A

rspa.royalsocietypublishing.org

Research

CrossMark
click for updates

Cite this article: Kausel E. 2012 Lamb's problem at its simplest. Proc R Soc A 20120462.
http://dx.doi.org/10.1098/rspa.2012.0462

Received: 2 August 2012
Accepted: 19 September 2012

Lamb's problem at its simplest

Eduardo Kausel

Civil and Environmental Engineering, Massachusetts Institute of Technology, Cambridge, MA 02139, USA

This article revisits the classical problem of horizontal and vertical point loads suddenly applied onto the surface of a homogeneous, elastic half-space, and provides a complete set of exact, explicit formulae which are cast in the most compact format and with the simplest possible structure. The formulae given are valid for the full range of Poisson's ratios from 0 to 0.5, and they treat real and complex poles alike, as a result of which a single set of formulae suffices and also exact formulae for dipoles can be given.

图 5.3.9　Kausel (2012) 的题为《最简 Lamb 问题》的论文

　　非常有趣的是，与 Richards 类似，同样是应震源动力学研究的边界积分方程的需求，我们在研究的过程中需要用到半空间 Green 函数的二阶空间导数。前期的工作中采用了在频率域中对波数积分做数值计算的方式处理，由于一些技术上的缺陷，我们试图另寻他法，得到直接在时间域中的最简表达。这正是 Lamb 问题研究的终极目标。在我们的震源动力学研究中需要利用第三类 Lamb 问题的 Green 函数解，因此这是一项具有高度挑战性的工作。作为这项工作的第一步，Feng 和 Zhang (2018) 得到了相对简单的第二类 Lamb 问题的广义闭合形式解（图 5.3.10）。基本的思路是直接的，从经过重新整理的 Johnson (1974) 的积分解出发，通过变量替换，将原始的积分表达式进行转化。类似于 Richards (1979) 的做法，采用化整为零的策略，将转化后的积分再拆分成若干基本的积分成分。这些基本的积分成分可以分为两类：含有根号下二次多项式的和含有根号下四次多项式的。前者可以通过分析得到其代数表达，而后者经过进一步的变量替换，最终转化为标准的三类椭圆积分之和。第三类 Lamb 问题也可以按照类似的方式处理。相关的内容将在本书的下册中详细叙述。

　　将 Lamb 问题的积分解表示为广义的闭合形式，是一件复杂和繁琐的工作。从理论上讲，它的意义是在于：一方面广义闭合形式解的精度和效率都比数值计算更优；另一方面，基于获得的这些解，方便进行理论分析。比如，经过上面描述的复杂的拆分工作，我们可以将含有 Rayleigh 波的成分完整地分离出来。这样就可以针对这些项来从理论上分析 Rayleigh 波的行为。

Geophysical Journal International

Geophys. J. Int. (2018) **214**, 444–459
Advance Access publication 2018 April 14
GJI Seismology

doi: 10.1093/gji/ggy131

Exact closed-form solutions for Lamb's problem

Xi Feng and Haiming Zhang

Department of Geophysics, School of Earth and Space Sciences, Peking University, Beijing 100871, P. R. China. E-mail: zhanghm@pku.edu.cn

Accepted 2018 March 28. Received 2018 March 17; in original form 2017 May 18

SUMMARY
In this paper, we report on an exact closed-form solution for the displacement at the surface of an elastic half-space elicited by a buried point source that acts at some point underneath that surface. This is commonly referred to as the 3-D Lamb's problem for which previous solutions were restricted to sources and receivers placed at the free surface. By means of the reciprocity theorem, our solution should also be valid as a means to obtain the displacements at interior points when the source is placed at the free surface. We manage to obtain explicit results by expressing the solution in terms of elementary algebraic expression as well as elliptic integrals. We anchor our developments on Poisson's ratio 0.25 starting from Johnson's integral solutions which must be computed numerically. In the end, our closed-form results agree perfectly with the numerical results of Johnson, which strongly confirms the correctness of our explicit formulae. It is hoped that in due time, these formulae may constitute a valuable canonical solution that will serve as a yardstick against which other numerical solutions can be compared and measured.

Key words: Theoretical seismology; Wave propagation; Body waves.

图 5.3.10　Feng 和 Zhang (2018) 的题为《Lamb 问题的精确闭合形式解》的论文

表 5.3.1 中小结了上述基于 Cagniard 方法的相关研究的情况。

表 5.3.1　基于 Cagniard 方法的有关 Lamb 问题的代表性研究

研究工作	力的方向	ξ	$\boldsymbol{x}$	解的形式	ν
Pekeris (1955a)	竖直	地表	地表	广义闭合	0.25
Pekeris (1955b)	竖直	地下	地表	积分	0.25
Chao (1960)	水平	地下	地表	广义闭合	0.25
Eason (1966)	竖直	地表	地下	积分	无限制
Mooney (1974)	竖直	地表	地表	积分	无限制
Johnson (1974)	任意	任意	任意	积分	无限制
Richards (1979)	任意	地表	地表	广义闭合	无限制
Kausel (2012)	任意	地表	地表	广义闭合	无限制
Feng 和 Zhang (2018)	任意	地下	地表	广义闭合	$\in (0, 0.2631)$

5.4　小　　结

与第 4 章中讨论的无限空间问题相比，Lamb 问题要复杂很多。原因在于弹性波在界面处发生了复杂的相互作用，Rayleigh 波的产生就是最有代表性的例证，这必然在数学处理上有所体现。无限空间的对应问题中对称性的破坏，使得建立柱坐标系或者直角坐标系来求解更为方便。前者几乎不可避免地要引入 Bessel 函数，这给求解带来了很大的困难。积分变换是解决 Lamb 问题的不二之选。根据所采用的积分变换方案的不同，Lamb 问题的研究大致分为两类：基于 Fourier（和 Hankel 变换）的合成类方法，以及基于 Laplace

变换的 Cagniard 解法。根据本章的介绍,一方面,我们看到第一种方法由于处理双重积分方面的数学困难,往往局限于一些特殊的情形,比如 Lamb 的远场情况和 Nakano 的二维情况。另一方面,第二种方法由于借助于复变积分的积分路径改变,巧妙地实现了多重积分的处理,在 50 年代以来 Lamb 问题的研究中成为主流的方法。

20 世纪 50 年代,计算机的引入使得数值积分成为可能。特别是 60 年代 FFT 技术的出现,使得已经趋于沉寂的第一类方法又焕发出了活力。借助于计算机强大的计算功能,人们不仅可以不再使用复杂的渐近分析技术却只能获取问题的渐近解,甚至可以研究更为复杂的模型下的问题。比如,采用第一类方法合成分层介质模型下的理论地震图,自 20 世纪 50 年代起不断推出新的计算版本。由于这种方法在比半空间模型更接近实际的地球模型的理论地震图合成中有重要的应用,为了奠定进一步研究复杂问题的基础,在接下来的两章中,我们将研究如何基于 Fourier 变换,在频率域中得到 Lamb 问题的解。对于计算完整的地震波场的目的来说,积分形式的表达已经不再成为障碍,因为可以借助于积分的数值计算和 FFT 来实现[①]。

---

① 但是,为了便于做理论分析的目的,Cagniard-de Hoop 方法仍然是首选,这将是本书下册要探讨的内容。

第 6 章 Lamb 问题的频率域解法 (I)：理论公式

在上一章有关 Lamb 问题的研究综述中,提到有两类解法。其中一种,也是 Lamb (1904) 最初采用的方法,是首先分析稳态的情况,然后采用 Fourier 变换合成任意时间函数的解,最终的解表示为双重积分。在 20 世纪的前半叶,如何处理这个双重积分是当时面临的最大困难,研究者们不得不采用各种渐近分析的技术来获取渐近解。但是,这种情况在计算机引入地震学领域之后自然地得到了改观。如果我们的目标只是计算这个双重积分,而不是基于它对波动的性质进行分析的话,那么运用数值计算和快速 Fourier 变换 (FFT) 就可以达到这个目标。

应当说,对于 Lamb 问题的半空间模型来说,这种解法相比于基于 Cagniard 方法的第二类方法并无优势,从解法的框架来看比较庞大和复杂。但是,鉴于自 20 世纪 50 年代以来,合成地震图的很多重要方法,比如传播矩阵法、反射率法和反射/透射系数等,都是基于这种做法的,为了给进一步研究这些方法打下坚实的基础,有必要针对半空间这种简单而特殊的情况来展示这种方法的应用。本章首先介绍有关的理论[①]。

本章的分析是在频率域进行的,与直接对空间变量做积分变换,并在变换域中分析的做法不同,这里是利用一组完备正交的函数基直接对待求的函数做展开,形成关于展开系数的常微分方程组。运用系数矩阵的分解,并结合自由界面和无穷远的边界条件,获得问题的解。我们首先详细介绍 Lamb 问题频率域 Green 函数的解法,特别地,对这种解法中至关重要的完备正交基的构建进行了详细的分析,在此基础上得到频率域中的 Green 函数。基于它建构位错点源的位移场,针对自由表面的贡献,我们通过对波数 k 的复变积分的分析,得到频率域中的 Rayleigh 波的激发公式。最后,对于特殊的静态问题做特别的讨论。

6.1 问题的描述和求解思路

6.1.1 定解问题的描述

问题的模型如图 6.1.1 所示,选取位于地表的坐标系,让垂直向下的 z 轴通过源点,源点位于地下 z_s 深处。在源处作用任意方向的体力 $\boldsymbol{f}$,求它引起的空间内部任一点处的位移场。

我们的目标是求解弹性动力学方程（参见式 (2.2.21)）

$$\rho\ddot{\boldsymbol{u}}(\boldsymbol{x},t) = (\lambda+2\mu)\nabla\left(\nabla\cdot\boldsymbol{u}(\boldsymbol{x},t)\right) - \mu\nabla\times\left(\nabla\times\boldsymbol{u}(\boldsymbol{x},t)\right) + \boldsymbol{f}(\boldsymbol{x},t)$$

在以下自由界面以及无穷远边界条件下的解

---

① 本章介绍的内容主要基于以下几个工作: Chen (1999),张海明 (2004,第 4 章),Zhang 和 Chen (2006)。其中,6.5.2 节的内容基于张海明 (2006,第 2 章),Zhang 和 Chen (2009);6.5.3 节的内容基于 Zhou 和 Zhang (2020)。

$$\hat{e}_3 \cdot \boldsymbol{\sigma}(\boldsymbol{x},t)\big|_{z=0} = \boldsymbol{0}, \quad \boldsymbol{u}(\boldsymbol{x},t)\big|_{z\to\infty} = \boldsymbol{0}$$

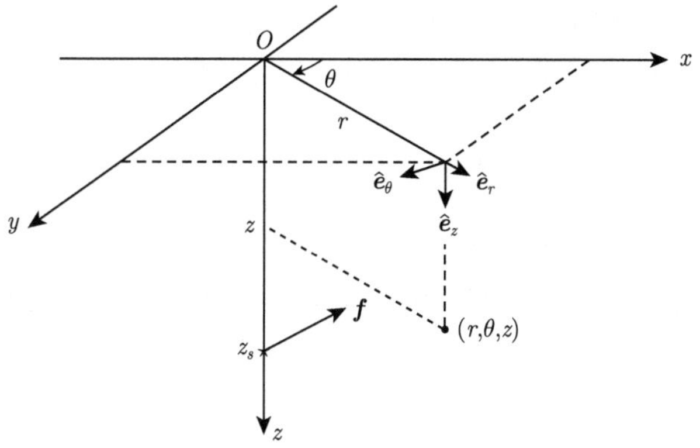

图 6.1.1 求解问题的模型示意图

x 轴和 y 轴位于自由界面内，z 轴垂直于地面向下。在 ⋆ 代表的源点 $(0,0,z_s)$ 处施加任意方向的体力 $\boldsymbol{f}$，求在半空间内部任一点 (r,θ,z) 处的位移场。$\hat{e}_r$、$\hat{e}_\theta$ 和 $\hat{e}_z$ 分别为柱坐标系的三个基矢量

由于本章发展的解法是在频率域内进行的，因此，首先将上述方程和边界条件作 Fourier 变换，得到频率域内的相应形式

$$-\rho\omega^2\tilde{\boldsymbol{u}} = (\lambda+2\mu)\nabla(\nabla\cdot\tilde{\boldsymbol{u}}) - \mu\nabla\times(\nabla\times\tilde{\boldsymbol{u}}) + \tilde{\boldsymbol{f}} \tag{6.1.1a}$$

$$\hat{e}_3 \cdot \tilde{\boldsymbol{\sigma}}\big|_{z=0} = \boldsymbol{0}, \quad \tilde{\boldsymbol{u}}\big|_{z\to\infty} = \boldsymbol{0} \tag{6.1.1b}$$

其中，$\tilde{\boldsymbol{u}} = \boldsymbol{u}(\boldsymbol{x},\omega) = \mathscr{F}\{\boldsymbol{u}(\boldsymbol{x},t)\}$，$\mathscr{F}\{\cdot\}$ 代表 Fourier 变换，$\tilde{\boldsymbol{f}}$ 和 $\tilde{\boldsymbol{\sigma}}$ 类似。本章随后的部分统一采用这种符号约定。式 (6.1.1) 中的方程和边界条件构成了当前的定解问题。

6.1.2 求解思路

首先面临的问题是如何选取求解问题的坐标系。根据问题的几何特点（见图 6.1.1），有两种方案可以选择：直角坐标系和柱坐标系。我们在本章中的解法，选择后者[①]。采用柱坐标系的优点是，可以方便地表示几种偏振方向——P、SV 和 SH 的波动，更具有物理背景；但是，采用柱坐标不可避免地会引入 Bessel 函数，导致在一些特殊的情况下数值计算必须做特殊的处理（在第 7 章中讨论）。

对于频率域的 Lamb 问题求解，我们采用基函数展开的方式进行[②]。以 P、SV 和 SH 三个互相垂直的偏振方向为基础，选择一组正交完备的基函数，将位移 $\boldsymbol{u}(\boldsymbol{x},\omega)$ 和体力 $\boldsymbol{f}(\boldsymbol{x},\omega)$ 分别用这组基函数做展开。由于基函数的形式是选定的，从而把求解位移 $\boldsymbol{u}(\boldsymbol{x},\omega)$ 的问题，

---

① 当然选取直角坐标系未尝不可，事实上我们在下册中采用 Cagniard-de Hoop 方法的解法中就是采用的直角坐标系（沿用 Johnson (1974) 的做法）。但是直角坐标系的缺点是，并不十分切合问题的物理特点，比如弹性波分为纵波和横波两种波动的特点，并不能在直角坐标系的表示中方便地反映出来。

② 函数空间中的基函数，类似于几何空间中的坐标基。以三维几何空间为例，笛卡儿坐标系的基矢量 $\hat{e}_i$ 构成了一组正交完备基。正交性体现在 $\hat{e}_i \cdot \hat{e}_j = \delta_{ij}$，完备性体现在三维空间中的任意矢量 $\boldsymbol{a}$ 都可以用这组基来表示：$\boldsymbol{a} = a_i\hat{e}_i$，其中 $a_i = \boldsymbol{a}\cdot\hat{e}_i$。函数空间也是类似的情况，一组函数如果满足了函数空间中有关正交性和完备性的要求，就说它们组成了一组正交完备基。这将在稍后详述。

转化为求解其展开系数的问题。位移函数的展开系数，满足一个常微分的方程组。求解这个常微分方程组，并根据自由界面和无穷远的边界条件来确定其中的待定系数。得到了展开系数，稍加整理即可得到位移场 $\boldsymbol{u}(\boldsymbol{x}, \omega)$，它可以表示成一个关于波数 k 的积分形式。数值求解这个积分，并将其运用反 FFT 变到时间域，就得到了时间域的位移场 $\boldsymbol{u}(\boldsymbol{x}, t)$。

6.2　基函数的引入及其性质

原则上讲，任意一组正交完备的函数组，都可以用来当作基函数，把位移矢量和体力矢量用它来做展开。但是，不同的基函数导致问题表示的复杂性不尽相同[①]，因此如何选择恰当的基函数至关重要。我们当前研究的问题是弹性空间中的地震波问题，如果选择的基函数能切合地震波的特点，将会给求解带来方便。

6.2.1　弹性波的分解：P 波、SV 波和 SH 波

根据 4.2 节的 Lamé 定理，如果对频率域的位移矢量 $\tilde{\boldsymbol{u}}$ 做如下分解

$$\tilde{\boldsymbol{u}} = \nabla\phi + \nabla \times \boldsymbol{\Psi} \tag{6.2.1}$$

则这两个势函数分别满足两个 Helmholtz 方程。因此，式 (6.2.1) 自然地提供了位移矢量的 P 波和 S 波分解，它们分别满足无旋和无源的性质，即旋度和散度分别为零。P 波是纵波，位移方向与波动传播方向一致；而 S 波是横波，位移方向垂直于波动传播方向。垂直于波动传播方向的 S 波可以继续分解为两个方向的运动，这可以通过对其矢量势的进一步分解来得到。

对 S 波的矢量势 $\boldsymbol{\Psi} = (\Psi_x, \Psi_y, \Psi_z)$ 进一步做分解：

$$\boldsymbol{\Psi} = (\Psi_x, \Psi_y, \Psi_z) = \left(\frac{\partial\psi}{\partial y}, -\frac{\partial\psi}{\partial x}, \chi\right) = \boldsymbol{\Psi}^{\mathrm{SV}} + \boldsymbol{\Psi}^{\mathrm{SH}}$$

其中，$\chi = \Psi_z$，

$$\boldsymbol{\Psi}^{\mathrm{SV}} = \left(\frac{\partial\psi}{\partial y}, -\frac{\partial\psi}{\partial x}, 0\right) = \nabla \times (0, 0, \psi), \quad \boldsymbol{\Psi}^{\mathrm{SH}} = (0, 0, \chi)$$

这意味着用两个标量势函数 ψ 和 χ 就可以分别代表 SV 波和 SH 波。这样，我们可以把位移场分解为三部分之和：

$$\tilde{\boldsymbol{u}} = \tilde{\boldsymbol{u}}^{\mathrm{P}} + \tilde{\boldsymbol{u}}^{\mathrm{SV}} + \tilde{\boldsymbol{u}}^{\mathrm{SH}}$$

其中，

$$\tilde{\boldsymbol{u}}^{\mathrm{P}} = \nabla\phi, \quad \tilde{\boldsymbol{u}}^{\mathrm{SH}} = \nabla \times (0, 0, \chi), \quad \tilde{\boldsymbol{u}}^{\mathrm{SV}} = \nabla \times \nabla \times (0, 0, \psi) \tag{6.2.2}$$

显然 $\nabla \times \tilde{\boldsymbol{u}}^{\mathrm{P}} = 0$，$\nabla \cdot \tilde{\boldsymbol{u}}^{\mathrm{SH}} = \nabla \cdot \tilde{\boldsymbol{u}}^{\mathrm{SV}} = 0$，并且 $\tilde{\boldsymbol{u}}^{\mathrm{SH}} \cdot \tilde{\boldsymbol{u}}^{\mathrm{SV}} = 0$。

---

① 仍然以我们比较熟悉的几何空间的情况为例。原则上讲，任意的正交曲线坐标系的基矢量都可以用来当作基，但是选择什么样的基矢量，会带来问题表示难易的差别。比如说，我们在 4.3 节中考虑的无界空间中波动方程的求解问题，为了利用球对称性，显然选择球坐标系是最恰当的，因为对称性自动地导致 θ 和 ϕ 的变化项为零，给求解带来方便。如果选择笛卡儿坐标系，或者柱坐标系，就难以利用这种对称性。函数空间的情况也类似。

6.2.2 矢量 Helmholtz 方程和基函数的构建

把式 (6.2.2) 代入式 (6.1.1a) 对应的齐次方程中[①]，不难验证，$\tilde{\boldsymbol{u}}^{\mathrm{P}}$、$\tilde{\boldsymbol{u}}^{\mathrm{SV}}$ 和 $\tilde{\boldsymbol{u}}^{\mathrm{SH}}$ 都满足如下形式的矢量 Helmholtz 方程，

$$\nabla^2 \boldsymbol{A} + k_c^2 \boldsymbol{A} = 0, \quad k_c = \begin{cases} k_\alpha = \dfrac{\omega}{\alpha}, & \text{对于 } \tilde{\boldsymbol{u}}^{\mathrm{P}} \\ k_\beta = \dfrac{\omega}{\beta}, & \text{对于 } \tilde{\boldsymbol{u}}^{\mathrm{SV}} \text{ 和 } \tilde{\boldsymbol{u}}^{\mathrm{SH}} \end{cases} \tag{6.2.3}$$

而它们各自对应的势函数 ϕ、ψ 和 χ 则都满足标量 Helmholtz 方程

$$\nabla^2 w + k_c^2 w = 0 \tag{6.2.4}$$

这意味着对于非齐次方程 (6.1.1a)，可以选取矢量 Helmholtz 方程 (6.2.3) 的解作为基函数。

但是，由于当前我们选择柱坐标作为求解坐标系，作为正交曲线坐标系的一种，柱坐标系的采用，将面临一个困难。注意到算子 ∇ 在柱坐标系下的表达是

$$\nabla = \hat{e}_r \frac{\partial}{\partial r} + \hat{e}_\theta \frac{\partial}{r\partial \theta} + \hat{e}_z \frac{\partial}{\partial z} \tag{6.2.5}$$

与直角坐标系的基矢量不同，柱坐标系的基矢量中 $\hat{e}_r$ 和 $\hat{e}_\theta$ 是随位置而变化的，见图 6.1.1，这将导致基矢量的空间导数不一定为零。因此，式 (6.2.3) 中的

$$\nabla^2 \boldsymbol{A} = \left[\nabla^2 A_r - \frac{1}{r^2} A_r - \frac{2}{r^2}\frac{\partial A_\theta}{\partial \theta}\right]\hat{e}_r + \left[\nabla^2 A_\theta - \frac{1}{r^2} A_\theta + \frac{2}{r^2}\frac{\partial A_r}{\partial \theta}\right]\hat{e}_\theta + \nabla^2 A_z \hat{e}_z$$

由 $\hat{e}_r$、$\hat{e}_\theta$ 和 $\hat{e}_z$ 的正交性，矢量 Helmholtz 方程 (6.2.3) 转化为如下方程组

$$\nabla^2 A_r - \frac{1}{r^2} A_r - \frac{2}{r^2}\frac{\partial A_\theta}{\partial \theta} + k^2 A_r = 0$$
$$\nabla^2 A_\theta - \frac{1}{r^2} A_\theta + \frac{2}{r^2}\frac{\partial A_r}{\partial \theta} + k^2 A_\theta = 0$$
$$\nabla^2 A_z + k^2 A_z = 0$$

这是一个耦合的方程组，求解起来比较困难。

幸运的是，矢量 Helmholtz 方程有一种非常有效的解法，由美国物理学家 W. W. Hansen 于 20 世纪 30 年代提出[②]。这种方法表明，根据式 (6.2.4) 的标量 Helmholtz 方程的解 w，可以按如下方式建构矢量 Helmholtz 方程 (6.2.3) 的解

$$\boldsymbol{S} = \nabla w, \quad \boldsymbol{T} = \nabla \times (\hat{a}w), \quad \boldsymbol{R} = \frac{1}{k_c}\nabla \times \boldsymbol{T} \tag{6.2.6}$$

[①] 为什么这里只需要考虑齐次方程呢？因为基函数反映了介质的内禀属性，与作用力无关，所以在选取基函数的时候，只需要研究对应的齐次方程即可。其实这个概念我们并不陌生，回忆在数学物理方程的学习中，在介绍经典的分离变量法的时候，通常会以两个经典的问题为例：两端固定弦的自由振动和两端固定弦的受迫振动。弦的振动问题，可以用一维波动方程来描述，但是有强迫力的非齐次方程是不能应用分离变量法的。一种常见的解法是首先求解非齐次方程，得到本征函数；然后对于非齐次方程，以对应的齐次方程的本征函数作为基函数，将待求解和非齐次项做展开（吴崇试，2003，第 14.1 节和 14.5 节）。

[②] 矢量 Helmholtz 方程是电磁学领域经常遇到的方程。Hansen 为了研究天线辐射问题，于 1935 年、1936 年和 1937 年分别发表一篇论文，提出了这种解法。为了纪念 Hansen 的贡献，后人把根据这种解法构造的解叫做 Hansen 矢量。

其中，$\hat{a}$ 是任意的单位常矢量。并且，$\boldsymbol{S}$、$\boldsymbol{T}$ 和 $\boldsymbol{R}$ 是线性无关的。这种方法的突出优点，还在于它们具有明显的物理特性，注意到

$$\nabla \times \boldsymbol{S} = 0, \quad \nabla \cdot \boldsymbol{T} = \nabla \cdot \boldsymbol{R} = 0$$

即 $\boldsymbol{S}$ 是无旋场，$\boldsymbol{T}$ 和 $\boldsymbol{R}$ 是无源场。这与式 (6.2.2) 反映的 P、SH 和 SV 波的性质完全一致，因此用它们来构建我们需要的基函数再合适不过。

式 (6.2.6) 中涉及两个量：$\hat{a}$ 和 w。既然 $\hat{a}$ 可以选择任意的单位常矢量，由于 $\hat{e}_z$ 是柱坐标的三个基矢量中位移不随位置变化的一个（参考图 6.1.1），所以选择 $\hat{a} = \hat{e}_z$ 是恰当的。

考察标量 Helmholtz 方程 (6.2.4)，这是一个齐次方程，可以用标准的分离变量法给出它的解。令 $w(r,\theta,z) = R(r)\Theta(\theta)Z(z)$，$R(r)$ 和 $\Theta(\theta)$ 是水平面内的函数，而 $Z(z)$ 是在竖直面内的函数。它们分别满足

$$\frac{1}{r}\frac{\mathrm{d}}{\mathrm{d}r}\left(r\frac{\mathrm{d}R}{\mathrm{d}r}\right) + \left(k^2 - \frac{m^2}{r^2}\right)R = 0 \tag{6.2.7a}$$

$$\frac{\mathrm{d}^2\Theta}{\mathrm{d}\theta^2} + m^2\Theta = 0 \tag{6.2.7b}$$

$$\frac{\mathrm{d}^2Z}{\mathrm{d}z^2} - (k^2 - k_c^2)Z = 0 \tag{6.2.7c}$$

其中，k 和 m 是在分离变量过程中产生的实常数。上述 3 个方程的解依次为

$$R(r) = J_m(kr), \quad \Theta(\theta) = \mathrm{e}^{im\theta}, \quad Z(z) = \mathrm{e}^{\pm\nu z} \tag{6.2.8}$$

其中，$J_m(kr)$ 为 m 阶 Bessel 函数，$\nu = \sqrt{k^2 - k_c^2}$ $(\mathrm{Re}(\nu) > 0)$，当 $k > k_c$ 时，为了保证无穷远边条件成立，取 $Z(z) = \mathrm{e}^{-\nu z}$。由于在当前的问题中，要求位移是单值的，为了保证 $\Theta(\theta + 2\pi) = \Theta(\theta)$ 成立，m 必须取整数：$m = 0, \pm1, \pm2, \cdots$。另外，为了切合问题的物理背景[①]，$k$ 取正实数：$k \in [0, \infty)$。

对于我们建构基函数的这个目的来说，让它不随 z 变化是方便的。一方面，这时基函数对应的标量函数 $w'(r,\theta)$ 仍然满足标量 Helmholtz 方程，而基函数本身仍然满足矢量 Helmholtz 方程；另一方面，这样选择的基函数只与横向坐标 r 和 θ 有关，并且用基函数展开以后，将求解位移场的问题转化为求解位移展开系数的问题，从而将随 z 变化的部分留给基函数的系数，因此方程转化为了关于 z 的常微分方程组。注意到式 (6.2.7a) 和式 (6.2.7b)，$w'(r,\theta) = R(r)\Theta(\theta)$ 满足

$$\nabla'^2 w'(r,\theta) + k^2 w'(r,\theta) = 0 \quad \left(\nabla' = \hat{e}_r\frac{\partial}{\partial r} + \hat{e}_\theta\frac{\partial}{r\partial\theta}\right) \tag{6.2.9}$$

其中，$k^2 = k_c^2 + \nu^2$，∇' 为 ∇ 中仅与 r 和 θ 有关的部分（参见式 (6.2.5)）。而 $w'(r,\theta) =$

---

① 由于 kr 作为宗量出现在 Bessel 函数中，整体没有量纲，而 r 是水平面内的极径，具有长度的量纲，所以 k 为波数的量纲。基于这个原因，k 被称为横向波数，代表单位长度内波的周期数，因此是个正实数。

$Y_m(kr,\theta) = J_m(kr)\mathrm{e}^{\mathrm{i}m\theta}$ 称为柱面谐函数。将 $w'(r,\theta)$ 代入式 (6.2.6)[①]，得到

$$
\begin{cases}
\boldsymbol{S}_m(kr,\theta) = a_s \nabla' Y_m(kr,\theta) = a_s \left[kJ_m'(kr)\hat{e}_r + \dfrac{\mathrm{i}m}{r}J_m(kr)\hat{e}_\theta \right] \mathrm{e}^{\mathrm{i}m\theta} \\
\boldsymbol{T}_m(kr,\theta) = a_T \nabla' \times \left[\hat{e}_z Y_m(kr,\theta) \right] = a_T \left[\dfrac{\mathrm{i}m}{r}J_m(kr)\hat{e}_r - kJ_m'(kr)\hat{e}_\theta \right] \mathrm{e}^{\mathrm{i}m\theta} \\
\boldsymbol{R}_m(kr,\theta) = \dfrac{a_R}{k} \nabla' \times \left\{ \nabla' \times \left[\hat{e}_z Y_m(kr,\theta) \right] \right\} = a_R k \hat{e}_z J_m(kr)\mathrm{e}^{\mathrm{i}m\theta}
\end{cases} \tag{6.2.10}
$$

其中的 a_T、a_s 和 a_R 分别为 $\boldsymbol{T}_m(kr,\theta)$、$\boldsymbol{S}_m(kr,\theta)$ 和 $\boldsymbol{R}_m(kr,\theta)$ 的归一化系数，需要根据正交性和完备性来确定。在上面叙述的方法中，Hansen 的研究成果起到了决定性的作用，因此这组基函数被称为 Hansen 矢量。

6.2.3　基函数的性质

6.2.3.1　与三种偏振波的对应关系

将式 (6.2.10) 与式 (6.2.2) 对比，不难看出三个基矢量 $\boldsymbol{S}_m(kr,\theta)$、$\boldsymbol{T}_m(kr,\theta)$ 和 $\boldsymbol{R}_m(kr,\theta)$ 分别与 P 波、SH 波和 SV 波相对应[②]：

$$
\boldsymbol{S}_m(kr,\theta) \leftrightsquigarrow \text{P 波}, \quad \boldsymbol{T}_m(kr,\theta) \leftrightsquigarrow \text{SH 波}, \quad \boldsymbol{R}_m(kr,\theta) \leftrightsquigarrow \text{SV 波}.
$$

这个"对应"包含以下两个含义：

(1) 从基函数的表达式 (6.2.10) 上看，与式 (6.2.2) 所反映的三种偏振波的位移形式类似。注意并非完全相同，因为在真正的 P 波、SV 波和 SH 波位移场的表达式 (6.2.2) 中，算符是 ∇，而在式 (6.2.10) 中，算符只是 ∇ 的水平坐标相关的部分 ∇'。

(2) 正如将在 6.3.1 节中看到的，基于这组基函数所做的位移展开，展开系数所满足的常微分方程组，$\boldsymbol{T}_m(kr,\theta)$ 所对应展开系数独立地满足一个二阶常微分方程，而 $\boldsymbol{S}_m(kr,\theta)$ 和 $\boldsymbol{R}_m(kr,\theta)$ 对应的展开系数所满足的两个常微分方程是耦合的，这个性质，也符合"P 波和 SV 波耦合，而 SH 波与它们不耦合"的特点。

6.2.3.2　正交性

一个不含参数的单变量函数，如果

$$
\int_a^b f_i^*(x) f_j(x)\,\mathrm{d}x = \delta_{ij}
$$

则称函数系 $\{f_i(x)\}$ 为正交系。对于根据 Hansen 的方法构造的式 (6.2.10) 中的含参数的多变量函数组，正交性的定义是类似的，但是形式要更复杂

$$
\int_0^{2\pi} \int_0^{+\infty} \boldsymbol{T}_m(kr,\theta) \cdot \boldsymbol{T}_{m'}^*(k'r,\theta) r\,\mathrm{d}r\,\mathrm{d}\theta = \frac{2\pi}{\sqrt{k'k}} \delta_{m'm}\delta(k-k') \tag{6.2.11a}
$$

---

① 注意此时式 (6.2.6) 中的 k_c 要替换为 k，因为形成这组基的标量势函数不再是满足式 (6.2.4) 的 $w(r,\theta,z)$，而是满足式 (6.2.9) 的 $w'(r,\theta)$。

② 值得说明的是，这里所说的"对应"，并非"就是"的意思，因为实际上的三种偏振波的方向，显然是和源的位置有关的，而三个基矢量只与 r 和 θ 有关，与 z 无关。

$$\int_0^{2\pi}\int_0^{+\infty} \boldsymbol{S}_m(kr,\theta)\cdot \boldsymbol{S}_{m'}^*(k'r,\theta)r\,\mathrm{d}r\,\mathrm{d}\theta = \frac{2\pi}{\sqrt{k'k}}\delta_{m'm}\delta(k-k') \tag{6.2.11b}$$

$$\int_0^{2\pi}\int_0^{+\infty} \boldsymbol{R}_m(kr,\theta)\cdot \boldsymbol{R}_{m'}^*(k'r,\theta)r\,\mathrm{d}r\,\mathrm{d}\theta = \frac{2\pi}{\sqrt{k'k}}\delta_{m'm}\delta(k-k') \tag{6.2.11c}$$

$$\int_0^{2\pi}\int_0^{+\infty} \boldsymbol{T}_m(kr,\theta)\cdot \boldsymbol{S}_{m'}^*(k'r,\theta)r\,\mathrm{d}r\,\mathrm{d}\theta = 0 \tag{6.2.11d}$$

$$\int_0^{2\pi}\int_0^{+\infty} \boldsymbol{S}_m(kr,\theta)\cdot \boldsymbol{R}_{m'}^*(k'r,\theta)r\,\mathrm{d}r\,\mathrm{d}\theta = 0 \tag{6.2.11e}$$

$$\int_0^{2\pi}\int_0^{+\infty} \boldsymbol{T}_m(kr,\theta)\cdot \boldsymbol{R}_{m'}^*(k'r,\theta)r\,\mathrm{d}r\,\mathrm{d}\theta = 0 \tag{6.2.11f}$$

证明　注意到如下等式，

$$\int_0^{+\infty} J_m(kr)J_m(k'r)r\,\mathrm{d}r = \frac{1}{\sqrt{k'k}}\delta(k-k') \tag{6.2.12}$$

以及 Bessel 函数满足的递推关系式

$$J_m'(x) = \frac{J_{m-1}(x)-J_{m+1}(x)}{2} \tag{6.2.13a}$$

$$\frac{mJ_m(x)}{x} = \frac{J_{m-1}(x)+J_{m+1}(x)}{2} \tag{6.2.13b}$$

所以

$$\int_0^{2\pi}\int_0^{+\infty} \boldsymbol{T}_m(kr,\theta)\cdot \boldsymbol{T}_{m'}^*(k'r,\theta)r\,\mathrm{d}r\,\mathrm{d}\theta$$

$$= a_T^2 \int_0^{2\pi} \mathrm{e}^{\mathrm{i}(m-m')}\,\mathrm{d}\theta \int_0^{+\infty}\left[\frac{m'm}{r^2}J_m(kr)J_{m'}(k'r)+k'kJ_m'(kr)J_{m'}'(k'r)\right]r\,\mathrm{d}r$$

$$\xlongequal{(6.2.13)} \frac{\pi a_T^2\delta_{m'm}k'k}{2}\int_0^{+\infty}\left\{\left[J_{m-1}(kr)+J_{m+1}(kr)\right]\left[J_{m-1}(k'r)+J_{m+1}(k'r)\right]\right.$$

$$\left.+\left[J_{m-1}(kr)-J_{m+1}(kr)\right]\left[J_{m-1}(k'r)-J_{m+1}(k'r)\right]\right\}r\,\mathrm{d}r$$

$$= \pi a_T^2\delta_{m'm}k'k\int_0^{+\infty}\left[J_{m-1}(kr)J_{m-1}(k'r)+J_{m+1}(kr)J_{m+1}(k'r)\right]r\,\mathrm{d}r$$

$$\xlongequal{(6.2.12)} a_T^2 k^2\frac{2\pi}{\sqrt{k'k}}\delta_{m'm}\delta(k-k') = \frac{2\pi}{\sqrt{k'k}}\delta_{m'm}\delta(k-k')$$

$$\int_0^{2\pi}\int_0^{+\infty} \boldsymbol{S}_m(kr,\theta)\cdot \boldsymbol{S}_{m'}^*(k'r,\theta)r\,\mathrm{d}r\,\mathrm{d}\theta$$

$$= a_s^2 \int_0^{2\pi} \mathrm{e}^{\mathrm{i}(m-m')}\,\mathrm{d}\theta \int_0^{+\infty}\left[\frac{m'm}{r^2}J_m(kr)J_{m'}(k'r)+k'kJ_m'(kr)J_{m'}'(k'r)\right]r\,\mathrm{d}r$$

$$\xlongequal{类似} a_s^2 k^2\frac{2\pi}{\sqrt{k'k}}\delta_{m'm}\delta(k-k') = \frac{2\pi}{\sqrt{k'k}}\delta_{m'm}\delta(k-k'),$$

$$\int_0^{2\pi}\int_0^{+\infty} \boldsymbol{R}_m(kr,\theta)\cdot \boldsymbol{R}_{m'}^*(k'r,\theta)r\,\mathrm{d}r\,\mathrm{d}\theta$$

$$= a_R^2 k^2 \int_0^{2\pi} \mathrm{e}^{\mathrm{i}(m-m')}\,\mathrm{d}\theta \int_0^{+\infty} J_m(kr)J_{m'}(k'r)r\,\mathrm{d}r$$

$$= a_R^2 k^2 \frac{2\pi}{\sqrt{k'k}}\delta_{m'm}\delta(k-k') = \frac{2\pi}{\sqrt{k'k}}\delta_{m'm}\delta(k-k')$$

因此，$a_T = a_S = 1/k$，$a_R = -1/k$[①]，从而式 (6.2.10) 最终确定为

$$\begin{cases} \boldsymbol{S}_m(kr,\theta) = \dfrac{1}{k}\nabla'Y_m(kr,\theta) = \left[J_m'(kr)\hat{e}_r + \dfrac{\mathrm{i}m}{kr}J_m(kr)\hat{e}_\theta\right]\mathrm{e}^{\mathrm{i}m\theta} \\[3mm] \boldsymbol{T}_m(kr,\theta) = \dfrac{1}{k}\nabla'\times\left[\hat{e}_z Y_m(kr,\theta)\right] = \left[\dfrac{\mathrm{i}m}{kr}J_m(kr)\hat{e}_r - J_m'(kr)\hat{e}_\theta\right]\mathrm{e}^{\mathrm{i}m\theta} \\[3mm] \boldsymbol{R}_m(kr,\theta) = -\hat{e}_z Y_m(kr,\theta) = -\hat{e}_z J_m(kr)\mathrm{e}^{\mathrm{i}m\theta} \end{cases} \quad (6.2.14)$$

由于 $\hat{e}_z\cdot\hat{e}_r = \hat{e}_z\cdot\hat{e}_\theta = 0$，因此式 (6.2.11e) 和式 (6.2.11f) 是显然成立的。而

$$\int_0^{2\pi}\int_0^{+\infty} \boldsymbol{T}_m(kr,\theta)\cdot\boldsymbol{S}_{m'}^*(k'r,\theta)r\,\mathrm{d}r\,\mathrm{d}\theta$$

$$= \int_0^{2\pi}\mathrm{e}^{\mathrm{i}(m-m')}\,\mathrm{d}\theta\int_0^{+\infty}\left[\frac{\mathrm{i}m}{kr}J_m(kr)J_{m'}'(k'r) + \frac{\mathrm{i}m'}{k'r}J_m'(kr)J_{m'}(k'r)\right]r\,\mathrm{d}r$$

$$= \frac{2\pi\mathrm{i}m\delta_{m'm}}{k'k}\left[J_m(kr)J_m(k'r)\right]\Big|_{r=0}^{r=\infty} = 0$$

6.2.3.3 完备性

对于 $\boldsymbol{S}_m(kr,\theta)$、$\boldsymbol{T}_m(kr,\theta)$ 和 $\boldsymbol{R}_m(kr,\theta)$，完备性的定义为

$$\frac{1}{2\pi}\sum_{m=-\infty}^{+\infty}\int_0^{+\infty}\left[\boldsymbol{T}_m(kr,\theta)\boldsymbol{T}_m^*(kr',\theta') + \boldsymbol{S}_m(kr,\theta)\boldsymbol{S}_m^*(kr',\theta')\right.$$
$$\left. + \boldsymbol{R}_m(kr,\theta)\boldsymbol{R}_m^*(kr',\theta')\right]k\,\mathrm{d}k = (\hat{e}_r\hat{e}_r + \hat{e}_\theta\hat{e}_\theta + \hat{e}_z\hat{e}_z)\,\delta(\boldsymbol{r}-\boldsymbol{r}')$$

其中，上标 $*$ 代表复共轭。

证明 利用如下关系式，

$$\sum_{m=-\infty}^{+\infty}\mathrm{e}^{\mathrm{i}m(\theta-\theta')} = 2\pi\delta(\theta-\theta'),\quad \theta\in[0,2\pi) \quad (6.2.15\mathrm{a})$$

$$\delta(\boldsymbol{r}-\boldsymbol{r}') = \frac{1}{\sqrt{r'r}}\delta(r-r')\delta(\theta-\theta') \quad (6.2.15\mathrm{b})$$

我们可以得到

$$\frac{1}{2\pi}\sum_{m=-\infty}^{+\infty}\int_0^{+\infty}\left[\boldsymbol{T}_m(kr,\theta)\boldsymbol{T}_m^*(kr',\theta') + \boldsymbol{S}_m(kr,\theta)\boldsymbol{S}_m^*(kr',\theta')\right.$$
$$\left. + \boldsymbol{R}_m(kr,\theta)\boldsymbol{R}_m^*(kr',\theta')\right]k\,\mathrm{d}k$$

---

① 取正号也是可以的，都满足归一的正交性。二者的区别在于用它们作为基函数展开的时候，系数的正负号不同，从而求解的常微分方程组略有差别，但本质上是一样的。事实上，Aki 和 Richards (2002, p.300) 取的是负号，而 Ben-Menahem 和 Singh (1981, p.60) 取的是正号。这里采用前者的取法。

$$
= \sum_{m=-\infty}^{+\infty} \frac{\mathrm{e}^{\mathrm{i}m(\theta-\theta')}}{2\pi} \int_0^{+\infty} \left\{ \left[\frac{m^2 J_m(kr) J_m(kr')}{k^2 r' r} + J_m'(kr) J_m'(kr') \right] (\hat{e}_r \hat{e}_{r'} + \hat{e}_\theta \hat{e}_{\theta'}) \right.
$$

$$
- \mathrm{i}m \left[\frac{J_m(kr) J_m'(kr')}{kr} + \frac{J_m(kr') J_m'(kr)}{kr'} \right] (\hat{e}_r \hat{e}_{\theta'} - \hat{e}_\theta \hat{e}_{r'})
$$

$$
\left. + J_m(kr) J_m(kr') \hat{e}_z \hat{e}_z \right\} k \,\mathrm{d}k
$$

$$
\xrightarrow{(6.2.13)} \delta(\theta-\theta') \int_0^{+\infty} \left\{ \frac{1}{2} \left[J_{m-1}(kr) J_{m-1}(kr') + J_{m+1}(kr) J_{m+1}(kr') \right] \right.
$$

$$
\left. \cdot (\hat{e}_r \hat{e}_{r'} + \hat{e}_\theta \hat{e}_\theta) + J_m(kr) J_m(kr') \hat{e}_z \hat{e}_z \right\} k \,\mathrm{d}k
$$

$$
\xrightarrow{(6.2.12),(6.2.15b)} (\hat{e}_r \hat{e}_r + \hat{e}_\theta \hat{e}_\theta + \hat{e}_z \hat{e}_z) \delta(\boldsymbol{r} - \boldsymbol{r}')
$$

完备性意味着任何一个函数 $\boldsymbol{A}(\boldsymbol{x}, \omega)$ 都可以用这组基函数来表示，

$$
\boldsymbol{A}(\boldsymbol{x}, \omega) = \frac{1}{2\pi} \sum_{m=-\infty}^{+\infty} \int_0^{+\infty} \left[A_m^T(k, z, \omega) \boldsymbol{T}_m(kr, \theta) + A_m^S(k, z, \omega) \boldsymbol{S}_m(kr, \theta) \right.
$$

$$
\left. + A_m^R(k, z, \omega) \boldsymbol{R}_m(kr, \theta) \right] k \,\mathrm{d}k \tag{6.2.16}
$$

其中，各个系数 $A_m^T(k, z, \omega)$、$A_m^S(k, z, \omega)$ 和 $A_m^R(k, z, \omega)$ 的表达式为

$$
A_m^T(k, z, \omega) = \int_0^{2\pi} \int_0^{+\infty} \boldsymbol{A}(\boldsymbol{x}, \omega) \cdot \boldsymbol{T}_m^*(kr, \theta) r \,\mathrm{d}r \,\mathrm{d}\theta \tag{6.2.17a}
$$

$$
A_m^S(k, z, \omega) = \int_0^{2\pi} \int_0^{+\infty} \boldsymbol{A}(\boldsymbol{x}, \omega) \cdot \boldsymbol{S}_m^*(kr, \theta) r \,\mathrm{d}r \,\mathrm{d}\theta \tag{6.2.17b}
$$

$$
A_m^R(k, z, \omega) = \int_0^{2\pi} \int_0^{+\infty} \boldsymbol{A}(\boldsymbol{x}, \omega) \cdot \boldsymbol{R}_m^*(kr, \theta) r \,\mathrm{d}r \,\mathrm{d}\theta \tag{6.2.17c}
$$

对于一个已知函数，比如体力 $\boldsymbol{f}(\boldsymbol{x}, \omega)$，由式 (6.2.17) 可以求出其展开系数。而对于一个未知函数，例如位移矢量 $\boldsymbol{u}(\boldsymbol{x}, \omega)$，由于无法根据式 (6.2.17) 得到展开系数的具体表达，因此只能根据形式上的表达式 (6.2.16)，通过确定展开系数来得到其表达式。特别值得一提的是，由于基函数的选择，是只保留了与 r 和 θ 有关的部分，所以将 $\boldsymbol{A}(\boldsymbol{x}, \omega)$ 向这组基做投影并对 r 和 θ 积分，得到的系数只与 z 有关（见式 (6.2.17)）。这意味着如果把 $\boldsymbol{A}(\boldsymbol{x}, \omega)$ 的表达式代入到定解问题的方程中，将得到只与 z 有关的常微分方程组。

6.3　常微分方程组及其求解

运用位移和体力的基函数展开式，并根据基函数的正交性，方程可以转化为关于展开系数的一系列常微分的方程组。利用系数矩阵的分解性质，可以获得常微分方程系统的解。

6.3.1 常微分方程系统

将频率域内的位移函数 $\boldsymbol{u}(\boldsymbol{x}, \omega)$ 和体力 $\boldsymbol{f}(\boldsymbol{x}, \omega)$ 分别用基函数式 (6.2.14) 做展开，有

$$\boldsymbol{u}(\boldsymbol{x}, \omega) = \frac{1}{2\pi} \sum_{m=-\infty}^{+\infty} \int_0^{+\infty} \Big[u_m^T(k, z, \omega) \boldsymbol{T}_m(kr, \theta) + u_m^S(k, z, \omega) \boldsymbol{S}_m(kr, \theta)$$
$$+ u_m^R(k, z, \omega) \boldsymbol{R}_m(kr, \theta) \Big] k\, \mathrm{d}k \tag{6.3.1a}$$

$$\boldsymbol{f}(\boldsymbol{x}, \omega) = \frac{1}{2\pi} \sum_{m=-\infty}^{+\infty} \int_0^{+\infty} \Big[f_m^T(k, z, \omega) \boldsymbol{T}_m(kr, \theta) + f_m^S(k, z, \omega) \boldsymbol{S}_m(kr, \theta)$$
$$+ f_m^R(k, z, \omega) \boldsymbol{R}_m(kr, \theta) \Big] k\, \mathrm{d}k \tag{6.3.1b}$$

把它们代入到式 (6.1.1a)，得到

$$\frac{1}{2\pi} \sum_{m=-\infty}^{+\infty} \int_0^{+\infty} \Big\{ \rho\omega^2 \left(u_m^T \boldsymbol{T}_m + u_m^S \boldsymbol{S}_m + u_m^R \boldsymbol{R}_m \right)$$
$$+ (\lambda + 2\mu)\nabla\nabla \cdot \left(u_m^T \boldsymbol{T}_m + u_m^S \boldsymbol{S}_m + u_m^R \boldsymbol{R}_m \right)$$
$$- \mu\nabla \times \nabla \times \left(u_m^T \boldsymbol{T}_m + u_m^S \boldsymbol{S}_m + u_m^R \boldsymbol{R}_m \right)$$
$$+ \left(f_m^T \boldsymbol{T}_m + f_m^S \boldsymbol{S}_m + f_m^R \boldsymbol{R}_m \right) \Big\} k\, \mathrm{d}k = 0 \tag{6.3.2}$$

由于 $Y_m(kr, \theta)$ 满足标量 Helmholtz 方程 (6.2.9)，所以

$$\nabla'^2 Y_m(kr, \theta) = -k^2 Y_m(kr, \theta) \tag{6.3.3}$$

根据式 (6.2.14) 的定义，有

$$\nabla \cdot \boldsymbol{S}_m = \frac{1}{k}\nabla \cdot \nabla' Y_m(kr, \theta) = \frac{1}{k}\nabla'^2 Y_m(kr, \theta) \xupdownarrow{(6.3.3)} -k Y_m(kr, \theta)$$

$$\nabla \cdot \boldsymbol{T}_m = \frac{1}{k}\nabla \cdot \nabla' \times \left[\hat{\boldsymbol{e}}_z Y_m(kr, \theta) \right] = \frac{1}{k}\nabla' \cdot \nabla' \times \left[\hat{\boldsymbol{e}}_z Y_m(kr, \theta) \right] = 0$$

$$\nabla \cdot \boldsymbol{R}_m = \nabla \cdot \left[-\hat{\boldsymbol{e}}_z Y_m(kr, \theta) \right] = -\frac{\partial}{\partial z} Y_m(kr, \theta) = 0$$

$$\nabla \times \boldsymbol{S}_m = \frac{1}{k}\nabla \times \nabla' Y_m(kr, \theta) = 0$$

$$\nabla \times \boldsymbol{T}_m = \frac{1}{k}\nabla \times \nabla' \times \left[\hat{\boldsymbol{e}}_z Y_m(kr, \theta) \right] = -\frac{1}{k}\nabla'^2 \left[\hat{\boldsymbol{e}}_z Y_m(kr, \theta) \right] = -k\boldsymbol{R}_m$$

$$\nabla \times \boldsymbol{R}_m = \nabla \times \left[-\hat{\boldsymbol{e}}_z Y_m(kr, \theta) \right] = -k\boldsymbol{T}_m$$

注意到对于标量函数 u 和 v，以及矢量函数 $\boldsymbol{f}$，有如下关系

$$\nabla \cdot (u\boldsymbol{f}) = u\nabla \cdot \boldsymbol{f} + (\nabla u) \cdot \boldsymbol{f}$$
$$\nabla \times (u\boldsymbol{f}) = u\nabla \times \boldsymbol{f} + (\nabla u) \times \boldsymbol{f}$$
$$\nabla(uv) = (\nabla u)v + (\nabla v)u$$

因此，

$$\nabla \cdot (u_m^T \boldsymbol{T}_m) = u_m^T \nabla \cdot \boldsymbol{T}_m + (\nabla u_m^T) \cdot \boldsymbol{T}_m = 0$$

$$\nabla \cdot (u_m^S \boldsymbol{S}_m) = u_m^S \nabla \cdot \boldsymbol{S}_m + (\nabla u_m^S) \cdot \boldsymbol{S}_m = -k u_m^S Y_m$$

$$\nabla \cdot (u_m^R \boldsymbol{R}_m) = u_m^R \nabla \cdot \boldsymbol{R}_m + (\nabla u_m^R) \cdot \boldsymbol{R}_m = -\frac{\mathrm{d}u_m^R}{\mathrm{d}z} Y_m$$

据此可以进一步得到

$$\nabla \nabla \cdot (u_m^T \boldsymbol{T}_m) = 0 \tag{6.3.4a}$$

$$\nabla \nabla \cdot (u_m^S \boldsymbol{S}_m) = -k \nabla (u_m^S Y_m) = k \frac{\mathrm{d}u_m^S}{\mathrm{d}z} \boldsymbol{R}_m - k^2 u_m^S \boldsymbol{S}_m \tag{6.3.4b}$$

$$\nabla \nabla \cdot (u_m^R \boldsymbol{R}_m) = -\nabla \left(\frac{\mathrm{d}u_m^R}{\mathrm{d}z} Y_m \right) = \frac{\mathrm{d}^2 u_m^R}{\mathrm{d}z^2} \boldsymbol{R}_m - k \frac{\mathrm{d}u_m^R}{\mathrm{d}z} \boldsymbol{S}_m \tag{6.3.4c}$$

另外，因为

$$\hat{e}_z \times \boldsymbol{T}_m = \hat{e}_z \times \left[\frac{\mathrm{i}m}{kr} J_m(kr)\hat{e}_r - J_m'(kr)\hat{e}_\theta \right] \mathrm{e}^{\mathrm{i}m\theta} = \boldsymbol{S}_m$$

$$\hat{e}_z \times \boldsymbol{S}_m = \hat{e}_z \times \left[J_m'(kr)\hat{e}_r + \frac{\mathrm{i}m}{kr} J_m(kr)\hat{e}_\theta \right] \mathrm{e}^{\mathrm{i}m\theta} = -\boldsymbol{T}_m$$

$$\hat{e}_z \times \boldsymbol{R}_m = \hat{e}_z \times \hat{e}_z Y_m = 0$$

所以

$$\nabla \times (u_m^T \boldsymbol{T}_m) = u_m^T \nabla \times \boldsymbol{T}_m + (\nabla u_m^T) \times \boldsymbol{T}_m = -k u_m^T \boldsymbol{R}_m + \frac{\mathrm{d}u_m^T}{\mathrm{d}z} \boldsymbol{S}_m$$

$$\nabla \times (u_m^S \boldsymbol{S}_m) = u_m^S \nabla \times \boldsymbol{S}_m + (\nabla u_m^S) \times \boldsymbol{S}_m = \frac{\mathrm{d}u_m^S}{\mathrm{d}z} \hat{e}_z \times \boldsymbol{S}_m = -\frac{\mathrm{d}u_m^S}{\mathrm{d}z} \boldsymbol{T}_m$$

$$\nabla \times (u_m^R \boldsymbol{R}_m) = u_m^R \nabla \times \boldsymbol{R}_m + (\nabla u_m^R) \times \boldsymbol{R}_m = -k u_m^R \boldsymbol{T}_m$$

并由此得到

$$\nabla \times \nabla \times (u_m^T \boldsymbol{T}_m) = -k \nabla \times (u_m^T \boldsymbol{R}_m) + \nabla \times \left(\frac{\mathrm{d}u_m^T}{\mathrm{d}z} \boldsymbol{S}_m \right)$$

$$= k^2 u_m^T \boldsymbol{T}_m - \frac{\mathrm{d}^2 u_m^T}{\mathrm{d}z^2} \boldsymbol{T}_m \tag{6.3.5a}$$

$$\nabla \times \nabla \times (u_m^S \boldsymbol{S}_m) = -\nabla \times \frac{\mathrm{d}u_m^S}{\mathrm{d}z} \boldsymbol{T}_m = k \frac{\mathrm{d}u_m^S}{\mathrm{d}z} \boldsymbol{R}_m - \frac{\mathrm{d}^2 u_m^S}{\mathrm{d}z^2} \boldsymbol{S}_m \tag{6.3.5b}$$

$$\nabla \times \nabla \times (u_m^R \boldsymbol{R}_m) = -k \nabla \times u_m^R \boldsymbol{R}_m = k^2 u_m^R \boldsymbol{R}_m - k \frac{\mathrm{d}u_m^R}{\mathrm{d}z} \boldsymbol{S}_m \tag{6.3.5c}$$

把式 (6.3.4) 和式 (6.3.5) 代入式 (6.3.2)，根据基矢量的正交性，它们对应的系数为零，因此得到

$$\rho \omega^2 u_m^T + \mu \frac{\mathrm{d}^2 u_m^T}{\mathrm{d}z^2} - k^2 \mu u_m^T + f_m^T = 0 \tag{6.3.6a}$$

$$\rho\omega^2 u_m^R + (\lambda + 2\mu)\frac{\mathrm{d}^2 u_m^R}{\mathrm{d}z^2} - k^2 \mu u_m^R + (\lambda + \mu)k\frac{\mathrm{d}u_m^S}{\mathrm{d}z} + f_m^R = 0 \tag{6.3.6b}$$

$$\rho\omega^2 u_m^S + \mu\frac{\mathrm{d}^2 u_m^S}{\mathrm{d}z^2} - k^2(\lambda + 2\mu)u_m^S - (\lambda + \mu)k\frac{\mathrm{d}u_m^R}{\mathrm{d}z} + f_m^S = 0 \tag{6.3.6c}$$

上式是关于位移矢量的三个分量 u_m^T、u_m^S 和 u_m^R 的二阶常微分方程组。一个明显的特点是，在式 (6.3.6a) 中，只出现 u_m^T；而在式 (6.3.6b) 和式 (6.3.6b) 中，都含有 u_m^S 和 u_m^R。这说明，后两个式子形成了一个耦合的方程系统，而第一个式子是独立的。结合 6.2.3.1 节的内容可知，这一定程度上可以看作是反映了 "P 波和 SV 波产生耦合作用，而 SH 波独立于它们" 的特征。因此后面我们把与 u_m^T 有关的求解叫做 "SH 情形"，而把与 u_m^S 和 u_m^R 有关的求解叫做 "P-SV 情形"。这只是形式上的对应关系，并非实际上的 SH 波和 P 波、SV 波。

直接求解耦合的二阶方程组比较困难。有以下两种可能的方案：

(1) 通过引入中间函数，达到减少待求函数数目的目的。参考 2.2.4 节中关于应力解法的叙述。这种做法将原本求解若干个应力分量的方程组问题，转化为只需要求应力函数满足的双调和方程。但是缺点是微分方程的阶次由二阶升高为四阶。求解如此高阶的方程的一般解比较困难。

(2) 与上面的做法相反，通过引入更多的待求函数，将微分方程的阶次降低一阶。引入更多的待求函数，势必使微分方程的规模扩大，这可以借助于系数矩阵分解的性质，来求解这个常微分方程组。

我们选取第二种做法。这个 "更多的待求函数"，引入牵引力矢量是个合适的选择。有两个原因：一是牵引力与位移的空间导数之间存在线性关系，因此便于实现将方程组 (6.3.6) 降阶的目的；二是自由界面处的边界条件 (6.1.1b) 本身就是用牵引力表示的，因此方便运用边界条件来确定待定系数。将牵引力矢量 $\boldsymbol{\tau}(\boldsymbol{x}, \omega)$ 用同样的基矢量做展开，

$$\boldsymbol{\tau}(\boldsymbol{x}, \omega) = \frac{1}{2\pi}\sum_{m=-\infty}^{+\infty}\int_0^{+\infty}\Big[\tau_m^T(k, z, \omega)\boldsymbol{T}_m(kr, \theta) + \tau_m^S(k, z, \omega)\boldsymbol{S}_m(kr, \theta)$$
$$+ \tau_m^R(k, z, \omega)\boldsymbol{R}_m(kr, \theta)\Big]k\,\mathrm{d}k \tag{6.3.7}$$

根据广义 Hooke 定律 (2.2.18)，

$$\tilde{\boldsymbol{\tau}} = \boldsymbol{\sigma}\cdot\hat{\boldsymbol{e}}_z = \lambda(\nabla\cdot\tilde{\boldsymbol{u}})\hat{\boldsymbol{e}}_z + \mu\big[\nabla(\tilde{\boldsymbol{u}}\cdot\hat{\boldsymbol{e}}_z) + (\hat{\boldsymbol{e}}_z\cdot\nabla)\tilde{\boldsymbol{u}}\big] \tag{6.3.8}$$

而

$$\nabla\cdot\tilde{\boldsymbol{u}} = -\frac{1}{2\pi}\sum_{m=-\infty}^{+\infty}\int_0^{+\infty}\left(ku_m^S + \frac{\mathrm{d}u_m^R}{\mathrm{d}z}\right)Y_m(kr, \theta)k\,\mathrm{d}k$$

$$\nabla(\tilde{\boldsymbol{u}}\cdot\hat{\boldsymbol{e}}_z) = \frac{1}{2\pi}\sum_{m=-\infty}^{+\infty}\int_0^{+\infty}\left(\frac{\mathrm{d}u_m^R}{\mathrm{d}z}\boldsymbol{R}_m - ku_m^R\boldsymbol{S}_m\right)k\,\mathrm{d}k$$

$$(\hat{\boldsymbol{e}}_z\cdot\nabla)\tilde{\boldsymbol{u}} = \frac{1}{2\pi}\sum_{m=-\infty}^{+\infty}\int_0^{+\infty}\left(\frac{\mathrm{d}u_m^S}{\mathrm{d}z}\boldsymbol{S}_m + \frac{\mathrm{d}u_m^R}{\mathrm{d}z}\boldsymbol{R}_m + \frac{\mathrm{d}u_m^T}{\mathrm{d}z}\boldsymbol{T}_m\right)k\,\mathrm{d}k$$

代入式 (6.3.8)，并与式 (6.3.7) 比较，得到

$$\tau_m^T = \mu \frac{\mathrm{d}u_m^T}{\mathrm{d}z}, \quad \tau_m^S = \mu \left(\frac{\mathrm{d}u_m^T}{\mathrm{d}z} - k u_m^R \right), \quad \tau_m^R = (\lambda + 2\mu) \frac{\mathrm{d}u_m^T}{\mathrm{d}z} + \lambda k u_m^S$$

上式与式 (6.3.6) 联立，可以形成两组常微分方程系统。一组是 SH 情形：

$$\frac{\mathrm{d}u_m^T}{\mathrm{d}z} = \frac{1}{\mu} \tau_m^T$$

$$\frac{\mathrm{d}\tau_m^T}{\mathrm{d}z} = \left(\mu k^2 - \rho \omega^2 \right) u_m^T - f_m^T$$

写成矩阵形式为

$$\frac{\mathrm{d}}{\mathrm{d}z} \begin{bmatrix} u_m^T \\ \tau_m^T \end{bmatrix} = \begin{bmatrix} 0 & \dfrac{1}{\mu} \\ \mu k^2 - \rho \omega^2 & 0 \end{bmatrix} \begin{bmatrix} u_m^T \\ \tau_m^T \end{bmatrix} + \begin{bmatrix} 0 \\ -f_m^T \end{bmatrix} \tag{6.3.9}$$

另一组是 P-SV 情形：

$$\frac{\mathrm{d}u_m^S}{\mathrm{d}z} = k u_m^R + \frac{1}{\mu} \tau_m^S$$

$$\frac{\mathrm{d}u_m^R}{\mathrm{d}z} = -\frac{\lambda k}{\lambda + 2\mu} u_m^S + \frac{1}{\lambda + 2\mu} \tau_m^R$$

$$\frac{\mathrm{d}\tau_m^S}{\mathrm{d}z} = \left[\frac{4\mu(\lambda + \mu)}{\lambda + 2\mu} k^2 - \rho \omega^2 \right] u_m^S + \frac{\lambda k}{\lambda + 2\mu} \tau_m^R - f_m^S$$

$$\frac{\mathrm{d}\tau_m^R}{\mathrm{d}z} = -\rho \omega^2 u_m^R - k \tau_m^S - f_m^R$$

对应的矩阵形式为

$$\frac{\mathrm{d}}{\mathrm{d}z} \begin{bmatrix} u_m^S \\ u_m^R \\ \tau_m^S \\ \tau_m^R \end{bmatrix} = \begin{bmatrix} 0 & k & \dfrac{1}{\mu} & 0 \\ -\dfrac{\lambda k}{\lambda + 2\mu} & 0 & 0 & \dfrac{1}{\lambda + 2\mu} \\ \dfrac{4\mu(\lambda + \mu)}{\lambda + 2\mu} k^2 - \rho \omega^2 & 0 & 0 & \dfrac{\lambda k}{\lambda + 2\mu} \\ 0 & -\rho \omega^2 & -k & 0 \end{bmatrix} \begin{bmatrix} u_m^S \\ u_m^R \\ \tau_m^S \\ \tau_m^R \end{bmatrix} + \begin{bmatrix} 0 \\ 0 \\ -f_m^S \\ -f_m^R \end{bmatrix} \tag{6.3.10}$$

式 (6.3.9) 和式 (6.3.10) 可以统一写成如下形式：

$$\frac{\mathrm{d}}{\mathrm{d}z} \boldsymbol{y}(z) = \mathbf{A} \boldsymbol{y}(z) + \boldsymbol{f}(z) \tag{6.3.11}$$

对于 SH 情形，$\boldsymbol{y}(z)$ 和 $\boldsymbol{f}(z)$ 都是 2×1 的矢量，而 $\mathbf{A}$ 是 2×2 的矩阵；而对于 P-SV 情形，它们分别是 4×1 的矢量和 4×4 的矩阵。具体表达式对照式 (6.3.9) 和式 (6.3.10) 可给出，不再列出。值得提到的是，$\boldsymbol{y}(z)$ 是由位移的展开系数和牵引力的展开系数组成的矢量，称为位移–牵引力矢量。

6.3.2 常微分方程系统的通解

为了求出位移 $\tilde{\boldsymbol{u}}$，我们需要针对 SH 情形和 P-SV 情形，分别求解式 (6.3.11)，得到位移–牵引力矢量中的位移展开系数。这是一个非齐次的常微分方程组。按照常微分方程的相关理论，式 (6.3.11) 的解可以写为齐次方程的通解 $\boldsymbol{y}_{\mathrm{c}}(z)$ 和非齐次方程的特解 $\boldsymbol{y}_{\mathrm{s}}(z)$ 之和

$$\boldsymbol{y}(z) = \boldsymbol{y}_{\mathrm{c}}(z) + \boldsymbol{y}_{\mathrm{s}}(z) \tag{6.3.12}$$

6.3.2.1 齐次方程的通解 $\boldsymbol{y}_{\mathrm{c}}(z)$

$\boldsymbol{y}_{\mathrm{c}}(z)$ 满足如下方程

$$\frac{\mathrm{d}}{\mathrm{d}z}\boldsymbol{y}_{\mathrm{c}}(z) = \mathbf{A}\boldsymbol{y}_{\mathrm{c}}(z) \tag{6.3.13}$$

显然，这个方程的解取决于系数矩阵 $\mathbf{A}$ 的形式。根据线性代数的有关理论[①]，$\mathbf{A}$ 可以做如下形式的分解

$$\mathbf{A} = \mathbf{E}\mathbf{J}\mathbf{E}^{-1} \tag{6.3.14}$$

$\mathbf{J}$ 为 Jordan 形矩阵，其对角线元素为系数矩阵 $\mathbf{A}$ 的本征值，$\mathbf{E}$ 为由 $\mathbf{A}$ 的本征值对应的本征向量（列向量）所组成的矩阵。特别地，当 $\mathbf{A}$ 的本征值互不相等时[②]，$\mathbf{J}$ 为对角矩阵：

$$\mathbf{J} = \mathrm{diag}\{\lambda_1, \lambda_2, \cdots, \lambda_n\}$$

其中，$\mathrm{diag}\{\cdots\}$ 代表对角矩阵，λ_i $(i = 1, 2, \cdots, n)$ 为互不相等的本征值。将式 (6.3.14) 代入式 (6.3.13)，有

$$\frac{\mathrm{d}}{\mathrm{d}z}\boldsymbol{y}_{\mathrm{c}}(z) = \mathbf{E}\mathbf{J}\mathbf{E}^{-1}\boldsymbol{y}_{\mathrm{c}}(z) \quad \Rightarrow \quad \frac{\mathrm{d}}{\mathrm{d}z}\left[\mathbf{E}^{-1}\boldsymbol{y}_{\mathrm{c}}(z)\right] = \mathbf{J}\left[\mathbf{E}^{-1}\boldsymbol{y}_{\mathrm{c}}(z)\right]$$

如果令 $\boldsymbol{Y}(z) = \mathbf{E}^{-1}\boldsymbol{y}_{\mathrm{c}}(z)$，则上式可写为

$$\frac{\mathrm{d}}{\mathrm{d}z}\boldsymbol{Y}(z) = \mathbf{J}\boldsymbol{Y}(z) \quad \Rightarrow \quad \frac{\mathrm{d}}{\mathrm{d}z}Y_i(z) = \lambda_i Y_i(z) \,（不求和）$$

因此，$Y_i(z) = C_i \mathrm{e}^{\lambda_i z}$ $(i = 1, 2, \cdots, n)$。写成矩阵形式为 $\boldsymbol{Y}(z) = \mathbf{Q}(z)C$，其中

$$\mathbf{Q}(z) = \mathrm{diag}\{\mathrm{e}^{\lambda_1 z}, \mathrm{e}^{\lambda_2 z}, \cdots, \mathrm{e}^{\lambda_n z}\}, \quad C = (C_1, C_2, \cdots, C_n)^{\mathrm{T}} \tag{6.3.15}$$

---

① 任何一个 n 阶的复矩阵 $\mathbf{A}$ 总与某一 Jordan 形矩阵相似，并除了 Jordan 块的排列次序外，该 Jordan 形矩阵由矩阵 $\mathbf{A}$ 唯一决定，称为矩阵 $\mathbf{A}$ 的 Jordan 标准形，其主对角线上的元素是 $\mathbf{A}$ 的特征多项式的全部根。形式为

$$J(\lambda, t) = \begin{bmatrix} \lambda & 0 & \cdots & 0 & 0 & 0 \\ 1 & \lambda & \cdots & 0 & 0 & 0 \\ \vdots & \vdots & & \vdots & \vdots & \vdots \\ 0 & 0 & \cdots & 1 & \lambda & 0 \\ 0 & 0 & \cdots & 0 & 1 & \lambda \end{bmatrix}_{t \times t}$$

的矩阵称为 Jordan 块，其中 λ 为复数。有若干个 Jordan 块组成的准对角矩阵称为 Jordan 形矩阵。

② 随后会讨论互不相等的条件。实际上对应着角频率 $\omega \neq 0$。而对于 $\omega = 0$ 的情况，本征值存在简并（相等），$\mathbf{J}$ 不能写成对角矩阵的形式。这将在 6.7 节中专门讨论。

C 为由待定系数 C_i $(i = 1, 2, \cdots, n)$ 所组成的向量。由此得到

$$y_{\mathrm{c}}(z) = \mathbf{E}Y(z) = \mathbf{E}\mathbf{Q}(z)C \tag{6.3.16}$$

式 (6.3.16) 表明，齐次方程的通解 $y_{\mathrm{c}}(z)$ 与系数矩阵 $\mathbf{A}$ 的本征值和本征向量密切相关。式 (6.3.16) 中的 $\mathbf{E} = [e_1, e_2, \cdots, e_n]$，$e_i$ 为本征值 λ_i 对应的本征向量。$\mathbf{Q}(z)$ 和 C 的表达式见 (6.3.15)。

6.3.2.2   非齐次方程的特解 $y_{\mathrm{s}}(z)$

求解非齐次方程的特解，一个常用的方法是常数变异法。通过将式 (6.3.16) 中的待定常数 C 变为函数 $w(z)$ 来构成非齐次方程的特解，即设特解的形式为 $y_{\mathrm{s}}(z) = \mathbf{E}\mathbf{Q}(z)w(z)$，它满足方程

$$\frac{\mathrm{d}}{\mathrm{d}z}y_{\mathrm{s}}(z) = \mathbf{A}y_{\mathrm{s}}(z) + f(z) \tag{6.3.17}$$

注意到由式 (6.3.14)，有 $\mathbf{E}\mathbf{J} = \mathbf{A}\mathbf{E}$，从而根据特解的形式，不难得到

$$\begin{aligned}
\frac{\mathrm{d}}{\mathrm{d}z}y_{\mathrm{s}}(z) &= \mathbf{E}\frac{\mathrm{d}\mathbf{Q}(z)}{\mathrm{d}z}w(z) + \mathbf{E}\mathbf{Q}(z)\frac{\mathrm{d}w(z)}{\mathrm{d}z} \\
&= \mathbf{E}\mathbf{J}\mathbf{Q}(z)w(z) + \mathbf{E}\mathbf{Q}(z)\frac{\mathrm{d}w(z)}{\mathrm{d}z} \\
&= \mathbf{A}\mathbf{E}\mathbf{Q}(z)w(z) + \mathbf{E}\mathbf{Q}(z)\frac{\mathrm{d}w(z)}{\mathrm{d}z} \\
&= \mathbf{A}y_{\mathrm{s}}(z) + \mathbf{E}\mathbf{Q}(z)\frac{\mathrm{d}w(z)}{\mathrm{d}z}
\end{aligned}$$

与式 (6.3.17) 比较，得到

$$\frac{\mathrm{d}}{\mathrm{d}z}w(z) = \mathbf{Q}^{-1}(z)\mathbf{E}^{-1}f(z) \quad \Rightarrow \quad w(z) = \int^z \mathbf{Q}^{-1}(\eta)\mathbf{E}^{-1}f(\eta)\,\mathrm{d}\eta$$

因此，非齐次方程的特解 $y_{\mathrm{s}}(z)$ 为

$$y_{\mathrm{s}}(z) = \mathbf{E}\mathbf{Q}(z)\int^z \mathbf{Q}^{-1}(\eta)\mathbf{E}^{-1}f(\eta)\,\mathrm{d}\eta \tag{6.3.18}$$

将式 (6.3.16) 和式 (6.3.18) 代入式 (6.3.12)，最终得到微分方程系统 (6.3.11) 的解为

$$y(z) = \mathbf{E}\mathbf{Q}(z)\left\{ C + \int^z \mathbf{Q}^{-1}(\eta)\mathbf{E}^{-1}f(\eta)\,\mathrm{d}\eta \right\} \tag{6.3.19}$$

6.4   常微分方程组通解的具体形式

式 (6.3.19) 表明，由位移和牵引力的展开系数组成的位移–牵引力矢量，由跟方程系统的系数矩阵 $\mathbf{A}$ 的本征值和本征向量有关的 $\mathbf{E}$、$\mathbf{Q}$ 和它们的逆矩阵，以及体力项的展开系数 f 组成。大括号中的 C 为待定常数，而积分项与源有关。为了求出位移–牵引力矢量 y 中位移展开系数的具体表达式，从而得到位移，需要知道式 (6.3.19) 中各项的具体表达式。

6.4.1 $\mathbf{E}$、$\mathbf{Q}$、$\mathbf{E}^{-1}$ 和 $\mathbf{Q}^{-1}$

根据式 (6.3.15)，$\mathbf{Q}$ 与系数矩阵 $\mathbf{A}$ 的本征值有关，而 $\mathbf{E}$ 直接就是 $\mathbf{A}$ 的本征向量作为列向量所形成的矩阵。因此，需要分别对 SH 情形和 P-SV 情形具体给出 $\mathbf{E}$、$\mathbf{Q}$、$\mathbf{E}^{-1}$ 和 $\mathbf{Q}^{-1}$ 的表达式。

6.4.1.1 SH 情形

在 SH 情形中，

$$\mathbf{A} = \begin{bmatrix} 0 & \dfrac{1}{\mu} \\ \mu k^2 - \rho\omega^2 & 0 \end{bmatrix}$$

设本征值为 p，根据 $|p\mathbf{I} - \mathbf{A}| = 0$，容易得到 $p = \pm\nu$，其中，

$$\nu = \sqrt{k^2 - \frac{\omega^2}{\beta^2}}, \quad \text{Re}(\nu) > 0^{①} \tag{6.4.1}$$

取 $p_1 = -\nu$，对应的本征向量为 $[1 \quad -\mu\nu]^{\mathrm{T}}$，$p_2 = \nu$，对应的本征向量为 $[1 \quad \mu\nu]^{\mathrm{T}}$。因此[②]

$$\mathbf{E} = \begin{bmatrix} 1 & 1 \\ -\mu\nu & \mu\nu \end{bmatrix} \quad \Rightarrow \quad \mathbf{E}^{-1} = \frac{1}{2\mu\nu}\begin{bmatrix} \mu\nu & -1 \\ \mu\nu & 1 \end{bmatrix} \tag{6.4.2a}$$

$$\mathbf{Q} = \begin{bmatrix} Q_1 & 0 \\ 0 & Q_2 \end{bmatrix} = \begin{bmatrix} \mathrm{e}^{-\nu z} & 0 \\ 0 & \mathrm{e}^{\nu z} \end{bmatrix} \quad \Rightarrow \quad \mathbf{Q}^{-1} = \begin{bmatrix} \mathrm{e}^{\nu z} & 0 \\ 0 & \mathrm{e}^{-\nu z} \end{bmatrix} \tag{6.4.2b}$$

将式 (6.4.2) 代入式 (6.3.19)，并令 $\boldsymbol{C} = [C_1 \quad C_2]^{\mathrm{T}}$，有

$$\begin{bmatrix} u_m^T(k,z) \\ \tau_m^T(k,z) \end{bmatrix} = \begin{bmatrix} E_{11} & E_{12} \\ E_{21} & E_{22} \end{bmatrix}\begin{bmatrix} Q_1(z) & 0 \\ 0 & Q_2(z) \end{bmatrix}\begin{bmatrix} C_1 + F_1(z) \\ C_2 + F_2(z) \end{bmatrix}$$

即

$$u_m^T(k,z) = E_{11}Q_1(z)\big[C_1 + F_1(z)\big] + E_{12}Q_2(z)\big[C_2 + F_2(z)\big] \tag{6.4.3a}$$

$$\tau_m^T(k,z) = E_{21}Q_1(z)\big[C_1 + F_1(z)\big] + E_{22}Q_2(z)\big[C_2 + F_2(z)\big] \tag{6.4.3b}$$

其中，

$$F_1(z) = \int_{z_s^-}^{z} Q_2(\eta)\big[\mathbf{E}^{-1}\big]_{12}f_2(\eta)\,\mathrm{d}\eta \tag{6.4.4a}$$

$$F_2(z) = \int_{z_s^-}^{z} Q_1(\eta)\big[\mathbf{E}^{-1}\big]_{22}f_2(\eta)\,\mathrm{d}\eta \tag{6.4.4b}$$

是与源有关的项，$f_2(z) = -f_m^T(z)$（参见式 (6.3.9)），$z_s^- = z_s - \varepsilon\ (\varepsilon \to 0)$。

---

① 由于根式下方的式子并不一定是正的，并且后文将提到，实际的计算中采用复数频率，而这里涉及复数的开平方运算，这将导致多值性。为了保证解析性，需要限定其取值。遵循通用的约定，一般限制实部大于零。对于实部为零的纯虚数情况，比如 $\nu = \sqrt{-a}$，其中 a 为正实数，取 $\nu = \mathrm{i}\sqrt{a}$。

② 这里并没有采用归一化的表达，是为了形式上更简单。当然也可以采用归一化的表达，但是形式上更复杂，并不影响最终的结果。

6.4.1.2　P-SV 情形

在 P-SV 情形中，

$$
\mathbf{A} =
\begin{bmatrix}
0 & k & \dfrac{1}{\mu} & 0 \\[2mm]
-\dfrac{\lambda k}{\lambda+2\mu} & 0 & 0 & \dfrac{1}{\lambda+2\mu} \\[2mm]
\dfrac{4\mu(\lambda+\mu)}{\lambda+2\mu}k^2-\rho\omega^2 & 0 & 0 & \dfrac{\lambda k}{\lambda+2\mu} \\[2mm]
0 & -\rho\omega^2 & -k & 0
\end{bmatrix}
$$

设本征值为 p，根据 $|p\mathbf{I}-\mathbf{A}|=0$，整理可以得到[①]

$$
\left(p^2-\gamma^2\right)\left(p^2-\nu^2\right)=0
$$

其中，

$$
\gamma=\sqrt{k^2-\dfrac{\omega^2}{\alpha^2}},\quad \mathrm{Re}(\gamma)>0 \tag{6.4.5}
$$

因此，$p=\pm\gamma,\pm\nu$。取 $p_1=-\gamma$，$p_2=-\nu$，$p_3=\gamma$ 和 $p_4=\nu$，可求出相应的本征向量，以它们作为列向量，并在一起形成矩阵 $\mathbf{E}$[②]，

$$
\mathbf{E}=\dfrac{1}{\omega}
\begin{bmatrix}
\alpha k & \beta\nu & \alpha k & \beta\nu \\
\alpha\gamma & \beta k & -\alpha\gamma & -\beta k \\
-2\alpha\mu k\gamma & -\beta\mu\chi & 2\alpha\mu k\gamma & \beta\mu\chi \\
-\alpha\mu\chi & -2\beta\mu k\nu & -\alpha\mu\chi & -2\beta\mu k\nu
\end{bmatrix}
=\begin{bmatrix}
\mathbf{E}_{11} & \mathbf{E}_{12} \\
\mathbf{E}_{21} & \mathbf{E}_{22}
\end{bmatrix} \tag{6.4.6}
$$

---

①　这是个一元四次方程，一般情况下，求解比较困难。对于这种常规的本征值求解，还可以采用能够进行符号运算的数学软件来求解。以 Maple 为例，依次输入以下几行命令：

`> with(LinearAlgebra);`

`> A:= Matrix([[0,k,1/mu,0], [-lambda*k/(lambda+2*mu),0,0,1/(lambda+2*mu)],`
(续行) `[4*mu*(lambda+mu)*k^2/(lambda+2*mu)-rho*omega^2,0,0,lambda*k/(lambda+2*mu)],`
(续行) `[0,-rho*omega^2,-k,0]]);`

`> Eigenvalues(A);`
直接给出的结果为

$$
\begin{bmatrix}
\dfrac{\sqrt{\mu\left(k^2\mu-\omega^2\rho\right)}}{\mu} \\[3mm]
-\dfrac{\sqrt{\mu\left(k^2\mu-\omega^2\rho\right)}}{\mu} \\[3mm]
\dfrac{\sqrt{(\lambda+2\mu)\left(k^2\lambda+2k^2\mu-\omega^2\rho\right)}}{\lambda+2\mu} \\[3mm]
-\dfrac{\sqrt{(\lambda+2\mu)\left(k^2\lambda+2k^2\mu-\omega^2\rho\right)}}{\lambda+2\mu}
\end{bmatrix}
$$

注意到 $\alpha=\sqrt{(\lambda+2\mu)/\rho}$ 以及 $\beta=\sqrt{\mu/\rho}$，上述结果其实就是 $[\nu\quad-\nu\quad\gamma\quad-\gamma]^{\mathrm{T}}$。

②　与 SH 情况类似，这里的各个本征向量也并不是归一化的向量。各个列向量分别乘以一个任意非零常数都可以。$\mathbf{E}$ 矩阵的具体形式会直接决定 $\mathbf{E}^{-1}$ 的形式，但是不会改变最终的结果。取当前的形式，目的是让 $\mathbf{E}^{-1}$ 也尽量保持简洁的表达。在 Maple 中，求矩阵 $\mathbf{A}$ 的本征向量的命令是 `Eigenvectors(A)`。

其中，$\chi = k^2 + \nu^2$，

$$\mathbf{E}_{11} \triangleq \frac{1}{\omega} \begin{bmatrix} \alpha k & \beta \nu \\ \alpha \gamma & \beta k \end{bmatrix}, \quad \mathbf{E}_{12} \triangleq \frac{1}{\omega} \begin{bmatrix} \alpha k & \beta \nu \\ -\alpha \gamma & -\beta k \end{bmatrix}$$

$$\mathbf{E}_{21} \triangleq \frac{1}{\omega} \begin{bmatrix} -2\alpha \mu k \gamma & -\beta \mu \chi \\ -\alpha \mu \chi & -2\beta \mu k \nu \end{bmatrix}, \quad \mathbf{E}_{22} \triangleq \frac{1}{\omega} \begin{bmatrix} 2\alpha \mu k \gamma & \beta \mu \chi \\ -\alpha \mu \chi & -2\beta \mu k \nu \end{bmatrix}$$

值得注意的是，当前矩阵 $\mathbf{E}$ 的表达式中，ω 作为系数的分母出现，因此要求 $\omega \neq 0$。根据 ν 和 γ 的定义式 (6.4.1) 和式 (6.4.5)，当 $\omega = 0$ 时，$\gamma = \nu$，这时出现本征值简并的情况。而在 6.3.2.1 节研究齐次方程的通解问题时，曾经提到，$\mathbf{J}$ 为对角阵的前提是系数矩阵 $\mathbf{A}$ 的本征值互不相等。因此，当前的解其实并不适用于 $\omega = 0$ 的情况。换句话说，当前的解中不包括静态成分[①]。

根据 p_i $(i = 1, 2, \cdots, 4)$ 的取法，$\mathbf{Q}$ 为

$$\mathbf{Q} = \begin{bmatrix} \mathbf{Q}_1 & \mathbf{0} \\ \mathbf{0} & \mathbf{Q}_2 \end{bmatrix}, \quad \mathbf{Q}_1 \triangleq \begin{bmatrix} e^{-\gamma z} & 0 \\ 0 & e^{-\nu z} \end{bmatrix}, \quad \mathbf{Q}_2 \triangleq \begin{bmatrix} e^{\gamma z} & 0 \\ 0 & e^{\nu z} \end{bmatrix} \tag{6.4.7}$$

注意到 $\mathbf{Q}_1$ 和 $\mathbf{Q}_2$ 互为逆矩阵，因此，

$$\mathbf{Q}^{-1} = \begin{bmatrix} \mathbf{Q}_1^{-1} & \mathbf{0} \\ \mathbf{0} & \mathbf{Q}_2^{-1} \end{bmatrix} = \begin{bmatrix} \mathbf{Q}_2 & \mathbf{0} \\ \mathbf{0} & \mathbf{Q}_1 \end{bmatrix} \tag{6.4.8}$$

由式 (6.4.6) 中 $\mathbf{E}$ 的表达式，可以求出其逆矩阵[②]为

$$\mathbf{E}^{-1} = \frac{\beta}{2\alpha\mu\nu\gamma\omega} \begin{bmatrix} 2\beta k \mu \nu \gamma & -\beta \mu \nu \chi & -\beta k \nu & \beta \nu \gamma \\ -\alpha \gamma \chi & 2\alpha k \mu \nu \chi & \alpha \gamma \nu & -\alpha k \gamma \\ 2\beta k \mu \nu \gamma & \beta \mu \nu \chi & \beta k \nu & \beta \nu \gamma \\ -\alpha \gamma \chi & -2\alpha k \mu \nu \chi & -\alpha \gamma \nu & -\alpha k \gamma \end{bmatrix} = \begin{bmatrix} (\mathbf{E}^{-1})_{11} & (\mathbf{E}^{-1})_{12} \\ (\mathbf{E}^{-1})_{21} & (\mathbf{E}^{-1})_{22} \end{bmatrix} \tag{6.4.9}$$

---

① 有关静态解，我们将在 6.7 节专门研究。

② 用 Maple 来求解，依次输入以下几行命令：

```
> with(LinearAlgebra);
> E:=Matrix([[alpha*k,beta*nu,alpha*k,beta*nu], [alpha*lambda,beta*k,-alpha*lambda,-beta*k],
(续行) [-2*alpha*mu*k*gamma,-beta*mu*chi,2*alpha*mu*k*gamma,beta*mu*chi],
(续行) [-alpha*mu*chi,-2*beta*mu*k*nu,-alpha*mu*chi,-2*beta*mu*k*nu]])/omega;
> MatrixInverse(E);
```

直接给出的结果为

$$\begin{bmatrix} -\dfrac{k\omega}{\alpha(-2k^2+\chi)} & -\dfrac{1}{2}\dfrac{\omega\chi}{\alpha(2\gamma k^2 - \chi\lambda)} & -\dfrac{1}{2}\dfrac{\omega k}{\alpha\mu(2\gamma k^2 - \chi\lambda)} & -\dfrac{1}{2}\dfrac{\omega}{(-2k^2+\chi)\alpha\mu} \\ \dfrac{1}{2}\dfrac{\chi\omega}{\beta\nu(-2k^2+\chi)} & \dfrac{\gamma k\omega}{(2\gamma k^2 - \chi\lambda)\beta} & \dfrac{1}{2}\dfrac{\lambda\omega}{(2\gamma k^2 - \chi\lambda)\beta\mu} & \dfrac{1}{2}\dfrac{k\omega}{\beta\mu\nu(-2k^2+\chi)} \\ -\dfrac{k\omega}{\alpha(-2k^2+\chi)} & \dfrac{1}{2}\dfrac{\omega\chi}{\alpha(2\gamma k^2 - \chi\lambda)} & \dfrac{1}{2}\dfrac{\omega k}{\alpha\mu(2\gamma k^2 - \chi\lambda)} & -\dfrac{1}{2}\dfrac{\omega}{(-2k^2+\chi)\alpha\mu} \\ \dfrac{1}{2}\dfrac{\chi\omega}{\beta\nu(-2k^2+\chi)} & -\dfrac{\gamma k\omega}{(2\gamma k^2 - \chi\lambda)\beta} & -\dfrac{1}{2}\dfrac{\lambda\omega}{(2\gamma k^2 - \chi\lambda)\beta\mu} & \dfrac{1}{2}\dfrac{k\omega}{\beta\mu\nu(-2k^2+\chi)} \end{bmatrix}$$

注意到 $2k^2 - \chi = \dfrac{\omega^2}{\beta^2}$，将上式稍加整理即得式 (6.4.9) 的结果。

其中，

$$
(\mathbf{E}^{-1})_{11} = \frac{\beta}{2\alpha\mu\nu\gamma\omega}\begin{bmatrix} 2\beta k\mu\nu\gamma & -\beta\mu\nu\chi \\ -\alpha\mu\gamma\chi & 2\alpha k\mu\nu\chi \end{bmatrix}, \quad (\mathbf{E}^{-1})_{12} = \frac{\beta}{2\alpha\mu\nu\gamma\omega}\begin{bmatrix} -\beta k\nu & \beta\nu\gamma \\ \alpha\gamma\nu & -\alpha k\gamma \end{bmatrix}
$$

$$
(\mathbf{E}^{-1})_{21} = \frac{\beta}{2\alpha\mu\nu\gamma\omega}\begin{bmatrix} 2\beta k\mu\nu\gamma & \beta\mu\nu\chi \\ -\alpha\mu\gamma\chi & -2\alpha k\mu\nu\chi \end{bmatrix}, \quad (\mathbf{E}^{-1})_{22} = \frac{\beta}{2\alpha\mu\nu\gamma\omega}\begin{bmatrix} \beta k\nu & \beta\nu\gamma \\ -\alpha\gamma\nu & -\alpha k\gamma \end{bmatrix}
$$

将式 (6.4.6)~ 式 (6.4.9) 代入式 (6.3.19)，并令

$$
\boldsymbol{y}_1 \triangleq \begin{bmatrix} u_m^S \\ u_m^R \end{bmatrix}, \quad \boldsymbol{y}_2 \triangleq \begin{bmatrix} \tau_m^S \\ \tau_m^R \end{bmatrix}, \quad \boldsymbol{f}_2 \triangleq -\begin{bmatrix} f_m^S \\ f_m^R \end{bmatrix}, \quad \boldsymbol{C} \triangleq \begin{bmatrix} C_1 \\ C_2 \end{bmatrix}, \quad \boldsymbol{C}_1 \triangleq \begin{bmatrix} C_1 \\ C_2 \end{bmatrix}, \quad \boldsymbol{C}_2 \triangleq \begin{bmatrix} C_3 \\ C_4 \end{bmatrix}
$$

则对于 P-SV 情形，有

$$
\begin{bmatrix} \boldsymbol{y}_1(k,z) \\ \boldsymbol{y}_2(k,z) \end{bmatrix} = \begin{bmatrix} \mathbf{E}_{11} & \mathbf{E}_{12} \\ \mathbf{E}_{21} & \mathbf{E}_{22} \end{bmatrix}\begin{bmatrix} \mathbf{Q}_1(z) & 0 \\ 0 & \mathbf{Q}_2(z) \end{bmatrix}\begin{bmatrix} \boldsymbol{C}_1 + \boldsymbol{F}_1(z) \\ \boldsymbol{C}_2 + \boldsymbol{F}_2(z) \end{bmatrix}
$$

即

$$
\boldsymbol{y}_1(k,z) = \mathbf{E}_{11}\mathbf{Q}_1(z)\big[\boldsymbol{C}_1 + \boldsymbol{F}_1(z)\big] + \mathbf{E}_{12}\mathbf{Q}_2(z)\big[\boldsymbol{C}_2 + \boldsymbol{F}_2(z)\big] \tag{6.4.10a}
$$

$$
\boldsymbol{y}_2(k,z) = \mathbf{E}_{21}\mathbf{Q}_1(z)\big[\boldsymbol{C}_1 + \boldsymbol{F}_1(z)\big] + \mathbf{E}_{22}\mathbf{Q}_2(z)\big[\boldsymbol{C}_2 + \boldsymbol{F}_2(z)\big] \tag{6.4.10b}
$$

其中，

$$
\boldsymbol{F}_1(z) = \int_{z_s^-}^{z} \mathbf{Q}_2(\eta)\big[\mathbf{E}^{-1}\big]_{12}\,\boldsymbol{f}_2(\eta)\,\mathrm{d}\eta \tag{6.4.11a}
$$

$$
\boldsymbol{F}_2(z) = \int_{z_s^-}^{z} \mathbf{Q}_1(\eta)\big[\mathbf{E}^{-1}\big]_{22}\,\boldsymbol{f}_2(\eta)\,\mathrm{d}\eta \tag{6.4.11b}
$$

6.4.2 $F_\zeta(z)$ 和 $\boldsymbol{F}_\zeta(z)$

SH 情形的式 (6.4.3) 和 P-SV 情形的式 (6.4.10) 中，分别含有源项 $F_\zeta(z)$ 和 $\boldsymbol{F}_\zeta(z)$。在进一步求解待定系数 C_1、C_2 和 $\boldsymbol{C}_1$、$\boldsymbol{C}_2$ 之前，必须先得到它们的具体表达式。

考虑集中脉冲力 $\boldsymbol{f}(\boldsymbol{x},t) = \delta_{ij}\delta(\boldsymbol{x} - \boldsymbol{\xi})\delta(t)\hat{\boldsymbol{e}}_i$。注意到 δ 函数的频谱为常数 1，体力对应的频率域表达为 $\boldsymbol{f}(\boldsymbol{x},\omega) = \delta_{ij}\delta(\boldsymbol{x} - \boldsymbol{\xi})\hat{\boldsymbol{e}}_i$。由于 $\delta(\boldsymbol{x} - \boldsymbol{\xi}) = \dfrac{1}{2\pi r}\delta(r)\delta(z - z_s)$[①]，因此

$$
\boldsymbol{f}(\boldsymbol{x},\omega) = \frac{1}{2\pi r}\delta(r)\delta(z - z_s)\delta_{ij}\hat{\boldsymbol{e}}_i \tag{6.4.12}
$$

有了具体的体力表达式 (6.4.12)，根据式 (6.2.17) 可求出其用基函数展开的系数，从而继续由式 (6.4.4) 和式 (6.4.11) 得到 $F_\zeta(z)$ 和 $\boldsymbol{F}_\zeta(z)$。

---

① $\delta(\boldsymbol{x} - \boldsymbol{\xi}) = \delta(r - r_s)\delta(z - z_s)$，其中 r 和 r_s 代表水平面内的坐标。注意到源位于 z 轴上，因此在 θ 方向上具有对称性。所以

$$
\iiint_V \delta(\boldsymbol{x} - \boldsymbol{\xi})\,\mathrm{d}V(\boldsymbol{\xi}) = \int_0^\infty\int_0^{2\pi}\int_0^\infty \delta(r - r_s)\delta(z - z_s)r\,\mathrm{d}r\,\mathrm{d}\theta\,\mathrm{d}z = 2\pi\int_0^\infty \frac{\delta(r)}{2\pi r}r\,\mathrm{d}r = 1
$$

因此有 $\delta(\boldsymbol{x} - \boldsymbol{\xi}) = \dfrac{1}{2\pi r}\delta(r)\delta(z - z_s)$。

注意到柱坐标基矢量与直角坐标基矢量之间的关系：

$$\hat{e}_r = \hat{e}_x \cos\theta + \hat{e}_y \sin\theta, \quad \hat{e}_\theta = -\hat{e}_x \sin\theta + \hat{e}_y \cos\theta \tag{6.4.13}$$

以及 Bessel 函数的性质：

$$J_1'(x) + \frac{1}{x}J_1(x) = J_0(x) \tag{6.4.14a}$$

$$J_{-1}'(x) + \frac{1}{x}J_{-1}(x) = -J_0(x) \tag{6.4.14b}$$

$$\int_0^\infty \delta(r)J_0(kr)\,\mathrm{d}r = J_0(0) = 1 \tag{6.4.14c}$$

将式 (6.4.12) 代入式 (6.2.17)，有

$$
f_m^T \xupequal{a=\delta(z-z_s)} -\int_0^{2\pi}\int_0^\infty \frac{a\delta(r)}{2\pi r}\left(\delta_{1j}\hat{e}_x + \delta_{2j}\hat{e}_y + \delta_{3j}\hat{e}_z\right)
$$
$$
\cdot \left[\frac{\mathrm{i}m}{kr}J_m(kr)\hat{e}_r + J_m'(kr)\hat{e}_\theta\right]\mathrm{e}^{-\mathrm{i}m\theta}r\,\mathrm{d}r\,\mathrm{d}\theta
$$
$$
\xupequal{(6.4.13)} -\frac{a}{2\pi}\int_0^{2\pi}\int_0^\infty \delta(r)\left\{\delta_{1j}\left[\frac{\mathrm{i}m}{kr}J_m(kr)\frac{\mathrm{e}^{\mathrm{i}\theta}+\mathrm{e}^{-\mathrm{i}\theta}}{2} - J_m'(kr)\frac{\mathrm{e}^{\mathrm{i}\theta}-\mathrm{e}^{-\mathrm{i}\theta}}{2\mathrm{i}}\right]\right.
$$
$$
\left. +\delta_{2j}\left[\frac{\mathrm{i}m}{kr}J_m(kr)\frac{\mathrm{e}^{\mathrm{i}\theta}-\mathrm{e}^{-\mathrm{i}\theta}}{2\mathrm{i}} + J_m'(kr)\frac{\mathrm{e}^{\mathrm{i}\theta}+\mathrm{e}^{-\mathrm{i}\theta}}{2}\right]\right\}\mathrm{e}^{-\mathrm{i}m\theta}\,\mathrm{d}r\,\mathrm{d}\theta
$$
$$
= -\frac{a}{4\pi}\int_0^{2\pi}\int_0^\infty \delta(r)\left\{\left[(\delta_{1j}-\mathrm{i}\delta_{2j})\frac{\mathrm{i}m}{kr}J_m(kr) + (\delta_{2j}+\mathrm{i}\delta_{1j})J_m'(kr)\right]\right.
$$
$$
\left. \cdot\mathrm{e}^{-\mathrm{i}(m-1)\theta} + \left[(\delta_{1j}+\mathrm{i}\delta_{2j})\frac{\mathrm{i}m}{kr}J_m(kr) + (\delta_{2j}-\mathrm{i}\delta_{1j})J_m'(kr)\right]\mathrm{e}^{-\mathrm{i}(m+1)\theta}\right\}\mathrm{d}r\,\mathrm{d}\theta
$$
$$
= -\frac{a}{2}\left\{\delta_{m,1}\int_0^\infty \delta(r)\left[(\delta_{1j}-\mathrm{i}\delta_{2j})\frac{\mathrm{i}}{kr}J_1(kr) + (\delta_{2j}+\mathrm{i}\delta_{1j})J_1'(kr)\right]\mathrm{d}r\right.
$$
$$
\left. +\delta_{m,-1}\int_0^\infty \delta(r)\left[-(\delta_{1j}+\mathrm{i}\delta_{2j})\frac{\mathrm{i}}{kr}J_{-1}(kr) + (\delta_{2j}-\mathrm{i}\delta_{1j})J_{-1}'(kr)\right]\mathrm{d}r\right\}
$$
$$
\xupequal{(6.4.14a),(6.4.14b)} -\frac{a}{2}\left[(\mathrm{i}\delta_{1j}+\delta_{2j})\delta_{m,1} + (\mathrm{i}\delta_{1j}-\delta_{2j})\delta_{m,-1}\right]\int_0^\infty \delta(r)J_0(kr)\,\mathrm{d}r
$$
$$
\xupequal{(6.4.14c)} \mathscr{F}_m^T\delta(z-z_s)
$$

其中，

$$\mathscr{F}_m^T \triangleq -\frac{1}{2}\left[(\mathrm{i}\delta_{1j}+\delta_{2j})\delta_{m,1} + (\mathrm{i}\delta_{1j}-\delta_{2j})\delta_{m,-1}\right] \tag{6.4.15}$$

类似地，可以得到[①]

$$f_m^S = \mathscr{F}_m^S\delta(z-z_s), \quad f_m^R = \mathscr{F}_m^R\delta(z-z_s)$$

其中，

$$\mathscr{F}_m^S \triangleq \frac{1}{2}\left[(\delta_{1j}-\mathrm{i}\delta_{2j})\delta_{m,1} - (\delta_{1j}+\mathrm{i}\delta_{2j})\delta_{m,-1}\right], \quad \mathscr{F}_m^R \triangleq -\delta_{3j}\delta_{m,0} \tag{6.4.16}$$

---

① 具体过程留给读者作为练习。

将式 (6.4.15)，连同式 (6.4.2) 一起代入式 (6.4.4)，得到

$$F_1(z) = \int_{z_s^-}^{z} \mathrm{e}^{\nu\eta} \frac{1}{2\mu\nu} \mathscr{F}_m^T \delta(\eta - z_s) \, \mathrm{d}\eta = H(z - z_s) s_1 \tag{6.4.17a}$$

$$F_2(z) = -\int_{z_s^-}^{z} \mathrm{e}^{-\nu\eta} \frac{1}{2\mu\nu} \mathscr{F}_m^T \delta(\eta - z_s) \, \mathrm{d}\eta = H(z - z_s) s_2 \tag{6.4.17b}$$

其中，$H(\cdot)$ 为阶跃函数，

$$s_1 \triangleq \frac{\mathrm{e}^{\nu z_s}}{2\mu\nu} \mathscr{F}_m^T, \quad s_2 \triangleq -\frac{\mathrm{e}^{-\nu z_s}}{2\mu\nu} \mathscr{F}_m^T$$

类似地，将式 (6.4.16)，连同式 (6.4.7) ~ 式 (6.4.9) 一起代入式 (6.4.11)，得到

$$\begin{aligned}
\boldsymbol{F}_1(z) &= -\frac{\beta}{2\alpha\mu\nu\gamma\omega} \int_{z_s^-}^{z} \begin{bmatrix} \mathrm{e}^{\gamma\eta} & 0 \\ 0 & \mathrm{e}^{\nu\eta} \end{bmatrix} \begin{bmatrix} -\beta k\nu & \beta\nu\gamma \\ \alpha\nu\gamma & -\alpha k\gamma \end{bmatrix} \begin{bmatrix} \mathscr{F}_m^S \\ \mathscr{F}_m^R \end{bmatrix} \delta(\eta - z_s) \, \mathrm{d}\eta \\
&= H(z - z_s) \boldsymbol{s}_1
\end{aligned} \tag{6.4.18a}$$

$$\begin{aligned}
\boldsymbol{F}_2(z) &= -\frac{\beta}{2\alpha\mu\nu\gamma\omega} \int_{z_s^-}^{z} \begin{bmatrix} \mathrm{e}^{-\gamma\eta} & 0 \\ 0 & \mathrm{e}^{-\nu\eta} \end{bmatrix} \begin{bmatrix} \beta k\nu & \beta\nu\gamma \\ -\alpha\nu\gamma & -\alpha k\gamma \end{bmatrix} \begin{bmatrix} \mathscr{F}_m^S \\ \mathscr{F}_m^R \end{bmatrix} \delta(\eta - z_s) \, \mathrm{d}\eta \\
&= H(z - z_s) \boldsymbol{s}_2
\end{aligned} \tag{6.4.18b}$$

其中，

$$\boldsymbol{s}_1 = \frac{\beta}{2\alpha\mu\nu\gamma\omega} \begin{bmatrix} \beta k\nu \mathrm{e}^{\gamma z_s} \mathscr{F}_m^S - \beta\nu\gamma \mathrm{e}^{\gamma z_s} \mathscr{F}_m^R \\ -\alpha\nu\gamma \mathrm{e}^{\nu z_s} \mathscr{F}_m^S + \alpha k\gamma \mathrm{e}^{\nu z_s} \mathscr{F}_m^R \end{bmatrix}$$

$$\boldsymbol{s}_2 = \frac{\beta}{2\alpha\mu\nu\gamma\omega} \begin{bmatrix} -\beta k\nu \mathrm{e}^{-\gamma z_s} \mathscr{F}_m^S - \beta\nu\gamma \mathrm{e}^{-\gamma z_s} \mathscr{F}_m^R \\ \alpha\nu\gamma \mathrm{e}^{-\nu z_s} \mathscr{F}_m^S + \alpha k\gamma \mathrm{e}^{-\nu z_s} \mathscr{F}_m^R \end{bmatrix}$$

6.4.3　待定系数 C_ζ 和 $\boldsymbol{C}_\zeta$

在得到 $\mathbf{E}$、$\mathbf{Q}$，以及 $F_\zeta(z)$ 和 $\boldsymbol{F}_\zeta(z)$ 的具体表达式之后，式 (6.3.19) 中就只有待定系数 C_ζ 和 $\boldsymbol{C}_\zeta$ 需要根据边界条件来确定了。

将位移和牵引力用基函数的展开式 (6.3.1) 和式 (6.3.7) 代入边界条件 (6.1.1)，并利用基函数的正交性，不难得出各个展开系数分别满足的边界条件：

$$u_m^T(k, z)\big|_{z \to \infty} = 0, \quad \boldsymbol{y}_1(k, z)\big|_{z \to \infty} = \boldsymbol{0} \tag{6.4.19a}$$

$$\tau_m^T(k, z)\big|_{z=0} = 0, \quad \boldsymbol{y}_2(k, z)\big|_{z=0} = \boldsymbol{0} \tag{6.4.19b}$$

将 SH 情形下的式 (6.4.2) 和式 (6.4.17) 代入式 (6.4.3)，P-SV 情形下的式 (6.4.6)、式 (6.4.7) 和式 (6.4.18) 代入式 (6.4.10)，根据式 (6.4.19a)，可以得到

$$u_m^T(k, z)\big|_{z \to \infty} = 0 \cdot (C_1 + s_1) + \infty \cdot (C_2 + s_2) = 0 \ \Rightarrow \ C_2 = -s_2 \tag{6.4.20a}$$

$$\boldsymbol{y}_1(k, z)\big|_{z \to \infty} = \boldsymbol{0} \cdot (\boldsymbol{C}_1 + \boldsymbol{s}_1) + \infty \cdot (\boldsymbol{C}_2 + \boldsymbol{s}_2) = \boldsymbol{0} \ \Rightarrow \ \boldsymbol{C}_2 = -\boldsymbol{s}_2 \tag{6.4.20b}$$

根据式 (6.4.19b)，得到[1]

$$\tau_m^T(k,z)\big|_{z=0} = -\mu\nu C_1 + \mu\nu C_2 = 0 \ \Rightarrow \ C_1 = -s_2 \tag{6.4.21a}$$

$$\boldsymbol{y}_2(k,z)\big|_{z=0} = \mathsf{E}_{21}C_1 + \mathsf{E}_{22}C_2 = \boldsymbol{0} \ \Rightarrow \ \boldsymbol{C}_1 = \mathsf{E}_{21}^{-1}\mathsf{E}_{22}\boldsymbol{s}_2 \tag{6.4.21b}$$

得到待定系数 $\boldsymbol{C}$ 之后，式 (6.3.19) 中等号右端的各个项就都得到了。经过简单的整理，位移的展开系数可以表示为

$$u_m^T(k,z) = \frac{1}{2\mu\nu}A^T(k,z)\mathscr{F}_m^T \tag{6.4.22a}$$

$$u_m^S(k,z) = \frac{\beta^2}{2\mu\gamma\omega^2}\left[A^{SS}(k,z)\mathscr{F}_m^S - A^{SR}(k,z)\mathscr{F}_m^R\right] \tag{6.4.22b}$$

$$u_m^R(k,z) = \frac{\beta^2}{2\mu\nu\omega^2}\left[A^{RS}(k,z)\mathscr{F}_m^S - A^{RR}(k,z)\mathscr{F}_m^R\right] \tag{6.4.22c}$$

其中，

$$A^T(k,z) = \mathrm{e}^S + \mathrm{e}^{SS} \tag{6.4.23a}$$

$$A^{SS}(k,z) = \left(k^2\mathrm{e}^P - \nu\gamma\mathrm{e}^S\right) - \frac{R^*(k)}{R(k)}\left(k^2\mathrm{e}^{PP} + \nu\gamma\mathrm{e}^{SS}\right) + \frac{4k^2\nu\gamma\chi}{R(k)}\left(\mathrm{e}^{SP} + \mathrm{e}^{PS}\right) \tag{6.4.23b}$$

$$A^{SR}(k,z) = k\gamma\left[\zeta(z)\left(\mathrm{e}^P - \mathrm{e}^S\right) + \frac{R^*(k)}{R(k)}\left(\mathrm{e}^{PP} + \mathrm{e}^{SS}\right) - \frac{4\chi}{R(k)}\left(k^2\mathrm{e}^{SP} + \nu\gamma\mathrm{e}^{PS}\right)\right] \tag{6.4.23c}$$

$$A^{RS}(k,z) = k\nu\left[\zeta(z)\left(\mathrm{e}^P - \mathrm{e}^S\right) - \frac{R^*(k)}{R(k)}\left(\mathrm{e}^{PP} + \mathrm{e}^{SS}\right) + \frac{4\chi}{R(k)}\left(\nu\gamma\mathrm{e}^{SP} + k^2\mathrm{e}^{PS}\right)\right] \tag{6.4.23d}$$

$$A^{RR}(k,z) = \left(\nu\gamma\mathrm{e}^P - k^2\mathrm{e}^S\right) + \frac{R^*(k)}{R(k)}\left(\nu\gamma\mathrm{e}^{PP} + k^2\mathrm{e}^{SS}\right) - \frac{4k^2\nu\gamma\chi}{R(k)}\left(\mathrm{e}^{SP} + \mathrm{e}^{PS}\right) \tag{6.4.23e}$$

$$\mathrm{e}^P = \mathrm{e}^{-\gamma|z-z_s|}, \qquad \mathrm{e}^S = \mathrm{e}^{-\nu|z-z_s|}, \qquad \mathrm{e}^{PP} = \mathrm{e}^{-\gamma(z+z_s)}$$
$$\mathrm{e}^{SS} = \mathrm{e}^{-\nu(z+z_s)}, \qquad \mathrm{e}^{PS} = \mathrm{e}^{-(\gamma z_s+\nu z)}, \qquad \mathrm{e}^{SP} = \mathrm{e}^{-(\gamma z+\nu z_s)}$$
$$R(k) = \chi^2 - 4k^2\nu\gamma, \quad R^*(k) = \chi^2 + 4k^2\nu\gamma, \quad \zeta(z) = \mathrm{sgn}(z-z_s)$$

$\mathrm{sgn}(\cdot)$ 为符号函数。注意到 A^T、A^{SS}、A^{SR}、A^{RS} 和 A^{RR} 都可以表示为六项之和，各项以 e 指数的因子为主要特征。含有 e^P、e^S、e^{PP}、e^{SS}、e^{PS} 和 e^{SP} 的各项分别代表了直达 P 波、直达 S 波、反射 P 波 (PP)、反射 S 波 (SS)、转换 P 波 (PS) 和转换 S 波 (SP)。前两项代表了与介质本身的属性有关的波动成分，这正是在第 4 章中考虑的无限介质的结果；而后四项代表了与自由界面有关的波动成分。特别值得注意的是，由于 $R(k)$ 位于分母上，在一些特殊的情况下，可能趋于零，这时会导致出现一种与自由界面密切相关的波动形式：Rayleigh 波。在 6.5.3 节，我们将研究与频率域 Rayleigh 波有关的问题。

---

[1] 这里用到了这个结论：当 $z = z_s = 0$ 时，$H(z - z_s) = 0$。单纯从数学角度看，$H(0) = 1/2$，但是这里需要结合问题的物理背景。主要基于两点考虑：

(1) 在式 (6.4.17) 和式 (6.4.18) 中，积分下限 z_s^- 是对于一般的 $z_s > 0$ 的情况定义的；对于 $z_s = 0$ 的特殊情况，由于 $z_s^- < 0$ 无意义，因此这时只能取积分下限为 0。在积分上限也为 0 的情况下，积分结果为 0。

(2) 如何定义 $H(0)$ 的值，还需要考虑位移连续性的问题。这就是说，$z = z_s = 0$ 时的结果应该是当 z 取 0，而 $z_s \to 0$ 时的极限情况。如果不取 $z = z_s = 0$ 时的 $H(0) = 1/2$，会导致并不满足这个条件。

6.5　Lamb 问题的频率域 Green 函数及其性质

6.5.1　频率域 Green 函数的具体表达式

式 (6.4.22) 给出了位移分量的基函数展开系数的明确表达，把它们代入式 (6.3.1)，由于基函数是在柱坐标系中表示的（参见式 (6.2.14)），因此直接得到柱坐标系中的位移分量 $u_r(r,\theta,z,\omega)$、$u_\theta(r,\theta,z,\omega)$ 和 $u_z(r,\theta,z,\omega)$

$$
\begin{aligned}
\tilde{u}_r &= \frac{1}{2\pi}\sum_{m=-\infty}^{+\infty}\mathrm{e}^{\mathrm{i}m\theta}\int_0^\infty\left[u_m^S(k,z)J_m'(kr)+\frac{\mathrm{i}m}{kr}u_m^T(k,z)J_m(kr)\right]k\,\mathrm{d}k\\
&= \frac{1}{4\pi\mu}\int_0^\infty\left\{\frac{\beta^2 k}{\gamma\omega^2}\left[A^{SS}P_1(k,\theta)-A^{SR}P_2(k,\theta)\right]+\frac{A^T}{\nu r}P_3(k,\theta)\right\}\mathrm{d}k\\
\tilde{u}_\theta &= \frac{1}{2\pi}\sum_{m=-\infty}^{+\infty}\mathrm{e}^{\mathrm{i}m\theta}\int_0^\infty\left[\frac{\mathrm{i}m}{kr}u_m^S(k,z)J_m(kr)-u_m^T(k,z)J_m'(kr)\right]k\,\mathrm{d}k\\
&= \frac{1}{4\pi\mu}\int_0^\infty\left\{\frac{\beta^2}{\gamma\omega^2 r}\left[A^{SS}P_4(k,\theta)-A^{SR}P_5(k,\theta)\right]-\frac{kA^T}{\nu}P_6(k,\theta)\right\}\mathrm{d}k\\
\tilde{u}_z &= -\frac{1}{2\pi}\sum_{m=-\infty}^{+\infty}\mathrm{e}^{\mathrm{i}m\theta}\int_0^\infty u_m^R(k,z)J_m(kr)k\,\mathrm{d}k\\
&= -\frac{1}{4\pi\mu}\int_0^\infty\frac{\beta^2 k}{\nu\omega^2}\left[A^{RS}P_7(k,\theta)-A^{RR}P_8(k,\theta)\right]\mathrm{d}k
\end{aligned}
$$

其中，

$$
P_1(k,\theta)=\sum_{m=-\infty}^{+\infty}\mathrm{e}^{\mathrm{i}m\theta}\mathscr{F}_m^S J_m'(kr)\xrightarrow{(6.4.16),\,J_{-1}=-J_1}(\delta_{1j}\cos\theta+\delta_{2j}\sin\theta)J_1'(kr)
$$

$$
P_2(k,\theta)=\sum_{m=-\infty}^{+\infty}\mathrm{e}^{\mathrm{i}m\theta}\mathscr{F}_m^R J_m'(kr)\xrightarrow{(6.4.16)}-\delta_{3j}J_0'(kr)
$$

$$
P_3(k,\theta)=\sum_{m=-\infty}^{+\infty}\mathrm{i}m\mathrm{e}^{\mathrm{i}m\theta}\mathscr{F}_m^T J_m(kr)\xrightarrow{(6.4.15),\,J_{-1}=-J_1}(\delta_{1j}\cos\theta+\delta_{2j}\sin\theta)J_1(kr)
$$

$$
P_4(k,\theta)=\sum_{m=-\infty}^{+\infty}\mathrm{i}m\mathrm{e}^{\mathrm{i}m\theta}\mathscr{F}_m^S J_m(kr)=(\delta_{2j}\cos\theta-\delta_{1j}\sin\theta)J_1(kr)
$$

$$
P_5(k,\theta)=\sum_{m=-\infty}^{+\infty}\mathrm{i}m\mathrm{e}^{\mathrm{i}m\theta}\mathscr{F}_m^R J_m(kr)=0
$$

$$
P_6(k,\theta)=\sum_{m=-\infty}^{+\infty}\mathrm{e}^{\mathrm{i}m\theta}\mathscr{F}_m^T J_m'(kr)=(\delta_{1j}\sin\theta-\delta_{2j}\cos\theta)J_1(kr)
$$

$$
P_7(k,\theta)=\sum_{m=-\infty}^{+\infty}\mathrm{e}^{\mathrm{i}m\theta}\mathscr{F}_m^S J_m(kr)=(\delta_{1j}\cos\theta+\delta_{2j}\sin\theta)J_1(kr)
$$

$$P_8(k,\theta) = \sum_{m=-\infty}^{+\infty} \mathrm{e}^{\mathrm{i}m\theta} \mathscr{F}_m^R J_m(kr) = -\delta_{3j} J_0(kr)$$

利用柱坐标系和直角坐标系中的位移分量之间的转换关系

$$\tilde{u}_1 = \tilde{u}_r \cos\theta - \tilde{u}_\theta \sin\theta, \quad \tilde{u}_2 = \tilde{u}_r \sin\theta + \tilde{u}_\theta \cos\theta, \quad \tilde{u}_3 = \tilde{u}_z$$

即可得到直角坐标系的三个位移分量 $\tilde{u}_i$。由于体力表达式 (6.4.12) 中包含了表征体力方向的 j，这样得到的直接坐标系中的位移分量就是 Green 函数：

$$G_{11}(\boldsymbol{x}, \boldsymbol{x}', \omega) = \frac{1}{4\pi\mu} \left\{ \cos^2\theta \left[\int_0^\infty \frac{\beta^2 k}{\gamma\omega^2} A^{\mathrm{SS}} J_1'(kr)\,\mathrm{d}k + \int_0^\infty \frac{1}{\nu r} A^{\mathrm{T}} J_1(kr)\,\mathrm{d}k \right] \right.$$
$$\left. + \sin^2\theta \left[\int_0^\infty \frac{\beta^2}{\gamma\omega^2 r} A^{\mathrm{SS}} J_1(kr)\,\mathrm{d}k + \int_0^\infty \frac{k}{\nu} A^{\mathrm{T}} J_1'(kr)\,\mathrm{d}k \right] \right\}$$

$$G_{12}(\boldsymbol{x}, \boldsymbol{x}', \omega) = \frac{1}{4\pi\mu} \sin\theta\cos\theta \left[\int_0^\infty \frac{\beta^2 k}{\gamma\omega^2} A^{\mathrm{SS}} J_1'(kr)\,\mathrm{d}k + \int_0^\infty \frac{1}{\nu r} A^{\mathrm{T}} J_1(kr)\,\mathrm{d}k \right.$$
$$\left. - \int_0^\infty \frac{\beta^2}{\gamma\omega^2 r} A^{\mathrm{SS}} J_1(kr)\,\mathrm{d}k - \int_0^\infty \frac{k}{\nu} A^{\mathrm{T}} J_1'(kr)\,\mathrm{d}k \right]$$

$$G_{13}(\boldsymbol{x}, \boldsymbol{x}', \omega) = -\frac{1}{4\pi\mu} \cos\theta \int_0^\infty \frac{\beta^2 k}{\gamma\omega^2} A^{\mathrm{SR}} J_1(kr)\,\mathrm{d}k$$

$$G_{21}(\boldsymbol{x}, \boldsymbol{x}', \omega) = G_{12}(\boldsymbol{x}, \boldsymbol{x}', \omega)$$

$$G_{22}(\boldsymbol{x}, \boldsymbol{x}', \omega) = \frac{1}{4\pi\mu} \left\{ \sin^2\theta \left[\int_0^\infty \frac{\beta^2 k}{\gamma\omega^2} A^{\mathrm{SS}} J_1'(kr)\,\mathrm{d}k + \int_0^\infty \frac{1}{\nu r} A^{\mathrm{T}} J_1(kr)\,\mathrm{d}k \right] \right.$$
$$\left. + \cos^2\theta \left[\int_0^\infty \frac{\beta^2}{\gamma\omega^2 r} A^{\mathrm{SS}} J_1(kr)\,\mathrm{d}k + \int_0^\infty \frac{k}{\nu} A^{\mathrm{T}} J_1'(kr)\,\mathrm{d}k \right] \right\}$$

$$G_{23}(\boldsymbol{x}, \boldsymbol{x}', \omega) = -\frac{1}{4\pi\mu} \sin\theta \int_0^\infty \frac{\beta^2 k}{\gamma\omega^2} A^{\mathrm{SR}} J_1(kr)\,\mathrm{d}k$$

$$G_{31}(\boldsymbol{x}, \boldsymbol{x}', \omega) = -\frac{1}{4\pi\mu} \cos\theta \int_0^\infty \frac{\beta^2 k}{\nu\omega^2} A^{\mathrm{RS}} J_1(kr)\,\mathrm{d}k$$

$$G_{32}(\boldsymbol{x}, \boldsymbol{x}', \omega) = -\frac{1}{4\pi\mu} \sin\theta \int_0^\infty \frac{\beta^2 k}{\nu\omega^2} A^{\mathrm{RS}} J_1(kr)\,\mathrm{d}k$$

$$G_{33}(\boldsymbol{x}, \boldsymbol{x}', \omega) = -\frac{1}{4\pi\mu} \int_0^\infty \frac{\beta^2 k}{\nu\omega^2} A^{\mathrm{RR}} J_0(kr)\,\mathrm{d}k$$

注意，到目前为止，我们分析的问题中，源点是位于 z 轴上的（参见图 6.1.1）。推广到一般情况，若源点位于 $\boldsymbol{x}' = (x_1', x_2', x_3')$，此时有

$$\cos\theta = \frac{x_1 - x_1'}{r}, \quad \sin\theta = \frac{x_2 - x_2'}{r}$$

其中，$r = \sqrt{(x_1 - x_1')^2 + (x_2 - x_2')^2}$。我们最终得到 Lamb 问题的频率域 Green 函数为

$$\mathbf{G}(\boldsymbol{x}, \boldsymbol{x}', \omega) = \frac{1}{4\pi\mu} \begin{bmatrix} I_1\cos^2\theta + I_2\sin^2\theta & (I_1 - I_2)\cos\theta\sin\theta & I_3\cos\theta \\ (I_1 - I_2)\cos\theta\sin\theta & I_1\sin^2\theta + I_2\cos^2\theta & I_3\sin\theta \\ I_4\cos\theta & I_4\sin\theta & I_5 \end{bmatrix} \tag{6.5.1}$$

其中，

$$I_1 = \int_0^\infty \left[\frac{\beta^2 k}{\gamma \omega^2} A^{SS} J_1'(kr) + \frac{1}{\nu r} A^T J_1(kr) \right] \mathrm{d}k \tag{6.5.2a}$$

$$I_2 = \int_0^\infty \left[\frac{\beta^2}{\gamma \omega^2 r} A^{SS} J_1(kr) + \frac{k}{\nu} A^T J_1'(kr) \right] \mathrm{d}k \tag{6.5.2b}$$

$$I_3 = -\int_0^\infty \frac{\beta^2 k}{\gamma \omega^2} A^{SR} J_1(kr)\, \mathrm{d}k \tag{6.5.2c}$$

$$I_4 = -\int_0^\infty \frac{\beta^2 k}{\nu \omega^2} A^{RS} J_1(kr)\, \mathrm{d}k \tag{6.5.2d}$$

$$I_5 = -\int_0^\infty \frac{\beta^2 k}{\nu \omega^2} A^{RR} J_0(kr)\, \mathrm{d}k \tag{6.5.2e}$$

式 (6.5.1)、式 (6.5.2) 连同式 (6.4.23) 构成了频率域 Green 函数。

式 (6.5.1) 中表示的 Green 函数是以波数 k 的积分形式给出的。对于一个固定的频率，可以借助数值方法求解这个波数积分，然后通过反 Fourier 变换将其变回到时间域。由于必须借助反 Fourier 变换才能获得位移的时间域结果，而时间信号和其频谱的成分并非一一对应的关系，所以直接根据式 (6.5.1) 从理论上分析波动的性质是困难的。除非通过数值计算的方式，我们不能通过理论分析获得类似于第 5 章中对无限空间 Green 函数得到的辐射花样。尽管如此，可以从分析式 (6.4.23) 入手得到一些有用的结论。

在 6.4.3 节中已经提到，由于 A^T、A^{SS}、A^{SR}、A^{RS} 和 A^{RR} 显式地表示为六项之和，每一项因其相位因子（e 的幂次项）都具有明确的物理意义，所以当前得到的 Lamb 问题的解，明确地将自由界面的贡献与无限介质的贡献分离开来，Rayleigh 波只出现在与自由界面有关的项中。接下来我们分别研究前两项无限介质的贡献和后四项自由界面贡献。

6.5.2　直达波成分与无限介质 Green 函数的等价性

本节从数学上严格证明，直达波部分的贡献（含有 e^P 和 e^S 的项）和无限介质 Green 函数式 (4.4.11) 是等价的 (Zhang and Chen, 2009)。根据式 (6.4.23)，只保留直达波成分的形式为

$$A^T = \mathrm{e}^{-\nu|z|}, \quad A^{SS} = k^2 \mathrm{e}^{-\gamma|z|} - \nu\gamma \mathrm{e}^{-\nu|z|}, \quad A^{RR} = \nu\gamma \mathrm{e}^{-\gamma|z|} - k^2 \mathrm{e}^{-\nu|z|}$$

$$A^{SR} = k\gamma\,\mathrm{sgn}(z)(\mathrm{e}^{-\gamma|z|} - \mathrm{e}^{-\nu|z|}), \quad A^{RS} = k\nu\,\mathrm{sgn}(z)(\mathrm{e}^{-\gamma|z|} - \mathrm{e}^{-\nu|z|})$$

其中，$z = x_3 - x_3'$。

定义如下形式的积分：

$$K_1(c) \triangleq \int_0^{+\infty} \frac{k^3}{\eta(c)} \mathrm{e}^{-\eta(c)|z|} J_1'(kr)\, \mathrm{d}k, \qquad K_2(c) \triangleq \int_0^{+\infty} k\eta(c) \mathrm{e}^{-\eta(c)|z|} J_1'(kr)\, \mathrm{d}k$$

$$K_3(c) \triangleq \int_0^{+\infty} \frac{1}{\eta(c)} \mathrm{e}^{-\eta(c)|z|} J_1(kr)\, \mathrm{d}k, \qquad K_4(c) \triangleq \int_0^{+\infty} \frac{k^2}{\eta(c)} \mathrm{e}^{-\eta(c)|z|} J_1(kr)\, \mathrm{d}k$$

$$K_5(c) \triangleq \int_0^{+\infty} \eta(c) \mathrm{e}^{-\eta(c)|z|} J_1(kr)\, \mathrm{d}k, \qquad K_6(c) \triangleq \int_0^{+\infty} \frac{k}{\eta(c)} \mathrm{e}^{-\eta(c)|z|} J_1'(kr)\, \mathrm{d}k$$

$$K_7(c) \triangleq \int_0^{+\infty} k^2 e^{-\eta(c)|z|} J_1(kr)\, dk, \qquad K_8(c) \triangleq \int_0^{+\infty} k\eta(c) e^{-\eta(c)|z|} J_0(kr)\, dk$$

$$K_9(c) \triangleq \int_0^{+\infty} \frac{k^3}{\eta(c)} e^{-\eta(c)|z|} J_0(kr)\, dk \tag{6.5.3}$$

其中，

$$\eta(c) = \sqrt{k^2 - \frac{\omega^2}{c^2}} \quad \Rightarrow \quad \gamma = \eta(\alpha),\ \nu = \eta(\beta)$$

因此，只含有直达波成分的 $I_i\ (i = 1, 2, \cdots, 5)$ 为

$$I_1 = \frac{\beta^2}{\omega^2}\big[K_1(\alpha) - K_2(\beta)\big] + \frac{1}{r}K_3(\beta) \tag{6.5.4a}$$

$$I_2 = \frac{\beta^2}{r\omega^2}\big[K_4(\alpha) - K_5(\beta)\big] + K_6(\beta) \tag{6.5.4b}$$

$$I_3 = I_4 = \frac{\beta^2}{\omega^2}\mathrm{sgn}(z)\big[K_7(\alpha) - K_7(\beta)\big] \tag{6.5.4c}$$

$$I_5 = \frac{\beta^2}{\omega^2}\big[K_8(\alpha) - K_9(\beta)\big] \tag{6.5.4d}$$

只需要计算出式 (6.5.3) 中定义的 $K_i\ (i = 1, 2, \cdots, 9)$，代入式 (6.5.4)，并进而代入式 (6.5.1) 可得到频率域 Green 函数的直达波成分，将其进行反 Fourier 变换，即可求出时间域的 Green 函数。

注意到含有 Bessel 函数的两个积分 (Prudnikov et al., 1986)

$$\int_0^{+\infty} \frac{k}{\sqrt{k^2 - a^2}} e^{-\sqrt{k^2 - a^2}|z|} J_0(kr)\, dk = \frac{1}{R} e^{-iaR} \tag{6.5.5a}$$

$$\int_0^{+\infty} \frac{1}{\sqrt{k^2 - a^2}} e^{-\sqrt{k^2 - a^2}|z|} J_1(kr)\, dk = \frac{1}{i\,ar}\left(e^{-i|z|a} - e^{-iRa}\right) \tag{6.5.5b}$$

其中，$R = \sqrt{r^2 + z^2}$。式 (6.5.5a) 的积分又被称作 Sommerfeld 积分。通过式 (6.5.5) 对 z 或 r 求导，并结合 Bessel 函数的递推关系，可以求出积分 $K_i(c)\ (i = 1, 2, \cdots, 9)$ 为

$$K_1(c) = \frac{1}{R^5}\left[R^2 - 3r^2 + \frac{\omega^2}{c^2}R^2 r^2 + i\frac{\omega}{c}R\left(R^2 - 3r^2\right)\right] e^{-i\frac{\omega}{c}R} \tag{6.5.6a}$$

$$K_2(c) = -\frac{1}{r^2 R^5}\Bigg\{ i\frac{\omega}{c}R^5 e^{-i\frac{\omega}{c}|z|} + \left[\frac{\omega^2}{c^2}z^2 r^2 R^2 + i\frac{\omega}{c}R\left(r^4 - z^4 - 3r^2 z^2\right)\right.$$
$$\left. + r^2\left(2r^2 - z^2\right)\right] e^{-i\frac{\omega}{c}R}\Bigg\} \tag{6.5.6b}$$

$$K_3(c) = \frac{c}{i\, r\omega}\left(e^{-i\frac{\omega}{c}|z|} - e^{-i\frac{\omega}{c}R}\right) \tag{6.5.6c}$$

$$K_4(c) = \frac{r}{R^3}\left(1 + i\frac{\omega}{c}R\right) e^{-i\frac{\omega}{c}R} \tag{6.5.6d}$$

$$K_5(c) = \frac{1}{R^3 r}\left[i\frac{\omega}{c}R^3 e^{-i\frac{\omega}{c}|z|} + \left(r^2 - i\frac{\omega}{c}Rz^2\right) e^{-i\frac{\omega}{c}R}\right] \tag{6.5.6e}$$

$$K_6(c) = \frac{c}{r^2 R\omega}\left[iR e^{-i\frac{\omega}{c}|z|} + \left(r^2\frac{\omega}{c} - iR\right) e^{-i\frac{\omega}{c}R}\right] \tag{6.5.6f}$$

· 148 ·　　　第 6 章　Lamb 问题的频率域解法 (I)：理论公式

$$K_7(c) = \frac{|z|\,r}{R^5}\left(3 - \frac{\omega^2}{c^2}R^2 + 3\,\mathrm{i}\frac{\omega}{c}R\right)\mathrm{e}^{-\mathrm{i}\frac{\omega}{c}R} \tag{6.5.6g}$$

$$K_8(c) = \frac{1}{R^5}\left[3z^2 - R^2 - \frac{\omega^2}{c^2}R^2z^2 + \mathrm{i}\frac{\omega}{c}R\left(3z^2 - R^2\right)\right]\mathrm{e}^{-\mathrm{i}\frac{\omega}{c}R} \tag{6.5.6h}$$

$$K_9(c) = \frac{1}{R^5}\left[3z^2 - R^2 + \frac{\omega^2}{c^2}R^2r^2 + \mathrm{i}\frac{\omega}{c}R\left(3z^2 - R^2\right)\right]\mathrm{e}^{-\mathrm{i}\frac{\omega}{c}R} \tag{6.5.6i}$$

将式 (6.5.6) 代入式 (6.5.4)，得到

$$\begin{aligned}
I_1 = {}&\left(\frac{\beta^2}{\omega^2}\frac{R^2 - 3r^2}{R^5} + \frac{\beta^2 r^2}{\alpha^2 R^3} - \frac{\beta^2}{\mathrm{i}\alpha\omega}\frac{R^2 - 3r^2}{R^4}\right)\Phi_\alpha \\
&+ \left(\frac{z^2}{R^3} + \frac{\beta^2}{\omega^2}\frac{2r^2 - z^2}{R^5} - \frac{\beta}{\mathrm{i}\omega}\frac{2r^2 - z^2}{R^4}\right)\Phi_\beta
\end{aligned} \tag{6.5.7a}$$

$$I_2 = \left(\frac{\beta^2}{\omega^2}\frac{1}{R^3} - \frac{\beta^2}{\mathrm{i}\alpha\omega}\frac{1}{R^2}\right)\Phi_\alpha - \left(\frac{\beta^2}{\omega^2}\frac{1}{R^3} - \frac{1}{R} - \frac{\beta}{\mathrm{i}\omega}\frac{1}{R^2}\right)\Phi_\beta \tag{6.5.7b}$$

$$I_3 = I_4 = \frac{\beta^2}{\omega^2}\frac{zr}{R^5}\left\{\left(3 - \frac{\omega^2}{\alpha^2}R^2 + 3\,\mathrm{i}\frac{\omega}{\alpha}R\right)\Phi_\alpha - \left(3 - \frac{\omega^2}{\beta^2}R^2 + 3\,\mathrm{i}\frac{\omega}{\beta}R\right)\Phi_\beta\right\} \tag{6.5.7c}$$

$$\begin{aligned}
I_5 = \frac{\beta^2}{\omega^2}\frac{1}{R^5}\bigg\{&\left[3z^2 - R^2 - \frac{\omega^2}{\alpha^2}R^2z^2 + \mathrm{i}\frac{\omega}{\alpha}R\left(3z^2 - R^2\right)\right]\Phi_\alpha \\
&- \left[3z^2 - R^2 + \frac{\omega^2}{\beta^2}R^2r^2 + \mathrm{i}\frac{\omega}{\beta}R\left(3z^2 - R^2\right)\right]\Phi_\beta\bigg\}
\end{aligned} \tag{6.5.7d}$$

其中，$\Phi_\alpha = \mathrm{e}^{-\mathrm{i}\frac{\omega}{\alpha}R}$，$\Phi_\beta = \mathrm{e}^{-\mathrm{i}\frac{\omega}{\beta}R}$。再将式 (6.5.7) 代入式 (6.5.1)，并注意到

$$\frac{x_\alpha - \xi_\alpha}{r} = \frac{x_\alpha - \xi_\alpha}{R}\frac{R}{r} = \gamma_\alpha\frac{R}{r}$$

化简得到 Lamb 问题的只含直达波的 Green 函数 $\tilde{G}_{ij}^D$（D 代表 direct wave，直达波）为

$$G_{ii}^D(\boldsymbol{x},\boldsymbol{x}',\omega) = \frac{1}{4\pi\mu}\left[\frac{3\gamma_i^2 - 1}{R^2}Q(\omega) + \frac{\beta^2\gamma_i^2}{\alpha^2 R}\Phi_\alpha - \frac{\gamma_i^2 - 1}{R}\Phi_\beta\right] \quad (\text{不求和}) \tag{6.5.8a}$$

$$G_{ij}^D(\boldsymbol{x},\boldsymbol{x}',\omega) = G_{ji}^D(\boldsymbol{x},\boldsymbol{\xi},\omega) = \frac{\gamma_i\gamma_j}{4\pi\mu}\left[\frac{3}{R^2}Q(\omega) + \frac{\beta^2}{\alpha^2 R}\Phi_\alpha - \frac{1}{R}\Phi_\beta\right] \quad (i \neq j) \tag{6.5.8b}$$

其中，

$$Q(\omega) = -\frac{\beta^2}{R\omega^2}(\Phi_\alpha - \Phi_\beta) + \frac{\beta}{\mathrm{i}\alpha\omega}(\beta\Phi_\alpha - \alpha\Phi_\beta)$$

运用表 6.5.1 中的 Fourier 变换对，可以得到 $Q(\omega)$ 的反 Fourier 变换为

$$\begin{aligned}
Q(t) &= \mathscr{F}^{-1}\{Q(\omega)\} \\
&= \mathscr{F}^{-1}\bigg\{\frac{\beta^2}{R}\left[-\frac{1}{\omega^2} + \mathrm{i}\pi\delta'(\omega)\right](\Phi_\alpha - \Phi_\beta) - \frac{\beta^2}{R}\mathrm{i}\pi\delta'(\omega)(\Phi_\alpha - \Phi_\beta) \\
&\quad + \beta\left[\frac{1}{\mathrm{i}\omega} + \pi\delta(\omega)\right]\frac{\beta\Phi_\alpha - \alpha\Phi_\beta}{\alpha} - \beta\pi\delta(\omega)\frac{\beta\Phi_\alpha - \alpha\Phi_\beta}{\alpha}\bigg\} \\
&= \frac{\beta^2}{R}\left\{\left(t - \frac{R}{\alpha}\right)H\left(t - \frac{R}{\alpha}\right) - \left(t - \frac{R}{\beta}\right)H\left(t - \frac{R}{\beta}\right)\right\} - \beta\left(\frac{\beta}{2\alpha} - \frac{1}{2}\right)
\end{aligned}$$

$$-\frac{\beta^2}{R}\left\{\frac{1}{2}\left(t-\frac{R}{\alpha}\right)-\frac{1}{2}\left(t-\frac{R}{\beta}\right)\right\}+\beta\left\{\frac{\beta}{\alpha}H\left(t-\frac{R}{\alpha}\right)-H\left(t-\frac{R}{\beta}\right)\right\}$$

$$=\frac{\beta^2}{R}t\left[H\left(t-\frac{R}{\alpha}\right)-H\left(t-\frac{R}{\beta}\right)\right] \tag{6.5.9}$$

其中，算子 $\mathscr{F}^{-1}$ 表示反 Fourier 变换。结合式 (6.5.9)，对式 (6.5.8) 做反 Fourier 变换，最终可以得到

$$G_{ij}^D(\boldsymbol{x},\boldsymbol{x}',t)=\frac{3\gamma_i\gamma_j-\delta_{ij}}{4\pi\rho R^3}t\left[H\left(t-\frac{R}{\alpha}\right)-H\left(t-\frac{R}{\beta}\right)\right]$$

$$+\frac{\gamma_i\gamma_j}{4\pi\rho\alpha^2 R}\delta\left(t-\frac{R}{\alpha}\right)-\frac{\gamma_i\gamma_j-\delta_{ij}}{4\pi\rho\beta^2 R}\delta\left(t-\frac{R}{\beta}\right) \tag{6.5.10}$$

比较式 (6.5.10) 和式 (4.4.11)，两个表达式完全相同。这说明 Lamb 问题的 Green 函数解式 (6.5.1) 的直达波成分与无限空间 Green 函数的解是严格相等的。

表 6.5.1　几个常用的 Fourier 变换对和关系

时间域函数 $f(t)$	频率域函数 $F(\omega)$
$\delta(t)$	1
1	$2\pi\delta(\omega)$
$H(t)$	$\dfrac{1}{\mathrm{i}\omega}+\pi\delta(\omega)$
$tH(t)$	$-\dfrac{1}{\omega^2}+\mathrm{i}\pi\delta'(\omega)$
$\dfrac{t}{2}$	$\mathrm{i}\pi\delta'(\omega)$
$f(t-t_0)$	$F(\omega)\mathrm{e}^{-i\omega t_0}$

6.5.3　基于频率域 Green 函数的 Rayleigh 波分析

在 6.4.3 节已经提到过，式 (6.4.23) 中定义的 A^{T}、A^{SS}、A^{SR}、A^{RS} 和 A^{RR} 都可以表示为六项之和，其中的前两项为直达波的贡献，在 6.5.2 节中已经证明了它们与无限空间 Green 函数的解相同；后四项的形式比较复杂，它们是自由界面的贡献。这个复杂性集中体现在系数上，各个系数均表示为分式的形式，而分母均含有 $R(k)$。在一些特殊的 ω 和 k 的组合下，$R(k)$ 可能趋于零，从而导致产生一种特殊形式的波——Rayleigh 波。基于这个原因，把 $R(k)$ 称为 Rayleigh 函数。本节基于频率域 Green 函数，对这种波动的产生进行研究。

6.5.3.1　频率域 Green 函数中的自由表面部分

因为 Rayleigh 波的产生与作为分母的 $R(k)$ 密切相关，所以在分析 Rayleigh 波的产生的问题时，可以略去一切不含有 $R(k)$ 的项。将式 (6.4.23) 中含有 $R(k)$ 的项代入式 (6.5.2)，并利用

$$J_1'(x)=\frac{J_0(x)-J_2(x)}{2},\quad \frac{J_1(x)}{x}=\frac{J_0(x)+J_2(x)}{2}$$

得到

$$I_i=\int_0^\infty \frac{F_1(k)}{R(k)}\left[J_0(kr)+(-1)^iJ_2(kr)\right]\mathrm{d}k \quad (i=1,2) \tag{6.5.11a}$$

$$I_j = \int_0^\infty \frac{F_j(k)}{R(k)} J_1(kr)\,\mathrm{d}k \quad (j=3,4) \tag{6.5.11b}$$

$$I_5 = \int_0^\infty \frac{F_5(k)}{R(k)} J_0(kr)\,\mathrm{d}k \tag{6.5.11c}$$

其中，

$$F_1(k) = -\frac{k\beta^2}{2\omega^2}\left[\frac{R^*(k)}{\gamma}\left(k^2\mathrm{e}^{\mathrm{PP}} + \nu\gamma\mathrm{e}^{\mathrm{SS}}\right) - 4k^2\nu\chi\left(\mathrm{e}^{\mathrm{SP}} + \mathrm{e}^{\mathrm{PS}}\right)\right] \tag{6.5.12a}$$

$$F_3(k) = -\frac{k^2\beta^2}{\omega^2}\left[R^*(k)\left(\mathrm{e}^{\mathrm{PP}} + \mathrm{e}^{\mathrm{SS}}\right) - 4\chi\left(k^2\mathrm{e}^{\mathrm{SP}} + \nu\gamma\mathrm{e}^{\mathrm{PS}}\right)\right] \tag{6.5.12b}$$

$$F_4(k) = +\frac{k^2\beta^2}{\omega^2}\left[R^*(k)\left(\mathrm{e}^{\mathrm{PP}} + \mathrm{e}^{\mathrm{SS}}\right) - 4\chi\left(\nu\gamma\mathrm{e}^{\mathrm{SP}} + k^2\mathrm{e}^{\mathrm{PS}}\right)\right] \tag{6.5.12c}$$

$$F_5(k) = -\frac{k\beta^2}{\omega^2}\left[\frac{R^*(k)}{\nu}\left(\nu\gamma\mathrm{e}^{\mathrm{PP}} + k^2\mathrm{e}^{\mathrm{SS}}\right) - 4k^2\gamma\chi\left(\mathrm{e}^{\mathrm{SP}} + \mathrm{e}^{\mathrm{PS}}\right)\right] \tag{6.5.12d}$$

首先注意到 $F_1(k)$ 和 $F_5(k)$ 是 k 的奇函数，$F_3(k)$ 和 $F_4(k)$ 是 k 的偶函数，根据 Bessel 函数的性质 $J_n(-x) = (-1)^n J_n(x)$，$J_0(kr)$ 和 $J_2(kr)$ 是 k 的偶函数，$J_1(kr)$ 是 k 的奇函数。为了进一步分析问题的方便，将式 (6.5.11) 中的积分限变为 $-\infty$ 到 ∞。利用 Bessel 函数与 Hankel 函数的关系，以及 Hankel 函数的性质

$$J_n(x) = \frac{H_n^{(1)}(x) + H_n^{(2)}(x)}{2} \tag{6.5.13a}$$

$$H_n^{(2)}(-x) = (-1)^{n+1} H_n^{(1)}(x) \tag{6.5.13b}$$

对于 $F_i(k)$ 为奇函数，而 Bessel 函数为偶函数的情况（以 $J_0(kr)$ 为例），

$$\begin{aligned}
&\frac{1}{2}\int_{-\infty}^{\infty} \frac{F_i(k)}{R(k)} H_0^{(2)}(kr)\,\mathrm{d}k \\
&= \frac{1}{2}\int_{-\infty}^{0} \frac{F_i(k)}{R(k)} H_0^{(2)}(kr)\,\mathrm{d}k + \frac{1}{2}\int_0^\infty \frac{F_i(k)}{R(k)} H_0^{(2)}(kr)\,\mathrm{d}k \\
&\xlongequal{k=-k'} \frac{1}{2}\int_{-\infty}^{0} \frac{F_i(-k')}{R(-k')} H_0^{(2)}(-k'r)\,\mathrm{d}(-k') + \frac{1}{2}\int_0^\infty \frac{F_i(k)}{R(k)} H_0^{(2)}(kr)\,\mathrm{d}k \\
&\xlongequal{(6.5.13\mathrm{b})} \frac{1}{2}\int_0^\infty \frac{F_i(k')}{R(k')} H_0^{(1)}(k'r)\,\mathrm{d}k' + \frac{1}{2}\int_0^\infty \frac{F_i(k)}{R(k)} H_0^{(2)}(kr)\,\mathrm{d}k \\
&\xlongequal{(6.5.13\mathrm{a})} \int_0^\infty \frac{F_i(k)}{R(k)} J_0(kr)\,\mathrm{d}k
\end{aligned}$$

对于 $F_i(k)$ 为偶函数，而 Bessel 函数为奇函数的情况，

$$\begin{aligned}
&\frac{1}{2}\int_{-\infty}^{\infty} \frac{F_i(k)}{R(k)} H_1^{(2)}(kr)\,\mathrm{d}k \\
&= \frac{1}{2}\int_{-\infty}^{0} \frac{F_i(k)}{R(k)} H_1^{(2)}(kr)\,\mathrm{d}k + \frac{1}{2}\int_0^\infty \frac{F_i(k)}{R(k)} H_1^{(2)}(kr)\,\mathrm{d}k \\
&\xlongequal{k=-k'} \frac{1}{2}\int_{-\infty}^{0} \frac{F_i(-k')}{R(-k')} H_1^{(2)}(-k'r)\,\mathrm{d}(-k') + \frac{1}{2}\int_0^\infty \frac{F_i(k)}{R(k)} H_1^{(2)}(kr)\,\mathrm{d}k
\end{aligned}$$

$$\overset{(6.5.13b)}{=\!=\!=\!=} \frac{1}{2}\int_0^\infty \frac{F_i(k')}{R(k')}H_1^{(1)}(k'r)\,\mathrm{d}k' + \frac{1}{2}\int_0^\infty \frac{F_i(k)}{R(k)}H_1^{(2)}(kr)\,\mathrm{d}k$$

$$\overset{(6.5.13a)}{=\!=\!=\!=} \int_0^\infty \frac{F_i(k)}{R(k)}J_1(kr)\,\mathrm{d}k$$

因此式 (6.5.11) 可以改写为

$$I_i = \frac{1}{2}\int_{-\infty}^\infty \frac{F_1(k)}{R(k)}\left[H_0^{(2)}(kr) + (-1)^i H_2^{(2)}(kr)\right]\mathrm{d}k \quad (i = 1, 2) \tag{6.5.14a}$$

$$I_j = \frac{1}{2}\int_{-\infty}^\infty \frac{F_j(k)}{R(k)}H_1^{(2)}(kr)\,\mathrm{d}k \quad (j = 3, 4) \tag{6.5.14b}$$

$$I_5 = \frac{1}{2}\int_{-\infty}^\infty \frac{F_5(k)}{R(k)}H_0^{(2)}(kr)\,\mathrm{d}k \tag{6.5.14c}$$

将式 (6.5.14) 代入式 (6.5.1)，就得到了自由表面的贡献部分的 Green 函数。

6.5.3.2 k 的复平面上的积分

接下来的任务是分析式 (6.5.14) 中的积分，从中分离出 Rayleigh 波的成分。为了实现这个目标，我们在复数域内考虑这些积分。将一个实变数的积分扩展到复数域考虑，是研究积分的常用方法。看起来是把问题复杂化了，实则不然，在复数域中，可以充分利用留数定理[①]，通过不同路径的积分得出有用的结论。

在 k 的复平面内研究式 (6.5.14) 的积分，首先需要注意到被积函数中含有 $\gamma = \sqrt{k^2 - k_\alpha^2}$ 和 $\nu = \sqrt{k^2 - k_\beta^2}$，其中 $k_\alpha = \omega/\alpha$，$k_\beta = \omega/\beta$。显然，问题有四个枝点：$k = \pm k_\alpha$ 和 $\pm k_\beta$。γ 和 ν 都是形如

$$f(z) = \sqrt{z^2 - z_0^2} \quad (z_0 = a - \mathrm{i}b,\ a, b \in \mathbb{R}^+)$$

的根式[②]。由于考虑到复数频率，枝点 $\pm k_\alpha$ 和 $\pm k_\beta$ 不再位于实轴上，而分别位于复平面的第二和第四象限。考虑到 $\mathrm{Re}(\gamma)$ 和 $\mathrm{Re}(\nu)$ 的正负组合有四种，因此当前的问题有四叶 Riemann 面。我们选取 $\mathrm{Re}(\gamma) \geqslant 0$ 且 $\mathrm{Re}(\nu) \geqslant 0$ 的一叶来保证函数的解析性。因此，割线需要根据 $\mathrm{Re}(\gamma) = 0$ 和 $\mathrm{Re}(\nu) = 0$ 给出。附录 A 中详细介绍了这种类型的复数根式的割线画法。图 6.5.1 显示了 k 的复平面上的枝点和割线分布情况。割线为双曲线的一部分，

---

① 设区域 G 的边界 C 为一分段光滑的简单闭合曲线，若除有限个孤立奇点 b_k $(k = 1, 2, \cdots, n)$ 外，函数 $f(z)$ 在 G 内单值解析，在 $\bar{G}$ 上连续，并且在 C 上没有 $f(z)$ 的奇点，则

$$\oint_c f(z)\,\mathrm{d}z = 2\pi\mathrm{i}\sum_{j=1}^n \mathrm{res}f(b_k).$$

$\mathrm{res}f(b_k)$ 称为 $f(z)$ 在 b_k 处的留数，它等于 $f(z)$ 在 b_k 的邻域内的 Laurent 展开的

$$f(z) = \sum_{l=-\infty}^\infty a_l^{(k)}(z - b_k)^l$$

中 $(z - b_k)^{-1}$ 的系数 $a_{-1}^{(k)}$。

② 一般情况下，Fourier 变换域中的角频率 ω 为实数。但是由于在实际计算中采用了复数频率 $\omega^* = \omega - \mathrm{i}\omega_\mathrm{I}$，其中 $\omega_\mathrm{I} > 0$，这里的 k_α 和 k_β 实际上是复数。此外，对于考虑介质衰减的非完全弹性介质，引入衰减因子 Q 值后，P 波速度 α 和 S 波速度 β 也将变为复数。k_α 和 k_β 是复数的直接效果是，枝点不再位于 k 的复平面的实轴上，而分别位于第二和第四象限。

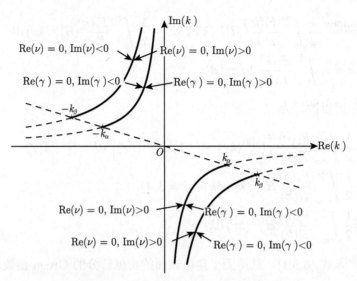

图 6.5.1　k 的复平面上的枝点和割线

有 4 个枝点：$\pm k_\alpha$ 和 $\pm k_\beta$。割线为粗黑线显示的双曲线的一部分。图中标出了各个割线的不同侧 γ 或者 ν 的取值情况

在割线上有 $\mathrm{Re}(\gamma) = 0$ 或 $\mathrm{Re}(\nu) = 0$。在割线的不同侧，辐角分别为 $\pm\pi/2$，这意味着 γ 或 ν 的虚部符号相反。选取 $\mathrm{Re}(\gamma) \geqslant 0$ 且 $\mathrm{Re}(\nu) \geqslant 0$ 的 Riemann 叶作为进一步分析的对象。

令 $x = k^2\beta^2/\omega^2$，则

$$R(k) = \left(2k^2 - \frac{\omega^2}{\beta^2}\right)^2 - 4k^2\sqrt{k^2 - \frac{\omega^2}{\alpha^2}}\sqrt{k^2 - \frac{\omega^2}{\beta^2}}$$

$$= \frac{\omega^4}{\beta^4}\left[(1-2x)^2 + 4x\sqrt{m-x}\sqrt{1-x}\right] \quad \left(m = \frac{\mu}{\lambda + 2\mu} = \frac{1-2\nu}{2(1-\nu)}\right)$$

其中，$0 < \nu < 0.5$ 为 Poisson 比。附录 B 中详细地讨论了当 $0 < m < 0.5$ 时，$R(x) = (1-2x)^2 + 4x\sqrt{m-x}\sqrt{1-x}$ 的根的情况。结论是，有且仅有一个大于 1 的实数根 x_R，对应的 $k = \kappa = \pm\omega\sqrt{x_R}/\beta$。当 ω 为实数时，κ 是位于实轴上的；而当 ω 为复数时，κ 位于第二和第四象限，与 k_α 和 k_β 位于同一条直线上。

为了利用留数定理来计算式 (6.5.14) 中的积分，需要建构一个闭合的积分路径，如图 6.5.2 所示。式 (6.5.14) 中的积分路径为图中的 C。引入一个圆心在原点处、半径 $R \to \infty$ 的位于第三、四象限中的半圆 C_R。由于割线的存在，需要分别沿着由 k_β 引出的割线和 k_α 引出的割线两侧，形成路径 $C_\beta^{(1)}$、$C_\beta^{(2)}$、$C_\alpha^{(1)}$ 和 $C_\alpha^{(2)}$。这样，$C + C_R + C_\beta^{(1)} + C_\beta^{(2)} + C_\alpha^{(1)} + C_\alpha^{(2)}$ 就构成了一个完整的闭合回路。

对于大圆弧上的积分，由于相位因子的存在，根据大圆弧引理[①]，不难验证 $kf(k) \to 0$，

---

① 设 $f(z)$ 在 $z = \infty$ 点的邻域内连续，在 $\theta_1 \leqslant \arg z \leqslant \theta_2$ 内，当 $z \to \infty$ 时，$zf(z)$ 一致地趋于 K，则

$$\lim_{R \to \infty} \int_{C_R} f(z)\,\mathrm{d}z = \mathrm{i}K(\theta_2 - \theta_1)$$

其中，C_R 是以原点为圆心，R 为半径，夹角为 $\theta_2 - \theta_1$ 的圆弧，即 $|z| = R$，$\theta_1 \leqslant \arg z \leqslant \theta_2$。参见吴崇试（2003，第 28 页）。

其中 $f(k)$ 为式 (6.5.14) 中的各个积分的被积函数。因此，大圆弧 C_R 上的积分为 0。闭合回路所围的区域内，只有一个一阶极点 $k = \kappa$，因此由留数定理得到

$$\int_C f(k)\,\mathrm{d}k + \int_{C_\beta^{(1)}} f(k)\,\mathrm{d}k + \int_{C_\beta^{(2)}} f(k)\,\mathrm{d}k + \int_{C_\alpha^{(1)}} f(k)\,\mathrm{d}k + \int_{C_\alpha^{(2)}} f(k)\,\mathrm{d}k$$

$$= -2\pi\mathrm{i}\Big[\mathrm{res} f(\kappa)\Big] \tag{6.5.15}$$

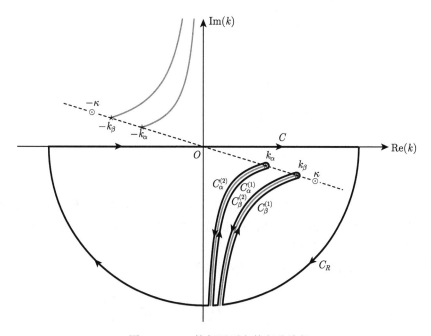

图 6.5.2　k 的复平面上的积分路径

四个枝点 $\pm k_\alpha$、$\pm k_\beta$ 和 Rayleigh 函数的零点 κ 位于同一条直线上。割线用灰色显示，积分路径用粗实线显示。C 为原始的积分路径，C_R 为半径 $R \to \infty$ 的大圆弧，$C_\alpha^{(1)}$ 和 $C_\alpha^{(2)}$ 为对应枝点 k_α 的割线两侧的积分路径，$C_\beta^{(1)}$ 和 $C_\beta^{(2)}$ 为对应枝点 k_β 的割线两侧的积分路径

等式右端的负号是因为图 6.5.2 中的积分路径方向与约定的正方向相反。由于割线两侧的 γ 或 ν 的辐角并不相等，沿两条割线的方向相反的路径积分并不能互相抵消。式 (6.5.15) 中，路径 $C_\beta^{(1)}$、$C_\beta^{(2)}$、$C_\alpha^{(1)}$ 和 $C_\alpha^{(2)}$ 上的积分代表了由自由界面引起的体波贡献，而等式右端与 Rayleigh 函数零点有关的留数项为 Rayleigh 面波的贡献。注意到

$$\mathrm{res} f(\kappa) = \lim_{k \to \kappa}(k - \kappa)f(k) = \lim_{k \to \kappa}(k - \kappa)\frac{P(k)}{Q(k)} = \frac{P(\kappa)}{Q'(\kappa)}$$

因此，将式 (6.5.15) 应用于式 (6.5.14)，并代入式 (6.5.1)，得到 Green 函数的 Rayleigh 波贡献 $G_{ij}^R(\boldsymbol{x}, \boldsymbol{x}', \omega)$ 为

$$G_{11}^R(\boldsymbol{x}, \boldsymbol{x}', \omega) = -\frac{\mathrm{i}F_1(\kappa)}{4\mu R'(\kappa)}\Big[H_0^{(2)}(\kappa r) - H_2^{(2)}(\kappa r)\cos 2\theta\Big] \tag{6.5.16a}$$

$$G_{12}^R(\boldsymbol{x}, \boldsymbol{x}', \omega) = G_{21}^R(\boldsymbol{x}, \boldsymbol{x}', \omega) = \frac{\mathrm{i}F_1(\kappa)\sin 2\theta}{4\mu R'(\kappa)} H_2^{(2)}(\kappa r) \tag{6.5.16b}$$

$$G_{22}^R(\boldsymbol{x}, \boldsymbol{x}', \omega) = -\frac{\mathrm{i}F_1(\kappa)}{4\mu R'(\kappa)} \left[H_0^{(2)}(\kappa r) + H_2^{(2)}(\kappa r)\cos 2\theta \right] \tag{6.5.16c}$$

$$G_{13}^R(\boldsymbol{x}, \boldsymbol{x}', \omega) = -\frac{\mathrm{i}F_3(\kappa)\cos\theta}{4\mu R'(\kappa)} H_1^{(2)}(\kappa r) \tag{6.5.16d}$$

$$G_{23}^R(\boldsymbol{x}, \boldsymbol{x}', \omega) = -\frac{\mathrm{i}F_3(\kappa)\sin\theta}{4\mu R'(\kappa)} H_1^{(2)}(\kappa r) \tag{6.5.16e}$$

$$G_{31}^R(\boldsymbol{x}, \boldsymbol{x}', \omega) = -\frac{\mathrm{i}F_4(\kappa)\cos\theta}{4\mu R'(\kappa)} H_1^{(2)}(\kappa r) \tag{6.5.16f}$$

$$G_{32}^R(\boldsymbol{x}, \boldsymbol{x}', \omega) = -\frac{\mathrm{i}F_4(\kappa)\sin\theta}{4\mu R'(\kappa)} H_1^{(2)}(\kappa r) \tag{6.5.16g}$$

$$G_{33}^R(\boldsymbol{x}, \boldsymbol{x}', \omega) = -\frac{\mathrm{i}F_5(\kappa)}{4\mu R'(\kappa)} H_0^{(2)}(\kappa r) \tag{6.5.16h}$$

式 (6.5.16) 是以闭合形式表示的频率域中 Rayleigh 波的激发公式。

6.5.3.3　远场近似

虽然式 (6.5.16) 是在频率域中给出的结果，并不便于直接分析时间域内的波动性质，但是基于它可以直接得到单一频率的 Rayleigh 波的波动性质。比如，当源点和场点距离较远时，预期当前的结果的图像应该与平面波情况下的一致。

注意到 Hankel 函数在 $x \to \infty$ 时的渐近解为

$$H_m^{(2)}(x) \sim \sqrt{\frac{2}{\pi x}} \exp\left[-\mathrm{i}\left(x - \frac{m\pi}{2} - \frac{\pi}{4} \right) \right]$$

因此

$$H_0^{(2)}(\kappa r) \sim \sqrt{\frac{2}{\pi\kappa r}} \exp\left[-\mathrm{i}\left(\kappa r - \frac{\pi}{4} \right) \right] \tag{6.5.17a}$$

$$H_1^{(2)}(\kappa r) \sim \sqrt{\frac{2}{\pi\kappa r}} \exp\left[-\mathrm{i}\left(\kappa r - \frac{\pi}{2} - \frac{\pi}{4} \right) \right] = \mathrm{i}H_0^{(2)}(\kappa r) \tag{6.5.17b}$$

$$H_2^{(2)}(\kappa r) \sim \sqrt{\frac{2}{\pi\kappa r}} \exp\left[-\mathrm{i}\left(\kappa r - \pi - \frac{\pi}{4} \right) \right] = -H_0^{(2)}(\kappa r) \tag{6.5.17c}$$

此外，由于 κ 是 Rayleigh 函数的零点，所以满足 $R(\kappa) = \chi^2 - 4\kappa^2\nu\gamma = 0$，即

$$\chi^2(\kappa) = 4\kappa^2\nu(\kappa)\gamma(\kappa), \quad \chi(\kappa) = 2\kappa^2 - \frac{\omega^2}{\beta^2} \tag{6.5.18}$$

代入式 (6.5.12)，得到

$$F_1(\kappa) = -\frac{2\kappa^3\nu\beta^2}{\omega^2} \left[2\left(\kappa^2 \mathrm{e}^{\mathrm{PP}} + \nu\gamma \mathrm{e}^{\mathrm{SS}} \right) - \chi\left(\mathrm{e}^{\mathrm{SP}} + \mathrm{e}^{\mathrm{PS}} \right) \right] \tag{6.5.19a}$$

$$F_3(\kappa) = -\frac{2\kappa^2\beta^2\chi}{\omega^2} \left[\chi\left(\mathrm{e}^{\mathrm{PP}} + \mathrm{e}^{\mathrm{SS}} \right) - 2\left(\kappa^2 \mathrm{e}^{\mathrm{SP}} + \nu\gamma \mathrm{e}^{\mathrm{PS}} \right) \right] \tag{6.5.19b}$$

$$F_4(\kappa) = +\frac{2\kappa^2\beta^2\chi}{\omega^2}\left[\chi\left(\mathrm{e}^{\mathrm{PP}}+\mathrm{e}^{\mathrm{SS}}\right)-2\left(\nu\gamma\mathrm{e}^{\mathrm{SP}}+\kappa^2\mathrm{e}^{\mathrm{PS}}\right)\right] \tag{6.5.19c}$$

$$F_5(\kappa) = -\frac{4\kappa^3\gamma\beta^2}{\omega^2}\left[2\left(\nu\gamma\mathrm{e}^{\mathrm{PP}}+\kappa^2\mathrm{e}^{\mathrm{SS}}\right)-\chi\left(\mathrm{e}^{\mathrm{SP}}+\mathrm{e}^{\mathrm{PS}}\right)\right] \tag{6.5.19d}$$

在 $x_3 = 0$ 且 $x_3' \geqslant 0$，以及 $x_3' = 0$ 且 $x_3 \geqslant 0$ 的情况下，上式可进一步化简得到紧凑的形式。记

$$\phi_{\mathrm{P}} \triangleq \mathrm{e}^{-\gamma x_3}, \quad \phi_{\mathrm{S}} \triangleq \mathrm{e}^{-\nu x_3}, \quad \phi_{\mathrm{P}}' \triangleq \mathrm{e}^{-\gamma x_3'}, \quad \phi_{\mathrm{S}}' \triangleq \mathrm{e}^{-\nu x_3'}$$

注意到

$$\frac{\beta^2}{\omega^2}\chi(\chi-2\nu\gamma)\xrightarrow{(6.5.18)}\frac{\beta^2}{\omega^2}\chi\left(\chi-\frac{\chi^2}{2\kappa^2}\right)=\frac{\chi^2}{2\kappa^2}=2\nu\gamma$$

可以得到表 6.5.2 中所列的具体表达式。

表 6.5.2　两种不同情况下的 $F_i(\kappa)$ $(i = 1, 3, 4, 5)$ 的具体表达式

	$x_3 = 0$ 且 $x_3' \geqslant 0$	$x_3' = 0$ 且 $x_3 \geqslant 0$
$F_1(\kappa)$	$-\kappa\nu\left(2\kappa^2\phi_{\mathrm{P}}'-\chi\phi_{\mathrm{S}}'\right)$	$-\kappa\nu\left(2\kappa^2\phi_{\mathrm{P}}-\chi\phi_{\mathrm{S}}\right)$
$F_3(\kappa)$	$-2\kappa^2\left(2\nu\gamma\phi_{\mathrm{P}}'-\chi\phi_{\mathrm{S}}'\right)$	$2\kappa^2\left(\chi\phi_{\mathrm{P}}-2\nu\gamma\phi_{\mathrm{S}}\right)$
$F_4(\kappa)$	$-2\kappa^2\left(\chi\phi_{\mathrm{P}}'-2\nu\gamma\phi_{\mathrm{S}}'\right)$	$2\kappa^2\left(2\nu\gamma\phi_{\mathrm{P}}-\chi\phi_{\mathrm{S}}\right)$
$F_5(\kappa)$	$2\kappa\gamma\left(\chi\phi_{\mathrm{P}}'-2\kappa^2\phi_{\mathrm{S}}'\right)$	$2\kappa\gamma\left(\chi\phi_{\mathrm{P}}-2\kappa^2\phi_{\mathrm{S}}\right)$

对于源位于地表、观测点随深度变化（$x_3' = 0$ 且 $x_3 \geqslant 0$）的远场情况，将式 (6.5.17) 和表 6.5.2 最后一列的结果代入式 (6.5.16) 中的 $\tilde{G}_{11}^R$、$\tilde{G}_{31}^R$、$\tilde{G}_{13}^R$ 和 $\tilde{G}_{33}^R$ 分量，得到

$$\left.G_{11}^R(\boldsymbol{x},\boldsymbol{x}',\omega)\right|_{x_3'=0} \sim \sqrt{\frac{\kappa}{2\pi r}}\frac{\nu\cos^2\theta}{\mu R'(\kappa)}\left(2\kappa^2\mathrm{e}^{-\gamma x_3}-\chi\mathrm{e}^{-\nu x_3}\right)\mathrm{e}^{-\mathrm{i}\left(\kappa r-\frac{3\pi}{4}\right)} \tag{6.5.20a}$$

$$\left.G_{31}^R(\boldsymbol{x},\boldsymbol{x}',\omega)\right|_{x_3'=0} \sim \sqrt{\frac{\kappa}{2\pi r}}\frac{\kappa\cos\theta}{\mu R'(\kappa)}\left(2\nu\gamma\mathrm{e}^{-\gamma x_3}-\chi\mathrm{e}^{-\nu x_3}\right)\mathrm{e}^{-\mathrm{i}\left(\kappa r-\frac{\pi}{4}\right)} \tag{6.5.20b}$$

$$\left.G_{13}^R(\boldsymbol{x},\boldsymbol{x}',\omega)\right|_{x_3'=0} \sim \sqrt{\frac{\kappa}{2\pi r}}\frac{\kappa\cos\theta}{\mu R'(\kappa)}\left(\chi\mathrm{e}^{-\gamma x_3}-2\nu\gamma\mathrm{e}^{-\nu x_3}\right)\mathrm{e}^{-\mathrm{i}\left(\kappa r-\frac{\pi}{4}\right)} \tag{6.5.20c}$$

$$\left.G_{33}^R(\boldsymbol{x},\boldsymbol{x}',\omega)\right|_{x_3'=0} \sim \sqrt{\frac{\kappa}{2\pi r}}\frac{\gamma}{\mu R'(\kappa)}\left(\chi\mathrm{e}^{-\gamma x_3}-2\kappa^2\mathrm{e}^{-\nu x_3}\right)\mathrm{e}^{-\mathrm{i}\left(\kappa r+\frac{\pi}{4}\right)} \tag{6.5.20d}$$

其中，$\tilde{G}_{11}^R$ 和 $\tilde{G}_{31}^R$ 分别为水平力引起的水平和竖直方向的位移分量，而 $\tilde{G}_{13}^R$ 和 $\tilde{G}_{33}^R$ 分别为垂直力引起的水平和竖直方向的位移分量。给这几个量分别乘以 $\mathrm{e}^{\mathrm{i}\omega t}$[①]，并取实部，就得到了这几个量随时间 t 的变化情况。以沿着 x_1 轴正方向传播的简谐波为例，$\theta = 0$，因此

$$\left.\mathrm{Re}\left[\tilde{G}_{11}^R\mathrm{e}^{\mathrm{i}\omega t}\right]\right|_{x_3'=0} \sim \nu C\left(2\kappa^2\mathrm{e}^{-\gamma x_3}-\chi\mathrm{e}^{-\nu x_3}\right)\cos\left(\omega t-\kappa r+\frac{3\pi}{4}\right) \tag{6.5.21a}$$

---

① $\tilde{G}_{ij}^R$ 本身并不含有时间变量，为了考虑其单频的振荡特点，需要乘以与时间有关的因子。事实上，根据反 Fourier 变换，其对应的时间域结果为

$$G_{ij}^R(\boldsymbol{x},\boldsymbol{x}',t)=\frac{1}{2\pi}\int_{-\infty}^{\infty}G_{ij}^R(\boldsymbol{x},\boldsymbol{x}',\omega)\mathrm{e}^{\mathrm{i}\omega t}\,\mathrm{d}\omega$$

这是对所有频率成分的求和，因此被积函数中的 $\mathrm{e}^{\mathrm{i}\omega t}$ 代表了随时间简谐变化的成分。

$$\text{Re}\left[\tilde{G}^R_{31}\text{e}^{\text{i}\omega t}\right]\Big|_{x'_3=0} \sim \kappa C\left(2\nu\gamma\text{e}^{-\gamma x_3} - \chi\text{e}^{-\nu x_3}\right)\cos\left(\omega t - \kappa r + \frac{\pi}{4}\right) \tag{6.5.21b}$$

$$\text{Re}\left[\tilde{G}^R_{13}\text{e}^{\text{i}\omega t}\right]\Big|_{x'_3=0} \sim \kappa C\left(\chi\text{e}^{-\gamma x_3} - 2\nu\gamma\text{e}^{-\nu x_3}\right)\cos\left(\omega t - \kappa r + \frac{\pi}{4}\right) \tag{6.5.21c}$$

$$\text{Re}\left[\tilde{G}^R_{33}\text{e}^{\text{i}\omega t}\right]\Big|_{x'_3=0} \sim \gamma C\left(\chi\text{e}^{-\gamma x_3} - 2\kappa^2\text{e}^{-\nu x_3}\right)\cos\left(\omega t - \kappa r - \frac{\pi}{4}\right) \tag{6.5.21d}$$

其中，$C = \sqrt{\kappa/(2\pi r)}/[\mu R'(\kappa)]$。分别以水平力或垂直力导致的水平和垂向的位移作为横轴和纵轴，即可获得质点运动轨迹。

对于观测点位于地表、源点随深度变化（$x_3 = 0$ 且 $x'_3 \geqslant 0$）的情况，将式 (6.5.17) 和表 6.5.2 中第二列的结果代入式 (6.5.16) 中，类似地得到

$$G^R_{11}(\boldsymbol{x}, \boldsymbol{x}', \omega)\Big|_{x_3=0} \sim \sqrt{\frac{\kappa}{2\pi r}}\frac{\nu\cos^2\theta}{\mu R'(\kappa)}\left(2\kappa^2\text{e}^{-\gamma x'_3} - \chi\text{e}^{-\nu x'_3}\right)\text{e}^{-\text{i}\left(\kappa r - \frac{3\pi}{4}\right)}$$

$$G^R_{31}(\boldsymbol{x}, \boldsymbol{x}', \omega)\Big|_{x_3=0} \sim \sqrt{\frac{\kappa}{2\pi r}}\frac{\kappa\cos\theta}{\mu R'(\kappa)}\left(\chi\text{e}^{-\gamma x'_3} - 2\nu\gamma\text{e}^{-\nu x'_3}\right)\text{e}^{-\text{i}\left(\kappa r - \frac{5\pi}{4}\right)}$$

$$G^R_{13}(\boldsymbol{x}, \boldsymbol{x}', \omega)\Big|_{x_3=0} \sim \sqrt{\frac{\kappa}{2\pi r}}\frac{\kappa\cos\theta}{\mu R'(\kappa)}\left(2\nu\gamma\text{e}^{-\gamma x'_3} - \chi\text{e}^{-\nu x'_3}\right)\text{e}^{-\text{i}\left(\kappa r - \frac{5\pi}{4}\right)}$$

$$G^R_{33}(\boldsymbol{x}, \boldsymbol{x}', \omega)\Big|_{x_3=0} \sim \sqrt{\frac{\kappa}{2\pi r}}\frac{\gamma}{\mu R'(\kappa)}\left(\chi\text{e}^{-\gamma x'_3} - 2\kappa^2\text{e}^{-\nu x'_3}\right)\text{e}^{-\text{i}\left(\kappa r + \frac{\pi}{4}\right)}$$

从而对于沿 x_1 轴正方向传播的简谐波 ($\theta = 0$)，

$$\text{Re}\left[\tilde{G}^R_{11}\text{e}^{\text{i}\omega t}\right]\Big|_{x_3=0} \sim \nu C\left(2\kappa^2\text{e}^{-\gamma x'_3} - \chi\text{e}^{-\nu x'_3}\right)\cos\left(\omega t - \kappa r + \frac{3\pi}{4}\right) \tag{6.5.22a}$$

$$\text{Re}\left[\tilde{G}^R_{31}\text{e}^{\text{i}\omega t}\right]\Big|_{x_3=0} \sim \kappa C\left(\chi\text{e}^{-\gamma x'_3} - 2\nu\gamma\text{e}^{-\nu x'_3}\right)\cos\left(\omega t - \kappa r + \frac{5\pi}{4}\right) \tag{6.5.22b}$$

$$\text{Re}\left[\tilde{G}^R_{13}\text{e}^{\text{i}\omega t}\right]\Big|_{x_3=0} \sim \kappa C\left(\chi\text{e}^{-\gamma x'_3} - 2\nu\gamma\text{e}^{-\nu x'_3}\right)\cos\left(\omega t - \kappa r + \frac{5\pi}{4}\right) \tag{6.5.22c}$$

$$\text{Re}\left[\tilde{G}^R_{33}\text{e}^{\text{i}\omega t}\right]\Big|_{x_3=0} \sim \gamma C\left(\chi\text{e}^{-\gamma x'_3} - 2\kappa^2\text{e}^{-\nu x'_3}\right)\cos\left(\omega t - \kappa r - \frac{\pi}{4}\right) \tag{6.5.22d}$$

其中，$C = \sqrt{\kappa/(2\pi r)}/[\mu R'(\kappa)]$。

对于观测点和源点同时位于地下的情况，把式 (6.5.17) 和式 (6.5.19) 代入式 (6.5.16)，得到

$$\tilde{G}^R_{11} \sim \sqrt{\frac{\kappa}{\pi r}}\frac{2\kappa^2\beta^2\nu\cos^2\theta}{\mu\omega^2 R'(\kappa)}\left[2\left(\kappa^2\text{e}^{\text{PP}} + \nu\gamma\text{e}^{\text{SS}}\right) - \chi\left(\text{e}^{\text{SP}} + \text{e}^{\text{PS}}\right)\right]\text{e}^{-\text{i}\left(\kappa r - \frac{3\pi}{4}\right)}$$

$$\tilde{G}^R_{31} \sim \sqrt{\frac{\kappa}{2\pi r}}\frac{\kappa\beta^2\chi\cos\theta}{\mu\omega^2 R'(\kappa)}\left[\chi\left(\text{e}^{\text{PP}} + \text{e}^{\text{SS}}\right) - 2\left(\nu\gamma\text{e}^{\text{SP}} + \kappa^2\text{e}^{\text{PS}}\right)\right]\text{e}^{-\text{i}\left(\kappa r - \frac{\pi}{4}\right)}$$

$$\tilde{G}^R_{13} \sim \sqrt{\frac{\kappa}{2\pi r}}\frac{\kappa\beta^2\chi\cos\theta}{\mu\omega^2 R'(\kappa)}\left[\chi\left(\text{e}^{\text{PP}} + \text{e}^{\text{SS}}\right) - 2\left(\kappa^2\text{e}^{\text{SP}} + \nu\gamma\text{e}^{\text{PS}}\right)\right]\text{e}^{-\text{i}\left(\kappa r - \frac{5\pi}{4}\right)}$$

$$\tilde{G}^R_{33} \sim \sqrt{\frac{2\kappa}{\pi r}}\frac{\kappa^2\beta^2\gamma}{\mu\omega R'(\kappa)}\left[2\left(\nu\gamma\text{e}^{\text{PP}} + \kappa^2\text{e}^{\text{SS}}\right) - \chi\left(\text{e}^{\text{SP}} + \text{e}^{\text{PS}}\right)\right]\text{e}^{-\text{i}\left(\kappa r - \frac{3\pi}{4}\right)}$$

因此对于沿 x_1 轴正方向传播的简谐波 $(\theta = 0)$, 有

$$\mathrm{Re}\left[\tilde{G}_{11}^{R}\mathrm{e}^{\mathrm{i}\omega t}\right] \sim 2\kappa\nu C\left[2\left(\kappa^2\mathrm{e}^{\mathrm{PP}} + \nu\gamma\mathrm{e}^{\mathrm{SS}}\right) - \chi\left(\mathrm{e}^{\mathrm{SP}} + \mathrm{e}^{\mathrm{PS}}\right)\right]\cos\left(\omega t - \kappa r + \frac{3\pi}{4}\right) \quad (6.5.23\text{a})$$

$$\mathrm{Re}\left[\tilde{G}_{31}^{R}\mathrm{e}^{\mathrm{i}\omega t}\right] \sim \chi C\left[\chi\left(\mathrm{e}^{\mathrm{PP}} + \mathrm{e}^{\mathrm{SS}}\right) - 2\left(\nu\gamma\mathrm{e}^{\mathrm{SP}} + \kappa^2\mathrm{e}^{\mathrm{PS}}\right)\right]\cos\left(\omega t - \kappa r + \frac{\pi}{4}\right) \quad (6.5.23\text{b})$$

$$\mathrm{Re}\left[\tilde{G}_{13}^{R}\mathrm{e}^{\mathrm{i}\omega t}\right] \sim \chi C\left[\chi\left(\mathrm{e}^{\mathrm{PP}} + \mathrm{e}^{\mathrm{SS}}\right) - 2\left(\kappa^2\mathrm{e}^{\mathrm{SP}} + \nu\gamma\mathrm{e}^{\mathrm{PS}}\right)\right]\cos\left(\omega t - \kappa r + \frac{5\pi}{4}\right) \quad (6.5.23\text{c})$$

$$\mathrm{Re}\left[\tilde{G}_{33}^{R}\mathrm{e}^{\mathrm{i}\omega t}\right] \sim 2\kappa\gamma C\left[2\left(\nu\gamma\mathrm{e}^{\mathrm{PP}} + \kappa^2\mathrm{e}^{\mathrm{SS}}\right) - \chi\left(\mathrm{e}^{\mathrm{SP}} + \mathrm{e}^{\mathrm{PS}}\right)\right]\cos\left(\omega t - \kappa r + \frac{3\pi}{4}\right) \quad (6.5.23\text{d})$$

其中, $C = \sqrt{\kappa/(2\pi r)}\kappa\beta^2/[\mu\omega^2 R'(\kappa)]$。

6.5.3.4 近场 Rayleigh 波

前面详细地考察了不同源、场深度组合情况下的远场 Rayleigh 波的质点运动公式, 在第 7 章将显示根据这些公式计算的结果, 届时将会看到, 尽管不同深度的源产生的质点运动幅度有所不同, 但是整体上的质点运动特征与地震学中经典的平面 Rayleigh 波的结果是一致的。但是, 当观测点离源点的距离比较近的情况下, 结果如何? 这涉及近场 Rayleigh 波的特征。

在近场情况下, 式 (6.5.17) 中的 Hankel 函数的渐近表示式不再成立, 因此必须采用严格的 Hankel 函数表示。注意到第二类 Hankel 函数

$$H_m^{(2)}(x) = J_m(x) - \mathrm{i}Y_m(x)$$

其中, $J_m(x)$ 和 $Y_m(x)$ 分别为 m 阶的第一类和第二类 Bessel 函数。因此, 根据式 (6.5.16), 有

$$\mathrm{Re}\left[\tilde{G}_{11}^{R}\mathrm{e}^{\mathrm{i}\omega t}\right] = -\frac{1}{4\mu R'(\kappa)}\left\{\left[Y_0(\kappa r) - Y_2(\kappa r)\cos 2\theta\right]\cos\omega t\right. \quad (6.5.24\text{a})$$

$$\left. -\left[J_0(\kappa r) - J_2(\kappa r)\cos 2\theta\right]\sin\omega t\right\}F_1(\kappa r) \quad (6.5.24\text{b})$$

$$\mathrm{Re}\left[\tilde{G}_{31}^{R}\mathrm{e}^{\mathrm{i}\omega t}\right] = -\frac{\cos\theta}{4\mu R'(\kappa)}\left[Y_1(\kappa r)\cos\omega t - J_1(\kappa r)\sin\omega t\right]F_4(\kappa r) \quad (6.5.24\text{c})$$

$$\mathrm{Re}\left[\tilde{G}_{13}^{R}\mathrm{e}^{\mathrm{i}\omega t}\right] = -\frac{\cos\theta}{4\mu R'(\kappa)}\left[Y_1(\kappa r)\cos\omega t - J_1(\kappa r)\sin\omega t\right]F_3(\kappa r) \quad (6.5.24\text{d})$$

$$\mathrm{Re}\left[\tilde{G}_{33}^{R}\mathrm{e}^{\mathrm{i}\omega t}\right] = -\frac{1}{4\mu R'(\kappa)}\left[Y_0(\kappa r)\cos\omega t - J_0(\kappa r)\sin\omega t\right]F_5(\kappa r) \quad (6.5.24\text{e})$$

根据式 (6.5.24), 为了计算近场 Rayleigh 波的质点运动轨迹, 必须严格地计算第一类和第二类 Bessel 函数的值。在 7.5.2 节中, 我们将显示相关的数值结果。

6.6 半空间中剪切位错点源引起的位移场和 Rayleigh 波

在 4.6 节中, 曾经考虑过无限介质中的剪切位错点源引起的地震波场问题。根据式 (4.6.1), 在频率域中, 有

$$u_n(\boldsymbol{x}, \omega) = M_{pq}(\omega)G_{np,q'}(\boldsymbol{x}, \boldsymbol{x}', \omega) \quad (6.6.1)$$

其中，地震矩张量的谱 $M_{pq}(\omega)$ 由式 (3.4.8) 对应的频谱给出，$M_0(\omega) = M_0 S(\omega)$，$M_0$ 为标量地震矩，而 $S(\omega)$ 为震源时间函数的频谱。为了区分对场点坐标和源点坐标的导数，式 (6.6.1) 中把对 Green 函数空间坐标的导数项写为 $G_{np,q'}$，表明这是对源点坐标 x'_q 的导数。对于计算辐射位移场的问题而言，式 (6.6.1) 中的 $M_{pq}(\omega)$ 是已知量。因此，只需要根据在之前求出的 Green 函数分量 $G_{ij}(\boldsymbol{x}, \boldsymbol{x}', \omega)$ 计算其空间导数即可。

6.6.1 半空间中剪切位错点源引起的位移场

根据式 (6.5.1)、式 (6.5.2) 和式 (6.4.23)，不难发现 A^{T}、A^{SS}、A^{SR}、A^{RS} 和 A^{RR} 都仅与垂向的坐标 x_3 和 x'_3 有关，而与水平坐标有关的项都含在方位因子 γ_i 和 Bessel 函数相关的项中。

将式 (6.4.23) 对 x'_3 求导数，得到

$$A^{\mathrm{T}}_{,3'} = \nu \left[\zeta(z) \mathrm{e}^{\mathrm{S}} - \mathrm{e}^{\mathrm{SS}} \right] \tag{6.6.2a}$$

$$A^{\mathrm{SS}}_{,3'} = \gamma \zeta(z) \left(k^2 \mathrm{e}^{\mathrm{P}} - \nu^2 \mathrm{e}^{\mathrm{S}} \right) + \frac{\gamma R^*(k)}{R(k)} \left(k^2 \mathrm{e}^{\mathrm{PP}} + \nu^2 \mathrm{e}^{\mathrm{SS}} \right) - \frac{4k^2 \nu \gamma \chi}{R(k)} \left(\nu \mathrm{e}^{\mathrm{SP}} + \gamma \mathrm{e}^{\mathrm{PS}} \right) \tag{6.6.2b}$$

$$A^{\mathrm{SR}}_{,3'} = k\gamma \left[\left(\gamma \mathrm{e}^{\mathrm{P}} - \nu \mathrm{e}^{\mathrm{S}} \right) - \frac{R^*(k)}{R(k)} \left(\gamma \mathrm{e}^{\mathrm{PP}} + \nu \mathrm{e}^{\mathrm{SS}} \right) + \frac{4\nu \chi}{R(k)} \left(k^2 \mathrm{e}^{\mathrm{SP}} + \gamma^2 \mathrm{e}^{\mathrm{PS}} \right) \right] \tag{6.6.2c}$$

$$A^{\mathrm{RS}}_{,3'} = k\nu \left[\left(\gamma \mathrm{e}^{\mathrm{P}} - \nu \mathrm{e}^{\mathrm{S}} \right) + \frac{R^*(k)}{R(k)} \left(\gamma \mathrm{e}^{\mathrm{PP}} + \nu \mathrm{e}^{\mathrm{SS}} \right) - \frac{4\gamma \chi}{R(k)} \left(\nu^2 \mathrm{e}^{\mathrm{SP}} + k^2 \mathrm{e}^{\mathrm{PS}} \right) \right] \tag{6.6.2d}$$

$$A^{\mathrm{RR}}_{,3'} = \nu \zeta(z) \left(\gamma^2 \mathrm{e}^{\mathrm{P}} - k^2 \mathrm{e}^{\mathrm{S}} \right) - \frac{\nu R^*(k)}{R(k)} \left(\gamma^2 \mathrm{e}^{\mathrm{PP}} + k^2 \mathrm{e}^{\mathrm{SS}} \right) + \frac{4k^2 \nu \gamma \chi}{R(k)} \left(\nu \mathrm{e}^{\mathrm{SP}} + \gamma \mathrm{e}^{\mathrm{PS}} \right) \tag{6.6.2e}$$

将式 (6.5.2) 对 x'_i 求导数，注意到 $r_{,\alpha'} = -\gamma_\alpha$，并利用 Bessel 函数的递推关系式：

$$J'_m(x) = \frac{J_{m-1}(x) - J_{m+1}(x)}{2}, \quad \frac{J_m(x)}{x} = \frac{J_{m-1}(x) + J_{m+1}(x)}{2m}$$

以及 $J_{-m}(x) = (-1)^m J_m(x)$，得到

$$I_{1,\alpha'} = -\frac{\gamma_\alpha}{4} \int_0^\infty \left\{ \frac{\beta^2 A^{\mathrm{SS}}}{\gamma \omega^2} \left[J_3(kr) - 3J_1(kr) \right] - \frac{A^{\mathrm{T}}}{\nu} \left[J_3(kr) + J_1(kr) \right] \right\} k^2 \, \mathrm{d}k \tag{6.6.3a}$$

$$I_{2,\alpha'} = \frac{\gamma_\alpha}{4} \int_0^\infty \left\{ \frac{\beta^2 A^{\mathrm{SS}}}{\gamma \omega^2} \left[J_3(kr) + J_1(kr) \right] - \frac{A^{\mathrm{T}}}{\nu} \left[J_3(kr) - 3J_1(kr) \right] \right\} k^2 \, \mathrm{d}k \tag{6.6.3b}$$

$$I_{3,\alpha'} = \frac{\gamma_\alpha \beta^2}{2\omega^2} \int_0^\infty \frac{A^{\mathrm{SR}}}{\gamma} \left[J_0(kr) - J_2(kr) \right] k^2 \, \mathrm{d}k \tag{6.6.3c}$$

$$I_{4,\alpha'} = \frac{\gamma_\alpha \beta^2}{2\omega^2} \int_0^\infty \frac{A^{\mathrm{RS}}}{\nu} \left[J_0(kr) - J_2(kr) \right] k^2 \, \mathrm{d}k \tag{6.6.3d}$$

$$I_{5,\alpha'} = -\frac{\gamma_\alpha \beta^2}{\omega^2} \int_0^\infty \frac{A^{\mathrm{RR}}}{\nu} J_1(kr) k^2 \, \mathrm{d}k \tag{6.6.3e}$$

$$I_{1,3'} = \frac{1}{2} \int_0^\infty \left\{ \frac{\beta^2 A^{\mathrm{SS}}_{,3'}}{\gamma \omega^2} \left[J_0(kr) - J_2(kr) \right] + \frac{A^{\mathrm{T}}_{,3'}}{\nu} \left[J_0(kr) + J_2(kr) \right] \right\} k \, \mathrm{d}k \tag{6.6.3f}$$

$$I_{2,3'} = \frac{1}{2} \int_0^\infty \left\{ \frac{\beta^2 A^{\mathrm{SS}}_{,3'}}{\gamma \omega^2} \left[J_0(kr) + J_2(kr) \right] + \frac{A^{\mathrm{T}}_{,3'}}{\nu} \left[J_0(kr) - J_2(kr) \right] \right\} k \, \mathrm{d}k \tag{6.6.3g}$$

$$I_{3,3'} = -\frac{\beta^2}{\gamma\omega^2} \int_0^\infty \frac{A_{,3'}^{\mathrm{SR}}}{\gamma} J_1(kr)k\,\mathrm{d}k \tag{6.6.3h}$$

$$I_{4,3'} = -\frac{\beta^2}{\nu\omega^2} \int_0^\infty \frac{A_{,3'}^{\mathrm{RS}}}{\nu} J_1(kr)k\,\mathrm{d}k \tag{6.6.3i}$$

$$I_{5,3'} = -\frac{\beta^2}{\nu\omega^2} \int_0^\infty \frac{A_{,3'}^{\mathrm{RR}}}{\nu} A_{,3'}^{\mathrm{RR}} J_0(kr)k\,\mathrm{d}k \tag{6.6.3j}$$

其中，$\alpha = 1,2$。

注意到 $\gamma_{n,q'} = (\gamma_n\gamma_q - \delta_{nq})/r$，因此将式 (6.5.1) 对 x_i' 求导数，得到

$$\tilde{G}_{11,1'} = \varpi\left[(I_2 - I_1)\sin\theta\sin 2\theta + r\left(I_{1,1'}\cos^2\theta + I_{2,1'}\sin^2\theta\right)\right] \tag{6.6.4a}$$

$$\tilde{G}_{12,1'} = \tilde{G}_{21,1'} = \varpi\left[(I_1 - I_2)\cos 2\theta + (I_{1,1'} - I_{2,1'})r\cos\theta\right]\sin\theta \tag{6.6.4b}$$

$$\tilde{G}_{13,1'} = -\varpi\left(I_3\sin^2\theta - I_{3,1'}r\cos\theta\right) \tag{6.6.4c}$$

$$\tilde{G}_{22,1'} = \varpi\left[(I_1 - I_2)\sin\theta\sin 2\theta + r\left(I_{1,1'}\sin^2\theta + I_{2,1'}\cos^2\theta\right)\right] \tag{6.6.4d}$$

$$\tilde{G}_{23,1'} = \varpi\left(I_3\cos\theta + I_{3,1'}r\right)\sin\theta \tag{6.6.4e}$$

$$\tilde{G}_{31,1'} = -\varpi\left(I_4\sin^2\theta - I_{4,1'}r\cos\theta\right) \tag{6.6.4f}$$

$$\tilde{G}_{32,1'} = \varpi\left(I_4\cos\theta + I_{4,1'}r\right)\sin\theta, \quad \tilde{G}_{33,1'} = \varpi r I_{5,1'} \tag{6.6.4g}$$

$$\tilde{G}_{11,2'} = \varpi\left[(I_1 - I_2)\cos\theta\sin 2\theta + r\left(I_{1,2'}\cos^2\theta + I_{2,2'}\sin^2\theta\right)\right] \tag{6.6.4h}$$

$$\tilde{G}_{12,2'} = \tilde{G}_{21,2'} = \varpi\left[(I_2 - I_1)\cos 2\theta + (I_{1,2'} - I_{2,2'})r\sin\theta\right]\cos\theta \tag{6.6.4i}$$

$$\tilde{G}_{13,2'} = \varpi\left(I_3\sin\theta + I_{3,2'}r\right)\cos\theta \tag{6.6.4j}$$

$$\tilde{G}_{23,2'} = -\varpi\left(I_3\cos^2\theta - I_{3,2'}r\sin\theta\right) \tag{6.6.4k}$$

$$\tilde{G}_{22,2'} = \varpi\left[(I_2 - I_1)\cos\theta\sin 2\theta + r\left(I_{1,2'}\sin^2\theta + I_{2,2'}\cos^2\theta\right)\right] \tag{6.6.4l}$$

$$\tilde{G}_{31,2'} = \varpi\left(I_4\sin\theta + I_{4,2'}r\right)\cos\theta \tag{6.6.4m}$$

$$\tilde{G}_{32,2'} = -\varpi\left(I_4\cos^2\theta - I_{4,2'}r\sin\theta\right), \quad \tilde{G}_{33,2'} = \varpi r I_{5,2'} \tag{6.6.4n}$$

其中，$\varpi = 1/(4\pi\mu r)$，以及

$$\tilde{\mathbf{G}}_{,3} = \frac{1}{4\pi\mu}\begin{bmatrix} I_{1,3'}\cos^2\theta + I_{2,3'}\sin^2\theta & (I_{1,3'} - I_{2,3'})\cos\theta\sin\theta & I_{3,3'}\cos\theta \\ (I_{1,3'} - I_{2,3'})\cos\theta\sin\theta & I_{1,3'}\sin^2\theta + I_{2,3'}\cos^2\theta & I_{3,3'}\sin\theta \\ I_{4,3'}\cos\theta & I_{4,3'}\sin\theta & I_{5,3'} \end{bmatrix} \tag{6.6.5}$$

式 (6.6.4) 和式 (6.6.5)，连同式 (6.6.3)、式 (6.6.2)、式 (6.5.2) 和式 (6.4.23) 形成了计算频率域半空间 Green 函数的空间导数 $G_{np,q'}$ 的完整计算公式。具体的代入关系如下所示：

$$A^{\mathrm{T}}, A^{\mathrm{SS}}, A^{\mathrm{SR}}, A^{\mathrm{RS}}, A^{\mathrm{RR}} \longrightarrow I_i \xrightarrow{\frac{\partial}{\partial x_\alpha'}} I_{i,\alpha'} \longrightarrow \tilde{G}_{ij,k'}$$
$$\Big\downarrow\frac{\partial}{\partial x_3'} \qquad\qquad\qquad\qquad\nearrow$$
$$A_{,3'}^{\mathrm{T}}, A_{,3'}^{\mathrm{SS}}, A_{,3'}^{\mathrm{SR}}, A_{,3'}^{\mathrm{RS}}, A_{,3'}^{\mathrm{RR}} \longrightarrow I_{i,3'}$$

将式 (6.6.4) 和式 (6.6.5) 代入式 (6.6.1)，即得到剪切位错点源的位移场频谱。时间域的位移通过反 Fourier 变换得到

$$u_n(\boldsymbol{x}, t) = \mathscr{F}^{-1}\{u_n(\boldsymbol{x}, \omega)\} = \mathscr{F}^{-1}\{M_{pq}(\omega)G_{np,q'}(\boldsymbol{x}, \boldsymbol{x}', \omega)\} \tag{6.6.6}$$

由于反 Fourier 变换需要借助于计算机计算，从式 (6.6.6) 出发很难做类似于在第 4 章中对无限空间 Green 函数那样的理论分析。在下一章中，我们将通过数值算例研究相关的性质。

6.6.2 剪切位错点源引起的 Rayleigh 波

根据式 (6.5.16)，对源点坐标 x_i' 求导，并代入式 (6.6.1)，可以得到由剪切位错源引起的 Rayleigh 波。

对式 (6.5.19) 求对 x_3' 的导数，得到

$$F_{1,3'}(\kappa) = \frac{2\kappa^3\nu\beta^2}{\omega^2}\left[2\gamma\left(\kappa^2 e^{PP} + \nu^2 e^{SS}\right) - \chi\left(\nu e^{SP} + \gamma e^{PS}\right)\right] \tag{6.6.7a}$$

$$F_{3,3'}(\kappa) = \frac{2\kappa^2\beta^2\chi}{\omega^2}\left[\chi\left(\gamma e^{PP} + \nu e^{SS}\right) - 2\nu\left(\kappa^2 e^{SP} + \gamma^2 e^{PS}\right)\right] \tag{6.6.7b}$$

$$F_{4,3'}(\kappa) = -\frac{2\kappa^2\beta^2\chi}{\omega^2}\left[\chi\left(\gamma e^{PP} + \nu e^{SS}\right) - 2\gamma\left(\nu^2 e^{SP} + \kappa^2 e^{PS}\right)\right] \tag{6.6.7c}$$

$$F_{5,3'}(\kappa) = \frac{4\kappa^3\gamma\beta^2}{\omega^2}\left[2\nu\left(\gamma^2 e^{PP} + \kappa^2 e^{SS}\right) - \chi\left(\nu e^{SP} + \gamma e^{PS}\right)\right] \tag{6.6.7d}$$

注意到

$$r_{,q'} = -\gamma_q, \quad \gamma_{n,q'} = \frac{\gamma_n\gamma_q - \delta_{nq}}{r}$$

以及

$$\frac{\mathrm{d}}{\mathrm{d}x}H_m^{(2)}(x) = \frac{H_{m-1}^{(2)}(x) - H_{m+1}^{(2)}(x)}{2}, \quad H_{-1}^{(2)}(x) = -H_1^{(2)}(x)$$

由式 (6.5.16) 得到

$$\tilde{G}_{11,1'}^R = \vartheta_1 F_1(\kappa)\left[2H_1^{(2)}(x)x + 8H_2^{(2)}(x)\sin^2\theta + M_{13}(x)x\cos 2\theta\right]\cos\theta$$

$$\tilde{G}_{12,1'}^R = -\vartheta_1 F_1(\kappa)\left[4H_2^{(2)}(x)\sin\theta\cos 2\theta + M_{31}(x)x\cos\theta\sin 2\theta\right]$$

$$\tilde{G}_{13,1'}^R = -\vartheta_1 F_3(\kappa)\left[2H_1^{(2)}(x)\sin^2\theta + M_{02}(x)x\cos^2\theta\right]$$

$$\tilde{G}_{21,1'}^R = \tilde{G}_{12,1'}^R$$

$$\tilde{G}_{22,1'}^R = \vartheta_1 F_1(\kappa)\left[2H_1^{(2)}(x)x - 8H_2^{(2)}(x)\sin^2\theta - M_{13}(x)x\cos 2\theta\right]\cos\theta$$

$$\tilde{G}_{23,1'}^R = \vartheta_1 F_3(\kappa)\left[2H_1^{(2)}(x) - M_{02}(x)x\right]\cos\theta\sin\theta$$

$$\tilde{G}_{31,1'}^R = -\vartheta_1 F_4(\kappa)\left[2H_1^{(2)}(x)\sin^2\theta + M_{02}(x)x\cos^2\theta\right]$$

$$\tilde{G}_{32,1'}^R = \vartheta_1 F_4(\kappa)\left[2H_1^{(2)}(x) - M_{02}(x)x\right]\cos\theta\sin\theta$$

$$\tilde{G}_{33,1'}^R = \vartheta_1 F_5(\kappa)2H_1^{(2)}(x)x\cos\theta$$

$$\tilde{G}_{11,2'}^{R} = \vartheta_1 F_1(\kappa) \left[2H_1^{(2)}(x)x - 8H_2^{(2)}(x)\cos^2\theta + M_{13}(x)x\cos 2\theta \right]\sin\theta$$

$$\tilde{G}_{12,2'}^{R} = \vartheta_1 F_1(\kappa) \left[4H_2^{(2)}(x)\cos\theta\cos 2\theta - M_{31}(x)x\sin\theta\sin 2\theta \right]$$

$$\tilde{G}_{13,2'}^{R} = \tilde{G}_{23,1'}^{R}, \quad \tilde{G}_{21,2'}^{R} = \tilde{G}_{12,2'}^{R}$$

$$\tilde{G}_{22,2'}^{R} = \vartheta_1 F_1(\kappa) \left[2H_1^{(2)}(x)x + 8H_2^{(2)}(x)\cos^2\theta - M_{13}(x)x\cos 2\theta \right]\sin\theta$$

$$\tilde{G}_{23,2'}^{R} = -\vartheta_1 F_3(\kappa) \left[2H_1^{(2)}(x)\cos^2\theta + M_{02}(x)x\sin^2\theta \right]$$

$$\tilde{G}_{31,2'}^{R} = \tilde{G}_{32,1'}^{R}$$

$$\tilde{G}_{32,2'}^{R} = -\vartheta_1 F_4(\kappa) \left[2H_1^{(2)}(x)\cos^2\theta + M_{02}(x)x\sin^2\theta \right]$$

$$\tilde{G}_{33,2'}^{R} = \vartheta_1 F_5(\kappa)2H_1^{(2)}(x)x\sin\theta$$

$$\tilde{G}_{11,3'}^{R} = \vartheta_2 F_{1,3'}(\kappa) \left[H_0^{(2)}(x) - H_2^{(2)}(x)\cos 2\theta \right]$$

$$\tilde{G}_{12,3'}^{R} = \tilde{G}_{21,3'}^{R} = -\vartheta_2 F_{1,3'}(\kappa)H_2^{(2)}(x)\sin 2\theta$$

$$\tilde{G}_{22,3'}^{R} = \vartheta_2 F_{1,3'}(\kappa) \left[H_0^{(2)}(x) + H_2^{(2)}(x)\cos 2\theta \right]$$

$$\tilde{G}_{13,3'}^{R} = \vartheta_2 F_{3,3'}(\kappa)H_1^{(2)}(x)\cos\theta$$

$$\tilde{G}_{23,3'}^{R} = \vartheta_2 F_{3,3'}(\kappa)H_1^{(2)}(x)\sin\theta$$

$$\tilde{G}_{31,3'}^{R} = \vartheta_2 F_{4,3'}(\kappa)H_1^{(2)}(x)\cos\theta$$

$$\tilde{G}_{32,3'}^{R} = \vartheta_2 F_{4,3'}(\kappa)H_1^{(2)}(x)\sin\theta$$

$$\tilde{G}_{33,3'}^{R} = \vartheta_2 F_{5,3'}(\kappa)H_0^{(2)}(x)$$

其中，$x = \kappa r$，$\vartheta_1 = -\mathrm{i}/[8\mu r R'(\kappa)]$，$\vartheta_2 = 2r\vartheta_1$，$M_{mn}(x) = H_m^{(2)}(x) - H_n^{(2)}(x)$。将上式代入式 (6.6.1)，即可得到由剪切位错点源产生的 Rayleigh 波位移分量 $\tilde{u}_i^R$

$$u_i^R(\boldsymbol{x}, \omega) = M_{pq}(\omega)G_{ip,q'}^R(\boldsymbol{x}, \boldsymbol{x}', \omega) \tag{6.6.8}$$

6.7 半空间问题的地表静态解

在第 6.4.1.2 节关于 P-SV 情形的求解系统的讨论中，曾经提到当 $\omega = 0$ 时，会出现本征值相等的情况。这种情况下需要予以特别的考虑。事实上，本征值相等的情况不仅仅是 $\omega = 0$ 时才会出现。在 $\omega \neq 0$ 时，$k = \omega/\alpha$ 或者 ω/β 都会导致本征值相等的情况。但是注意到对于固定的频率而言，只是孤立的 k 值才会出现这种情况，在积分的意义下可以忽略。因此，只需要考虑 $\omega = 0$ 即可，这时对于 P-SV 情形，无论 k 取什么值都存在简并现象，而对于 SH 情形则不存在简并（$k = 0$ 的孤值情况在积分意义下也不考虑）。

以下我们针对第二类 Lamb 问题研究其静态 Green 函数[①]。

[①] 本节的方法并不限于第二类 Lamb 问题，但是因为对于 $z_s > 0$ 且 $z = 0$ 的情况，结果有更为紧凑的形式，所以本节只讨论这种情况。感兴趣的读者可以自行推广到第三类 Lamb 问题的情况。

6.7.1   第二类 Lamb 问题的静态 Green 函数

6.7.1.1   SH 情形的位移展开系数

在 $\omega = 0$ 时，对于 SH 情形，本征值没有相等的情况，因此 6.4.1.1 节的分析都成立，只需要令 $\omega = 0$ 即可得到相应的结果。式 (6.4.22a) 可以写为

$$u_m^T(k, z)\Big|_{z=0} = \frac{\mathrm{e}^{-kz_s}}{k\mu}\mathscr{F}_m^T \tag{6.7.1}$$

其中，$\mathscr{F}_m^T$ 的表达式见式 (6.4.15)。

6.7.1.2   P-SV 情形的位移展开系数

在 $\omega = 0$ 时，P-SV 情形的系数矩阵为

$$\mathbf{A} = \frac{1}{\mu}\begin{bmatrix} 0 & k\mu & 1 & 0 \\ -k\mu(\xi' - \xi) & 0 & 0 & \xi \\ 4k^2\mu^2\xi' & 0 & 0 & k\mu(\xi' - \xi) \\ 0 & 0 & -k\mu & 0 \end{bmatrix} \quad \left(\xi = \frac{\mu}{\lambda + 2\mu},\ \xi' = 1 - \xi\right)$$

这时的 $\mathbf{A}$ 并不相似于对角矩阵，而是 Jordan 形矩阵 $\mathbf{J}$[①]

$$\mathbf{J} = \begin{bmatrix} -k & k\xi' & 0 & 0 \\ 0 & -k & 0 & 0 \\ 0 & 0 & k & k\xi' \\ 0 & 0 & 0 & k \end{bmatrix}$$

矩阵 $\mathbf{E}$ 和它的逆矩阵 $\mathbf{E}^{-1}$ 分别为[②]

[①] 一般在线性代数或高等代数中定义的 Jordan 形矩阵为

$$\mathbf{J} = \begin{bmatrix} -k & 1 & 0 & 0 \\ 0 & -k & 0 & 0 \\ 0 & 0 & k & 1 \\ 0 & 0 & 0 & k \end{bmatrix}$$

但是在当前要求解的问题中，k 是具有波数量纲的物理量，矩阵 $(1, 2)$ 和 $(3, 4)$ 位置上的元素与 k 有不同量纲，这是不方便的，需要对这个矩阵进行修正，使各个元素同量纲。原则上讲，只要选取这两个位置上的元素与 k 同量纲即可，比如就让它们等于 k。但是选取不同的取法会导致相应的 $\mathbf{E}$ 的表示形式复杂程度不同。经过尝试，发现取 $k\xi'$ 会导致 $\mathbf{E}$ 能有比较简洁的表达式。

[②] 由于 $\mathbf{E}^{-1}\mathbf{A}\mathbf{E} = \mathbf{J}$，因此 $\mathbf{A}\mathbf{E} = \mathbf{E}\mathbf{J}$。如果记 $\mathbf{E} = [\boldsymbol{e}_1,\ \boldsymbol{e}_2,\ \boldsymbol{e}_3,\ \boldsymbol{e}_4]$，则有

$$\mathbf{A}[\boldsymbol{e}_1,\ \boldsymbol{e}_2,\ \boldsymbol{e}_3,\ \boldsymbol{e}_4] = [\boldsymbol{e}_1,\ \boldsymbol{e}_2,\ \boldsymbol{e}_3,\ \boldsymbol{e}_4]\begin{bmatrix} -k & k\xi' & 0 & 0 \\ 0 & -k & 0 & 0 \\ 0 & 0 & k & k\xi' \\ 0 & 0 & 0 & k \end{bmatrix} = [-k\boldsymbol{e}_1,\ k\xi'\boldsymbol{e}_1 - k\boldsymbol{e}_2,\ k\boldsymbol{e}_3,\ k\xi'\boldsymbol{e}_3 + k\boldsymbol{e}_4]$$

根据 $(k\mathbf{I} + \mathbf{A})\boldsymbol{e}_1 = 0$ 和 $(k\mathbf{I} - \mathbf{A})\boldsymbol{e}_3 = 0$，可以取

$$\boldsymbol{e}_1 = [-1,\ -1,\ 2k\mu,\ 2k\mu]^{\mathrm{T}},\quad \boldsymbol{e}_3 = [1,\ -1,\ 2k\mu,\ -2k\mu]^{\mathrm{T}}$$

$\boldsymbol{e}_2$ 和 $\boldsymbol{e}_4$ 分别满足 $(k\mathbf{I} + \mathbf{A})\boldsymbol{e}_2 = k\xi'\boldsymbol{e}_1$ 和 $(k\mathbf{I} - \mathbf{A})\boldsymbol{e}_4 = -k\xi'\boldsymbol{e}_3$，相应地得到

$$\boldsymbol{e}_2 = [1,\ -\xi,\ -2k\mu\xi',\ 0]^{\mathrm{T}},\quad \boldsymbol{e}_4 = [1,\ \xi,\ 2k\mu\xi',\ 0]^{\mathrm{T}}$$

因此得到 $\mathbf{E}$。

$$\mathbf{E} = \begin{bmatrix} -1 & 1 & 1 & 1 \\ -1 & -\xi & -1 & \xi \\ 2k\mu & -2k\mu\xi' & 2k\mu & 2k\mu\xi' \\ 2k\mu & 0 & -2k\mu & 0 \end{bmatrix} = \begin{bmatrix} \mathbf{E}_{11} & \mathbf{E}_{12} \\ \mathbf{E}_{21} & \mathbf{E}_{22} \end{bmatrix} \quad (6.7.2a)$$

$$\mathbf{E}^{-1} = \frac{1}{4k\mu} \begin{bmatrix} 0 & -2k\mu\xi' & \xi & 1 \\ 2k\mu & -2k\mu & -1 & 1 \\ 0 & -2k\mu\xi' & \xi & -1 \\ 2k\mu & 2k\mu & 1 & 1 \end{bmatrix} = \begin{bmatrix} (\mathbf{E}^{-1})_{11} & (\mathbf{E}^{-1})_{12} \\ (\mathbf{E}^{-1})_{21} & (\mathbf{E}^{-1})_{22} \end{bmatrix} \quad (6.7.2b)$$

其中，

$$\mathbf{E}_{11} \triangleq \begin{bmatrix} -1 & 1 \\ -1 & -\xi \end{bmatrix}, \qquad \mathbf{E}_{12} \triangleq \begin{bmatrix} 1 & 1 \\ -1 & \xi \end{bmatrix}$$

$$\mathbf{E}_{21} \triangleq 2k\mu \begin{bmatrix} 1 & -\xi' \\ 1 & 0 \end{bmatrix}, \qquad \mathbf{E}_{22} \triangleq 2k\mu \begin{bmatrix} 1 & \xi' \\ -1 & 0 \end{bmatrix}$$

$$(\mathbf{E}^{-1})_{11} \triangleq \frac{1}{2} \begin{bmatrix} 0 & -\xi' \\ 1 & -1 \end{bmatrix}, \quad (\mathbf{E}^{-1})_{12} \triangleq \frac{1}{4k\mu} \begin{bmatrix} \xi & 1 \\ -1 & 1 \end{bmatrix}$$

$$(\mathbf{E}^{-1})_{21} \triangleq \frac{1}{2} \begin{bmatrix} 0 & -\xi' \\ 1 & 1 \end{bmatrix}, \quad (\mathbf{E}^{-1})_{22} \triangleq \frac{1}{4k\mu} \begin{bmatrix} \xi & -1 \\ 1 & 1 \end{bmatrix}$$

将式 (6.3.19) 中的 $\mathbf{E}$ 和 $\mathbf{E}^{-1}$ 分别替换为式 (6.7.2a) 和式 (6.7.2b) 中的形式，而 $\mathbf{Q}$ 和 $\mathbf{Q}^{-1}$ 分别替换为[①]

$$\mathbf{Q}(z) = \begin{bmatrix} \mathrm{e}^{-kz} & k\xi'z\mathrm{e}^{-kz} & 0 & 0 \\ 0 & \mathrm{e}^{-kz} & 0 & 0 \\ 0 & 0 & \mathrm{e}^{kz} & k\xi'z\mathrm{e}^{kz} \\ 0 & 0 & 0 & \mathrm{e}^{kz} \end{bmatrix} = \begin{bmatrix} \mathrm{e}^{-kz}\mathbf{Q}_1(z) & \mathbf{0} \\ \mathbf{0} & \mathrm{e}^{kz}\mathbf{Q}_1(z) \end{bmatrix} \quad (6.7.3a)$$

$$\mathbf{Q}^{-1}(z) = \begin{bmatrix} \mathrm{e}^{kz} & -k\xi'z\mathrm{e}^{kz} & 0 & 0 \\ 0 & \mathrm{e}^{kz} & 0 & 0 \\ 0 & 0 & \mathrm{e}^{-kz} & -k\xi'z\mathrm{e}^{-kz} \\ 0 & 0 & 0 & \mathrm{e}^{-kz} \end{bmatrix} = \begin{bmatrix} \mathrm{e}^{kz}\mathbf{Q}_2(z) & \mathbf{0} \\ \mathbf{0} & \mathrm{e}^{-kz}\mathbf{Q}_2(z) \end{bmatrix} \quad (6.7.3b)$$

其中，

---

① 在求解齐次方程的通解 $\boldsymbol{y}_\mathrm{c}$ 过程中，需要求解常微分方程系统 $\dfrac{\mathrm{d}}{\mathrm{d}z}\boldsymbol{Y}(z) = \mathbf{J}\boldsymbol{Y}(z)$，$\boldsymbol{Y}(z) = \mathbf{E}^{-1}\boldsymbol{y}_\mathrm{c}(z)$。注意到现在的 $\mathbf{J}$ 并非对角矩阵，$Y_2(z)$ 和 $Y_4(z)$ 分别满足

$$\frac{\mathrm{d}}{\mathrm{d}z}Y_2(z) + kY_2(z) = 0, \quad \frac{\mathrm{d}}{\mathrm{d}z}Y_4(z) - kY_4(z) = 0$$

解得 $Y_2(z) = C_2\mathrm{e}^{-kz}$，$Y_4(z) = C_4\mathrm{e}^{kz}$。进而得到 $Y_1(z)$ 和 $Y_3(z)$ 满足的常微分方程为

$$\frac{\mathrm{d}}{\mathrm{d}z}Y_1(z) + kY_1(z) = C_2k\xi'\mathrm{e}^{-kz}, \quad \frac{\mathrm{d}}{\mathrm{d}z}Y_3(z) - kY_3(z) = C_4k\xi'\mathrm{e}^{kz}$$

解得 $Y_1(z) = (C_1 + C_2k\xi'z)\mathrm{e}^{-kz}$，$Y_3(z) = (C_3 + C_4k\xi'z)\mathrm{e}^{kz}$。写成矩阵形式，即得 $\mathbf{Q}(z)$。

$$\mathbf{Q}_1(z) \triangleq \begin{bmatrix} 1 & k\xi'z \\ 0 & 1 \end{bmatrix}, \quad \mathbf{Q}_2(z) \triangleq \begin{bmatrix} 1 & -k\xi'z \\ 0 & 1 \end{bmatrix}$$

因此，根据式 (6.4.11)，得到

$$\begin{aligned}
\boldsymbol{F}_1(z) &= \int_{z_s^-}^{z} \mathrm{e}^{k\eta} \mathbf{Q}_2(\eta) \left[\mathbf{E}^{-1}\right]_{12} \boldsymbol{f}_2(\eta)\,\mathrm{d}\eta \\
&= -\frac{\mathrm{e}^{k\eta}}{4k\mu} \int_{z_s^-}^{z} \begin{bmatrix} 1 & -k\xi'z \\ 0 & 1 \end{bmatrix} \begin{bmatrix} \xi & 1 \\ -1 & 1 \end{bmatrix} \begin{bmatrix} \mathscr{F}_m^S \\ \mathscr{F}_m^R \end{bmatrix} \delta(\eta - z_s)\,\mathrm{d}\eta \\
&= H(z - z_s)\boldsymbol{s}_1
\end{aligned} \tag{6.7.4a}$$

$$\begin{aligned}
\boldsymbol{F}_2(z) &= \int_{z_s^-}^{z} \mathrm{e}^{-k\eta} \mathbf{Q}_2(\eta) \left[\mathbf{E}^{-1}\right]_{22} \boldsymbol{f}_2(\eta)\,\mathrm{d}\eta \\
&= -\frac{\mathrm{e}^{-k\eta}}{4k\mu} \int_{z_s^-}^{z} \begin{bmatrix} 1 & -k\xi'z \\ 0 & 1 \end{bmatrix} \begin{bmatrix} \xi & -1 \\ 1 & 1 \end{bmatrix} \begin{bmatrix} \mathscr{F}_m^S \\ \mathscr{F}_m^R \end{bmatrix} \delta(\eta - z_s)\,\mathrm{d}\eta \\
&= H(z - z_s)\boldsymbol{s}_2
\end{aligned} \tag{6.7.4b}$$

其中，$\mathscr{F}_m^S$ 和 $\mathscr{F}_m^R$ 的表达式见式 (6.4.16)，

$$\boldsymbol{s}_1 = \frac{\mathrm{e}^{kz_s}}{4k\mu} \begin{bmatrix} -(\xi + k\xi'z_s)\,\mathscr{F}_m^S - (1 - k\xi'z_s)\,\mathscr{F}_m^R \\ \mathscr{F}_m^S - \mathscr{F}_m^R \end{bmatrix} \tag{6.7.5a}$$

$$\boldsymbol{s}_2 = \frac{\mathrm{e}^{-kz_s}}{4k\mu} \begin{bmatrix} -(\xi - k\xi'z_s)\,\mathscr{F}_m^S + (1 + k\xi'z_s)\,\mathscr{F}_m^R \\ -\mathscr{F}_m^S - \mathscr{F}_m^R \end{bmatrix} \tag{6.7.5b}$$

在 $\omega = 0$ 的情况下，把式 (6.4.10) 代入边界条件，

$$\boldsymbol{y}_1(k,z)\Big|_{z\to\infty} = 0\cdot\mathbf{E}_{11}\mathbf{Q}_1(\infty)\left(C_1 + \boldsymbol{s}_1\right) + \infty\cdot\mathbf{E}_{12}\mathbf{Q}_1(\infty)\left(C_2 + \boldsymbol{s}_2\right) = \boldsymbol{0}$$

$$\Rightarrow \quad C_2 = -\boldsymbol{s}_2$$

$$\boldsymbol{y}_2(k,z)\Big|_{z=0} = \mathbf{E}_{21}C_1 + \mathbf{E}_{22}C_2 = \boldsymbol{0}$$

$$\Rightarrow C_1 = \mathbf{E}_{21}^{-1}\mathbf{E}_{22}\boldsymbol{s}_2 = -\begin{bmatrix} (\boldsymbol{s}_2)_1 \\ \frac{2}{\xi'}(\boldsymbol{s}_2)_1 + (\boldsymbol{s}_2)_2 \end{bmatrix}$$

将式 (6.7.5) 代入式 (6.4.20) 和式 (6.4.21)，并代入式 (6.4.10)，得到

$$\begin{aligned}
\left[u_m^S,\; u_m^R\right]^{\mathrm{T}} &= \mathrm{e}^{-kz}\mathbf{E}_{11}\mathbf{Q}_1(z)\left[\mathbf{E}_{21}^{-1}\mathbf{E}_{22}\boldsymbol{s}_2 + H(z - z_s)\boldsymbol{s}_1\right] \\
&\quad + \mathrm{e}^{kz}\mathbf{E}_{12}\mathbf{Q}_1(z)\left[-\boldsymbol{s}_2 + H(z - z_s)\boldsymbol{s}_2\right]
\end{aligned}$$

对于第二类 Lamb 问题，上式有比较紧凑的形式。令 $z = 0$，$\mathbf{Q}_1(0)$ 和 $\mathbf{Q}_2(0)$ 都是单位矩阵，并且 $H(-z_s) = 0$，因此有

$$\begin{bmatrix} u_m^S \\ u_m^R \end{bmatrix}\Bigg|_{z=0} = \frac{\mathrm{e}^{-kz_s}}{2k\mu\xi'} \begin{bmatrix} (1 - k\xi'z_s)\,\mathscr{F}_m^S - (\xi + k\xi'z_s)\,\mathscr{F}_m^R \\ (-\xi + k\xi'z_s)\,\mathscr{F}_m^S + (1 + k\xi'z_s)\,\mathscr{F}_m^R \end{bmatrix} \tag{6.7.6}$$

6.7.1.3 第二类 Lamb 问题的静态 Green 函数

根据式 (6.3.1)，地表处的静态位移分量 $u_r^{\rm s}(r,\theta,0)$、$u_\theta^{\rm s}(r,\theta,0)$ 和 $u_z^{\rm s}(r,\theta,0)$（s 代表 static，静态）表示为

$$u_r^{\rm s} = \frac{1}{2\pi}\sum_{m=-\infty}^{+\infty}{\rm e}^{{\rm i}m\theta}\int_0^{+\infty}\left[u_m^S(k,0)J_m'(kr)+\frac{{\rm i}m}{kr}u_m^T(k,0)J_m(kr)\right]k\,{\rm d}k \tag{6.7.7a}$$

$$u_\theta^{\rm s} = \frac{1}{2\pi}\sum_{m=-\infty}^{+\infty}{\rm e}^{{\rm i}m\theta}\int_0^{+\infty}\left[\frac{{\rm i}m}{kr}u_m^S(k,0)J_m(kr)-u_m^T(k,0)J_m'(kr)\right]k\,{\rm d}k \tag{6.7.7b}$$

$$u_z^{\rm s} = -\frac{1}{2\pi}\sum_{m=-\infty}^{+\infty}{\rm e}^{{\rm i}m\theta}\int_0^{+\infty}u_m^R(k,0)J_m(kr)k\,{\rm d}k \tag{6.7.7c}$$

把式 (6.4.15) 和式 (6.4.16) 代入式 (6.7.1) 和式 (6.7.6)，注意到

$$\sum_{m=-\infty}^{+\infty}{\rm e}^{{\rm i}m\theta}J_m'(kr)\mathscr{F}_m^S\xrightarrow{J_{-1}'=J_1'}\frac{1}{2}J_1'(kr)\left[{\rm e}^{{\rm i}\theta}(\delta_{1j}-{\rm i}\delta_{2j})+{\rm e}^{-{\rm i}\theta}(\delta_{1j}+{\rm i}\delta_{2j})\right]$$
$$=(\delta_{1j}\cos\theta+\delta_{2j}\sin\theta)J_1'(kr) \tag{6.7.8a}$$

$$\sum_{m=-\infty}^{+\infty}{\rm e}^{{\rm i}m\theta}J_m'(kr)\mathscr{F}_m^R\xrightarrow{J_0'=-J_1}\delta_{3j}J_1(kr) \tag{6.7.8b}$$

$$\sum_{m=-\infty}^{+\infty}{\rm i}m{\rm e}^{{\rm i}m\theta}J_m(kr)\mathscr{F}_m^T\xrightarrow{J_{-1}=J_1}\frac{1}{2}J_1(kr)\left[{\rm e}^{{\rm i}\theta}(\delta_{1j}-{\rm i}\delta_{2j})+{\rm e}^{-{\rm i}\theta}(\delta_{1j}+{\rm i}\delta_{2j})\right]$$
$$=(\delta_{1j}\cos\theta+\delta_{2j}\sin\theta)J_1(kr) \tag{6.7.8c}$$

$$\sum_{m=-\infty}^{+\infty}{\rm i}m{\rm e}^{{\rm i}m\theta}J_m(kr)\mathscr{F}_m^S=\frac{1}{2}J_1(kr)\left[{\rm e}^{{\rm i}\theta}(\delta_{2j}+{\rm i}\delta_{2j})+{\rm e}^{-{\rm i}\theta}(\delta_{2j}-{\rm i}\delta_{1j})\right]$$
$$=(\delta_{2j}\cos\theta-\delta_{1j}\sin\theta)J_1(kr) \tag{6.7.8d}$$

$$\sum_{m=-\infty}^{+\infty}{\rm i}m{\rm e}^{{\rm i}m\theta}J_m(kr)\mathscr{F}_m^R=0 \tag{6.7.8e}$$

$$\sum_{m=-\infty}^{+\infty}{\rm e}^{{\rm i}m\theta}J_m'(kr)\mathscr{F}_m^T=-\frac{1}{2}J_1'(kr)\left[{\rm e}^{{\rm i}\theta}(\delta_{2j}+{\rm i}\delta_{1j})+{\rm e}^{-{\rm i}\theta}(\delta_{2j}-{\rm i}\delta_{1j})\right]$$
$$=-(\delta_{2j}\cos\theta-\delta_{1j}\sin\theta)J_1'(kr) \tag{6.7.8f}$$

$$\sum_{m=-\infty}^{+\infty}{\rm e}^{{\rm i}m\theta}J_m(kr)\mathscr{F}_m^S=(\delta_{1j}\cos\theta+\delta_{2j}\sin\theta)J_1(kr) \tag{6.7.8g}$$

$$\sum_{m=-\infty}^{+\infty}{\rm e}^{{\rm i}m\theta}J_m(kr)\mathscr{F}_m^R=-\delta_{3j}J_0(kr) \tag{6.7.8h}$$

将式 (6.7.1) 和式 (6.7.6)，连同式 (6.7.8) 代入式 (6.7.7)，得到

$$u_r^{\rm s}=\frac{1}{8\pi\mu\xi'}\left\{(\delta_{1j}\cos\theta+\delta_{2j}\sin\theta)\left[K_{00}-K_{20}-\xi'z_s(K_{01}-K_{21})\right]\right.$$

$$- 2\delta_{3j}\left(\xi K_{10} + \xi' z_s K_{11}\right) + 2\xi'\left(\delta_{1j}\cos\theta + \delta_{2j}\sin\theta\right)\left(K_{00} + K_{20}\right)\} \tag{6.7.9a}$$

$$u_\theta^s = \frac{1}{8\pi\mu\xi'}\{(\delta_{2j}\cos\theta - \delta_{1j}\sin\theta)\left[K_{00} + K_{20} - \xi' z_s\left(K_{01} + K_{21}\right)\right]$$

$$+ 2\xi'(\delta_{2j}\cos\theta - \delta_{1j}\sin\theta)\left(K_{00} - K_{20}\right)\} \tag{6.7.9b}$$

$$u_z^s = \frac{1}{4\pi\mu\xi'}\{(\delta_{1j}\cos\theta + \delta_{2j}\sin\theta)\left(\xi K_{10} - \xi' z_s K_{11}\right) + \delta_{3j}\left(K_{00} + \xi' z_s K_{01}\right)\} \tag{6.7.9c}$$

其中,

$$K_{mn} \triangleq \int_0^{+\infty} \mathrm{e}^{-kz_s} J_m(kr)k^n \,\mathrm{d}k$$

利用平面极坐标分量与直角坐标分量之间的关系

$$u_x = u_r\cos\theta - u_\theta\sin\theta, \quad u_y = u_r\sin\theta + u_\theta\cos\theta$$

由式 (6.7.9) 得到

$$u_x^s = \frac{1}{8\pi\mu\xi'}\{\delta_{1j}(1 + 2\xi')K_{00} - \delta_{1j}(1 - 2\xi')\cos 2\theta K_{20} - \delta_{2j}\sin 2\theta(1 - 2\xi')K_{20}$$

$$- \delta_{1j}\xi' z_s K_{01} + \xi' z_s\left(\delta_{1j}\cos 2\theta + \delta_{2j}\sin 2\theta\right)K_{21}$$

$$- 2\delta_{3j}\cos\theta\left(\xi K_{10} + \xi' z_s K_{11}\right)\} \tag{6.7.10a}$$

$$u_y^s = \frac{1}{8\pi\mu\xi'}\{\delta_{2j}(1 + 2\xi')K_{00} - \delta_{1j}\sin 2\theta(1 - 2\xi')K_{20} + \delta_{2j}(1 - 2\xi')\cos 2\theta K_{20}$$

$$- \delta_{2j}\xi' z_s K_{01} - \xi' z_s\left(\delta_{2j}\cos 2\theta - \delta_{1j}\sin 2\theta\right)K_{21}$$

$$- 2\delta_{3j}\sin\theta\left(\xi K_{10} + \xi' z_s K_{11}\right)\} \tag{6.7.10b}$$

式 (6.7.10) 和式 (6.7.9c) 中的 j 分别取 1、2 和 3，得到静态 Green 函数的分量为

$$G_{11}^s = \frac{1}{8\pi\mu\xi'}\left[(1 + 2\xi')K_{00} - (1 - 2\xi')\cos 2\theta K_{20} - \xi' z_s(K_{01} - \cos 2\theta K_{21})\right]$$

$$G_{12}^s = G_{21}^s = \frac{\sin\theta\cos\theta}{4\pi\mu\xi'}\left[-(1 - 2\xi')K_{20} + \xi' z_s\sin 2\theta K_{21}\right]$$

$$G_{22}^s = \frac{1}{8\pi\mu\xi'}\left[(1 + 2\xi')K_{00} + (1 - 2\xi')\cos 2\theta K_{20} - \xi' z_s(K_{01} + \cos 2\theta K_{21})\right]$$

$$G_{13}^s = -\frac{\cos\theta}{4\pi\mu\xi'}\left(\xi K_{10} + \xi' z_s K_{11}\right)$$

$$G_{23}^s = -\frac{\sin\theta}{4\pi\mu\xi'}\left(\xi K_{10} + \xi' z_s K_{11}\right)$$

$$G_{31}^s = \frac{\cos\theta}{4\pi\mu\xi'}\left(\xi K_{10} - \xi' z_s K_{11}\right)$$

$$G_{32}^s = \frac{\sin\theta}{4\pi\mu\xi'}\left(\xi K_{10} - \xi' z_s K_{11}\right)$$

$$G_{33}^s = \frac{1}{4\pi\mu\xi'}\left(K_{00} + \xi' z_s K_{01}\right)$$

其中涉及的 K_{ij} 积分结果为[①]

$$K_{00} = \frac{1}{R}, \quad K_{10} = \frac{R-z_s}{rR}, \quad K_{20} = \frac{(R-z_s)^2}{r^2 R}$$

$$K_{01} = \frac{z_s}{R^3}, \quad K_{11} = \frac{r}{R^3}, \quad K_{21} = \frac{2}{r^2} - \frac{z_s\left(3r^2 + 2z_s^2\right)}{r^2 R^3}$$

式中，$R = \sqrt{r^2 + z_s^2}$。将这些结果代入上式，我们最终得到第二类 Lamb 问题的静态 Green 函数为

$$G_{11}^{\rm s} = c\left[1 + \kappa m_1 m_3^{-1} + \cos^2\theta\left(m_3^2 - \kappa m_1^2\right)\right] \tag{6.7.11a}$$

$$G_{12}^{\rm s} = G_{21}^{\rm s} = c\left(m_3^2 - \kappa m_1^2\right)\sin\theta\cos\theta \tag{6.7.11b}$$

$$G_{22}^{\rm s} = c\left[1 + \kappa m_1 m_3^{-1} + \sin^2\theta\left(m_3^2 - \kappa m_1^2\right)\right] \tag{6.7.11c}$$

$$G_{13}^{\rm s} = -c(m_2 m_3 + \kappa m_1)\cos\theta \tag{6.7.11d}$$

$$G_{23}^{\rm s} = -c(m_2 m_3 + \kappa m_1)\sin\theta \tag{6.7.11e}$$

$$G_{31}^{\rm s} = -c(m_2 m_3 - \kappa m_1)\cos\theta \tag{6.7.11f}$$

$$G_{32}^{\rm s} = -c(m_2 m_3 - \kappa m_1)\sin\theta \tag{6.7.11g}$$

$$G_{33}^{\rm s} = c\left(1 + \kappa + m_2^2\right) \tag{6.7.11h}$$

其中，$\kappa = \xi/\xi' = \beta^2/(\alpha^2 - \beta^2)$，$m_1 = (R-z_s)/r$，$m_2 = z_s/R$，$m_3 = r/R$，$c = 1/(4\pi\mu R)$。

6.7.2　半空间中剪切位错点源引起的地表静态解

在 6.6.1 节中，曾经研究过半空间中剪切位错源引起的动态位移场，在频率域中可以写成是矩张量与 Green 函数的空间导数的乘积，参见式 (6.6.1)。而对于静态情况，相应地，有

$$u_n^{\rm s}(x_1, x_2, 0) = M_{pq}G_{np,q'}^{\rm s} \tag{6.7.12}$$

其中，M_{pq} 为式 (3.4.8) 中所列地震矩张量对应的静态形式，即相当于把 $M_0(t)$ 替换成 $M_0 = \mu\overline{[u]}A$，$G_{np,q'}^{\rm s}$ 为根据式 (6.7.11) 对源点坐标求导的结果。注意到式 (6.7.11) 是针对源位于 x_3 轴的情况得到的，因此为了对源点坐标求导，需要进行推广：

$$r = \sqrt{(x_1 - x_1')^2 + (x_2 - x_2')^2}, \quad \cos\theta = \frac{x_1 - x_1'}{r}, \quad \sin\theta = \frac{x_2 - x_2'}{r}$$

---

① 这些积分可以借助 Maple 方便地得到。输入以下命令：
> m:=1;n:=1;int(e^(-k*zs)*BesselJ(m,k*r)*k^n,k=0..infinity);
更换 m 和 n 的数值，可以得到 K_{mn} 的结果。以 $m = n = 1$ 为例，Maple 输出的结果为

$$\frac{r^2\sqrt{\frac{zs^2\ln(e)^2 + r^2}{r^2}}}{(zs^2\ln(e)^2 + r^2)^2}$$

稍加整理即得。

将上式代入式 (6.7.11) 并进行求导①，可以得到

$$G^s_{11,1'} = c'c_\theta \left[n + m_3^2 + \left(m_3^2 c_\theta^2 - 2s_\theta^2 \right) f(1) - 2m_2 c_\theta^2 f(m_2) \right] \tag{6.7.13a}$$

$$G^s_{12,1'} = G^s_{21,1'} = c's_\theta \left[\left(m_3^2 c_\theta^2 + c_{2\theta} \right) f(1) - 2m_2 c_\theta^2 f(m_2) \right] \tag{6.7.13b}$$

$$G^s_{13,1'} = c' \left[\left(s_\theta^2 - m_3^2 c_\theta^2 \right) d^+ + m_2 c_\theta^2 h^+ \right] \tag{6.7.13c}$$

$$G^s_{22,1'} = c'c_\theta \left[n + m_3^2 + \left(m_3^2 + 2 \right) s_\theta^2 f(1) - 2m_2 s_\theta^2 f(m_2) \right] \tag{6.7.13d}$$

$$G^s_{23,1'} = G^s_{13,2'} = -c's_\theta c_\theta \left[\left(1 + m_3^2 \right) d^+ - m_2 h^+ \right] \tag{6.7.13e}$$

$$G^s_{31,1'} = c' \left[\left(s_\theta^2 - m_3^2 c_\theta^2 \right) d^- + m_2 c_\theta^2 h^- \right] \tag{6.7.13f}$$

$$G^s_{32,1'} = G^s_{31,2'} = -c's_\theta c_\theta \left[\left(1 + m_3^2 \right) d^- - m_2 h^- \right] \tag{6.7.13g}$$

$$G^s_{33,1'} = c'c_\theta m_3^2 \left(1 + \kappa + 3m_2^2 \right) \tag{6.7.13h}$$

$$G^s_{11,2'} = c's_\theta \left[n + m_3^2 + \left(m_3^2 + 2 \right) c_\theta^2 f(1) - 2m_2 c_\theta^2 f(m_2) \right] \tag{6.7.13i}$$

$$G^s_{12,2'} = G^s_{21,2'} = c'c_\theta \left[\left(m_3^2 s_\theta^2 - c_{2\theta} \right) f(1) - 2m_2 s_\theta^2 f(m_2) \right] \tag{6.7.13j}$$

$$G^s_{22,2'} = c's_\theta \left[n + m_3^2 + \left(m_3^2 s_\theta^2 - 2c_\theta^2 \right) f(1) - 2m_2 s_\theta^2 f(m_2) \right] \tag{6.7.13k}$$

$$G^s_{23,2'} = c' \left[\left(c_\theta^2 - m_3^2 s_\theta^2 \right) d^+ + m_2 s_\theta^2 h^+ \right] \tag{6.7.13l}$$

$$G^s_{32,2'} = c' \left[\left(c_\theta^2 - m_3^2 s_\theta^2 \right) d^- + m_2 s_\theta^2 h^- \right] \tag{6.7.13m}$$

$$G^s_{33,2'} = c's_\theta m_3^2 \left(1 + \kappa + 3m_2^2 \right) \tag{6.7.13n}$$

$$G^s_{11,3'} = -c' \left[\kappa m_1 + m_2 m_3 \left(1 + c_\theta^2 f(1) \right) + 2m_3 c_\theta^2 f(m_2) \right] \tag{6.7.13o}$$

$$G^s_{12,3'} = G^s_{21,3'} = -c's_\theta c_\theta \left[m_2 m_3 f(1) + 2m_3 f(m_2) \right] \tag{6.7.13p}$$

$$G^s_{13,3'} = c'c_\theta \left(m_2 m_3 d^+ + \kappa m_1 m_3 + g \right) \tag{6.7.13q}$$

$$G^s_{22,3'} = -c' \left[\kappa m_1 + m_2 m_3 \left(1 + s_\theta^2 f(1) \right) + 2m_3 s_\theta^2 f(m_2) \right] \tag{6.7.13r}$$

$$G^s_{23,3'} = c's_\theta \left(m_2 m_3 d^+ + \kappa m_1 m_3 + g \right) \tag{6.7.13s}$$

$$G^s_{31,3'} = c'c_\theta \left(m_2 m_3 d^- - \kappa m_1 m_3 + g \right) \tag{6.7.13t}$$

$$G^s_{32,3'} = c's_\theta \left(m_2 m_3 d^- - \kappa m_1 m_3 + g \right) \tag{6.7.13u}$$

$$G^s_{33,3'} = -c'm_2 m_3 \left(\kappa + 2m_2^2 - m_3^2 \right) \tag{6.7.13v}$$

其中，$c' = 1/(4\pi\mu Rr)$，$s_\theta = \sin\theta$，$c_\theta = \cos\theta$，$c_{2\theta} = \cos 2\theta$，$n = 2\kappa m_1/m_3 - \kappa$，

$$d^+ = m_2 m_3 + \kappa m_1, \quad h^+ = m_3(m_2^2 - m_3^2) + \kappa m_1, \quad f(x) = xm_3^2 - \kappa m_1^2$$

$$d^- = m_2 m_3 - \kappa m_1, \quad h^- = m_3(m_2^2 - m_3^2) - \kappa m_1, \quad g = m_3^2 \left(m_2^2 - m_3^2 \right)$$

---

① 这是个并不复杂，但是非常烦琐的过程。可以用 Maple 来实现这个运算。以最简单的 $G^s_{33,1'}$ 的求解为例：
```
> r:=sqrt((x-xs)^2+(y-ys)^2); R:=sqrt(r^2+zs^2); m2:=zs/R; G33:=(m2^2+kappa+1)/(4*pi*mu*R);
> diff(G33,xs);
```
Maple 给出的结果为

$$-\frac{1}{4}\frac{zs^2(-2x+2x_s)}{((x-xs)^2+(y-ys)^2+zs^2)^{5/2}\pi\mu} - \frac{1}{8}\frac{\left(\dfrac{zs^2}{(x-xs)^2+(y-ys)^2+zs^2} + \kappa + 1 \right)(-2x+2x_s)}{\pi\mu \left((x-xs)^2+(y-ys)^2+zs^2 \right)^{3/2}}$$

稍加整理即得。对于其他分量，形式要更为复杂，需要对 Maple 直接得到的结果进行进一步的化简。

将式 (3.4.8) 和式 (6.7.13) 中的具体表达式代入式 (6.7.12)，即得到了剪切位错源产生的静态位移场。

由于从理论上讲，6.3 ~ 6.5 节发展的方法中不包含静态解，所以本节得到的静态 Green 函数和剪切位错点源引起的地表静态位移对之前的解形成了补充。近年来，以 GPS 和 In-SAR 为代表的大地测量技术在地震学中得到了越来越广泛的应用，理论上得到的静态位移场对于解释 GPS 观测资料非常重要。

6.8　小　　结

在本章中，我们运用频率域求解的方法，获得了 Lamb 问题的 Green 函数以及剪切位错源所产生的位移场对波数和频率的双重积分表达。我们从构建基函数开始，到利用矩阵性质求解常微分方程系统，到最终得到频率域中以波数积分形式表示的 Green 函数解，完整地讲述了整个求解过程。在此基础上，对 Green 解的两个部分——直达波的贡献和自由界面的贡献，分别做了理论分析，证明了直达波的贡献严格地等于无限介质中的 Green 函数，并且通过对自由表面的贡献部分的分析，通过计算 Rayleigh 函数零点的贡献，得到了半空间中 Rayleigh 波的激发公式。对于频率为零的静态情况，予以了特别的处理，得到了静态解。除了 Green 函数本身，我们还基于它们的空间导数，得到了剪切位错源产生的位移场。

虽然从理论上讲，波数积分的数值计算可以运用 Matlab 等数学软件中的标准函数进行，但是考虑到我们得到的波数积分是一个包含有 Bessel 函数的振荡型的瑕积分，因此如果能在充分考虑被积函数性质的基础上，有针对性地设计方案来处理，无疑对于提高计算精度和效率都是有益的。在下一章中，我们将研究本章得到的公式的数值实现，发展若干有针对性的数值技术，展示数值结果，并对结果进行分析讨论。

第 7 章 Lamb 问题的频率域解法 (II)：数值实现和算例分析

在第 6 章中，我们得到了 Lamb 问题 Green 函数和剪切位错源所引起的位移场的表达式，它们都可以表示为波数和频率的双重积分。进一步的问题是，如何计算这些积分？有两种思路：一是像 20 世纪前 50 年包括 Lamb 本人在内的很多数学家所做的工作那样，利用各种渐近分析技术，直接得到闭合形式的解析解。事实上，二维 Lamb 问题的 Green 函数是存在闭合形式解的，而三维问题则存在广义的闭合形式解析解。但是采用频率域的分析方法很难得到广义闭合形式的解[1]。显然，从获得准确解而非渐近解的角度看，这种思路并非好的选择。

另一种思路是直接用数值方法来计算这些积分。与理论分析方法相比，数值方法的优势是明显的：很多用理论分析手段无法处理的问题，甚至在 60 年前根本无法想象的复杂问题，都可以借助数值手段处理。但是，在运用数值方法计算的时候，存在精度和效率的平衡问题，需要谨慎地对待。如何在保证计算精度的情况下尽量地提升计算效率，是运用数值方法着重要考虑的问题。

具体到第 6 章中得到的 Green 函数和位错源的位移场的双重积分，其中的频率积分，运用快速 Fourier 变换的方式进行，而每一个频率成分的波数积分要借助数值积分的方式计算。对于数值积分而言，在对被积函数的性质充分分析的基础上，有针对性地发展数值积分策略，对于提升计算效率是有利的。本章首先介绍与数值实现有关的若干技术[2]，以及针对频率 ω 的反 Fourier 变换及其离散形式有关的内容，这些是将第 6 章的公式具体进行程序实现首先需要解决的问题。在具体研究单力和位错源的位移场问题之前，针对三类 Lamb 问题，通过与前人的结果进行仔细的比对确保公式和程序的正确性。Lamb 问题的位移场的计算是本章的重点，我们从三个层面（单力点源、位错点源和有限尺度位错源）考察了位移随时间变化，以及质点运动的情况。最后，针对静态位移场和 Rayleigh 波，进行了专门的结果展示。

7.1 波数积分的数值实现

半空间 Green 函数（参见式 (6.5.1) 和式 (6.5.2)）及其空间导数（参见式 (6.6.3) 和式 (6.6.4) 中）涉及如下形式的波数积分

$$I(\omega) = \int_0^{+\infty} F(k,\omega) J_m(kr) k \, \mathrm{d}k \quad (m = 0, 1, 2, 3) \tag{7.1.1}$$

---

[1] 运用在第 5 章的综述中提到的另一种方法，基于 Laplace 变换的 Cagniard-de Hoop 方法可以实现这一点。这将是本书的下册要研究的问题。

[2] 包括针对波数 k 积分的离散波数法、自适应的 Filon 积分法，以及峰谷平均法，其中后两者主要基于以下几个工作：Zhang 和 Chen (2001)，Chen 和 Zhang (2001)，张海明等 (2001)，Zhang 等 (2003)。

本节讨论计算上式积分的几个数值技术。不过在此之前，首先介绍一种与此有关的特殊处理方法。

7.1.1　离散波数法

离散波数法 (discrete wavenumber method) 是在 20 世纪 70 年代末 80 年代初，主要由 Bouchon 提出的一种计算理论地震图的有效方法 (Bouchon and Aki, 1977; Bouchon, 1979, 1981)。这种方法的主要思路是，通过引入周期放置的源，将积分形式表示的结果转化为离散求和的形式。

7.1.1.1　离散波数法的原理

本节以无限弹性介质中的球面 P 波为例显示离散波数法的原理①。球面 P 波可以用 Sommerfeld 积分（参见式 (6.5.5a)）表示为

$$\frac{\mathrm{e}^{-\mathrm{i}\omega\frac{R}{\alpha}}}{R} = \int_0^{+\infty} \frac{\mathrm{e}^{-\gamma|z|}}{\gamma} J_0(kr) k\,\mathrm{d}k \tag{7.1.2}$$

其中，$\gamma = \sqrt{k^2 - \omega^2/\alpha^2}$ $(\mathrm{Re}(\gamma) > 0)$，$\alpha$ 为 P 波速度。

考虑无限弹性介质中柱坐标系下的 Helmholtz 方程

$$\frac{\partial^2\phi}{\partial r^2} + \frac{1}{r}\frac{\partial\phi}{\partial r} + \frac{1}{r^2}\frac{\partial^2\phi}{\partial\theta^2} + \frac{\partial^2\phi}{\partial z^2} + \frac{\omega^2}{\alpha^2}\phi = 0$$

令 $\phi(r,\theta,z;\omega) = R(r)\Phi(\phi)Z(z,\omega)$，则 $R(r)$、$\Phi(\phi)$ 和 $Z(z,\omega)$ 分别满足式 (6.2.7) 中的三个方程，它们的解见式 (6.2.8)。从而 $\phi(r,\theta,z)$ 的一般解为

$$\phi(r,\theta,z;\omega) = \sum_{m=-\infty}^{\infty} \mathrm{e}^{\mathrm{i}m\theta} \int_0^{+\infty} f_m(k,\omega) J_m(kr) \mathrm{e}^{-\gamma|z|}\,\mathrm{d}k \tag{7.1.3}$$

其中，$f_m(k,\omega)$ 是 k 和 ω 的任意函数。特别地，参考式 (7.1.2) 的右端，取②

$$f_{2n} = (-1)^n(2-\delta_{n0})\frac{k\mathrm{e}^{-\mathrm{i}2n\theta_s}}{\pi\gamma}[H(\theta_s) - H(\theta_s - \pi)]$$

$$f_{-2n} = (-1)^n(2-\delta_{n0})\frac{k\mathrm{e}^{\mathrm{i}2n\theta_s}}{\pi\gamma}[H(\theta_s - \pi) - H(\theta_s - 2\pi)]$$

$$f_{2n+1} = f_{-2n+1} = 0$$

$n = 0, 1, 2, \cdots$，θ_s 为当源不位于原点时，原点与源的连线与 x 轴的夹角（逆时针为正）。因此，式 (7.1.3) 的一个特解为

$$\phi_s(r,\theta,z;\omega) = \frac{1}{\pi}\sum_{n=0}^{\infty}(-1)^n(2-\delta_{n0})\mathrm{e}^{\pm\mathrm{i}2n(\theta-\theta_s)}\int_0^{+\infty}\frac{\mathrm{e}^{-\gamma|z|}}{\gamma}J_{2n}(kr)k\,\mathrm{d}k \tag{7.1.4}$$

---

① 这是清楚地显示离散波数法的思想的最简单例子，Bouchon (1981) 针对三维情况下的离散波数法的论文也是以此为例。

② 这么取的原因是便于后面运用相应关系式将积分表达转化为求和式。

其中，e 指数中的 "+" 和 "−" 分别为当 $\theta_s \in (0, \pi)$ 和 $(\pi, 2\pi)$ 时取得。它代表了位于原点处的源辐射出的 P 波。选择坐标系 $Oxyz$，使得源位于原点，观测点在 xy 平面上的投影位于 x 轴上，见图 7.1.1。

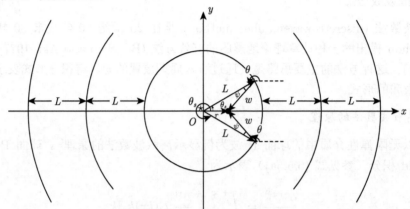

图 7.1.1　　离散波数法示意图

★ 代表源点，实际的源位于原点 O 处，附加源放置在以原点为圆心，mL 为半径的一系列圆上。深度为 z 的观测点在 xy 平面上的投影位于 x 轴上（黑点），与实际源的水平距离为 r。θ_s 为源点的极角，w 为位于圆上的源到观测点的水平距离，ψ 为位于半径为 L 上的源点与观测点投影的连线和源点与原点连线之间的夹角

下面我们考虑这样的问题：如果在以原点 O 为圆心，位于 xy 平面内的以 mL 为半径的一系列圆上（m 为正整数）连续地分布与实际源相同的源（称为附加源），那么真实源和附加源共同导致的位移场与式 (7.1.2) 有什么关联？

分三步研究这个问题：第一步，得到位于半径为 L 的圆上的单个点源引起的位移 ϕ_1；第二步，将第一步的结果对 θ_s 积分，得到半径为 L 的圆上的连续分布的源引起的位移 ϕ_2；第三步，对所有圆的贡献进行求和，得到 ϕ_3，并与实际源相加，得到真实源和附加源形成的总位移 ϕ^*。

考虑位于半径为 L 的圆上的单个点源。根据图 7.1.1 中所示的几何关系，有表 7.1.1 所列的结果。

表 7.1.1　　不同情况下 θ、θ_s 以及 $\theta - \theta_s$ 的取值

	源位于 x 轴上方	源位于 x 轴下方
$\theta \in$	$(\pi, 2\pi)$	$(0, \pi)$
$\theta_s \in$	$(0, \pi)$	$(\pi, 2\pi)$
$\theta - \theta_s =$	$\pi + \psi$	$-\pi - \psi$

因此，当源位于半径为 L 的圆上时，根据表 7.1.1，由式 (7.1.4) 可得

$$\phi_1(r, z; L, \theta_s; \omega) = \frac{1}{\pi} \sum_{n=0}^{\infty} (-1)^n (2 - \delta_{n0}) \mathrm{e}^{\mathrm{i}2n\psi} \int_0^{+\infty} \frac{\mathrm{e}^{-\gamma|z|}}{\gamma} J_{2n}(kw) k \, \mathrm{d}k \qquad (7.1.5)$$

其中，$w = \sqrt{r^2 + L^2 - 2rL\cos\theta_s}$ 为根据余弦定理计算的源点与观测点之间的水平距离。根据 Graf 加法定理 (Abramowitz and Stegun, 1964, p.363)，

$$J_{2n}(kw)\mathrm{e}^{\mathrm{i}2n\psi} = \sum_{m=-\infty}^{\infty} J_m(kr)J_{2n+m}(kL)\mathrm{e}^{\mathrm{i}m\theta_s}$$

式 (7.1.5) 可以写为

$$\phi_1 = \frac{1}{\pi}\sum_{n=0}^{+\infty}(-1)^n(2-\delta_{n0})\int_0^{+\infty}\frac{\mathrm{e}^{-\gamma|z|}}{\gamma}\left[\sum_{m=-\infty}^{\infty}J_m(kr)J_{2n+m}(kL)\mathrm{e}^{\mathrm{i}m\theta_s}\right]k\,\mathrm{d}k \quad (7.1.6)$$

式 (7.1.6) 是单个附加源的情况，对于半径为 L 的圆上连续分布的附加源，需要对 θ_s 从 0 到 2π 积分。注意到

$$\int_0^{2\pi}\mathrm{e}^{\mathrm{i}m\theta_s}\,\mathrm{d}\theta_s = 2\pi\delta_{m0}$$

因此得到

$$\begin{aligned}\phi_2(r,z;L;\omega) &= \int_0^{2\pi}\phi_1(r,z;L,\theta_s;\omega)\,\mathrm{d}\theta_s \\ &= 2\sum_{n=0}^{\infty}(-1)^n(2-\delta_{n0})\int_0^{+\infty}\frac{\mathrm{e}^{-\gamma|z|}}{\gamma}J_0(kr)J_{2n}(kL)k\,\mathrm{d}k\end{aligned}$$

对半径为 mL 的所有圆的贡献求和：

$$\begin{aligned}\phi_3(r,z;\omega) &= \sum_{m=1}^{\infty}\phi_2(r,z;mL;\omega) \\ &= 2\sum_{m=1}^{\infty}\sum_{n=0}^{\infty}(-1)^n(2-\delta_{n0})\int_0^{+\infty}\frac{\mathrm{e}^{-\gamma|z|}}{\gamma}J_0(kr)J_{2n}(mkL)k\,\mathrm{d}k\end{aligned}$$

结合式 (7.1.2) 的右端项，真实源和所有的附加源共同导致的位移为

$$\phi^*(r,z;\omega) = \int_0^{+\infty}\frac{\mathrm{e}^{-\gamma|z|}}{\gamma}J_0(kr)\left[1+2\sum_{m=1}^{\infty}\sum_{n=0}^{\infty}(-1)^n(2-\delta_{n0})J_{2n}(mkL)\right]k\,\mathrm{d}k \quad (7.1.7)$$

注意到以 Bessel 函数为系数的 Jacobi 展开式 (Watson, 1922, p.22)

$$\mathrm{e}^{\pm\mathrm{i}x\sin\theta} = J_0(x)+2\sum_{n=1}^{\infty}J_{2n}(x)\cos 2n\theta \pm 2\mathrm{i}\sum_{n=0}^{\infty}J_{2n+1}(x)\sin(2n+1)\theta$$

取 $\theta = \pi/2$，有

$$\mathrm{e}^{\pm\mathrm{i}x} = \sum_{n=0}^{\infty}(-1)^n(2-\delta_{n0})J_{2n}(x) \pm 2\mathrm{i}\sum_{n=0}^{\infty}(-1)^n J_{2n+1}(x)$$

两式相加，得到

$$\mathrm{e}^{\mathrm{i}x}+\mathrm{e}^{-\mathrm{i}x} = 2\sum_{n=0}^{\infty}(-1)^n(2-\delta_{n0})J_{2n}(x)$$

将 x 替换为 mkL 并对 m 从 1 到 ∞ 求和，同时加上 $m=0$ 时的结果 1，有

$$\sum_{m=-\infty}^{\infty} \mathrm{e}^{\mathrm{i}mkL} = 1 + 2\sum_{m=1}^{\infty}\sum_{n=0}^{\infty}(-1)^n(2-\delta_{n0})J_{2n}(mkL) \tag{7.1.8}$$

注意到 Dirac δ 函数的 Fourier 级数展开式为

$$\delta(x) = \frac{1}{2\pi}\sum_{m=-\infty}^{\infty}\mathrm{e}^{\mathrm{i}mx}$$

而等式右端 x 存在周期 $2n\pi$（n 为整数），这意味着

$$\sum_{m=-\infty}^{\infty}\mathrm{e}^{\mathrm{i}mkL} = 2\pi\sum_{n=-\infty}^{\infty}\delta(kL-2n\pi) \tag{7.1.9}$$

结合式 (7.1.8)，代入式 (7.1.7)，得到

$$\phi^*(r,z;\omega) = 2\pi\int_0^{+\infty}\frac{\mathrm{e}^{-\gamma|z|}}{\gamma}J_0(kr)\sum_{n=-\infty}^{\infty}\delta(kL-2n\pi)k\,\mathrm{d}k \tag{7.1.10}$$

注意到

$$\delta(kL-2n\pi) = \frac{1}{L}\delta(k-n\Delta k), \quad \Delta k = \frac{2\pi}{L}$$

式 (7.1.10) 可以改写为

$$\phi^*(r,z;\omega) = \sum_{n=1}^{\infty}\frac{\mathrm{e}^{-\gamma_n|z|}}{\gamma_n}J_0(k_n r)k_n\Delta k \tag{7.1.11}$$

其中，$k_n = n\Delta k$，$\gamma_n = \sqrt{k_n^2 - \omega^2/\alpha^2}$。

　　现在我们可以回答第 172 页提出的问题。比较式 (7.1.11) 和式 (7.1.2)，不难发现，前者正是后者的离散化表示，由于将连续的横向波数 k 离散成了一些孤立的值 k_n，所以这种方法被称为离散波数法。值得注意的是，尽管看起来式 (7.1.11) 就是数值计算式 (7.1.2) 中的积分离散化形式，但是二者有显著的区别。离散波数法的结果式 (7.1.11) 是真实源和所有附加源产生的波场的精确表达，而式 (7.1.2) 中积分的数值离散形式是对积分的近似表达[①]。

　　离散波数法提供了一种将波数积分严格地转化为求和的方式，这是通过引入附加源来实现的。但是，由于改变了原来的问题，为了保证不影响计算结果，需要满足一定的条件。注意到在实际问题中，我们总是计算一个有限的时间窗 T 内的信号。因此，离观测点最近的附加源的最先的信号还没有到达，就能保证在 T 时段内的信号只是真实源产生的。离观测点最近的源位于半径为 L 的圆与 x 正轴的交点，因此上面的条件相当于

$$\sqrt{(L-r)^2+z^2} > \alpha T \quad \Rightarrow \quad L > r + \sqrt{\alpha^2 T^2 - z^2}$$

---

　　① 这个区别显然是由附加源的引入导致的。由于附加源的加入，原本由真实源产生的持续时间有限的时间信号，变成了无限持续的时间信号，因为位于不同半径的圆上的附加源产生的时间信号会持续不断地到达接收点。在 7.1.1.2 节，我们将研究由这个因素带来的副作用，并通过引入虚频率的方式予以克服。

在实际计算中，合适地选择 T 很重要，一般需要取得足够大，使得在时间窗内涵盖由真实源发出的所有波动成分，典型的取值是 S 波到时的 $2 \sim 3$ 倍。L 要取得"充分大"，同时意味着 Δk 要取得"充分小"。从本质上看，离散波数法与仅由真实源产生的位移的积分表达的数值算法是等效的[①]。

7.1.1.2 复数频率

离散波数法通过附加源实现了将积分严格地转化为求和。但是，附加源的引入有一个显著的副作用，在实际计算的时候必须谨慎处理。为了说明这一点，首先需要注意离散 Fourier 变换的特点（将在 7.2 节中详述）。与积分形式的 Fourier 变换不同，离散 Fourier 变换要求函数具有周期性。因为计算机只能做离散的运算，所以数学上的反 Fourier 变换在计算机的实现中是通过周期函数的 Fourier 级数来实现的。这个差别将会导致一些在数值实现上需要注意的问题。

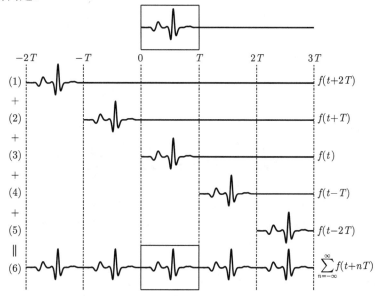

图 7.1.2　计算机中进行离散 Fourier 变换的示意图 (一)

最上面的是非零值全部位于 $[0, T]$ 范围内的真实信号。(1) ~ (5) 为分别左移和右移若干个 T 的信号，(6) 为它们的叠加，方框中为计算机输出的 $[0, T]$ 范围内的信号

设我们关心的时间区间为 $[0, T]$。如图 7.1.2 所示，离散 Fourier 变换的做法相当于把 $[0, T]$ 区间内的信号，分别左移（图中标号为 (1) 和 (2) 的时间序列）和右移（图中标号为 (4) 和 (5) 的时间序列）了 nT（n 为正整数），再和原始的信号（图中标号为 (3) 的时间序列）相加，形成一个以 T 为周期的无穷长时间序列（标号为 (6) 的时间序列），最后截取 $[0, T]$ 区间中的部分。如果这个区间包括了所有的非零信号[②]，那么离散 Fourier 变换可以

---

① 值得注意的是，在第 6 章中，我们得到了 Green 函数的积分表达结果式 (6.5.1)。从本节对离散波数法举例的过程看来，这种方法强烈地依赖于 Graf 加法定理和 Jacobi 展开的应用，如果不含有对 Bessel 阶次的求和，是不能应用离散波数法的。这意味着，对于式 (6.5.1) 的表达，我们不能运用离散波数法达到将积分严格地转化为求和，而只能采用数值方法实现积分的计算。正如前面所述，这与离散波数法从本质上讲是等效的。如果想使用离散波数法，需要在包含有对 m 求和形式的求解过程的开始阶段运用。

② 换句话说，如果增大 T，则在增加部分信号始终为零。

精确地重现信号。图 7.1.2 中上下两个方框中的信号是完全相同的。

　　但是，如果真实信号的非零值并不都位于 $[0, T]$ 范围内，则离散 Fourier 变换给出的信号与真实的信号会有差别。图 7.1.3 显示了一个例子。真实信号在 $[T, 2T]$ 内仍然有非零的成分，但是由于我们只计算 $[0, T]$ 区间的结果，在经过左移和右移并求和的过程之后，对标号为 (6) 的时间序列截取 $[0, T]$ 内的部分与这个区间内的真实信号有显著的差别：左移一个周期的序列 (2) 在 $[0, T]$ 区间内的部分"混入"了真实信号中。这个现象称为混叠。

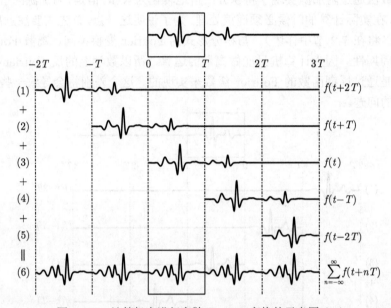

图 7.1.3　计算机中进行离散 Fourier 变换的示意图 (二)

与图 7.1.2 的区别是真实信号的非零值并不都位于 $[0, T]$ 范围内。这种情况将出现混叠，导致 (6) 的合成时间序列中
方框内的部分与真实信号产生差别

　　对于我们目前考虑的 Lamb 问题，如果没有引入附加源，只要选取足够大的 T，使得非零信号都位于其中就可以了。但是，如果采取离散波数法，则无论多大的 T，来自更远的附加源的信号始终会在 T 之外。这种情况下，来自左移的各个时间序列在 $[0, T]$ 区间的部分将都叠加到真实信号上，而且更严重的是，由于这些信号中有些振幅与真实信号的振幅相当，离散 Fourier 变换将给出严重畸变的结果。

　　为了克服这个问题，一个有效的方法是引入虚频率 ω_{I}，将原来的实数频率 ω 替换为复数频率 ω^*：

$$\omega^* = \omega - \mathrm{i}\omega_{\mathrm{I}} \tag{7.1.12}$$

注意到由

$$f(t) = \frac{1}{2\pi} \int_{-\infty}^{+\infty} F(\omega) \mathrm{e}^{\mathrm{i}\omega t}\, \mathrm{d}\omega$$

定义的反 Fourier 变换，在数值实现的时候变为

$$\sum_{n=-\infty}^{\infty} f(t + nT) = \frac{\Delta\omega}{2\pi} \sum_{n=-\infty}^{\infty} F(n\Delta\omega) \mathrm{e}^{\mathrm{i}n\Delta\omega t} \tag{7.1.13}$$

其中，$\Delta\omega$ 为角频率的步长。如果以 $f(t)\mathrm{e}^{-\omega_{\mathrm{I}}t}$ 替代 Fourier 变换中的 $f(t)$，则相应的频谱 $F(\omega)$ 变为 $F(\omega^*)$

$$F(\omega^*) = \int_{-\infty}^{+\infty} f(t)\mathrm{e}^{-\omega_{\mathrm{I}}t}\mathrm{e}^{-\mathrm{i}\omega t}\,\mathrm{d}t = \int_{-\infty}^{+\infty} f(t)\mathrm{e}^{-\mathrm{i}(\omega-\mathrm{i}\omega_{\mathrm{I}})t}\,\mathrm{d}t$$

因此式 (7.1.13) 变为

$$\sum_{n=-\infty}^{\infty} f(t+nT)\mathrm{e}^{-\omega_{\mathrm{I}}(t+nT)} = \frac{\Delta\omega}{2\pi}\sum_{n=-\infty}^{\infty} F(n\Delta\omega-\mathrm{i}\omega_{\mathrm{I}})\mathrm{e}^{\mathrm{i}n\Delta\omega t}$$

即

$$\sum_{n=-\infty}^{\infty} f(t+nT)\mathrm{e}^{-n\omega_{\mathrm{I}}T} = \frac{\Delta\omega}{2\pi}\sum_{n=-\infty}^{\infty} F(n\Delta\omega-\mathrm{i}\omega_{\mathrm{I}})\mathrm{e}^{\mathrm{i}n(\Delta\omega-\mathrm{i}\omega_{\mathrm{I}})t} \tag{7.1.14}$$

典型的 ω_{I} 取值为

$$\omega_{\mathrm{I}} = \frac{\pi}{T}$$

式 (7.1.14) 表明，只要将角频率 ω 替换为由式 (7.1.12) 定义的复数频率 ω^*，则离散 Fourier 变换产生的时间序列是由左移和右移 nT（n 为正整数）的信号分别乘以 $\mathrm{e}^{-n\pi}$ 和 $\mathrm{e}^{n\pi}$ 之后的综合。这意味着左移的信号被缩小了。

图 7.1.4 显示了引入复数频率之后的情况。真实的信号与图 7.1.3 相同。由于左移的信号显著缩小，导致在 $[0,T]$ 区间内的信号与真实信号相比幅度几乎可以忽略，所以求和之

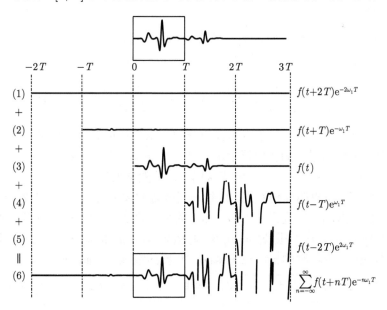

图 7.1.4 引入复数频率的离散 Fourier 变换的示意图

在引入复数频率之后，左移和右移 nT 的信号分别乘以 $\mathrm{e}^{-n\omega_{\mathrm{I}}}$ 和 $\mathrm{e}^{n\omega_{\mathrm{I}}}$，使得左移的信号缩小，因此显著减弱了混叠效应。(6) 的合成时间序列中方框内的部分与真实信号基本上相同。对于序列 (4)～(6)，放大作用导致振幅巨大，图中进行了截断

后的标号为 (6) 的序列（对应式 (7.1.14) 的等号左端）在 $[0, T]$ 区间内的部分基本上与真实信号是一致的[①]。

值得提到的是，复数频率的引入对于运用离散波数法是必需的，而对于等价的直接对式 (6.5.2) 的数值计算来说并非必需，后者只需要取足够大的 T，使得非零信号位于 $[0, T]$ 区间内即可。但是，在直接采用数值积分计算的方法中，如果想包含零频的情况，采用复数频率仍然是必需的。这是因为：

(1) 引入复数频率之后，即便对于 $\omega = 0$ 的情况，由于虚频率的存在，也有 $\omega^* \neq 0$。第 6 章中发展的解法中，特别提到了 $\omega = 0$ 对应本征值简并，这种情况下系数矩阵并不相似于对角矩阵，结果中不包含这种特殊情况。注意到对于 P-SV 情形，式 (6.4.6) 中的矩阵 **E** 系数的分母中含有 ω，这意味着 $\omega \neq 0$。而一旦引入虚频率，则复数频率始终不为零，从而可以拓展到包括零频的情况。

(2) 既然包括零频成分，那么就意味着非零信号存在于 $[0, T]$ 区间之外（图 7.1.3），这样一来为了能准确地重现结果，也必须采用复数频率。

综上所述，复数频率不仅使得解中包含零频成分，而且也是为了达到这种效果而必须采用的技术。顺便提及，在 6.5.3.2 节对频率域 Rayleigh 波的理论分析中，枝点和 Rayleigh 极点分布于 k 的复平面内的第二和第四象限内，而非 k 的实轴上，也是采用复数频率的结果。

7.1.2　自适应的 Filon 积分法

7.1.1 节中介绍的离散波数法并不能直接用于式 (7.1.1) 的计算，因此我们需要借助于数值积分手段来处理。

7.1.2.1　问题的提出

Green 函数和其空间导数的各个分量中所含的波数积分形式相似，因此我们以式 (6.5.2e) 中的 I_5 为例。这时，式 (7.1.1) 中的 $m = 0$，

$$F(k) = -\frac{\beta^2}{\omega^2} \left[\frac{R^*(k)}{\nu R(k)} \left(\nu \gamma e^{\mathrm{PP}} + k^2 e^{\mathrm{SS}} \right) - \frac{4k^2 \gamma \chi}{R(k)} \left(e^{\mathrm{SP}} + e^{\mathrm{PS}} \right) \right] \tag{7.1.15}$$

注意到在 6.5.2 节中，已经证明了直达波成分与无限介质的解是相同的，因此上式中去掉了直达波成分，最终结果中的相应贡献用第 4 章中无限空间 Green 函数的结果替代。

图 7.1.5 显示了频率 $f = 1$ Hz 时 $F(k)$ 随 k 的变化曲线，(a) 和 (b) 分别为不引入和引入虚频率的情况。可以明显地看到，曲线在引入虚频率后钝化了[②]。图 7.1.5(a) 中有几个明显的尖峰，它们出现的位置正是式 (7.1.15) 的两个极点。ν 和 $R(k)$ 都出现在分母上，因此它们分别对应于 $\nu = 0$ 的根 $k_1^* = \omega/\beta$ 和 $R(k) = 0$ 的根 $k_2^* = \sqrt{x_R} k_1^*$，其中的 x_R 为 Rayleigh 函数 $R(x)$ 为零时的根。在 Possion 介质的情况下，$x_R \approx 1.183$。

[①] 显然虚频率 ω_{I} 越大，对左移信号的压制就越明显。但是，注意到 ω_{I} 出现在式 (7.1.14) 右端的 e 指数中，它将导致随着 t 增大出现指数增长，过大的取值会导致在做反 Fourier 变换时出现数值不稳定。因此必须在这二者之间做折中。在后面的 7.2 节中，我们将展示不同 ω_{I} 的取值对应的数值结果。

[②] 在 7.1.1.2 节的最后，曾提到引入虚频率的好处，这里暗示了它还有另外一个好处：钝化的曲线更有利于进行数值积分。正如随后将要看到的，我们采用根据 $F(k)$ 的变化来自适应地选取积分点的积分方案，如果曲线过于尖锐，必然导致局部积分点分布过密。从实际效果上看，钝化的曲线有助于提高数值积分的效率。

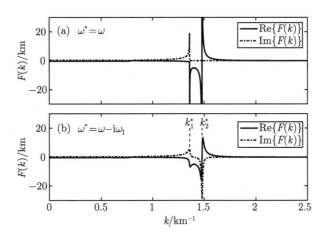

图 7.1.5 $F(k)$ 随 k 的变化

(a) 没有引入虚频率的情况；(b) 引入虚频率的情况。频率 $f = 1$ Hz，$\omega_{\mathrm{I}} = 0.01\pi$。实线和虚线分别为 $F(k)$ 的实部

$\mathrm{Re}\{F(k)\}$ 和虚部 $\mathrm{Im}\{F(k)\}$。$k_1^* = \omega/\beta$，$k_2^* = \sqrt{x_R}k_1^*$，其中的 x_R 为 Rayleigh 函数 $R(x)$ 为零时的根

整个被积函数 $F(k)J_0(kr)k$ 随 k 的变化呈现新的特征。图 7.1.6 中显示了不同震中距 r 情况下的曲线。由于被积函数中含有 Bessel 函数 $J_0(kr)$，它整体上呈现振荡的特点。另外一个突出的特点是，振荡的频率随着 r 的增大而显著增大。对于振荡型的被积函数，按照标准的数值积分方法，为了保证计算精度，需要在一个周期内选取足够多的积分点。这样，计算量势必随着 r 的增大而显著增加。

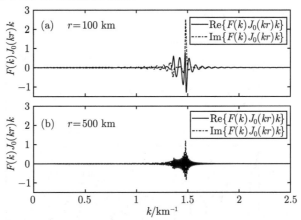

图 7.1.6 被积函数 $F(k)J_0(kr)k$ 随 k 的变化

(a) $r = 100$ km；(b) $r = 500$ km。频率 $f = 1$ Hz，$\omega_{\mathrm{I}} = 0.01\pi$。实线和虚线分别为被积函数 $F(k)J_0(kr)k$ 的实部

$\mathrm{Re}\{F(k)J_0(kr)k\}$ 和虚部 $\mathrm{Im}\{F(k)J_0(kr)k\}$

7.1.2.2 基于自适应积分点选取的 Filon 积分法

注意到 $F(k)$ 与 r 无关的特点，如果我们能够根据 $F(k)$ 随 k 的变化情况自适应地选取积分点[①]，在相邻的两个积分点区间内，将 $F(k)$ 用插值多项式逼近，而将 $J_0(kr)$ 用渐

---

① "自适应"的意思是，根据函数的变化情况自动地选取积分点，在函数变化较快的地方选取较密的积分点，而在函数变化较慢的地方选取相对稀疏的积分点。这样可以做到在保证计算精度的情况下最大限度地提高数值积分的效率。

近表达式替代，那么在这个区间内，就可以获得积分的闭合形式表达。这种做法称为自适应的 Filon 积分法。简单地说，这种做法包含两个要点：一是根据 $F(k)$ 自适应地选取积分点，二是在各个积分小区间上用插值多项式和渐近表达式逼近被积函数并得到积分的解析表达。最终的积分结果将各个小区间上的结果加在一起即可。

在具体说明自适应的 Filon 积分法之前，首先注意到这种做法的前提是在小的积分区间上，Bessel 函数 $J_0(x)$ 可以用渐近表达式逼近，这只有在 $J_0(x)$ 的宗量 x 满足一定条件时才能满足。$J_0(x)$ 的 Hankel 渐近表达式为 (Abramowitz and Stegun, 1964, p.364)

$$J_0^{(i)}(x) \sim \sqrt{\frac{2}{\pi x}} \left[P^{(i)}(x) \cos\left(x - \frac{1}{4}\pi\right) - Q^{(i)}(x) \sin\left(x - \frac{1}{4}\pi\right) \right]$$

$$= \sqrt{\frac{1}{\pi x}} \left[\left(P^{(i)}(x) + Q^{(i)}(x)\right) \cos x + \left(P^{(i)}(x) - Q^{(i)}(x)\right) \sin x \right]$$

其中，

$$P^{(1)}(x) = 1, \qquad P^{(2)}(x) = 1 - \frac{9}{128x^2}, \qquad P^{(3)}(x) = 1 - \frac{9}{128x^2} + \frac{11025}{98304x^4}$$

$$Q^{(1)}(x) = 0, \qquad Q^{(2)}(x) = -\frac{1}{8x}, \qquad Q^{(3)}(x) = -\frac{1}{8x} + \frac{225}{3072x^3}$$

$J_0^{(1)}(x)$、$J_0^{(2)}(x)$ 和 $J_0^{(3)}(x)$ 逼近 $J_0(x)$ 的程度依次增加。图 7.1.7 (a) 和 (b) 分别显示了 $J_0(x)$ 随 x 的变化和不同渐近解 $J_0^{(i)}(x)$ $(i = 1, 2, 3)$ 对应的相对误差 $\varepsilon_i(x)$ 的比较。如果以 10^{-6} 为容许的相对误差，对于渐近表达式 $J_0^{(3)}(x)$，当 $x > 10$ 时可以满足要求。以下我们选取 $J_0^{(3)}(x)$ 作为 $J_0(x)$ 的渐近表达。

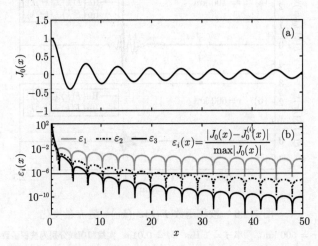

图 7.1.7　Bessel 函数 $J_0(x)$ 和不同渐近解 $J_0^{(i)}(x)$ 的比较

(a) $J_0(x)$；(b) 不同渐近解的相对误差 $\varepsilon_i(x)$ $(i = 1, 2, 3)$。图中的细横线代表了 10^{-6} 的相对误差

由于当 $x < 10$ 时 $J_0^{(3)}(x)$ 不能很好地逼近 $J_0(x)$，在这种情况下必须严格地计算 $J_0(x)$。把式 (7.1.1) 中的积分拆分成两段

$$I(\omega) = \int_0^{k^*} F(k, \omega) J_0(kr) k \, \mathrm{d}k + \int_{k^*}^{+\infty} F(k, \omega) J_0(kr) k \, \mathrm{d}k \qquad \left(k^* = \frac{10}{r}\right)$$

我们的目标是,对等式右端的第二个积分(记为 $I^{(2)}(\omega)$),根据 $\text{Re}\{F(k)\}$[①]的变化情况将其积分范围 $[k^*, k_{\max}]$[②]自适应地划分成若干小段 $[k_i, k_{i+1}]$ $(i = 1, 2, \cdots)$,在每一个小区间 $[k_i, k_{i+1}]$ 中用 Bessel 函数的渐近表达式 $J_0^{(3)}(x)$ 替代 $J_0(x)$,用插值多项式替换 $\text{Re}\{F(k)\}$,实现在此小区间上得到积分的闭合解。最终将各个子区间得到的解叠加即可。

首先考虑积分点的自适应选取。先将 $[k^*, k_{\max}]$ 划分成等间距的四段,形成 k_i 并计算相应的 $F_i = \text{Re}\{F(k_i)\}$ $(i = 1, 2, \cdots, 5)$。记 $P^{(lmn)}(k)$ 为选取了 (k_l, F_l)、(k_m, F_m) 和 (k_n, F_n) 作为插值点形成的二次多项式:

$$P^{(lmn)}(k) = a^{(lmn)}k^2 + b^{(lmn)}k + c^{(lmn)}$$

其中,

$$a^{(lmn)} = -\frac{(k_l - k_m)F_n + (k_m - k_n)F_l + (k_n - k_l)F_m}{(k_l - k_m)(k_m - k_n)(k_n - k_l)}$$

$$b^{(lmn)} = \frac{(k_l^2 - k_m^2)F_n + (k_m^2 - k_n^2)F_l + (k_n^2 - k_l^2)F_m}{(k_l - k_m)(k_m - k_n)(k_n - k_l)}$$

$$c^{(lmn)} = -\frac{(k_l - k_m)k_l k_m F_n + (k_m - k_n)k_m k_n F_l + (k_n - k_l)k_n k_l F_m}{(k_l - k_m)(k_m - k_n)(k_n - k_l)}$$

图 7.1.8 显示了 $P^{(135)}(k)$、$P^{(123)}(k)$ 和 $P^{(345)}(k)$ 三个二次多项式的形成。

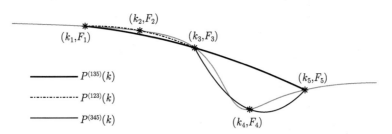

图 7.1.8 自适应的积分点选取过程示意图

灰色线为 $\text{Re}\{F(k)\}$,$*$ 代表五个插值点 (k_i, F_i) $(i = 1, 2, \cdots, 5)$。粗实线、点划线和细实线分别代表插值得到的二次多项式 $P^{(135)}(k)$、$P^{(123)}(k)$ 和 $P^{(345)}(k)$

令

$$S_{11} = \int_{k_1}^{k_3} P^{(135)}(k)\,\mathrm{d}k = \frac{a^{(135)}}{3}\left(k_3^3 - k_1^3\right) + \frac{b^{(135)}}{2}\left(k_3^2 - k_1^2\right) + c^{(135)}\left(k_3 - k_1\right)$$

$$S_{12} = \int_{k_3}^{k_5} P^{(135)}(k)\,\mathrm{d}k = \frac{a^{(135)}}{3}\left(k_5^3 - k_3^3\right) + \frac{b^{(135)}}{2}\left(k_5^2 - k_3^2\right) + c^{(135)}\left(k_5 - k_3\right)$$

$$S_{21} = \int_{k_1}^{k_3} P^{(123)}(k)\,\mathrm{d}k = \frac{a^{(123)}}{3}\left(k_3^3 - k_1^3\right) + \frac{b^{(123)}}{2}\left(k_3^2 - k_1^2\right) + c^{(123)}\left(k_3 - k_1\right)$$

---

① $F(k)$ 的实部和虚部随着 k 的变化情况是相似的,参见图 7.1.5。因此对于选取积分点的目的而言,只需要取其一即可。这里以实部为例。

② 这里将积分的上限进行了截断,选取了一个充分大的 $k_{\max}$ 作为积分上限。在 7.1.3 节中,我们将研究积分上限的选取和相关问题。

$$S_{22} = \int_{k_3}^{k_5} P^{(345)}(k)\,\mathrm{d}k = \frac{a^{(345)}}{3}\left(k_5^3 - k_3^3\right) + \frac{b^{(345)}}{2}\left(k_5^2 - k_3^2\right) + c^{(345)}\left(k_5 - k_3\right)$$

对于一个事先设定的容许误差 ε（典型的取值比如 10^{-3}），如果以下三个不等式同时成立，

$$\left|\frac{S_{11} + S_{12} - S_{21} - S_{22}}{S_{11} + S_{12} + S_{21} + S_{22}}\right| < \varepsilon, \quad \left|\frac{S_{11} - S_{21}}{S_{11} + S_{21}}\right| < \varepsilon, \quad \left|\frac{S_{12} - S_{22}}{S_{12} + S_{22}}\right| < \varepsilon$$

就可判定 $[k_1, k_5]$ 区间内的二次多项式 $P^{(135)}(k)$ 在允许误差的范围内可以代替函数 $F(k)$。如果不满足，则将 $[k_1, k_3]$ 区间细分为四段，并更新 k_i $(i = 1, 2, \cdots, 5)$，重新检验上面的判据。重复这个过程，直到满足判据，将 k_i $(i = 1, 3, 5)$ 和相应的二次多项式 $P^{(135)}(k)$ 的系数记录下来，并把区间 $[k_1, k_5]$ 从待判断的区间中去掉。重复上述过程，待判断的区间逐渐减小，直到全部符合上述判据。所有记录下来的满足判据的点形成了自适应选取的积分点集 k_i $(i = 1, 2, \cdots, N)$。

图 7.1.9 显示了一个例子，容许的相对误差 $\varepsilon = 10^{-3}$。图 7.1.9 (a) 中为整个 $[k^*, k_{\max}]$ 区间内的积分点分布情况，用细的竖线代表。为了更清楚地显示密集分布的区间上的情况，图 7.1.9 (b) 和 (c) 分别放大显示了两个区间。可以清楚地看到，在 $\mathrm{Re}\{F(k)\}$ 变化快的地方，积分点分布比较密集，而在变化缓慢的地方，积分点的分布比较稀疏。这正是自适应的积分点分布应该具有的特征。

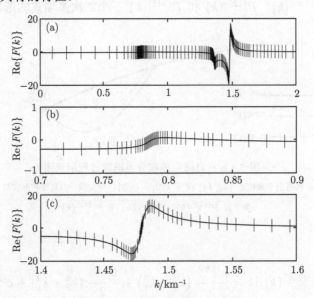

图 7.1.9　自适应的积分点分布

(a) $[0, 2]$ 区间；(b) 放大的 $[0.7, 0.9]$ 区间；(c) 放大的 $[1.4, 1.6]$ 区间。选取的积分点以竖直的短线显示。在函数变化较快的地方，积分点分布比较密集，反之则比较稀疏

对于按照上述自适应算法选取的积分点集 k_i $(i = 1, 2, \cdots, N)$，待求的积分 $I^{(2)}(\omega)$ 可以写为

$$I^{(2)}(\omega) = \sum_{m=1}^{\frac{N-1}{2}} \int_{k_{2m-1}}^{k_{2m+1}} F(k, \omega) J_0(kr) k\,\mathrm{d}k \triangleq \sum_{m=1}^{\frac{N-1}{2}} I_m$$

在积分变量的子区间 $[k_{2m-1}, k_{2m+1}]$ 中,分别用二次多项式 $P^{(135)}(k)$ 和渐近表达式 $J_0^{(1)}(kr)$ 代替 $F(k, \omega)$ 和 $J_0(kr)$, 可以得到 I_m 的闭合形式的表达

$$I_m = \sqrt{\frac{1}{\pi r}} \int_{k_{2m-1}}^{k_{2m+1}} (a_m k^{\frac{5}{2}} + b_m k^{\frac{3}{2}} + c_m k^{\frac{1}{2}}) [M_1(k)\cos(kr) + M_2(k)\sin(kr)] \, \mathrm{d}k$$

其中, a_m、b_m 和 c_m 为区间 $[k_{2m-1}, k_{2m+1}]$ 中插值二次多项式的系数[①],

$$M_\alpha(k) = 1 + \frac{(-1)^\alpha}{8kr} - \frac{9}{128k^2r^2} - \frac{(-1)^\alpha 225}{3072k^3r^3} + \frac{11025}{98304k^4r^4} \quad (\alpha = 1, 2)$$

I_m 中涉及了如下形式的积分:

$$\begin{bmatrix} I_{mn}^c \\ I_{mn}^s \end{bmatrix} \triangleq \int_{k_{2m-1}}^{k_{2m+1}} k^{\frac{2n-9}{2}} \begin{bmatrix} \cos(kr) \\ \sin(kr) \end{bmatrix} \, \mathrm{d}k \quad (n = 1, 2, \cdots, 7)$$

具体地[②],

$$I_{m1}^c = \frac{2\sqrt{r^5}}{15} \left[4\sqrt{2\pi}S(cx) + 2K_{-3}^s(x) + (4x^4 - 3)K_{-5}^c(x) \right]\Big|_{k_{2m-1}}^{k_{2m+1}}$$

$$I_{m1}^s = -\frac{2\sqrt{r^5}}{15} \left[4\sqrt{2\pi}C(cx) + 2K_{-3}^c(x) - (4x^4 - 3)K_{-5}^s(x) \right]\Big|_{k_{2m-1}}^{k_{2m+1}}$$

$$I_{m2}^c = -\frac{2\sqrt{r^3}}{3} \left[2\sqrt{2\pi}C(cx) - 2K_{-1}^s(x) + K_{-3}^c(x) \right]\Big|_{k_{2m-1}}^{k_{2m+1}}$$

$$I_{m2}^s = -\frac{2\sqrt{r^3}}{3} \left[2\sqrt{2\pi}S(cx) + 2K_{-1}^c(x) + K_{-3}^s(x) \right]\Big|_{k_{2m-1}}^{k_{2m+1}}$$

$$I_{m3}^c = -2\sqrt{r} \left[\sqrt{2\pi}S(cx) + K_{-1}^c(x) \right]\Big|_{k_{2m-1}}^{k_{2m+1}}$$

$$I_{m3}^s = 2\sqrt{r} \left[\sqrt{2\pi}C(cx) - K_{-1}^s(x) \right]\Big|_{k_{2m-1}}^{k_{2m+1}}$$

$$I_{m4}^c = \sqrt{\frac{2\pi}{r}}C(cx)\Big|_{k_{2m-1}}^{k_{2m+1}}, \quad I_{m4}^s = \sqrt{\frac{2\pi}{r}}S(cx)\Big|_{k_{2m-1}}^{k_{2m+1}}$$

$$I_{m5}^c = -\frac{1}{2\sqrt{r^3}} \left[\sqrt{2\pi}S(cx) - 2K_1^s(x) \right]\Big|_{k_{2m-1}}^{k_{2m+1}}$$

$$I_{m5}^s = \frac{1}{2\sqrt{r^3}} \left[\sqrt{2\pi}C(cx) - 2K_1^c(x) \right]\Big|_{k_{2m-1}}^{k_{2m+1}}$$

$$I_{m6}^c = -\frac{1}{4\sqrt{r^5}} \left[3\sqrt{2\pi}C(cx) - 4K_3^s(x) - 6K_1^c(x) \right]\Big|_{k_{2m-1}}^{k_{2m+1}}$$

[①] 在取自适应积分点的过程中计算过,因此在记录积分点的同时,需要将这些系数一并记录下来备用。

[②] 以用 Maple 求解 I_{m3}^c 对应的不定积分为例,输入以下几行命令:

```
> f:=sin(k*r)/k^(3/2);
> simplify(int(f,k));
```

直接给出的结果为

$$-\frac{2\left(\sqrt{r}\sqrt{2}\sqrt{\pi}\mathrm{FresnelS}\left(\frac{\sqrt{2}\sqrt{k}\sqrt{r}}{\sqrt{\pi}}\right)\sqrt{k} + \cos(kr)\right)}{\sqrt{k}}$$

$$I_{m6}^s = -\frac{1}{4\sqrt{r^5}}\left[3\sqrt{2\pi}S(cx)+4K_3^c(x)-6K_1^s(x)\right]\Big|_{k_{2m-1}}^{k_{2m+1}}$$

$$I_{m7}^c = \frac{1}{8\sqrt{r^7}}\left[15\sqrt{2\pi}S(cx)+20K_3^c(x)+2(4x^4-15)K_1^s(x)\right]\Big|_{k_{2m-1}}^{k_{2m+1}}$$

$$I_{m7}^s = -\frac{1}{8\sqrt{r^7}}\left[15\sqrt{2\pi}C(cx)-20K_3^s(x)+2(4x^4-15)K_1^c(x)\right]\Big|_{k_{2m-1}}^{k_{2m+1}}$$

其中，

$$x = \sqrt{kr},\quad c = \sqrt{\frac{2}{\pi}},\quad K_i^c(x)=x^i\cos\left(x^2\right),\quad K_i^s(x)=x^i\sin\left(x^2\right)$$

$C(x)$ 和 $S(x)$ 是两个被称为 Fresnel 积分的超越函数，定义为 (Abramowitz and Stegun, 1964, p.300)

$$C(x) \triangleq \int_0^x \cos\left(\frac{\pi}{2}t^2\right)\mathrm{d}t,\quad S(x)\triangleq \int_0^x \sin\left(\frac{\pi}{2}t^2\right)\mathrm{d}t$$

在常用的数学软件中都有计算它们的专用函数，比如在 Matlab 中对应的函数分别为 `fresnelc(x)` 和 `fresnels(x)`。

　　综上所述，对于式 (7.1.1) 中积分的数值计算，仅根据 $F(k,\omega)$ 的变化情况自适应地将整个积分区间划分成若干小区间，在每个小区间上用二次多项式逼近 $F(k,\omega)$，而 Bessel 函数用渐近表达式替代，这样在每个小区间上可以得到积分的闭合形式解。值得注意的是，在自适应地选取积分点的过程中，由于检验判据是否成立需要一些额外的计算量，这种自适应的 Filon 积分方案在近场情况下与普通的积分方案相比并无优势，但是随着震中距增大，优势将越来越明显。

7.1.3　峰谷平均法

　　式 (7.1.1) 中的积分是反常积分，上限为 $+\infty$，在做数值积分时需要截断。对于振荡型的积分，特别是收敛较慢的情况，为了保证计算精度，往往需要取非常大的积分上限，计算效率很低。

7.1.3.1　问题的提出

　　仍然以式 (6.5.2e) 中的 I_5 为例。由于式 (7.1.1) 中被积函数的实部和虚部变化行为类似，为了简单和清楚地显示截断上限的效果，以下仅以实部为例说明。根据式 (7.1.1)，定义积分函数

$$P(k) = \int_0^k \mathrm{Re}\left\{F(k')\right\}J_m(k'r)k'\,\mathrm{d}k'$$

显然，$P(+\infty)=I(\omega)$。

　　图 7.1.10 和图 7.1.11 分别显示了收敛较快（$z_s = 5$ km，$z = 2$ km）和收敛较慢（$z_s = z = 0$ km）的情况下被积函数的实部 $\mathrm{Re}\left\{F(k)\right\}J_0(kr)k$ 和积分函数 $P(k)$ 随 k 的变化。图中的 k_2^* 对应 Rayleigh 函数的根，参见图 7.1.5 (b)。当 $k > k_2^*$ 时，被积函数在零附近以单调递减的幅度振荡。两种情况下的区别在于，$z_s = z = 0$ km 的情况（图 7.1.11）的振荡幅度衰减得非常慢。这是由于 $F(k)$（参见式 (7.1.15)）中的相位因子 e^{PP}、e^{SS}、e^{PS} 和 e^{SP} 在 $z_s = z = 0$ km 的情况下失去了对被积函数振荡幅度的压制作用。对于仅包含自

由界面贡献的 $F(k)$ 而言，当 z_s 和 z 同时较小的情况下，情况类似。对于这种情况，如果不采取特殊的处理，需要取非常大的积分上限，导致计算效率很低。

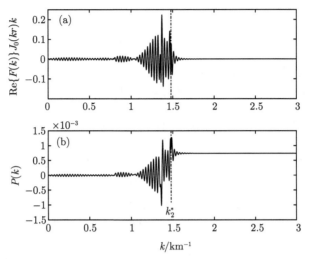

图 7.1.10　被积函数的实部 $\mathrm{Re}\{F(k)\}J_0(kr)k$ 和对应的积分函数 $P(k)$ 随 k 的变化 (一)

(a) $\mathrm{Re}\{F(k,\omega)\}J_0(kr)k$；(b) $P(k)$。k_2^* 对应 Rayleigh 函数的根。$z_s = 5\ \mathrm{km}$，$z = 2\ \mathrm{km}$

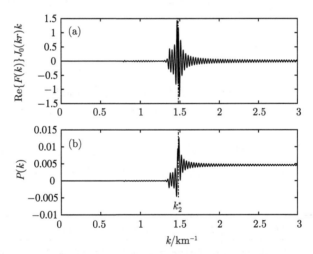

图 7.1.11　被积函数的实部 $\mathrm{Re}\{F(k)\}J_0(kr)k$ 和对应的积分函数 $P(k)$ 随 k 的变化 (二)

(a) $\mathrm{Re}\{F(k,\omega)\}J_0(kr)k$；(b) $P(k)$。k_2^* 对应 Rayleigh 函数的根。$z_s = z = 0\ \mathrm{km}$

7.1.3.2　基于重复平均法的峰谷平均法

注意到图 7.1.11 中，在 $k > k_2^*$ 之后，积分函数 $P(k)$ 始终在一个稳定值附近振荡。如果能找到一种根据振荡函数的特征快速确定其振荡中心值的算法，显然可以极大地提升计算效率。借助于数值计算中的重复平均法 (Dahlquist and Björck, 1974, p.278)，可以实现这个目标。

以 π 的 Leibniz 级数作为例子显示重复平均法的做法。如果定义

$$M_0(n) = \sum_{i=1}^{n} \frac{(-1)^{i-1}}{2i-1}$$

那么

$$\frac{\pi}{4} = \lim_{n \to +\infty} \{M_0(n)\}$$

图 7.1.12 显示了 $M_0(n)$ 随 n 的变化情况。随着 n 的增大，$M_0(n)$ 在 π/4 附近振荡，并缓慢地接近这个值。这是一个典型的慢收敛序列。对于这种序列，定义如下的缩减序列

$$M_i(n) = \frac{1}{2}\left[M_{i-1}(n) + M_{i-1}(n+1)\right] \quad (i = 1, 2, \cdots)$$

这表明，第 i 个缩减序列的第 n 个元素是第 $i-1$ 个缩减序列的第 n 个元素和第 $n+1$ 个元素的算数平均值。显然，按上式定义的缩减序列具有以下的性质：

(1) 第 i 个缩减序列的长度比第 $i-1$ 个的长度小 1；

(2) 它们具有相同的极限，即 $M_i(+\infty) = M_0(+\infty)$ $(i = 1, 2, \cdots)$。

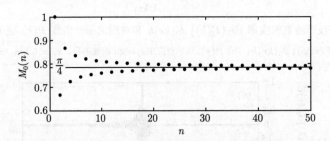

图 7.1.12　Leibniz 级数 $M_0(n)$ 随 n 的变化

黑原点代表级数的数值，横线代表 π/4。随着 n 的增加，级数在 π/4 附近振荡并缓慢地收敛

图 7.1.13 显示了对应于 $M_0(n)$ 的第 6 到 12 个元素的前 6 个缩减序列。由于缩减序列的长度依次减 1，所以到第 6 个缩减序列，序列长度变为 1。这个数字就是慢收敛序列最终的收敛值。

n	$M_0(n)$	$M_1(n)$	$M_2(n)$	$M_3(n)$	$M_4(n)$	$M_5(n)$	$M_6(n)$
6	0.744012	0.782474	0.785038	0.785340	0.785387	0.785396	0.785398
7	0.820935	0.787602	0.785641	0.785434	0.785405	0.785400	
8	0.754268	0.783680	0.785228	0.785376	0.785395		
9	0.813092	0.786776	0.785523	0.785414			
10	0.760460	0.784270	0.785305				
11	0.808079	0.786340					
12	0.764501						

图 7.1.13　重复平均法的执行示意图

$M_0(n)$ 为原始的序列，$M_i(n)$ $(i = 1, 2, \cdots, 6)$ 为缩减序列。n 为序列所取的项数，箭头代表其所指方向的元素为前一个缩减序列的两个相关元素的算术平均值

缩减序列的构造方式就是不断地重复算术平均值的计算，因此这种方法被称作重复平均法。从图 7.1.13 显示的执行情况看，涉及的计算量很小，算法非常简单，但是效率极高。为了显示重复平均法的效率，我们定义原始序列 $M_0(n)$ 和第 i 个缩减序列对应的相对误差序列 $\varepsilon_i(n)$ 为

$$\varepsilon_i(n) = \frac{|M_i(n) - M_i(+\infty)|}{|M_i(+\infty)|} \quad (i = 0, 1, 2, \cdots)$$

图 7.1.14 以双对数坐标显示了不同阶次的 $\varepsilon_i(n)$ $(i = 0, 1, \cdots, 6)$ 随 n 的变化情况。如果计算容许的相对误差为 10^{-6}，那么对于 $M_0(n)$，要求 $n > 31800$；而对于 $M_6(n)$，只要求 $n > 5$。计算量的节省效果是惊人的。

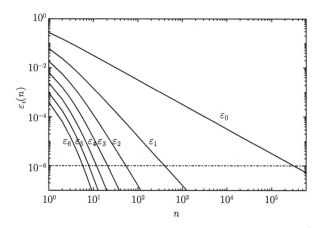

图 7.1.14　$M_0(n)$ 和缩减序列 $M_i(n)$ $(i = 1, 2, \cdots, 6)$ 的相对误差 ε_i $(i = 0, 1, \cdots, 6)$

水平的点划线代表 10^{-6} 的相对误差

从上面的叙述可以看出，对于寻找慢收敛序列的收敛值，重复平均法具有操作简单、高效的特点。回到图 7.1.11 中所示的积分函数 $P(k)$，前面已经提到，当 $k > k_2^*$ 时，函数的变化行为是以单调递减的幅度在收敛值附近振荡的。如果我们取其振荡曲线的波峰和波谷值组成一个序列，那么这个序列是一个标准的慢收敛序列。可以运用重复平均法来快速求取其收敛值，并将这种方法称为**峰谷平均法**。

实施峰谷平均法的关键在于能够准确地找到波峰和波谷值。由于在数值计算中，总是要选取一个有限的 Δk 来计算被积函数值，以有限的 Δk 为步长并不能保证可以准确地找到波峰和波谷值，因此，需要一个细化的寻找波峰和波谷值的算法。图 7.1.15 中以简单的正弦函数 $\sin x$ 为例显示了精确求解波峰值的过程。圆点代表采样点。取连续的三个采样点 (x_i, f_i)，执行 $f_2 \geqslant f_1$ 且 $f_2 \geqslant f_3$ 的判断，如果成立，则可以判断精确的波峰位于 (x_1, x_3) 区间内，执行下面的细化操作，否则以 $\Delta x = \pi/8$ 为步长推进，重复判断。细化的操作是以 (x_i, f_i) $(i = 1, 2, 3)$ 为插值点，形成二次多项式

$$P_2(x) = ax^2 + bx + c$$

其中的系数为

$$a = -\frac{f_1(x_2 - x_3) + f_2(x_3 - x_1) + f_3(x_1 - x_2)}{(x_1 - x_2)(x_2 - x_3)(x_3 - x_1)}$$

$$b = \frac{f_1(x_2^2 - x_3^2) + f_2(x_3^2 - x_1^2) + f_3(x_1^2 - x_2^2)}{(x_1 - x_2)(x_2 - x_3)(x_3 - x_1)}$$

$$c = -\frac{f_1 x_2 x_3(x_2 - x_3) + f_2 x_3 x_1(x_3 - x_1) + f_3 x_1 x_2(x_1 - x_2)}{(x_1 - x_2)(x_2 - x_3)(x_3 - x_1)}$$

极值在 $P_2'(x) = 0$ 时取得，即 $x^* = -b/2a$，从而得到细化的波峰值为 $y^* = P_2(x^*)$。对于图 7.1.15 中显示的例子，这样细化得到的波峰值的相对于准确值的误差约为 0.05%。

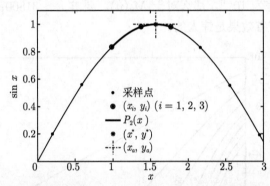

图 7.1.15　精确求解波峰（谷）值的示意图：以正弦函数 $\sin x$ 为例

● 代表采样点，● 代表用于确定精确值的三个采样点，$P_2(x)$ 代表根据这三个采样点插值得到的二次多项式，✱ 代表根据二次多项式导数为零得到的精确波峰位置 (x^*, y^*)，--- 代表实际的精确波峰位置 $(\pi/2, 1)$

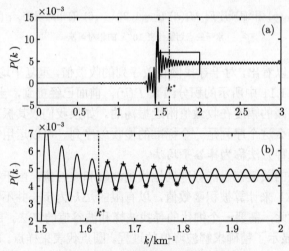

图 7.1.16　峰谷平均法的运行结果

(a) 即图 7.1.11 (b) 中的 $k^* = 1.1k_2^*$，方框内的部分为 (b) 中显示的局部；(b) 为 (a) 中方框内部分的局部放大。+ 代表波峰，✱ 代表波谷。横线为对由波峰和波谷值组成的序列采用重复平均法求得的结果

通过上述细化的过程寻找到一系列波峰和波谷值，把它们组成一个慢收敛的序列 $M_0(n)$，运用前面介绍的重复平均法，可以快速获得积分函数 $P(k)$ 的收敛值。图 7.1.16 中以图 7.1.11 (b) 中的 $P(k)$ 为例，显示了峰谷平均法的运行结果。由于开始寻找波峰波谷值的

位置 k^* 很重要，必须满足当 $k > k^*$ 时 $P(k)$ 单调递减的振荡条件，所以可以保守地取 $k^* = 1.1k_2^*$。图 7.1.16 (b) 中的放大图清楚地显示了根据以 6 个波峰和 6 个波谷值组成的序列求得的收敛值。从视觉上即可直观地判断其准确性。由于这仅仅是根据非常有限的计算得到的结果，其效率的提升是极为显著的。

7.2 离散 Fourier 变换和震源时间函数

7.1 节考虑了与波数积分的计算相关的问题，利用数值计算得到波数积分的结果之后，我们就得到了频率域中的位移。为了最终得到时间域的结果，需要进行反 Fourier 变换。在实际操作中，反 Fourier 变换都是通过标准的快速 Fourier 变换 (FFT) 程序来实现的。FFT 是离散 Fourier 变换 (DFT) 的快速算法，运用好 FFT 程序的前提是对 DFT 有比较清楚的认识。本节将结合一些具体例子的图示来说明 DFT 的特点。

7.2.1 几个基本的 Fourier 变换对

在深入具体问题之前，需要了解几个基本的 Fourier 变换对。为了表示方便，用 "$\Longleftrightarrow$" 代表 Fourier 变换对，$f(t)$ 代表时间域内的函数，而 $F(f)$ 或 $F(\omega)$ 代表频率域内的函数，$\omega = 2\pi f$。因此

$$F(\omega) = \int_{-\infty}^{+\infty} f(t)\mathrm{e}^{-\mathrm{i}\omega t}\,\mathrm{d}t \quad \Longleftrightarrow \quad f(t) = \frac{1}{2\pi}\int_{-\infty}^{+\infty} F(\omega)\mathrm{e}^{\mathrm{i}\omega t}\,\mathrm{d}\omega$$

从连续的时间函数到离散的时间序列，需要经过采样的过程，数学上用离散 δ 函数[①]表示。时间域的采样函数 $\Delta(t)$ 为

$$\Delta(t) = \sum_{n=-\infty}^{+\infty} \delta(t - n\Delta t) \tag{7.2.1}$$

见图 7.2.1 (a)。对应的频率域采样函数 $\Delta(f)$ 为

$$\Delta(f) = \sum_{n=-\infty}^{+\infty} \int_{-\infty}^{+\infty} \delta(t - n\Delta t)\mathrm{e}^{-\mathrm{i}2\pi f t}\,\mathrm{d}t = \sum_{n=-\infty}^{+\infty} \mathrm{e}^{-\mathrm{i}2n\pi f\Delta t}$$

$$\xlongequal{(7.1.9)} 2\pi \sum_{n=-\infty}^{+\infty} \delta(2\pi f\Delta t - 2n\pi) = \frac{1}{\Delta t} \sum_{n=-\infty}^{+\infty} \delta\left(f - \frac{n}{\Delta t}\right)$$

图 7.2.1 (a) 显示了栅栏状的时间域采样函数对应的频谱也是栅栏状的，只是间距和高度不同。

除了采样的过程以外，还经常遇到在时间域或频率域用箱型的窗函数去截取一部分信号的操作。以时间域内的窗函数 $f(t) = H(T - |t|)$ 为例，

$$F(f) = \int_{-T}^{T} \mathrm{e}^{-\mathrm{i}2\pi f t}\,\mathrm{d}t = \frac{\mathrm{e}^{-\mathrm{i}2\pi f T} - \mathrm{e}^{\mathrm{i}2\pi f T}}{-\mathrm{i}2\pi f} = \frac{2\sin(2\pi f T)}{2\pi f} = 2T\mathrm{Sinc}(2fT)$$

[①] 由于对离散信号而言不存在积分的操作，相应地，离散 δ 函数也与连续的 Dirac δ 函数有显著的区别。离散 δ 函数 $\delta(t - t_0)$ 代表当 $t = t_0$ 时取值为 1，因此 $f(t)\delta(t - t_0) = f(t_0)$。

其中，Sinc 函数的定义为

$$\text{Sinc}(x) \triangleq \frac{\sin(\pi x)}{\pi x}$$

类似地，有

$$f(t) = \text{Sinc}(2f_{\text{c}}t) \quad \Longleftrightarrow \quad F(f) = \Delta t H(f_{\text{c}} - |f|) \tag{7.2.2}$$

其中，$f_{\text{c}} = 1/2\Delta t$ 为 Nyquist 频率（7.2.2 节详述）。这两个 Fourier 变换对的图形见图 7.2.1 (b) 和 (c)。从图中可以看出，时间域的截断会导致频率域出现旁瓣，称为频谱泄漏，反之亦然。这是时间域信号和它的频谱之间的一个重要性质。

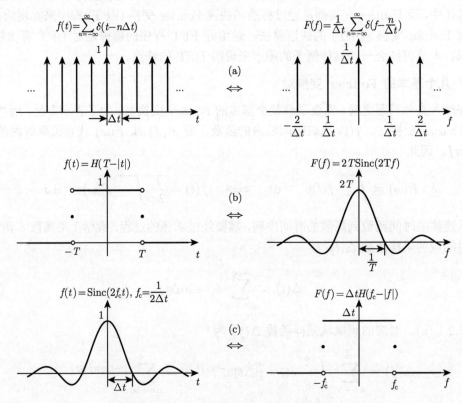

图 7.2.1　几个基本的 Fourier 变换对

时间域的函数用 $f(t)$ 表示，相应的频率域函数用 $F(f)$ 表示。Δt 为时间域的采样步长，T 为时间域中箱型函数的半宽度，$f_{\text{c}} = 1/2\Delta t$ 为 Nyquist 频率

7.2.2　连续波形的离散化和采样定理

与通过 Fourier 变换和反变换所做的理论分析不同，在计算机上进行的 Fourier 变换和反变换都是离散的，即 DFT 和 IDFT。根据离散化的信号，在什么条件下可以精确地还原连续波形，这是在进行离散 Fourier 变换之前首先需要明确的问题。从信号处理的角度来看，离散化就是采样。因此，考虑对连续波形采样所带来的效应是进行离散 Fourier 变换和反变换的基础。

考虑一个最高频率为 f_c 的有限带宽①的时间域函数 $f(t)$。图 7.2.2 (a) 中显示了 $f(t)$ 和其频谱 $F(f)$ 的图像,$F(f)$ 只在 $|f| < f_c$ 时才非零。对 $f(t)$ 进行采样,从数学上看,相当于乘以式 (7.2.1) 的时间域采样函数 $\Delta(t)$,见图 7.2.2 (b)。$f(t)$ 与 $\Delta(t)$ 相乘得到了图 7.2.2 (c) 中的离散信号。而根据"时间域内的相乘对于频率域内的卷积"的性质,$F(f)$ 和 $\Delta(f)$ 的卷积效果上相当于将频谱复制到以 $i/\Delta t$ $(i = \pm1, \pm2, \cdots)$ 为中心的位置上,这是因为

$$F(f) * \Delta(f) = \int_{-\infty}^{+\infty} F(f - \tau) \frac{1}{\Delta t} \sum_{n=-\infty}^{+\infty} \delta\left(\tau - \frac{n}{\Delta t}\right) \mathrm{d}\tau = \frac{1}{\Delta t} \sum_{n=-\infty}^{+\infty} F\left(f - \frac{n}{\Delta t}\right)$$

图 7.2.2 清楚地展示了这个过程。可以看出,对时间域的连续波形以 Δt 的间距进行离散化,导致了对应的频率谱出现了以 $1/\Delta t$ 为周期的重复现象。这是时间函数和其频谱之间存在的重要性质:时间域的离散性对应着频率域的周期性,类似地,频率域的离散性也对应着时间域的周期性。

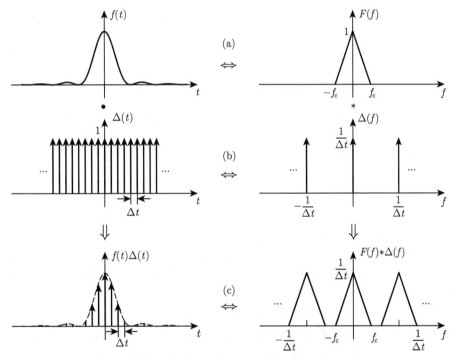

图 7.2.2 时间域的采样导致频率域出现周期性的图解 (一)

$\Delta(t)$ 和 $\Delta(f)$ 分别为时间域和频率域的采样函数,Δt 为时间域的采样间隔,f_c 为信号的最高频率,· 代表相乘,* 代表卷积

对于我们当前考虑的具有最高频率 f_c 的情况,如果 Δt 足够小(从而 $1/\Delta t$ 足够大),那么复制的频谱图形之间不会产生重叠,正如图 7.2.2 (c) 中显示的那样。但是,如果 Δt 不是足够的小,导致对应的频率域中栅栏的间距 $1/\Delta t$ 不是足够大,这时会发生被称作混叠的现象,频率域中被复制的频谱之间发生重叠,如图 7.2.3 所示。混叠现象意味着,根据此时的频谱不能够准确地恢复时间信号。

---

① 带宽指时间信号频谱中的最大和最小频率之差,比如对于图 7.2.2 (a) 中的信号,其带宽为 $2f_c$。

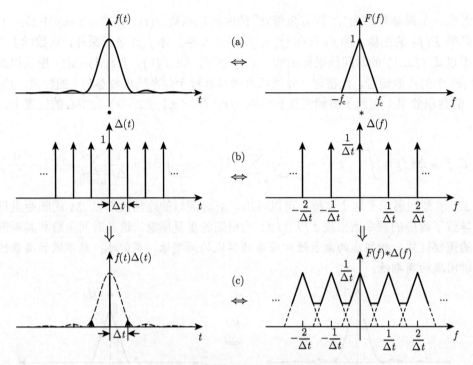

图 7.2.3　时间域的采样导致频率域出现周期性的图解 (二)

符号说明同图 7.2.2，区别在于时间域中的抽样间隔 Δt 变大了，导致频率域中的采样间隔 $1/\Delta t$ 变小，从而使频率域中的

波形产生了混叠

根据图 7.2.2 (c) 中的频谱图，不难看出时间域的采样间隔 Δt 满足的临界条件是

$$f_{\mathrm{c}} = \frac{1}{\Delta t} - f_{\mathrm{c}} \quad \Longrightarrow \quad \Delta t = \frac{1}{2f_{\mathrm{c}}}$$

这就是说，对于频谱的最高频率为 f_{c} 的时间信号 $f(t)$ 来说，为了不发生混叠，对连续信号采样的最大时间间隔为 $\Delta t = 1/2f_{\mathrm{c}}$，即最小的采样频率是其最高频率的两倍：$1/\Delta t = 2f_{\mathrm{c}}$。换句话说，对于采样间隔为 Δt 的时间信号而言，能够分辨的最高频率 $f_{\mathrm{c}} = 1/2\Delta t$，这个频率叫做 Nyquist 频率。

根据以上事实，可以进一步得到如下的采样定理[①]：

对于连续信号 $f(t)$，如果其频谱的最高频率为 f_{c}，那么连续函数 $f(t)$ 可以由它的采样值（采样间隔 $\Delta t = 1/2f_{\mathrm{c}}$）唯一地确定。具体地，$f(t)$ 可以表示为

$$f(t) = \sum_{n=-\infty}^{+\infty} h(n\Delta t)\mathrm{Sinc}\left[2f_{\mathrm{c}}(t - n\Delta t)\right] \tag{7.2.3}$$

图 7.2.4 中的示意图形象地描述了这个过程：对周期性分布的频谱 $F(f) * \Delta(f)$ 进行加窗（乘以窗函数 $Q(f)$）截断得到非周期性的频谱 $F(f)$，对应着时间域中的离散信号

① 采样定理最初是由瑞典裔的美国物理学家 H. Nyquist 于 1928 年首先提出来的，因此被称作 Nyquist 采样定理。1933 年，苏联的无线电物理学家和密码无线电通信技术的先驱 V. A. Kotelnikov 首次用公式严格地表述了这一定理，在苏联的文献中称为 Kotelnikov 采样定理。1948 年，信息论的创始人，美国数学家、电子工程师和密码学家 C. E. Shannon 对这一定理加以明确地说明，并正式作为定理引用，因此在很多文献中又称之为 Shannon 采样定理。

$f(t)\Delta(t)$ 与频率域中的窗函数对应的时间域函数 $q(t)$ 卷积而得到连续的时间函数 $f(t)$。因此

$$f(t) = [f(t)\Delta(t)] * q(t) = \sum_{n=-\infty}^{+\infty} [f(n\Delta t)\delta(t-n\Delta t)] * q(t)$$

$$= \sum_{n=-\infty}^{+\infty} f(n\Delta t)q(t-n\Delta t) \xrightarrow{(7.2.2)} \sum_{n=-\infty}^{+\infty} h(n\Delta t)\mathrm{Sinc}\,[2f_{\mathrm{c}}(t-n\Delta t)]$$

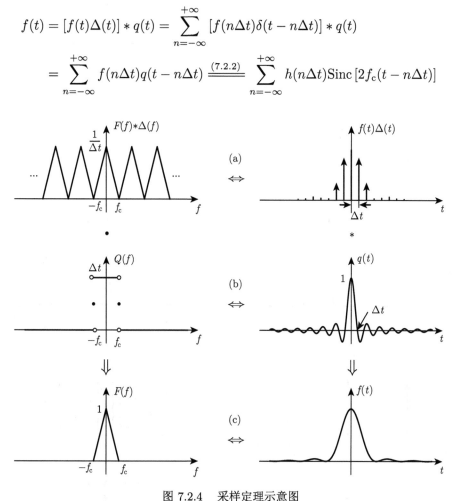

图 7.2.4　采样定理示意图

说明了如何根据离散化的信号恢复连续信号。(a) 离散化的时间信号和对应的周期性的频谱；(b) 频率域中的窗函数和其对应的时间函数；(c) 非周期性的频谱和连续的时间函数

　　可以说，采样定理是连接连续和离散的桥梁，也是连接理论分析和计算机实现之间的桥梁。计算机只能处理离散的时间信号，用这些离散的点来代替连续的时间函数就会带来误差。根据采样得到的离散的点究竟是否可以精确地还原出连续的信号？采样定理给出了回答：只需要找到信号的最大频率 f_{c}，用两倍于最大频率的采样频率对信号进行采样，就可以根据式 (7.2.3) 重建出连续信号。

7.2.3　从连续 Fourier 变换到离散 Fourier 变换

　　前面介绍的采样定理，搭建了连续的时间函数和离散的时间信号之间的桥梁。如何来具体地完成从理论分析到数值实现的过程呢？简单地说，需要经过两个步骤：时间域采样和频率域采样。以下结合图 7.2.5 具体说明。

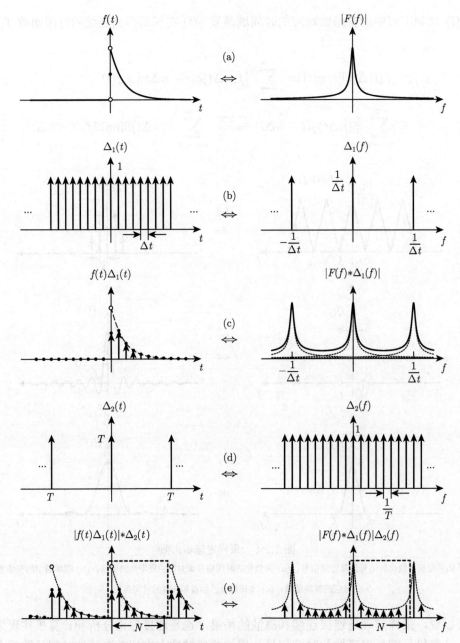

图 7.2.5　从连续 Fourier 变换到离散 Fourier 变换的示意图

对 (a) 中的连续的函数 $f(t)$ 进行两步操作：(b) 和 (c) 的时间域采样，以及 (d) 和 (e) 的频率域采样

7.2.3.1　时间域采样

对图 7.2.5 (a) 中的连续函数 $f(t)$ 进行采样，相当于用采样函数 $\Delta_1(t)$ 与 $f(t)$ 相乘：

$$f(t)\Delta_1(t) = f(t) \sum_{k=-\infty}^{+\infty} \delta(t - k\Delta t) = \sum_{k=-\infty}^{+\infty} f(k\Delta t)\delta(t - k\Delta t)$$

见图 7.2.5 (b) 和 (c)。7.2.2 节已经显示过时间域采样带来频率域周期性分布的情况，这里需要说明的是，一般情况下，频谱并不是有限带宽的，因此频率域的混叠效应必然会出现[①]。

7.2.3.2 频率域采样

对图 7.2.5 (c) 中的频谱进行采样，可以得到时间域的周期离散信号 $\tilde{f}(t)$。图 7.2.5 (d) 和 (e) 显示了这个过程。由于频率域中频谱与采样函数的相乘对应了时间域的卷积，周期分布的离散时间信号 $\tilde{f}(t)$ 为

$$\begin{aligned}
\tilde{f}(t) &= [f(t)\Delta_1(t)] * \Delta_2(t) \\
&= \int_{-\infty}^{+\infty} \sum_{k=-\infty}^{+\infty} f(k\Delta t)\delta(\tau - k\Delta t)T \sum_{m=-\infty}^{+\infty} \delta(t - \tau - mT)\,\mathrm{d}\tau \\
&= T \sum_{m=-\infty}^{+\infty} \sum_{k=-\infty}^{+\infty} f(k\Delta t)\delta(t - k\Delta t - mT)
\end{aligned}$$

值得注意的是，由于对频谱的采样导致离散化之后的时间信号周期性地分布，如果非零的时间信号都集中在 $[0, T]$ 区间内[②]，则上式可以简化为

$$\tilde{f}(t) = T \sum_{m=-\infty}^{+\infty} \sum_{k=0}^{N-1} f(k\Delta t)\delta(t - k\Delta t - mT) \tag{7.2.4}$$

7.2.3.3 离散 Fourier 变换和反变换

时间域的周期性对应了频率域的离散性，并且时间域的采样也造成了频率域具有周期性，因此 $\tilde{f}(t)$ 的频谱 $\tilde{F}(f)$ 可以用 Fourier 级数表示为

$$\tilde{F}(f) = \sum_{n=-\infty}^{+\infty} \alpha_n \delta\left(f - \frac{n}{T}\right) \tag{7.2.5}$$

其中，

$$\begin{aligned}
\alpha_n &= \frac{1}{T}\int_{-\frac{\Delta t}{2}}^{T-\frac{\Delta t}{2}} \tilde{f}(t)\mathrm{e}^{-\mathrm{i}2\pi\frac{n}{T}t}\,\mathrm{d}t \\
&\stackrel{(7.2.4)}{=\!=\!=} \sum_{m=-\infty}^{+\infty}\sum_{k=0}^{N-1}\int_{-\frac{\Delta t}{2}}^{T-\frac{\Delta t}{2}} f(k\Delta t)\delta(t-k\Delta t-mT)\mathrm{e}^{-\mathrm{i}2\pi\frac{n}{T}t}\,\mathrm{d}t \\
&= \sum_{k=0}^{N-1} f(k\Delta t)\mathrm{e}^{-\mathrm{i}2\pi\frac{nk}{N}}
\end{aligned}$$

[①] 一个解决办法是进行低通滤波（7.2.5 节详述），即只保留 f_c 以下的频率成分，而将大于 f_c 的成分过滤掉。这样做的代价是，改变了原始信号的频谱，因此虽然频率域的混叠现象消除了，但是根据这样的频谱通过离散 Fourier 的反变换得到的时间信号与原始的连续时间函数相比丢失了高频的成分。不过，高频信号并不改变波形的整体特征，而只是反映了局部的细节。

[②] 如果不是这样，则出现图 7.1.3 中描述的问题，T 之后的信号最终会折叠到 $[0, T]$ 区间内。这可以通过引入复数频率来压制。

代回式 (7.2.5)，得到图 7.2.5 (e) 中虚线框内的一个周期内的频谱为

$$F(n) = \sum_{k=0}^{N-1} f(k) W_N^{nk}, \quad W_N \triangleq e^{-i\frac{2\pi}{N}} \tag{7.2.6}$$

上式中，以 $f(k)$ 代替了 $f(k\Delta t)$，表示序号为 k 的离散点，相应地，以 $F(n)$ 代替 $F(n\Delta f)$。注意到[①]

$$\sum_{n=0}^{N-1} e^{i\beta n \frac{2\pi}{N}} = N\delta_{\beta, jN} \quad (j = 0, \pm 1, \pm 2, \cdots)$$

$$\sum_{n=0}^{N-1} F(n) e^{i\frac{2\pi nk}{N}} = \sum_{n=0}^{N-1} \sum_{m=0}^{N-1} f(m\Delta t) e^{i(k-m)n\frac{2\pi}{N}} = N \sum_{m=0}^{N-1} f(m\Delta t) \delta_{km} = Nf(k)$$

因此，有

$$f(k) = \frac{1}{N} \sum_{n=0}^{N-1} F(n) W_N^{-nk} \tag{7.2.7}$$

式 (7.2.6) 和式 (7.2.7) 构成了离散 Fourier 变换和反变换对。根据图 7.2.5 和上面的分析过程，我们可以看到，对连续信号进行离散，自然地导致频谱具有周期性，而对频谱的离散化，反过来又导致时间序列出现周期性。因此，最初的非周期的连续时间函数，经过若干采样和加窗截断处理之后，形成的时间信号和频谱都具有周期性和离散性。

7.2.3.4　快速 Fourier 变换

式 (7.2.6) 和式 (7.2.7) 本身提供了明确的计算方案。不难看出，直接根据它们来求解，需要 $O(N^2)$ 次运算：$f(k)$ 共有 N 个输出，而每个输出需要 N 次求和。对于较大的 N，计算量较大。1965 年，Cooley 和 Tukey 提出快速 Fourier 变换算法[②]，此后被称为 Cooley-Tukey 算法，将原来长度为 N 的长序列分解为一系列的短序列，充分利用 DFT 计算式中所具有的对称性和周期性质，求这些短序列的 DFT 并进行适当组合，删除重复计算，因此减少了乘法运算，将运算量压缩为 $O(N \log_2 N)$。以 $N = 2^{10} = 1024$ 为例，直接计算需要 1048576 次运算，而采用 FFT 算法，运算量压缩为 10240 次，仅为直接算法的 1%。因此，FFT 一经提出，就广泛地应用于科学和工程计算的各个领域[③]。

由于 FFT 是 DFT 的快速算法，它提供与 DFT 相同的结果，只是效率极大提高，而且作为数值计算的常用算法，各个数学软件中均有相应的函数（比如 Matlab 中对应的命令是 `fft`），因此这里不做赘述，感兴趣的读者可自行参考信号处理相关的书籍。

----

① 当 $\beta = jN$ 时，等式左侧的级数各项都为 1，因此结果为 N；当 $\beta \neq jN$ 时，等式左侧是一个等比级数，因此

$$\sum_{n=0}^{N-1} e^{i\beta n \frac{2\pi}{N}} = \frac{1 - \left(e^{i\beta \frac{2\pi}{N}}\right)^N}{1 - e^{i\beta \frac{2\pi}{N}}} = 0$$

② 后来才发现，这两位作者只是重新发明了数学王子 Gauss 早在 1805 年就已经提出的算法。这个算法在历史上数次以各种形式被再次提出。直到近 60 年来 FFT 算法才被重视，或许与计算机的使用密切相关。毕竟，FFT 的效果只是对于比较大的 N 才更明显。

③ 被 IEEE（电气与电子工程师协会）科学与工程计算期刊列入 20 世纪十大算法。美国数学家 G. Strang 甚至把 FFT 誉为"我们一生中最重要的数值算法"。

7.2.4 离散 Fourier 变换应用举例

在了解了离散 Fourier 变换的具体操作之后，本节通过一个具体的例子分别从正变换、反变换和滤波的角度考察其特点。考虑如下的 Fourier 变换对

$$f(t) = \mathrm{e}^{-t} H(t) \iff F(f) = \frac{1}{1 + \mathrm{i} 2\pi f}$$

频谱的实部和虚部分别为

$$\mathrm{Re}\{F(f)\} = \frac{1}{1 + (2\pi f)^2} \quad \mathrm{Im}\{F(f)\} = -\frac{2\pi f}{1 + (2\pi f)^2} \tag{7.2.8}$$

可见谱函数 $F(f)$ 的实部和虚部分别关于 $f = 0$ 对称和反对称。

7.2.4.1 离散 Fourier 变换

取 $T = 7.75\ \mathrm{s}$, $N = 2^5 = 32$, 因此 $\Delta t = T/(N-1) = 0.25\ \mathrm{s}$, $f_{\mathrm{c}} = 1/2\Delta t = 2\ \mathrm{Hz}$。图 7.2.6 (a) 显示了 $f(t)$ 函数和采样后的离散序列的图像。根据 7.2.2 节叙述的采样定理，以 0.25 s 的时间间隔对时间信号进行采样，频率域能分辨的最高频率为 2 Hz。图 7.2.6 (b) 和 (c) 分别显示了经过 DFT 之后得到的频谱的实部和虚部，作为对比，还用实线显示了

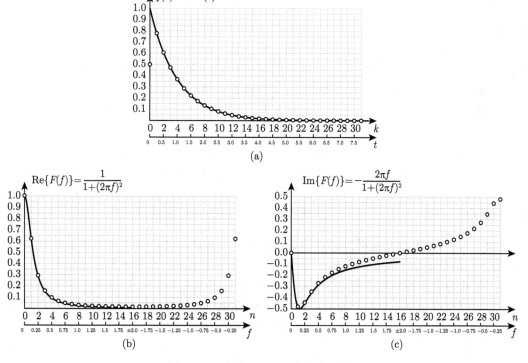

图 7.2.6　离散 Fourier 变换应用举例

(a) 时间域信号 $f(t) = H(t)\mathrm{e}^{-t}$; (b) 频率域信号的实部 $\mathrm{Re}\{F(f)\} = 1/[1 + (2\pi f)^2]$; (c) 频率域信号的虚部 $\mathrm{Im}\{F(f)\} = -2\pi f/[1 + (2\pi f)^2]$。粗实线代表解析结果，空心圆圈代表离散 Fourier 变换对应的结果

根据式 (7.2.8) 计算得到的连续信号的频谱[①]。

如果以 $F(n)$ $(n = 0, 1, \cdots, 31)$ 代表存放频谱的数组，根据图 7.2.6 (b) 和 (c)，其突出的特点是：$F(0)$ 存放 $f = 0$ 时的频谱值，$F(1)$ 到 $F(16)$ 分别存放 $f = \Delta f$ 到 $16\Delta f$ 时的频谱值，$F(31)$ 按逆序到 $F(16)$ 分别存放 $f = -\Delta f$ 到 $-16\Delta f$ 时的频谱值[②]。换句话说，从 $-f_c$ 到 0 频率区间上的频谱值，平移到数组的后半段。图 7.2.6 (b) 和 (c) 中的双横坐标明确列出了数组序号 n 和对应的频率 f 之间的关系。了解这一点对于根据指定的频谱值通过离散 Fourier 反变换得到时间信号至关重要。从图中可见，根据 FFT 计算得到的频谱值与连续信号对应的频谱之间在高频段有显著的差距，特别是虚部。这是由时间域的采样间隔较大造成的，可以通过减小 Δt 和增加采样点数 N 来改善。

另外，值得注意的是，对于频谱而言，采样点数是时间域信号采样点数的一半，即 $N/2$，而最大频率是 f_c，因此频率域的间隔 $\Delta f = 2f_c/N = 0.125$ Hz。

7.2.4.2　离散 Fourier 反变换

离散 Fourier 反变换相比于离散 Fourier 变换要复杂得多，因为用户必须根据上面所描述的频谱特征自己准备好预备做离散 Fourier 反变换的频谱数组。对于当前考虑的例子，如果要求时间域的信号采样点数 $N = 32$，$\Delta t = 0.25$ s，那么准备其频谱数组 F2 和进行离散 Fourier 反变换的 Matlab 程序段为

```
N=32; dt=0.25;                % 给N和dt赋值
fc=1/(2*dt);                  % 计算Nyquist频率
df=2*fc/N;                    % 计算频率域的采样间隔
f=df*[0:1:N/2];               % 计算各频率值
F1=1./(1+i*2*pi*f)*df*N;      % 根据频谱表达式计算各频率值对应的频谱值
F2(1)=F1(1);                  % 给零频的频谱赋值
F2(N/2+1)=real(F1(N/2+1));    % 给最大频率的频谱赋值，虚部赋值为零
for j=2:N/2
    F2(j)=F1(j);              % 给序号为2到N/2的频谱数组赋值
    F2(N-j+2)=conj(F1(j));    % 给序号为N/2+2到N的频谱数组赋值
end
ft=ifft(F2);                  % 对F2做离散Fourier反变换
```

在上面的程序段中，F1 是根据频谱的解析表达式计算的频谱，在进行赋值的时候乘以了 df 和 N。前者是由于离散 Fourier 反变换只相当于 Fourier 反变换积分表达式中的被积函数，因此为了能得到真实的 $f(t)$，必须乘以 df；后者是为了与式 (7.2.7) 中的系数相抵消。零频的频谱分量是单独存储的，因此需要单独赋值。$f = \pm f_c$ 时的频谱都存储在序号为 N/2+1 的位置上[③]，由于频谱的实部关于零对称，虚部反对称，因此实部直接赋值，而

[①] 值得指出的是，式 (7.2.6) 中的 DFT，只是相当于 Fourier 变换中的被积函数，为了与根据 Fourier 变换直接得到的式 (7.2.8) 的结果相比较，必须乘上 dt。比如在运用 Matlab 的命令 fft 进行 DFT 时，设离散化的时间序列为 ft，则与式 (7.2.8) 的结果比较的应该是 fft(ft)*dt。

[②] $F(16)$ 存放的是同时对应于 $f = \pm 16\Delta f$ 时的频谱值。

[③] 注意在 Matlab 中，数组的序号是从 1 开始的，与图 7.2.6 中的编号不同。

对虚部强行赋值为零。循环体的作用相当于以 N/2+1 的位置为中心，对除了零频对应的频谱以外，根据实部对称、虚部反对称的特点进行翻折。

图 7.2.7 显示了根据上述过程准备的频谱数组和对其做离散 Fourier 反变换的结果。图 7.2.7 (c) 中经过离散 Fourier 反变换得到的时间序列基本上与精确的连续函数一致，但是在末尾的地方误差较大。回忆 7.2.1 节中介绍的几个基本的 Fourier 变换对，频率域的窗函数对应的时间函数有明显的旁瓣，参见图 7.2.1 (c)。因此经过离散 Fourier 反变换得到的时间序列实际上是精确的时间函数与 Sinc 函数的卷积，这些振荡正是旁瓣的反映。

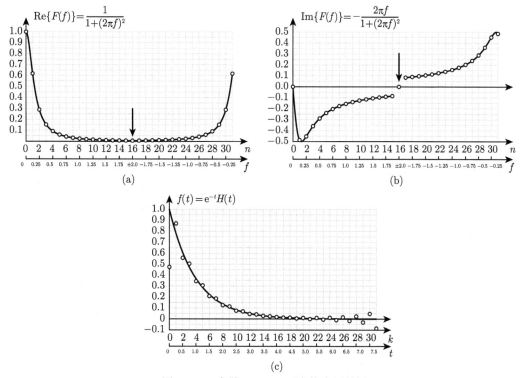

图 7.2.7　离散 Fourier 反变换应用举例

(a) 频率域信号的实部 $\mathrm{Re}\{F(f)\} = 1/[1 + (2\pi f)^2]$；(b) 频率域信号的虚部 $\mathrm{Im}\{F(f)\} = -2\pi f/[1 + (2\pi f)^2]$；(c) 时间域信号 $f(t) = H(t)\mathrm{e}^{-t}$。粗实线代表解析结果，空心圆圈代表离散 Fourier 变换对应的结果。(a) 和 (b) 中的箭头代表频谱中的翻折点

7.2.5　滤波：低通滤波和带通滤波

如何能减弱这些旁瓣的影响？一种有效的方式是对频谱进行过滤，即滤波。滤波器有很多种，这里只介绍其中一种非常简单而有效的频域窗函数 $W(f)$，其定义为

$$W(f) = \begin{cases} 0, & f \leqslant f_1 \text{ 或 } f \geqslant f_4 \\ 1, & f_2 \leqslant f \leqslant f_3 \\ \dfrac{1}{2}\left[1 - \cos\left(\dfrac{f - f_1}{f_2 - f_1}\right)\pi\right], & f_1 < f < f_2 \\ \dfrac{1}{2}\left[1 + \cos\left(\dfrac{f - f_3}{f_4 - f_3}\right)\pi\right], & f_3 < f < f_4 \end{cases}$$

其中，f_i $(i = 1, 2, \cdots, 4)$ 为几个控制频率，满足 $f_1 \leqslant f_2 \leqslant f_3 \leqslant f_4 \leqslant f_c$[①]。图 7.2.8 中显示了 $W(f)$ 随频率 f 的变化曲线。选择不同的控制频率，将频谱与 $W(f)$ 相乘，就起到了过滤掉某些频率成分的目的。由于 $f \in (f_1, f_2)$ 或 (f_3, f_4) 时的曲线比较平滑，它对应的时间域函数的旁瓣相比于陡峭的箱型函数要明显减小。

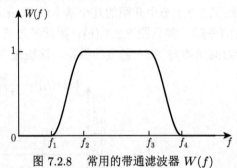

图 7.2.8　常用的带通滤波器 $W(f)$

f_i $(i = 1, 2, \cdots, 4)$ 为几个控制频率。当 $f_1 = f_2 = 0$ 时，$W(f)$ 为低通滤波器

如果 $f_1 = f_2 = 0$ 且 $f_4 < f_c$，$W(f)$ 成为低通滤波器，顾名思义，就是让较低的频率成分全部保留，而只过滤掉比较高频的成分。仍然考虑图 7.2.7 中的例子，取 $f_1 = f_2 = 0$，$f_3 = 1.0 \, \text{Hz}$，$f_4 = 2.0 \, \text{Hz}$，$W(f)$ 与频谱 $F(f)$ 相乘并进行离散 Fourier 反变换。图 7.2.9 显示了对应的结果。可以看出，加了低通滤波器之后，频谱虚部的高频段在对称点附近的间

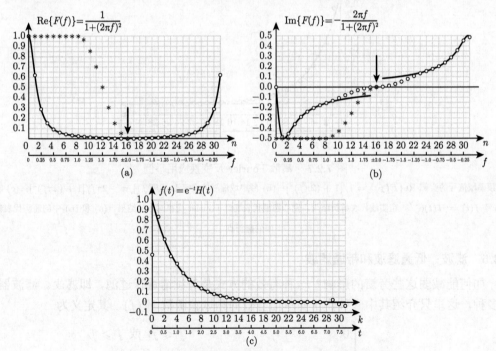

图 7.2.9　加低通滤波器的离散 Fourier 反变换应用举例

图例说明同图 7.2.7。为了参考方便，在 (a) 和 (b) 中用 ∗ 标示了低通滤波器的值。(b) 中为更直观，乘以了 -0.5。
$f_1 = f_2 = 0$，$f_3 = 1.0 \, \text{Hz}$，$f_4 = 2.0 \, \text{Hz}$

---

① 当 $f_1 = f_2$ 或 $f_3 = f_4$ 时，上面的定义式中的第 3 或第 4 行不能取到，因此不存在分母为零而无法计算的情况。

断消失了，代之以逐渐递减为零的波形。相应地，经过离散 Fourier 反变换得到的时间序列的振荡相比于没有加低通滤波器的情况，明显地减小了，参见图 7.2.7 (c) 和图 7.2.9 (c)。

如果 $0 \leqslant f_1 < f_2$ 且 $f_3 < f_4 \leqslant f_c$，$W(f)$ 成为带通滤波器，即起到让中间频率成分保留的作用，而过滤掉高频和低频的成分。图 7.2.10 显示了相应的结果，其中的 $f_1 = 0$ Hz，$f_2 = 0.5$ Hz，$f_3 = 1.0$ Hz，$f_4 = 2.0$ Hz。在这种情况下，由于低频段的频谱成分被过滤掉一部分，频谱出现了显著的改变，见图 7.2.10 (a) 和 (b)。由于低频部分的频谱决定了相应的时间域函数的主要形状，经过离散 Fourier 反变换得到的时间信号显著偏离了原来的函数。

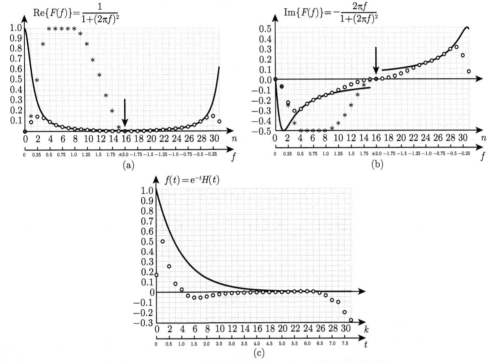

图 7.2.10　加带通滤波的离散 Fourier 反变换应用举例

$f_1 = 0$ Hz，$f_2 = 0.5$ Hz，$f_3 = 1.0$ Hz，$f_4 = 2.0$ Hz。其余图例说明同图 7.2.9

由于实际记录地震信号的仪器往往具有一定的频带范围，在计算理论地震图的时候，需要根据记录资料的频带范围进行滤波。

7.2.6　几种常用的震源时间函数：含复数频率的 DFT 和 IDFT

根据第 3 章中的震源表示定理式 (3.2.5)，弹性空间中一点处的位移场可以表示为断层面上的位错与 Green 函数的加权卷积。在运动学的正演计算中，一般是选取一些常用的震源时间函数 (source time function，STF)，比如斜坡函数，描述位错随时间的变化。这些常用的震源时间函数的频谱具有解析的表达式，因此可以按照 7.2.4.2 节介绍的方法，计算其解析形式的频谱，在频率域与 Green 函数的频谱相乘，再通过 IFFT 将其变回到时间域。这样的操作就对应了时间域中的卷积。但是，这些时间函数的频谱往往都正比于 ω^{-1} 或 ω^{-2}，因此为了包含直流成分（频率为零），需要引入复数频率。

7.2.6.1　复数频率的引入：以阶跃函数为例

阶跃函数的 Fourier 变换对为

$$f(t) = H(t) \iff F(\omega) = \pi\delta(\omega) + \frac{1}{i\omega} \tag{7.2.9}$$

在 $\omega = 0$ 时，频谱是奇异的。因此即便是 Green 函数本身能够包含零频的成分，时间函数本身的计算都面临困难。

在 7.1.1.2 节中，为了压制离散波数法中引入的附加源的影响，引入了复数频率。曾经叙述过这样的结论：如果以 $f(t)e^{-\omega_I t}$ 替代 Fourier 变换中的 $f(t)$，则相应的频谱 $F(\omega)$ 变为 $F(\omega^*)$，即

$$f(t)e^{-\omega_I t} \iff F(\omega^*) \quad (\omega^* = \omega - i\omega_I) \tag{7.2.10}$$

采用复数频率 ω^*，式 (7.2.9) 中的频谱不再具有奇异性，即

$$f'(t) = f(t)e^{-\omega_I t} \iff F(\omega^*) = \frac{1}{i\omega^*}$$

从而根据式 (7.2.10)，采用复数频率的 IDFT 获得阶跃函数的公式为

$$H(t) = \text{IDFT}\left\{\frac{1}{i\omega^*}\right\}e^{\omega_I t} \tag{7.2.11}$$

式 (7.2.11) 表明，将频谱函数中的 ω 直接替换为 ω^*，采用常规的 IFFT 算法，得到的时间域结果乘上 $e^{\omega_I t}$ 即可得到待求的 $f(t)$。

如果令

$$\omega_I = \frac{\zeta\pi}{T}$$

其中，T 为时间窗的长度，ζ 为虚频率的系数，参考值为 1。图 7.2.11 显示了基于 $\zeta = 1$ 复数频率计算的频谱，以及由 IFFT 得到的不同的 ζ 取值时间域结果。由图 7.2.11 (c) 可见，$\zeta = 0.5$ 时，时间信号比较明显地偏离了精确值 1，而 $\zeta = 1$ 和 1.5 时，与精确值吻合较好。但是，随着 ζ 的增大，时间信号的后半段振荡明显增大。

这个现象可以通过图 7.1.3 或图 7.2.5 得到解释。阶跃函数是在 $t > 0$ 时取值恒为 1 的函数，因此在时间窗 T 之后，取值仍然为 1。在从连续 Fourier 变换到离散 Fourier 变换的过程中，频率域的采样导致了时间域信号的周期性，如图 7.1.3 所示。左移的信号尾部会延伸到 $[0, T]$ 区间内，造成信号失真。图 7.1.4 形象地显示了引入复数频率如何能压制这部分信号。不难看出，虚频率越小，压制的效果越差。但是根据式 (7.2.11)，由对复数频率对应的频谱进行 IDFT 得到信号回复真实信号，需要乘以因子 $e^{\omega_I t}$，这是一个随时间 e 指数增大的因子，如果虚频率较大，会导致信号后半段的数值误差被明显地放大。正如图 7.2.11 (c) 显示的那样。

值得注意的是，恢复的信号尾部误差被放大的现象，并不能通过增加采样点来得到缓解。图 7.2.12 中显示了不同采样点数 N 的情况下的结果。可以看到，随着采样点数增大，出现数值误差放大的区段会缩小，但是幅度并不会随着 N 的增大而减小。

虽然阶跃函数是早期的地震学家们研究 Lamb 问题经常采用的时间函数，但是对于频率域的解法而言，由于其频谱随频率增加衰减较慢（ω^{-1}），所以频率域的截断效应比较明显，从数值计算的角度看来，这将不可避免地导致时间域的信号会有失真现象。注意到实际的地震震源破裂过程，往往不是破裂发生后就一步到位的，而是经过一个过程。因此在 Heavisde 函数的基础上，提出了各种更接近实际情况的震源时间函数。

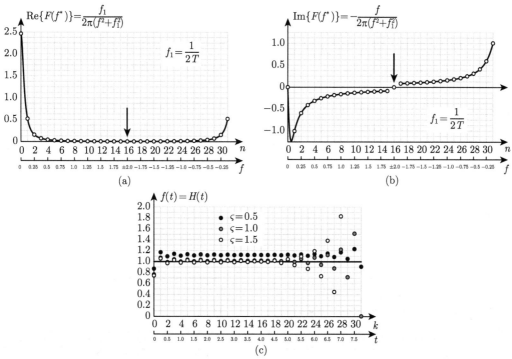

图 7.2.11 常用的震源时间函数 (1)：阶跃函数 $H(t)$

(a) 和 (b) 分别为 $\zeta = 1$ 时频谱的实部和虚部；(c) 为不同的 ζ 取值下经 IFFT 得到的时间信号

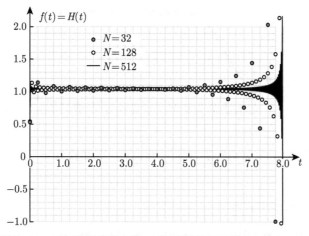

图 7.2.12 取不同采样点数 N 得到的阶跃函数 $H(t)$ ($\zeta = 1$)

7.2.6.2 斜坡函数 $R(t)$

斜坡函数是实际工作中最经常采用的一种震源时间函数，在 4.5.2.2 节中已经介绍过。这里我们关心的是它和频谱之间的关系。斜坡函数的 Fourier 变换对为

$$R(t) = \frac{t}{t_0}H(t) + \left(1 - \frac{t}{t_0}\right)H(t - t_0) \quad \Longleftrightarrow \quad R(\omega) = \frac{\mathrm{e}^{-\mathrm{i}\omega t_0} - 1}{\omega^2 t_0}$$

其中，t_0 为上升时间，即从幅值 0 到 1 所经历的时间。$R(t)$ 的图像如图 7.2.13 (c) 中的实线所示。斜坡函数的频谱 $R(\omega) \propto \omega^{-2}$，这表明其频谱随 ω 的衰减要快于阶跃函数，因此截断效应相对不明显，由其导致的时间信号的振荡也相对较弱。通过将频谱中的 ω 替换为复数频率 ω^*，并执行前面叙述的步骤，恢复得到的时间序列见图 7.2.13 (c)。值得注意的是，恢复的时间信号与精确的斜坡函数相比有一个系统的小偏移，这也是由左移的信号延伸到 $[0, T]$ 区间内导致的，增大虚频的系数 ζ 可以减小这种效应。结果显示，通过引入复数频率，恢复的信号很好地重现了零频信息。

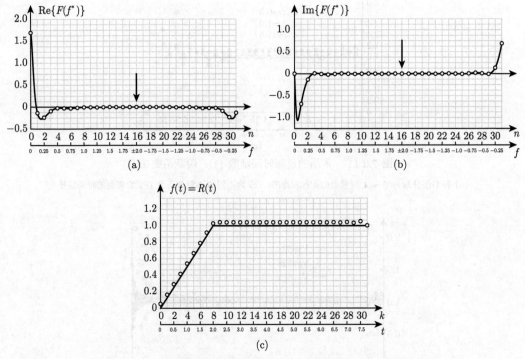

图 7.2.13　常用的震源时间函数 (2)：斜坡函数 $R(t)$ ($t_0 = 2$ s)

7.2.6.3 光滑的斜坡函数 $Ex(t)$

另一种描述震源的时间变化历史的时间函数是以指数函数 (exponential function) 表示的光滑的斜坡函数，其 Fourier 变换对为

$$Ex(t) = \left(1 - \mathrm{e}^{-\frac{t}{t_0}}\right) H(t) \quad \Longleftrightarrow \quad Ex(\omega) = \frac{1}{\omega^2(\mathrm{i} - \omega t_0)}$$

这里的 t_0 也是上升时间, 但是与斜坡函数不同的是, 时间函数只有当 $t \to \infty$ 时才趋近于 1。t_0 只是起到控制时间函数上升快慢的参数。图 7.2.14 显示了复数频谱和恢复的时间函数情况。特征与斜坡函数类似, 不再赘述。

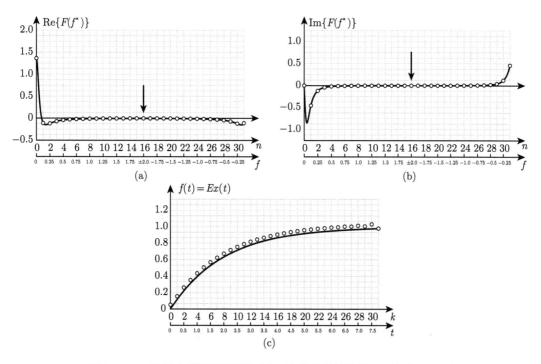

图 7.2.14　常用的震源时间函数 (3): 光滑的斜坡函数 $Ex(t)$ ($t_0 = 2$ s)

7.2.6.4　梯形函数 $Tr(t)$

我们知道 Green 函数是由脉冲型的力源导致的, 有时也需要研究类似于脉冲的震源时间函数导致的位移场问题。但是实际问题中, 力源的时间变化行为并非像脉冲函数那样尖锐, 因此用一个钝化的脉冲型函数——梯形函数 (trapezoid function) 来刻画, 其 Fourier 变换对为

$$Tr(t) = \begin{cases} 0, & t \leqslant 0 \text{ 或 } t \geqslant t_3 \\ \dfrac{t}{t_1}, & 0 < t < t_1 \\ 1, & t_1 \leqslant t \leqslant t_2 \\ \dfrac{t_3 - t}{t_3 - t_2}, & t_2 < t < t_3 \end{cases}$$

$$\Longleftrightarrow \quad Tr(\omega) = \frac{\mathrm{e}^{-\mathrm{i}\omega t_1} - 1}{\omega^2 t_1} + \frac{\mathrm{e}^{-\mathrm{i}\omega t_2} - \mathrm{e}^{-\mathrm{i}\omega t_3}}{\omega^2(t_3 - t_2)}$$

其中，t_i $(i = 1, 2, 3)$ 是几个控制参数。在 $t \in [0, t_1]$ 区间内，函数值从 0 开始线性增加到 1；在 $t \in [t_1, t_2]$ 区间内，函数值为常数 1；而在 $t \in [t_2, t_3]$ 区间内，函数值从 1 线性减小到 0，之后保持不变。$Tr(t)$ 随时间变化的图像如图 7.2.15 (c) 中的实线所示。对于梯形函数，根据复频率的谱恢复得到的信号与精确的时间函数吻合得非常好。注意到与斜坡函数和光滑的斜坡函数不同的是，虽然梯形函数的谱也是正比于 ω^{-2}，但是恢复的时间信号没有系统的偏移。这是由于梯形函数本身在 $t > T$ 时取值为 0，所有的非零信号都位于 $[0, T]$ 内，因此左移的信号对 $[0, T]$ 区间的信号没有任何影响。

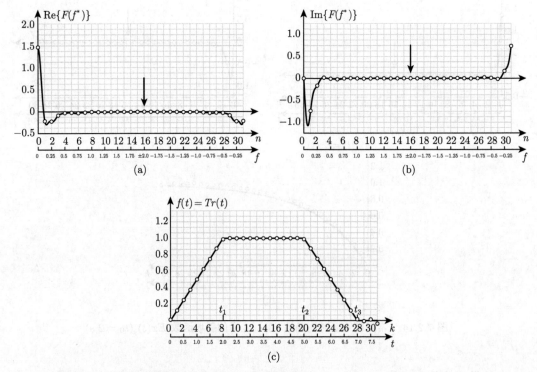

图 7.2.15　常用的震源时间函数 (4)：梯形函数 $Tr(t)$ ($t_1 = 2$ s，$t_2 = 5$ s，$t_3 = 7$ s)

7.2.6.5　Ricker 子波 $Ri(t)$

另外一种用于模拟脉冲型力源的震源时间函数是 Ricker 子波。这是一种在勘探地震学领域被广为采用的时间函数。其 Fourier 变换对为

$$Ri(t) = \left[1 - 2\pi^2 f_0^2 (t - t_0)^2 \right] \mathrm{e}^{-\pi^2 f_0^2 (t - t_0)^2} \quad \Longleftrightarrow \quad Ri(f) = \frac{2f^2}{\sqrt{\pi} f_0^3} \mathrm{e}^{-\frac{f^2}{f_0^2} - \mathrm{i} 2\pi f t_0}$$

其中，t_0 和 f_0 分别为偏移时间和中心频率，如图 7.2.16 中的实线所示。与前面介绍的所有时间函数不同的是，Ricker 子波的频谱随 f 呈 e^{-f^2} 衰减，因此，根据复数频率的频谱恢复的时间序列可以完美地与精确的时间函数吻合。

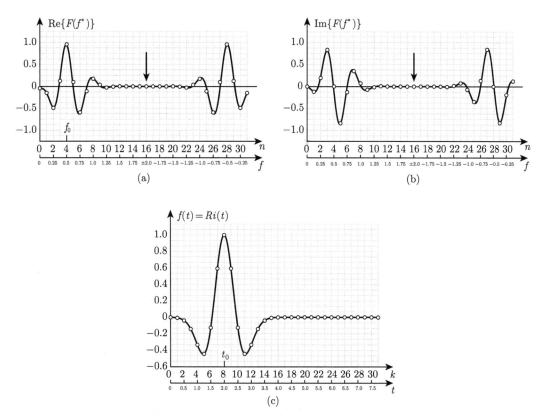

图 7.2.16   常用的震源时间函数 (5)：Ricker 子波 $Ri(t)$ ($t_0 = 2$ s，$f_0 = 0.5$ Hz)

7.3   正确性检验

有了前面两节的准备，我们可以根据第 6 章中得到的表达式在频率域进行波数积分的数值计算，并且运用 FFT 程序进行离散 Fourier 反变换，得到时间域的位移场。在进行具体的问题考察之前，需要进行公式和程序的正确性检验。本节分别将三类 Lamb 问题的 Green 函数[①]、其空间导数，以及位错源导致位移场的数值计算结果与前人的研究结果相比较，验证其正确性。

7.3.1   第一类 Lamb 问题的 Green 函数

对于源和观测点都位于地表的第一类 Lamb 问题，虽然看起来几何关系相当简单，但是因为采用当前的方法，在柱坐标系中表示的位移积分中，随着横向波数 k 的增大，被积函数中的 e 指数衰减项不再起作用，因此积分随着积分上限的增大收敛得非常缓慢。在这种情况下，应用 7.1.3 节中介绍的峰谷平均法就非常有必要了。

---

① 严格说来，本节所显示的算例并非严格的 Green 函数，而是 Green 函数与阶跃函数的卷积，对应于在频率域中将二者的频谱相乘。一方面是便于与前人的结果进行对比，另一方面，直接将 Green 函数的频谱通过离散 Fourier 反变换到时间域中，将会在 P 波和 S 波到时附近出现严重的振荡，这是随后会讨论的 Gibbs 现象。阶跃函数的频谱随 ω^{-1} 衰减，相当于对 Green 函数的频谱进行滤波了，因此从波形上看，尽管仍然有显著的 Gibbs 现象，但是相比于 Green 函数要减弱很多。基于这个原因，为了叙述方便，本节显示震源时间函数为阶跃函数的结果，并与 Green 函数不加以区分。

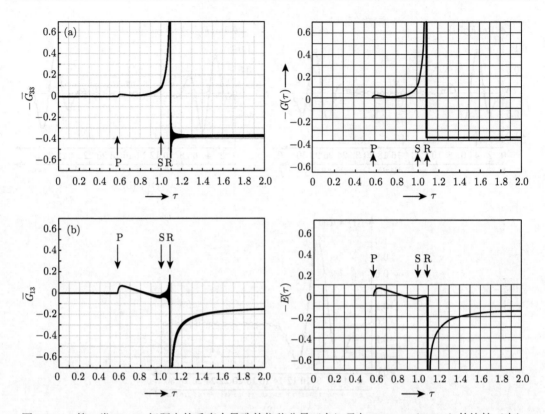

图 7.3.1　第一类 Lamb 问题中的垂直力导致的位移分量（左）及与 Pekeris (1955a) 的比较（右）

(a) 无量纲化的垂直位移 $\bar{G}_{33} = \pi\mu r G_{33}$；(b) 无量纲化的水平位移 $\bar{G}_{13} = \pi\mu r G_{13}$。横坐标 $\tau = \beta t/r$ 为以 S 波到时进行无量纲化的时间。图中的 "P"、"S" 和 "R" 分别代表了 P 波、S 波和 Rayleigh 波的到时。为了与 Pekeris (1955a) 的结果对比，垂直位移取了相反数

7.3.1.1　与 Pekeris (1955a) 和 Chao (1960) 结果的比较

取震源位于坐标原点 $(0,0,0)$，观测点位于 $(10,0,0)$ km，P 波和 S 波的速度分别为 $\alpha = 8.00$ km/s 和 $\beta = 4.62$ km/s，密度为 $\rho = 3.30$ g/cm³[①]。图 7.3.1 和图 7.3.2 分别显示在原点处施加的垂直力和水平力导致的位移分量随时间变化的曲线。横坐标为用 S 波的到时进行无量纲化的时间 $\tau = \beta t/r$，纵坐标是以 $1/\pi\mu r$ 进行无量纲化的 Green 函数分量 $\bar{G}_{ij} = \pi\mu r G_{ij}$[②]。对于当前的观测点的取值，$G_{12} = G_{21} = G_{23} = G_{32} = 0$。由于 $G_{31} = -G_{13}$，在图 7.3.2 中没有显示 G_{31}。在第 5 章关于 Lamb 问题的研究回顾中曾经提到，Pekeris (1955a) 和 Chao (1960) 分别计算了垂直力和水平力导致的位移场，并展示了相应的数值结果，见图 5.3.3 和图 5.3.5。这两篇论文的结果合起来形成了 Green 函数的分

---

① P 波和 S 波速度以及密度的取值参考 Johnson (1974)。这是将地球介质作为弹性半空间内的 Poisson 介质的典型取值，除非特别说明，本书中的算例都是取这些值。

② 根据 Green 函数分量的含义，G_{33} 和 G_{13} 分别为垂直作用力导致的垂直和水平方向的位移，而 G_{31} 和 G_{11} 分别为沿 x_1 方向的水平作用力导致的垂直和沿 x_1 轴的水平方向的位移，G_{22} 则为沿 x_2 方向的水平作用力导致的沿 x_2 轴方向的水平位移。

量[①]。根据图 7.3.1 和图 7.3.2，这里的计算结果与 Pekeris (1955a) 和 Chao (1960) 的结果整体上是一致的。

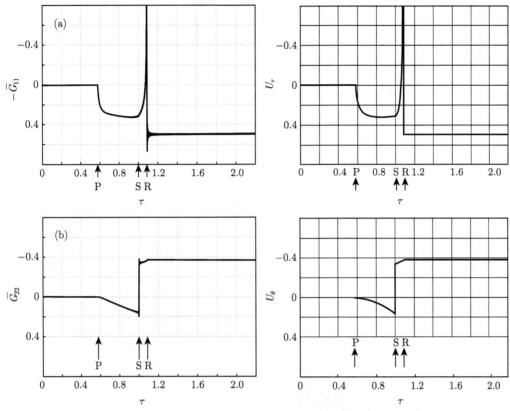

图 7.3.2　第一类 Lamb 问题中的水平力导致的位移分量（左）及与 Chao (1960) 的比较（右）

(a) 无量纲化的水平位移 $\bar{G}_{11} = \pi\mu r G_{11}$；(b) 无量纲化的水平位移 $\bar{G}_{22} = \pi\mu r G_{22}$。横坐标 $\tau = \beta t/r$ 为以 S 波到时进行无量纲化的时间。图中的 "P"、"S" 和 "R" 分别代表了 P 波、S 波和 Rayleigh 波的到时。为了与 Chao (1960) 的结果对比，(a) 中的水平位移取了相反数

值得提到的是，这里所得到的数值结果中有一个非常明显的现象——在时间域的信号突跳位置处出现的明显的振荡现象，这是对尖锐的时间信号根据频谱得到时间信号的过程中常见的现象，被称作 Gibbs 现象[②]。具体地说，以 SH 成分为主的 G_{22} 分量在 S 波到时

---

　① Pekeris (1955a) 论文中的垂直和水平位移分别对应于 G_{33} 和 G_{13}，而 Chao (1960) 论文中的位移分量 u_r、u_θ 和 u_z 分别对应于 G_{11}、G_{22} 和 G_{31}。

　② 我们知道，任何周期信号 $x(t)$ 都可以用正余弦函数构成的无穷级数来表示。特别地，对时间域有棱角（比如突变）的函数是否还成立？19 世纪初，法国数学家 J. B. J. Fourier 和 J. L. Lagrange 曾经有过关于 "正弦曲线是否能组合形成一个带有棱角的信号" 的争议。后来我们知道，双方都是 "对的"：通过正弦曲线确实无法组合形成一个带有棱角的信号，但是我们可以用正弦曲线来逼近它，以至于不存在能量意义上的差别。1898 年，美国物理学家 A. Michelson 通过谐波分析仪发现方波的不连续点附近呈现起伏，而这个起伏的峰值大小似乎不随着 Fourier 级数的项数 N 的增大而下降。他很吃惊，并且甚至怀疑他的仪器是否有问题。他把这个问题写信给数学物理学家 J. Gibbs。Gibbs 研究了这个问题，并于 1899 年在 *Nature* 上发表了论文，他从理论上证明了情况确实应该如此，随着 N 的增加，部分和的起伏向不连续点收缩，但是对于任何有限的 N 值，起伏的峰值大小保持不变。后来人们把这个现象称为 Gibbs 现象，或 Gibbs 效应。一个不连续信号的 Fourier 截断近似，会在接近不连续点处出现高频的起伏，应该选择足够大的 N 以保证这些起伏拥有的总能量可以忽略。在 $N \to \infty$ 的极限情况下，近似误差的能量为零，而且一个不连续信号（比如方波）的 Fourier 级数是收敛的。

处，以及以 P-SV 成分为主的 G_{11}、G_{13} 和 G_{33} 分量在 Rayleigh 波到时处，都出现了明显的振荡。这跟震源时间函数的选取有关，对于阶跃函数而言，由于其在 $t = 0$ 处存在间断，这反映在位移波形上，体现为震相到时处的波形比较尖锐，因此 Gibbs 效应比较明显。取更多的采样点 N 只会使振荡的区间缩小和变得更加尖锐，但是这种振荡现象不会消失，随后我们将通过例子显示这一点，并且显示，如果震源时间函数取为斜坡函数，特别是上升时间比较大的斜坡函数，Gibbs 现象就不明显了。

7.3.1.2　与 Kausel (2012) 结果的比较

Kausel (2012) 得到了第一类 Lamb 问题的闭合形式的解，也显示了上述问题的结果，并且他给出了 Possion 比 ν 的不同取值 $(0, 0.05, 0.10, 0.15, 0.25, 0.33, 0.40, 0.45, 0.50)$ 下的结果。图 7.3.3 显示了我们的计算结果与 Kausel 结果（右栏）的比较。可以看出，除了 Gibbs 效应导致的问题以外，二者是一致的。注意到

$$\alpha = \sqrt{\frac{\lambda + 2\mu}{\rho}} = \sqrt{\frac{(1-\nu)E}{(1-2\nu)(1+\nu)\rho}}, \quad \beta = \sqrt{\frac{\mu}{\rho}} = \sqrt{\frac{E}{2(1+\nu)\rho}}$$

其中，λ 和 μ 是 Lamé 系数，E 和 ν 分别是杨氏模量和 Poisson 比，因此 P 波到时和 S 波到时之比 η 为

$$\eta = \frac{\beta}{\alpha} = \sqrt{\frac{1-2\nu}{2(1-\nu)}} = \sqrt{1 - \frac{1}{2(1-\nu)}}$$

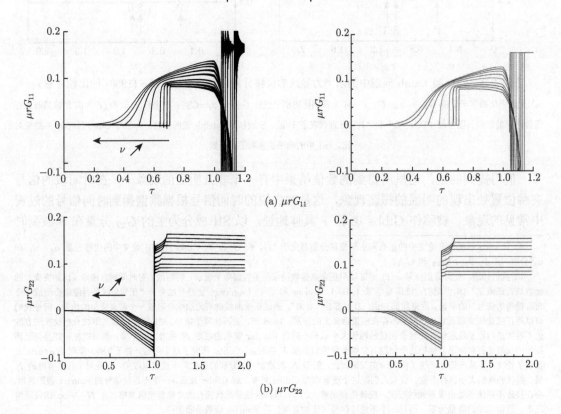

(a) $\mu r G_{11}$

(b) $\mu r G_{22}$

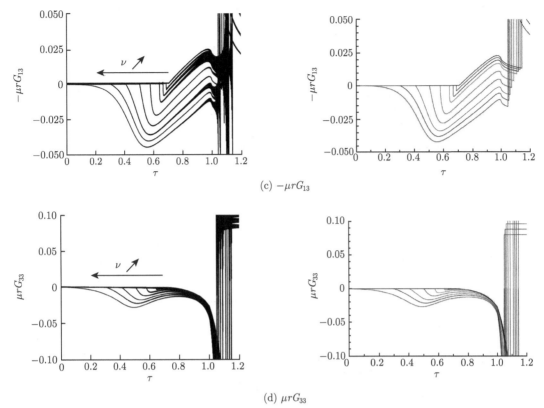

(c) $-\mu r G_{13}$

(d) $\mu r G_{33}$

图 7.3.3 第一类 Lamb 问题 Green 函数解（左）与 Kausel (2012)（右）的比较

(a) $\mu r G_{11}$；(b) $\mu r G_{22}$；(c) $-\mu r G_{13}$；(d) $\mu r G_{33}$。图中标出了 ν 增大的方向，ν 的取值为 0, 0.05, 0.10, 0.15, 0.25, 0.33, 0.40, 0.45, 0.50

可见 η 随着 ν 的增加而单调递减。考虑两种极端情况，当 $\nu = 0$ 时，$\eta = \sqrt{2}/2 \approx 0.707$，而当 $\nu = 0.5$ 时，$\eta = 0$。$\nu = 0.5$ 对应弹性体不可压缩的情况，因此对于压缩波 P 波而言，此时的弹性体的表现类似于刚体，施加力的影响瞬间到达。

7.3.2 第二类 Lamb 问题的 Green 函数

在实际的地震学问题中，震源位于地下，并且绝大多数地震记录是在地表获得的，因此第二类 Lamb 问题在地震学中具有普遍的现实意义。与第一类 Lamb 问题相比，第二类 Lamb 问题的求解的复杂程度要高出不少。

7.3.2.1 与 Johnson (1974) 结果的比较

Johnson (1974) 运用 Cagniard-de Hoop 方法得到了形式紧凑的第二类 Lamb 问题 Green 函数的积分表达式，并且给出了几种特殊的场–源位置组合下的 Green 函数结果，参见图 5.3.8。图 7.3.4 ∼ 图 7.3.6 分别显示了以下三种情况的 Green 函数分量 G_{ij}^{H}（"H" 代表时间函数为阶跃函数）的比较：①源点位于 $(0, 0, 10)$ km，场点位于 $(2, 0, 0)$ km；②源点位于 $(0, 0, 2)$ km，场点位于 $(10, 0, 0)$ km；③源点位于 $(0, 0, 0.2)$ km，场点位于 $(10, 0, 0)$ km。结果的对比显示了二者的高度一致性。

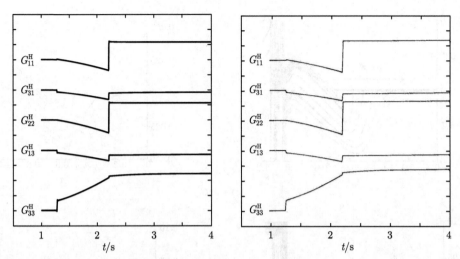

图 7.3.4　第二类 Lamb 问题的 Green 函数 (左) 及与 Johnson (1974)（右）的比较 (一)

只显示了非零的 Green 函数分量。源点位置 $\boldsymbol{\xi} = (0,\,0,\,10)$ km，场点位置 $\boldsymbol{x} = (2,\,0,\,0)$ km

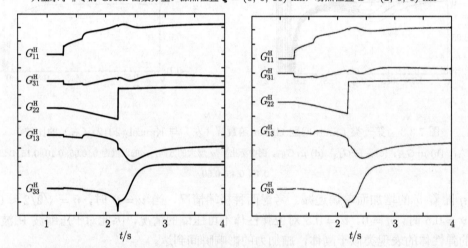

图 7.3.5　第二类 Lamb 问题的 Green 函数（左）及与 Johnson (1974)（右）的比较 (二)

只显示了非零的 Green 函数分量。源点位置 $\boldsymbol{\xi} = (0,\,0,\,2)$ km，场点位置 $\boldsymbol{x} = (10,\,0,\,0)$ km

如果以 ζ 代表震中距 r 与震源深度 H（即 x_3' 或 z_s）之比：$\zeta = r/H$，那么不难看出图 7.3.4 ～ 图 7.3.6 所对应的 ζ 分别为 0.2、5 和 50。当 $\zeta = 0.2$ 时，从图 7.3.4 的波形上只能看到在 $t = 1.27$ s 和 2.21 s 附近的两个震相，它们分别对应于 P 波和 S 波。各个 Green 函数分量都有显著的永久位移，这是时间函数为阶跃函数的典型特征。与第一类 Lamb 问题的结果相比，第二类 Lamb 问题 Green 函数的 Gibbs 效应明显减弱了。前文已经述及，Gibbs 效应与时间域信号的尖锐程度有关，越尖锐 Gibbs 效应越明显[①]。两类 Lamb 问题的 Green 函数相比，第二类问题的 Green 函数的震相到时处的波形明显钝化，包含的最高频率成分远低于第一类 Lamb 问题的，因此 Gibbs 效应弱化了很多。

① 从本质上看，Gibbs 效应是由于频率域的截断产生的。时间域波形越尖锐，其对应的频带延展越宽。一个极端的例子是时间域中的 δ 函数 $\delta(t)$，其频谱为 1。无论取多密的采样点，都不足以涵盖所有的频率成分。因此，根据 δ 函数的频谱恢复时间域信号，必然产生严重的 Gibbs 效应。

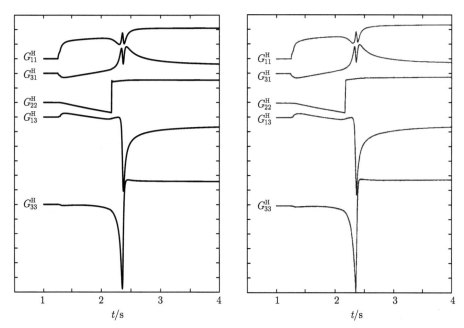

图 7.3.6　第二类 Lamb 问题的 Green 函数（左）及与 Johnson (1974)（右）的比较 (三)

只显示了非零的 Green 函数分量。源点位置 $\boldsymbol{\xi} = (0, 0, 0.2)$ km，场点位置 $\boldsymbol{x} = (10, 0, 0)$ km

当 $\zeta = 5$ 时，见图 7.3.5，除了 G_{22}^{H} 以外的 Green 函数分量产生了明显的变化。对于当前的场–源组合，场点坐标 $\boldsymbol{x} = (10, 0, 0)$ km，源点坐标 $\boldsymbol{\xi} = (0, 0, 2)$ km，G_{22}^{H} 分量对应着 SH 波，而其他的几个非零分量对应着耦合的 P-SV 波。与图 7.3.4 的对比表明半空间介质模型的自由界面对于 P-SV 波系统会产生显著的影响。特别明显的特征是，在 $t = 1.60$ s 附近出现了一个新的震相，这是对应于以临界角 $\theta_{\mathrm{c}} = \arcsin(\beta/\alpha)$ 入射的 S 波，在自由界面上转换为 P 波并沿着地表传播的震相①。另外一个明显的特征，是在 $t = 2.21$ s 的 S 波到达之后，大约在 2.4 s 附近，出现一个非常光滑但是可以清晰辨认的震相。这就是 Rayleigh 面波。当 ζ 进一步增大，达到 50 时，如图 7.3.6 所示，Rayleigh 波成为占主导地位的震相，特别是垂直力导致的 G_{13}^{H} 和 G_{33}^{H} 分量。

7.3.2.2　与 Pekeris 和 Lifson (1957) 结果的比较

Pekeris 和 Lifson (1957) 采用数值计算的方式，展示了不同 ζ 取值情况下的 Green 函数分量随时间的变化情况，见图 5.3.2。图 7.3.7 和图 7.3.8 分别显示了不同 ζ 值的情况下，由垂直力导致的垂直方向和水平方向的 Green 函数分量，以及与 Pekeris 和 Lifson (1957) 的计算结果（右栏）的比较。横坐标为以 S 波到时进行无量纲化的 $\tau = \beta t/r$，纵坐标为采用 $1/\pi\mu r$ 进行无量纲化的 $-\bar{G}_{33}^{\mathrm{H}} = -\pi\mu r G_{33}^{\mathrm{H}}$ 和 $\bar{G}_{13}^{\mathrm{H}} = \pi\mu r G_{13}^{\mathrm{H}}$。图中 P 波、S 波、SP 波和 Rayleigh 波的到时分别用 "P"、"S"、"SP" 和 "R" 标出。除了 $\zeta = 1000$ 和 $\zeta = \infty$（即 $H = 0$）时由 Gibbs 效应导致的 Rayleigh 波到时处的振荡以外，我们的计算结果与 Pekeris 和 Lifson (1957) 的结果符合得很好。

---

① Pekeris 和 Lifson (1957) 称之为 "SP" 震相，见接下来的图 7.3.7 和图 7.3.8。注意到当前的频率域方法，由于是根据计算得到频谱进行离散 Fourier 反变换得到的，因此并不便于进行震相到时的分析。在本书的下册中，我们将采用便于进行震相分析的时间域 Green 函数求解方法，对结果中的各种震相做详尽的分析。

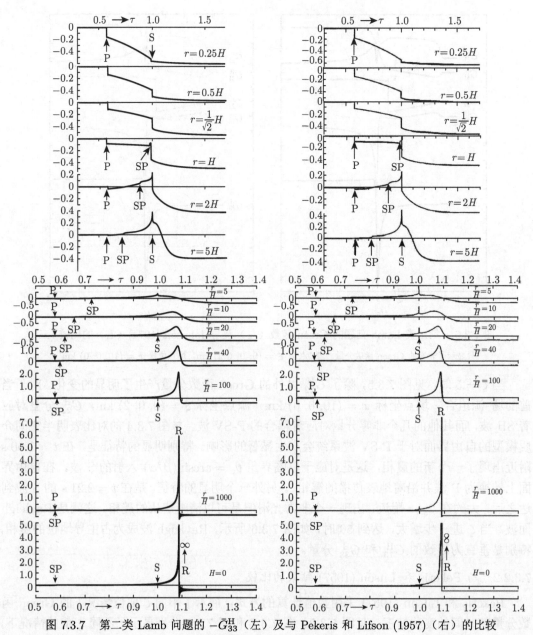

图 7.3.7　第二类 Lamb 问题的 $-\bar{G}_{33}^{\mathrm{H}}$（左）及与 Pekeris 和 Lifson (1957)（右）的比较

$\zeta = r/H = 0.25, 0.5, 1/\sqrt{2}, 1, 2, 5, 10, 20, 40, 100, 1000$ 和 ∞ ($H=0$)。"P"、"SP"、"S" 和 "R" 分别代表 P 波、SP 波、S 波和 Rayleigh 波

图 7.3.7 中对于 $\zeta = 0.25$、0.5、$1/\sqrt{2}$、1、2 和 5，以及 $\zeta = 5$、10、20、40、100、1000 和 ∞，分别采用统一的标度，显示了由垂直力导致的垂直方向的位移 $-\bar{G}_{33}$ 的时间变化曲线。我们可以清楚地看到以下几个重要特征：

(1) 当 $\zeta > 1/\sqrt{2}$ 时，出现 SP 波震相，而且随着 ζ 的增大，其到时的数值由 S 波到时逐渐减小到 P 波到时；

(2) 在 $\zeta > 5$ 时，出现 Rayleigh 波，而且 ζ 值越大，Rayleigh 波越明显。当 $\zeta \to \infty$

时，Rayleigh 波振幅趋于无穷大；

(3) 无论中间过程的变化如何复杂，最终的无量纲永久位移大致是一样的；

(4) Gibbs 现象只在 ζ 很大的情况下，在 Rayleigh 波到时附近比较明显。

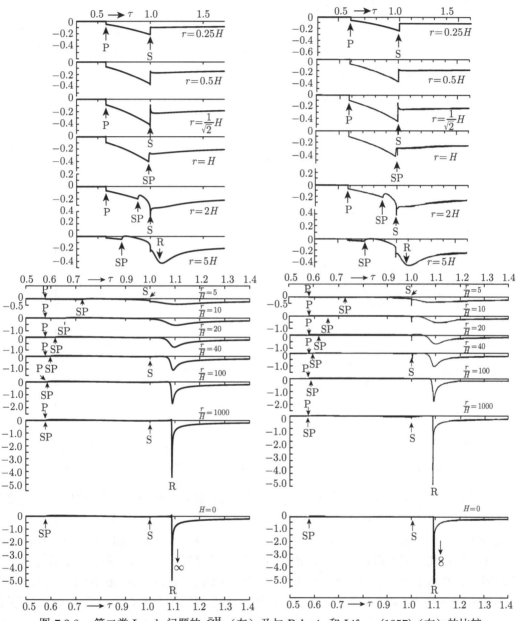

图 7.3.8　第二类 Lamb 问题的 $\bar{G}_{13}^{\mathrm{H}}$（左）及与 Pekeris 和 Lifson (1957)（右）的比较

$\zeta = r/H = 0.25, 0.5, 1/\sqrt{2}, 1, 2, 5, 10, 20, 40, 100, 1000$ 和 ∞ $(H=0)$。"P"、"SP" 波、S 波和 Rayleigh 波

图 7.3.8 中显示了相应的由垂直力导致的水平方向的位移 $\bar{G}_{13}$ 的结果。特征与图 7.3.7 中的类似。

值得提到的是，Pekeris 和 Lifson (1957) 最早提供针对第二类 Lamb 问题的三维 Green 函数的详尽数值计算结果的研究，其结果展示了随着不同的震中距与震源深度比值的变化情况，因此成为随后很多关于 Lamb 问题的研究用来检验结果正确与否的标准。

7.3.3　第三类 Lamb 问题的 Green 函数

与第二类 Lamb 问题相比，第三类 Lamb 问题的应用范围要窄得多。只是在震源动力学的研究中，才会涉及源和场点同时位于地下的情况。可以预期，由于弹性波在自由界面上的反射和转换，其波形会更为复杂。

7.3.3.1　与 Johnson (1974) 结果的比较

Johnson (1974) 运用 Cagniard-de Hoop 方法，对于反射和转换波，得到了积分表达，并给出了数值结果。对于源点坐标 $\boldsymbol{\xi} = (0, 0, 2)$ km 的情况，Johnson (1974) 分别计算了 $\boldsymbol{x} = (10, 0, 1)$ km 和 $(10, 0, 4)$ km 两个场点处的 Green 函数。图 7.3.9 和图 7.3.10 分别给出了我们的计算结果与 Johnson (1974) 的计算结果（右）的对比。

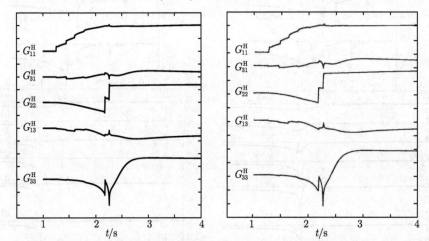

图 7.3.9　第三类 Lamb 问题的 Green 函数 G_{ij}^{H}（左）及与 Johnson (1974)（右）的比较 (一)

只显示了非零的 Green 函数分量。源点位置 $\boldsymbol{\xi} = (0, 0, 2)$ km，场点位置 $\boldsymbol{x} = (10, 0, 1)$ km

对于观测点位于地下 1 km 深处的情况，图 7.3.9 显示出两个结果吻合得很好。与观测点在地表的情况（图 7.3.5）相比，波形要复杂很多，其中包含了直达 P 波和 S 波、反射 P 波 PP、反射 S 波 SS、转换 P 波 PS、转换 S 波 SP[①] 和 Rayleigh 波等的震相。其中，Rayleigh 波震相与其他震相相比，波形较为平缓，出现在 $t = 2.46$ s 附近。在 G_{31}^{H} 分量中比较明显。在本书的下册中，我们将基于时间域的 Cagniard-de Hoop 解法分别求出各种震相的波形和到时，并对此做详尽的分析。图 7.3.10 显示了观测点位于地下 4 km 深处的结果，二者大体一致，与图 7.3.9 的区别在于看不到明显的 Rayleigh 波了。值得注意的是，在 $t = 1.71$ s 附近，我们的结果比 Johnson (1974) 的结果"多"出了一个震相。根据理论到时判断，这是 SP 波震相。

---

① 这里的"SP"震相与上文提到的 Pekeris 和 Lifson (1957) 所说的"SP"震相不同，后者是 S 波以临界角 $\arcsin(\beta/\alpha)$ 入射，在地表转换为 P 波后沿着地表传播到达观测点的震相，而这里所指的为 S 波入射到地表，转换为 P 波后反射回来被地下的观测点接收到的震相。

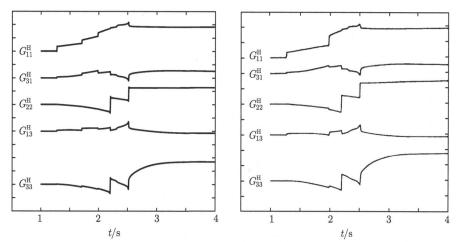

图 7.3.10 第三类 Lamb 问题的 Green 函数 G_{ij}^{H}（左）及与 Johnson (1974)（右）的比较（二）

只显示了非零的 Green 函数分量。源点位置 $\boldsymbol{\xi} = (0, 0, 2)$ km，场点位置 $\boldsymbol{x} = (10, 0, 4)$ km

7.3.3.2 对差异的间接验证和分析

为了检验这个震相是否确实存在，我们采用间接的方法，震源位于 $\boldsymbol{\xi} = (0, 0, 2)$ km，让观测点的深度变化，从地表到 5 km 深度，步长 0.1 km。图 7.3.11 显示了由 x_1 方向的水平力导致的水平位移分量 G_{11}^{H} 和垂直分量 G_{31}^{H} 的结果，其中的粗线分别为图 7.3.5、图

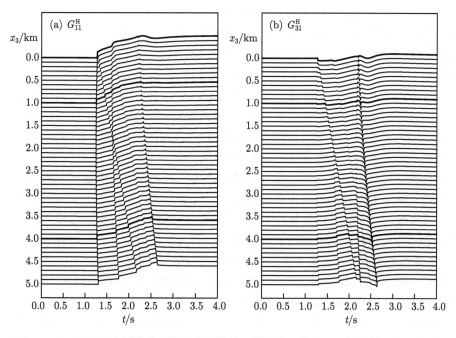

图 7.3.11 由水平力导致的不同深度处的第二类和第三类 Lamb 问题的 Green 函数

(a) $G_{11}^{\mathrm{H}}(10, 0, x_3; 0, 0, 2, 0)$；(b) $G_{31}^{\mathrm{H}}(10, 0, x_3; 0, 0, 2, 0)$。观测点的深度 x_3 从 0 到 5 km，间隔 0.1 km。其中，$x_3 = 0$，

1.0 km 和 4.0 km 的结果用粗线表示

7.3.9 和图 7.3.10 中的相应分量。从图中的波形可以看到，各个震相随着深度连续变化，这表明上面提到的 "多" 出来的震相是确实存在的。由于当前的结果是基于频率域求解的，时间域的信号是通过离散 Fourier 的反变换得到的，Fourier 变换及其反变换是全局变换，时间域在某一局部产生的差别，在频率域中将体现在所有频率分量上。因此由频率域内的所有频率成分的计算错误导致时间域内局部震相的错误概率很小。而 Johnson (1974) 的求解是直接在时间域中进行的，并且对各个震相独立求解，最终的波形是各个震相贡献之和，因此有可能出现了某一震相的遗漏。

7.3.4　Green 函数的空间导数及剪切位错点源产生的位移场

以上通过与不同研究的对比，验证了几类 Lamb 问题的 Green 函数的正确性。但是，对于地震学问题，我们更关注的是剪切位错源产生的位移场，而根据第 3 章中的结论，这可以通过地震矩张量和 Green 函数空间导数的卷积来得到。在频率域中，对应于地震矩张量的谱与 Green 函数的谱的乘积。因此，有关剪切位错点源产生的位移场的正确性检验，可以分为两步：首先是 Green 函数空间导数，然后是它与地震矩张量的卷积。

7.3.4.1　与 Johnson (1974) 结果的比较：Green 函数的空间导数

Johnson (1974) 之所以可以称为 Lamb 问题求解的集大成之作，不仅在于它提供了完整的三类 Lamb 问题的 Green 函数的结果，还提供了 Green 函数空间导数的数值结果。Johnson 在论文中，针对图 7.3.5 所对应的场–源空间位置组合：$\boldsymbol{x} = (10, 0, 0)$ km，$\boldsymbol{\xi} = (0, 0, 2)$ km，给出了 Green 函数的所有空间导数 $G^{\mathrm{H}}_{ij,k'}$。图 7.3.12 ～ 图 7.3.14 分别显示了 $G^{\mathrm{H}}_{ij,1'}(10,0,0,t;0,0,2,0)$、$G^{\mathrm{H}}_{ij,2'}(10,0,0,t;0,0,2,0)$ 和 $G^{\mathrm{H}}_{ij,3'}(10,0,0,t;0,0,2,0)$ 的非零分量（左）及与 Johnson (1974) 的计算结果（右）的比较。

从这几幅对比图可以看到，我们的计算结果是正确的。但是，由于与 Green 函数本身的图形相比（图 7.3.5），Green 函数的空间导数的波形在震相到时处非常尖锐，因此波形中出现了显著的 Gibbs 效应。并且，与前面所显示的 Gibbs 效应仅在时间域内的震相到时处附近出现的情况不同，这里甚至对整个随后的波形都产生影响，出现了显著的抖动，比如图 7.3.12 中的 $G^{\mathrm{H}}_{11,1'}$ 和 $G^{\mathrm{H}}_{22,1'}$，以及图 7.3.14 中的 $G^{\mathrm{H}}_{11,3'}$ 和 $G^{\mathrm{H}}_{22,3'}$。由于这已经对整体的波形造成了显著的偏差，值得我们深入分析一下。

前面已经提到过，Gibbs 效应是与尖锐的时间信号对应的频率域截断有关的。时间域内的信号越尖锐，频率截断的效应就越明显，因此体现在经过离散 Fourier 反变换之后得到的时间域信号上，就是更为显著的 Gibbs 效应。之所以会在尖锐的信号之后，出现剧烈的振荡，是因为我们的计算中采用了复数频率。引入了复数频率之后，为了恢复原来的时间信号，需要在离散 Fourier 反变换之后得到的时间信号基础上乘以 $\mathrm{e}^{\omega_{\mathrm{I}} t}$，参见式 (7.2.11)，效果上相当于乘上一个放大的因子，并且这个因子随着时间的增大而增大。因此，由 Gibbs 效应导致的时间域信号的振荡失真，经过这个放大效应之后，就更加明显了。

图 7.3.12～ 图 7.3.14 中显示的效果显然是不能令人满意的。首先注意到，通过增加采样点数 N 的方式，是不能从根本上改善效果的。图 7.3.15 (a) 以 $G^{\mathrm{H}}_{11,1'}(10,0,0,t;0,0,2,0)$ 为例，显示了不同 N 的情况下的结果。可以看到，更多的采样点，会使得 Gibbs 效应在局部的振荡更加剧烈，并不能消除。那么怎么才能减弱这种效应呢？这需要从产生 Gibbs 效

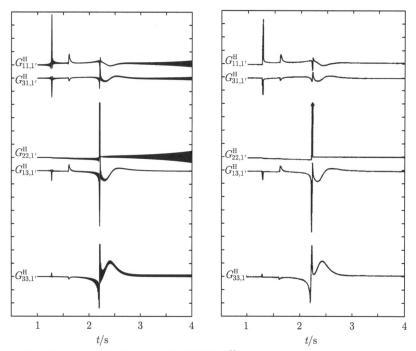

图 7.3.12 第三类 Lamb 问题的 Green 函数导数 $G_{ij,1'}^{\mathrm{H}}$（左）及与 Johnson (1974)（右）的比较

只显示了非零的 Green 函数分量。源点位置 $\boldsymbol{\xi} = (0,\ 0,\ 2)$ km，场点位置 $\boldsymbol{x} = (10,\ 0,\ 0)$ km

应的根源上寻找线索。Gibbs 效应来源于时间域信号中的局部尖锐特征，如果这个信号产生钝化，尖锐性减弱甚至消失，自然就不会产生 Gibbs 效应了。我们到目前为止所显示的结果都是针对震源时间函数为阶跃函数的情况的，如果震源时间函数取相对更为平缓的斜坡函数，那么信号的尖锐性就得到减弱。图 7.3.15 (b) 显示了上升时间 $t_0 = 0.5$ s 的斜坡函数所对应的结果。从图上可以看到，除了 $N = 256$ 的情况由于采样点太少而分辨率较低之外，$N = 512$、1024 和 2048 的结果几乎看不出有任何差别，并且波形的后半段非常干净。当然，对于阶跃函数，如果采用频率域滤波的方式，也可以减弱 Gibbs 效应，但是代价是经过滤波，时间函数就不再是严格的阶跃函数了。

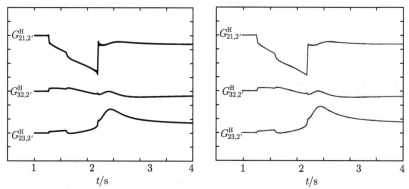

图 7.3.13 第三类 Lamb 问题的 Green 函数导数 $G_{ij,2'}^{\mathrm{H}}$（左）及与 Johnson (1974)（右）的比较

只显示了非零的 Green 函数分量。源点位置 $\boldsymbol{\xi} = (0,\ 0,\ 2)$ km，场点位置 $\boldsymbol{x} = (10,\ 0,\ 0)$ km

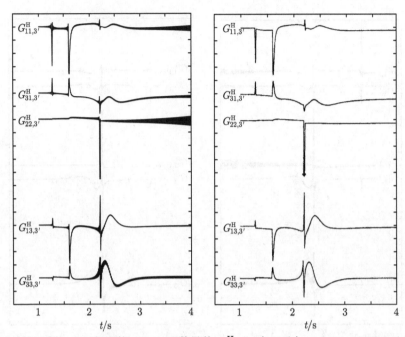

图 7.3.14　第三类 Lamb 问题的 Green 函数导数 $G_{ij,3'}^{\mathrm{H}}$（左）及与 Johnson (1974)（右）的比较

只显示了非零的 Green 函数分量。源点位置 $\boldsymbol{\xi} = (0, 0, 2)$ km，场点位置 $\boldsymbol{x} = (10, 0, 0)$ km

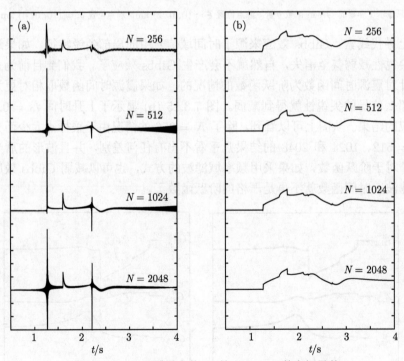

图 7.3.15　不同采样点数 N 的 Green 函数空间导数

(a) 时间函数为阶跃函数的 $G_{11,1'}^{\mathrm{H}}(10, 0, 0, t; 0, 0, 2, 0)$；(b) 时间函数为斜坡函数的 $G_{11,1'}^{\mathrm{R}}(10, 0, 0, t; 0, 0, 2, 0)$，

$t_0 = 0.5$ s。从上到下的 N 依次为 256，512，1024 和 2048。为了看清楚，(b) 中的波动振幅放大了 5 倍

7.3.4.2 与 Apsel (1979) 结果的比较：剪切位错点源产生的位移场

将频率域 Green 函数的空间导数与地震矩张量的频谱相乘，并进行离散 Fourier 反变换，就得到了剪切位错点源产生的位移场。Apsel 在其博士学位论文 (Apsel, 1979) 的第 5 章中，针对时间函数为上升时间 $t_0 = 8$ s 的斜坡函数，对于走向 $\phi_s = 67.5°$[①]，不同倾角 δ 和倾伏角 λ 的情况，显示了剪切位错点源产生的三分量位移。震源位于 $\boldsymbol{\xi} = (0, 0, 5)$ km，观测点位于 $\boldsymbol{x} = (20, 0, 0)$ km。表 7.3.1 中总结了 Apsel (1979) 考虑的几种断层模型和相应的断层角度。以下我们将计算结果与 Apsel (1979) 的结果进行对比。

表 7.3.1 Apsel (1979) 考虑的几种断层模型及相应的断层角度

图形编号	断层类型	$\phi_s/(°)$	$\delta/(°)$	$\lambda/(°)$
7.3.16	垂直走滑/逆冲	67.5	90	0/90
7.3.17	倾斜走滑/逆冲	67.5	45	0/90
7.3.18	水平走滑	67.5	0	0/90

图 7.3.16 ~ 图 7.3.18 分别显示了不同倾角和倾伏角的断层所产生的位移场，以及与 Apsel (1979) 结果（右）的比较。Apsel (1979) 同时显示了他计算的结果（实线）与利用 Johnson (1974) 的方法计算结果的比较（虚线）。

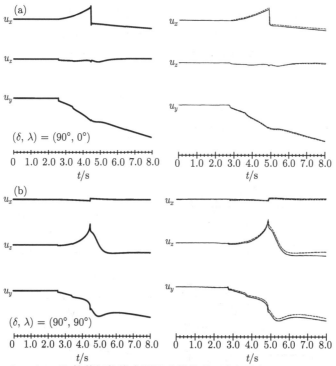

图 7.3.16 $(\phi_s, \delta) = (67.5°, 90°)$ 的剪切位错点源导致的位移（左）及与 Apsel (1979) 结果（右）的比较
(a) $\lambda = 0°$；(b) $\lambda = 90°$。震源时间函数取上升时间 $t_0 = 8$ s 的斜坡函数。在 Apsel (1979) 的结果中，实线为他的结果，虚线为根据 Johnson (1974) 的方法得到的结果

---

① Apsel (1979) 的原文中写的是 "观测点与断层走向方向成 22.5°"。根据我们在图 3.4.1 中的定义，走向为断层的迹线与北向之间的夹角，应该取为 67.5°。

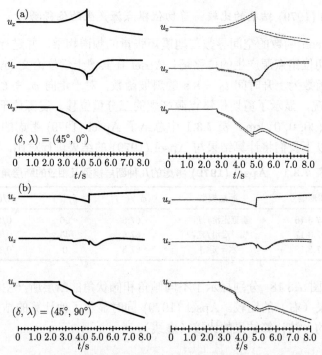

图 7.3.17　$(\phi_s, \delta) = (67.5°, 45°)$ 的剪切位错点源导致的位移及与 Apsel (1979) 结果（右）的比较

(a) $\lambda = 0°$；(b) $\lambda = 90°$。震源时间函数取上升时间 $t_0 = 8$ s 的斜坡函数。在 Apsel (1979) 的结果中，实线为他的结果，虚线为根据 Johnson (1974) 的方法得到的结果

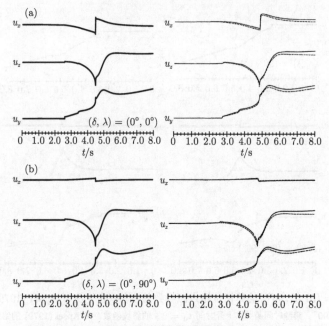

图 7.3.18　$(\phi_s, \delta) = (67.5°, 0°)$ 的剪切位错点源导致的位移及与 Apsel (1979) 结果（右）的比较

(a) $\lambda = 0°$；(b) $\lambda = 90°$。震源时间函数取上升时间 $t_0 = 8$ s 的斜坡函数。在 Apsel (1979) 的结果中，实线为他的结果，虚线为根据 Johnson (1974) 的方法得到的结果

对于所有的情况，我们所得到的结果与 Apsel 的结果都有很好的一致性。正如 7.3.4.1 节最后对 Gibbs 效应的讨论中看到的，由于目前采用的时间函数为斜坡函数，而且上升时间为整个时间窗的长度 $t_0 = 8$ s，所以时间域中的信号相对比较光滑，Gibbs 效应并不明显。并且，由于上升时间较长，部分分量，比如图 7.3.16 (a) 中的 u_y，表现出明显的线性变化趋势。

注意到对于当前的源点和场点位置，震中距和震源深度之比 $\zeta = 4$，从 u_z 和 u_y 的波形中可以辨认出 Rayleigh 波。而且，与单力情况的结果类似，波形中有明显的 P、S 以及 SP 震相。

7.4 Lamb 问题的位移场——理论地震图

在 7.3 节中，我们通过将三类 Lamb 问题的 Green 函数、其空间导数，以及由它们组合而成的剪切位错源的位移场与前人的结果的比较，充分验证了我们在第 6 章中所建立的公式，以及本章开始所介绍的有关波数积分的数值算法的正确性。本节中将继续运用所发展的方法和程序，通过各种算例考察时间函数对位移的影响及其导致的质点运动情况，位错点源和有限尺度源所导致的位移场，以及静态解问题。根据理论公式，或者直接通过各种数值方法计算得到的位移（或速度、加速度）随时间的变化曲线，通常称作理论地震图。

7.4.1 一般时间函数的单力产生的位移场

回忆在第 4 章关于无限空间中 Green 函数以及位错源产生的位移场的讨论中，我们曾经分别从时间变化和空间变化角度研究了位移场的性质。这是因为无限空间的 Green 函数形式较为简单，空间变化项和时间变化项显式地分离，因此方便分别进行考察。但是对于 Lamb 问题而言，由于是采用先在频率域计算后变换到时间域的做法，所以并没有空间变化和时间变化成分显式分离的形式。尽管如此，对于点源来说，震源时间函数 $S(t)$ 的集中力所导致的频率域位移场为 $S(\omega)$ 和 Green 函数频谱的乘积，因此不同的 $S(t)$ 将产生不同的位移场。本节考察几种典型的震源时间函数所对应的位移场的性质。

7.4.1.1 阶跃函数的单力引起的质点运动轨迹

自 Lapwood (1949) 开始，有关 Lamb 问题的研究采用的时间函数几乎都是采用阶跃函数。自某一时刻开始施加作用力并保持不变，是用于描述震源的时间过程的最简单模型。7.3 节考察的算例中，除了与 Apsel (1979) 的结果比较的算例，所有其他算例都是采用这种函数。因此我们对其引起的位移随时间变化的图像并不陌生。

以 7.3.2.1 节中与 Johnson (1974) 的结果比较的两个第二类 Lamb 问题的算例为例，图 7.3.5 和图 7.3.6 分别显示了在 $\boldsymbol{x} = (10,0,0)$ km 处接收到的位于 $\boldsymbol{\xi} = (0,0,2)$ km 和 $(0,0,0.2)$ km 的两个时间函数为阶跃函数的单力产生的 Green 函数。在这种特殊的场–源位置组合下，沿 x_1 轴方向的水平力所产生的非零位移分量为 G_{11}^{H} 和 G_{31}^{H}，而沿 x_3 轴方向的垂直力所产生的非零位移分量为 G_{13}^{H} 和 G_{33}^{H}，它们均不产生沿着 x_2 轴方向的水平位移。

分别以水平位移和垂直位移为横轴和纵轴，做出质点的运动轨迹图，可以直观地展示质点的运动情况。图 7.4.1 和图 7.4.2 分别显示了深度为 2 km 和 0.2 km 时，时间函数为阶跃函数的集中点力（包括水平力和竖直力）所导致的 $x_1 x_3$ 平面中第一象限内的质点运动轨迹。圆圈显示了质点的起始位置，每一个黑点代表一个时刻的质点位置，相邻的黑点的时间间隔相等。

　　当集中力的深度为 2 km 时，如图 7.4.1 所示，水平力和垂直力分别产生明显的水平和垂直方向的永久位移。永久位移的大小随着离开点源的距离增大而显著减小。在到达最终位置之前，质点经过了复杂的运动路径。在震相到时处，会出现明显的跳变，表现为质点运动的方向明显发生变化，同时伴随着运动速度的突然增大。

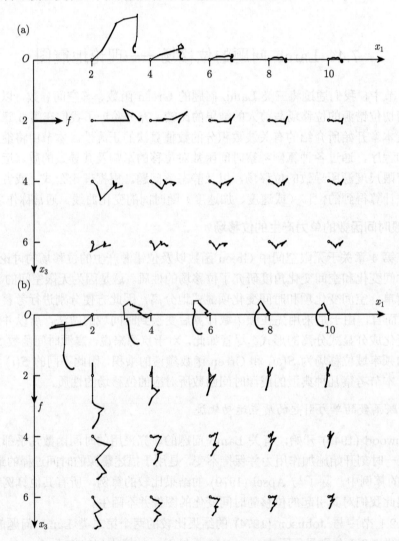

图 7.4.1　深度为 2 km 的阶跃函数点力导致的质点运动轨迹

(a) 水平力的结果；(b) 垂直力的结果。质点的起始位置用圆圈表示，粗线箭头代表作用力 f

　　当集中力的深度为 0.2 km 时，如图 7.4.2 所示，除了与图 7.4.1 相同的特征以外，还出现一个非常明显的特征：地表处的运动轨迹包含一个明显的类似于椭圆的路径。这部分轨迹对应着 Rayleigh 波。由于垂直力和水平力导致的位移分别在垂直和水平方向上占主导，而自由界面的存在使得垂直方向的运动受阻相对于水平方向上更小，所以垂直力导致的 Rayleigh 波比水平力导致的更为显著。注意到 Rayleigh 波部分的轨迹上相邻的黑点之间距离较大，这意味着这部分轨迹的形成只经历了很短的时间。并且，与 P 波和 S 波不同，Rayleigh 波并没有尖锐的震相到达信号。沿着波的传播方向，Rayleigh 波对应的质点运动近似于逆进的椭圆，这个特征与基于平面波假设所做的分析得到的结论是一致的。

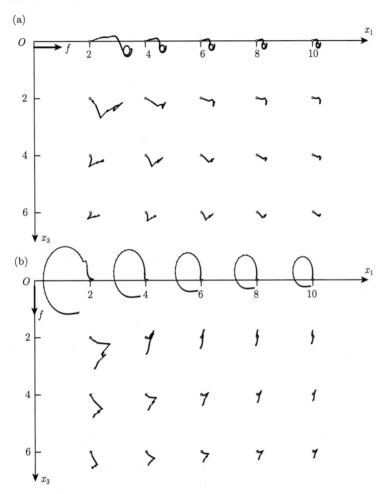

图 7.4.2　深度为 0.2 km 的阶跃函数点力导致的质点运动轨迹

(a) 水平力的结果；(b) 垂直力的结果。质点的起始位置用圆圈表示，粗线箭头代表作用力 f

7.4.1.2　斜坡函数的单力引起的位移场和质点运动轨迹

斜坡函数由于引入了上升时间 t_0，与阶跃函数相比，更接近震源的实际情况，因此成为在实际工作中最经常采用的震源时间函数之一。在 4.5.2.2 节中，我们曾经显示过斜坡函数的点力产生的无限空间中的位移场，见图 4.5.10。为了与之对照，考察存在自由界面的情况下位移会发生什么变化，图 7.4.3 显示了半空间模型下的对应结果，区别在于此时存在自由界面，源作用于位于地表上的原点处，观测点位于半空间内部的 (2,1,3) km 处。与图 4.5.10 比较，可以看出整体的形态是一致的，但是一个比较明显的差别是在 S 波到时之后，在有自由界面的情况下，波形是缓慢地变化到永久位移处的，而对于不存在自由界面的情况，波形在 t_0 之后即刻达到最终的位移值。

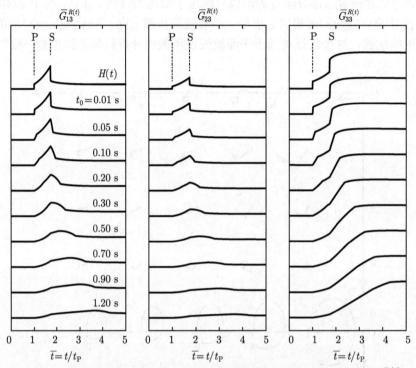

图 7.4.3　x_3 方向的不同上升时间 t_0 的斜坡函数 $R(t)$ 力产生的位移 $\bar{G}_{i3}^{R(t)}$

$\bar{G}_{i3}^{R(t)} = G_{i3}^{R(t)} \cdot 4\pi\mu r$。源的作用点位于原点 $(0,0,0)$，而观测点位于 $(2,1,3)$ km。其余说明同图 4.5.10

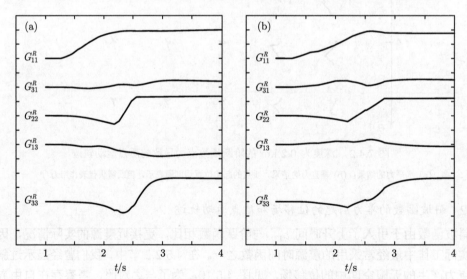

图 7.4.4　与图 7.3.9 和图 7.3.10 对应的时间函数为斜坡函数的结果

(a) $\boldsymbol{x} = (10,0,1)$ km；(b) $\boldsymbol{x} = (10,0,4)$ km。G_{ij}^R 中的 R 代表 Ramp，斜坡函数。$t_0 = 0.3$ s

　　为了显示同样在存在自由界面的情况下，引入上升时间会产生什么变化，图 7.4.4 显示了与图 7.3.9 和图 7.3.10 对应的时间函数为斜坡函数的结果 ($t_0 = 0.3$ s)。与阶跃函数的情况下 Green 函数的分量在震相到时处出现明显的跳跃（图 7.3.9 和图 7.3.10）不同，对于 $t_0 = 0.3$ s 的斜坡函数引起的 Green 函数，整个位移曲线呈现光滑变化的特点，在震相到时处看不到明显的跳跃。

图 7.4.5 和图 7.4.6 分别显示了与图 7.4.1 和图 7.4.2 相对应的斜坡函数点力导致的质点运动轨迹。通过比对，不难看出两个明显的特征：一是点力导致的永久位移是一致的。这一点不难理解，因为斜坡函数和阶跃函数的区别仅在于变化的过程，最终的值是一致的，因此它们所产生的位移区别也仅在于过程，并不改变永久位移。二是斜坡函数导致的质点运动轨迹与阶跃函数对应的结果相比，明显地钝化了。不仅表现为运动轨迹本身变得简单，幅度也明显减小，而且表现为不再出现质点速度的突然改变，在震相到时处运动方向的突然改变也钝化了许多。钝化的特征使得 Rayleigh 波的幅度也显著地减小了，见图 7.4.6 (b)。

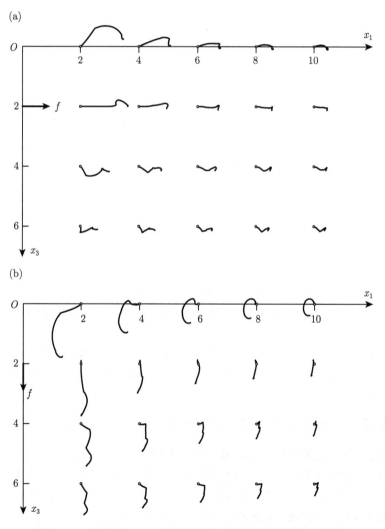

图 7.4.5　深度为 2 km 的斜坡函数点力导致的质点运动轨迹

(a) 水平力的结果；(b) 垂直力的结果。质点的起始位置用圆圈表示，粗线箭头代表作用力 f

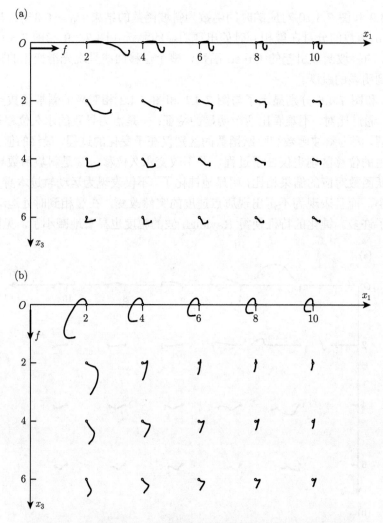

图 7.4.6　深度为 0.2 km 的斜坡函数点力导致的质点运动轨迹

(a) 水平力的结果；(b) 垂直力的结果。质点的起始位置用圆圈表示，粗线箭头代表作用力 *f*

根据 7.2.6 节的讨论，从频谱分析的角度来看，斜坡函数的频谱衰减显著快于阶跃函数，因此相当于在阶跃函数的结果基础上做了低通滤波，导致时间域的波形上出现相对钝化的特征。

7.4.1.3　梯形函数和 Ricker 子波的单力引起的位移场和质点运动轨迹

7.2.6 节曾经介绍过两种用于刻画脉冲型震源变化行为的时间函数 (梯形函数和 Ricker 子波)，可以认为它们是光滑化了的脉冲函数。与阶跃函数和斜坡函数不同的是，这两种时间函数在 t 较大时恢复零值，因此它们不引起永久位移。图 7.4.7 和图 7.4.8 分别显示了与图 7.3.9 和图 7.3.10 对应的时间函数为梯形函数和 Ricker 子波的结果。它们在波形上的整体特征是相似的，但是 Ricker 子波的波形更为光滑。与阶跃函数和斜坡函数相应的结果比较，不难看出，由于选取的时间函数不同，给位移场随时间的变化带来显著的差异。

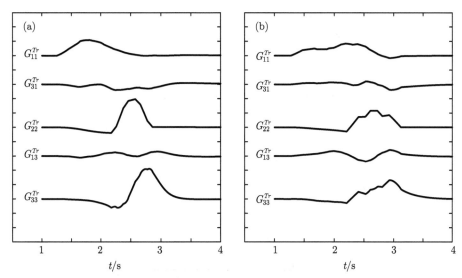

图 7.4.7   与图 7.3.9 和图 7.3.10 对应的时间函数为梯形函数的结果

G_{ij}^{Tr} 中的 Tr 代表 Trapezoid，梯形函数。$t_1 = 0.2$ s, $t_2 = 0.4$ s, $t_3 = 0.6$ s

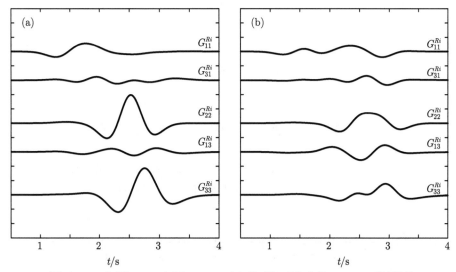

图 7.4.8   与图 7.3.9 和图 7.3.10 对应的时间函数为的 Ricker 子波结果

G_{ij}^{Ri} 中的 Ri 代表 Ricker 子波。$f_0 = 1$ Hz, $t_0 = 0.3$ s

图 7.4.9 ~ 图 7.4.12 分别显示了梯形函数和 Ricker 子波点力在深度为 2 km 和 0.2 km 处导致的质点运动轨迹。与之前讨论过的阶跃函数和斜坡函数明显不同的是，由于这两种时间函数不产生永久位移，质点运动一圈之后最终回到起始点。Ricker 子波导致的位移随时间变化更光滑的特点反映在质点运动上，其运动轨迹也相应地更加光滑。无论是水平力还是竖直力，产生的 Rayleigh 波在波的行进方向上都是接近逆进椭圆的。值得注意的是图 7.4.12 中在比较接近点力的地方，地表处的 Rayleigh 波的运动轨迹接近于斜椭圆，而随着离开点力的距离越来越远，椭圆就越来越接近于直立了。这个由于源的存在而导致的有趣性质，我们将在 7.5.2 节对频率域中的 Rayleigh 波性质的介绍中继续深入探讨。

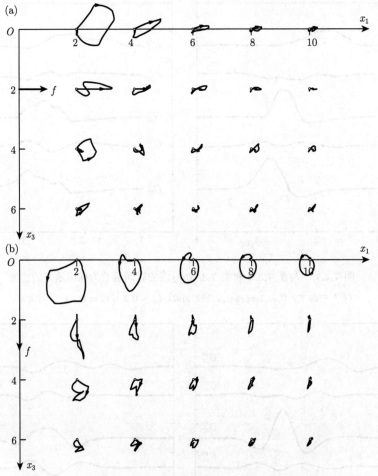

图 7.4.9　深度为 2 km 的梯形函数点力导致的质点运动轨迹

(a) 水平力的结果；(b) 垂直力的结果。质点的起始位置用圆圈表示，粗线箭头代表作用力 f

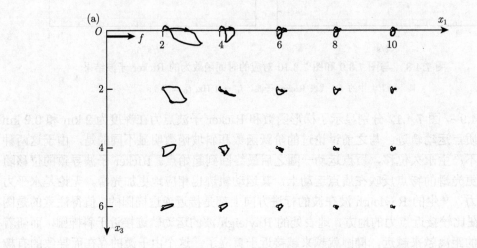

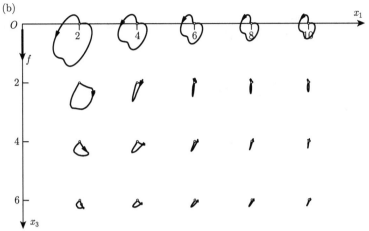

图 7.4.10 深度为 0.2 km 的梯形函数点力导致的质点运动轨迹

(a) 水平力的结果；(b) 垂直力的结果。质点的起始位置用圆圈表示，粗线箭头代表作用力 f

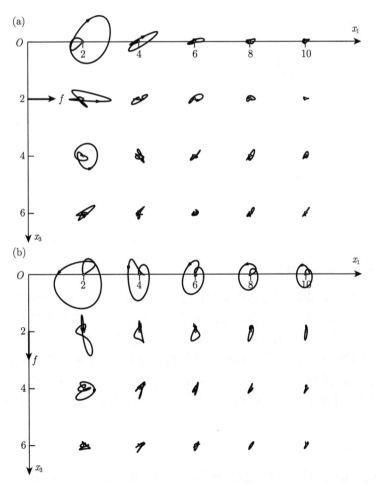

图 7.4.11 深度为 2 km 的 Ricker 子波点力导致的质点运动轨迹

(a) 水平力的结果；(b) 垂直力的结果。质点的起始位置用圆圈表示，粗线箭头代表作用力 f

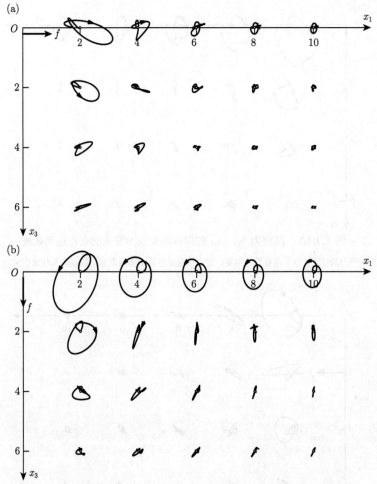

图 7.4.12　深度为 0.2 km 的 Ricker 子波点力导致的质点运动轨迹

(a) 水平力的结果；(b) 垂直力的结果。质点的起始位置用圆圈表示，粗线箭头代表作用力 f

7.4.2　位错点源产生的位移场

对于地震学问题，更具有实际意义的是位错源。有限尺度的位错源可以通过将断层面划分为若干小块，每一小块近似为点源，通过点源的叠加来计算得到其产生的位移场。因此计算位错点源产生的位移场是基础。在本节中，我们针对在 4.7.1 节中曾经研究过的例子，计算在半空间模型下产生的位移场，并与相应的无界空间的情况比较，从而显示自由界面对于地震位移场的影响。为了使结果更具实际意义，我们将讨论局限于第二类 Lamb 问题，即观测点位于地表，而震源埋藏地下。考虑两种典型的震源：左旋走滑断层和逆冲断层。

7.4.2.1　左旋走滑断层

首先研究在 4.7.1 节中基于无界空间的模型曾经计算过的例子，除了介质模型为半空间之外，所有的计算参数与 4.7.1 节的相同。为了研究地表对位移场的影响，断层的埋深除了 $h = 10$ km 以外，还考虑了 1 km 的情况。左旋走滑断层的几个角度参数为：$\phi_s = 90°$，

$\delta = 90°$，$\lambda = 0°$。仍然考虑大小为 1 km×1 km、平均位错 $\overline{[u]} = 1$ m 的断层，时间函数为 $t_0 = 3$ s 的斜坡函数。同样地，为了显示方位效应，计算位于地表上的两条测线上的若干个点 A_i 和 B_i $(i = 1, 2, \cdots, 11)$ 处的位移，参见图 4.7.2。

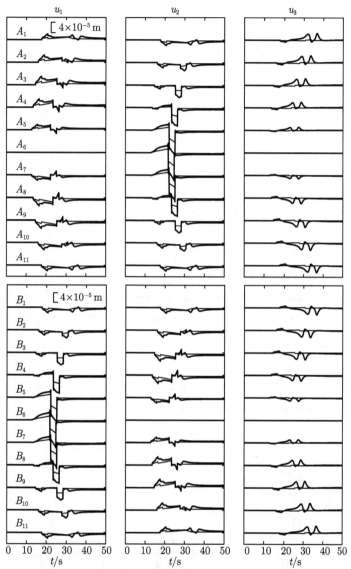

图 7.4.13　$x_3' = 10$ km 的左旋走滑位错点源导致的 A_i 和 B_i $(i = 1, 2, \cdots, 11)$ 处的位移分量

粗线为半无限空间模型的结果，细线为相应的无限空间模型对应的结果。$(\phi_s, \delta, \lambda) = (90°, 90°, 0°)$。$A_i$ 和

B_i $(i = 1, 2, \cdots, 11)$ 的分布参见图 4.7.2

　　图 7.4.13 和图 7.4.14 分别显示了 $x_3' = 10$ km 和 1 km 时的左旋走滑断层导致的各个测点处的位移场（粗线）。为了便于比较，图中还用细线标出了相应的无限空间模型对应的结果[①]。在 4.7.1 节中，我们比较详细地讨论了无限空间模型下的结果，这些特征对于当前

----

　　① 这个结果是通过去掉半空间中与自由表面有关的项来计算的，参考式 (6.4.23)。因此结果与图 4.7.3 和图 4.7.4 是完全一致的。这又一次检验了方法和程序的正确性。

的半空间模型仍然成立。这里我们将注意力集中于两种模型对应结果的区别上。首先，半空间模型的静态位移场的幅值比无限空间模型的相应值大。这一点不难理解，因为半空间模型的自由界面在竖直方向上是自由的。其次，与无限空间模型只有简单的 P 波和 S 波两个震相相比，半空间模型包含的震相要复杂得多，并且波形整体的幅度显著增大，基本上是无限空间模型的两倍。这表明自由界面的存在可以显著提升震动的幅度。特别是竖直方向的位移 u_3，幅度远远大于相应的全空间模型的对应值。

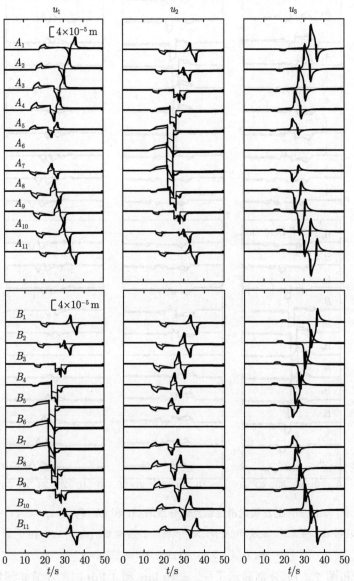

图 7.4.14　$x_3' = 1$ km 的左旋走滑位错点源导致的 A_i 和 B_i ($i = 1, 2, \cdots, 11$) 处的位移分量　粗线为半无限空间模型的结果，细线为相应的无限空间模型对应的结果。$(\phi_s, \delta, \lambda) = (90°, 90°, 0°)$。$A_i$ 和 B_i ($i = 1, 2, \cdots, 11$) 的分布参见图 4.7.2

对于无限空间模型而言，$x_3' = 10$ km 和 1 km 的区别仅仅在于方向产生的变化，但是对于半空间模型来说，产生的影响远不止于此。震源越接近地表，波动在地表附近产生的相互作用越剧烈。突出的体现是 Rayleigh 波显著增大。对比这两幅图，可以清楚地看到这一点。

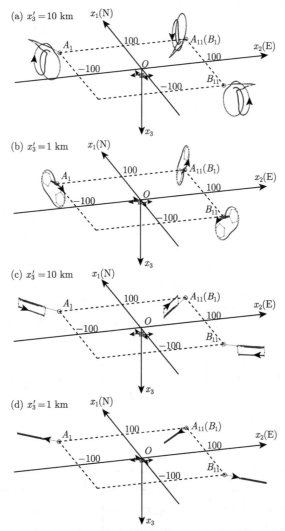

图 7.4.15 左旋走滑位错点源导致的 A_1、A_{11} (B_1) 和 B_{11} 处的质点运动轨迹

(a) 半空间模型，震源深度 $x_3' = 10$ km；(b) 半空间模型，震源深度 $x_3' = 1$ km；(c) 全空间模型，震源深度 $x_3' = 10$ km；(d) 全空间模型，震源深度 $x_3' = 1$ km。$(\phi_s, \delta, \lambda) = (90°, 90°, 0°)$。(a) 中质点运动幅度的放大倍数为 (b) 图的五倍，(c) 和 (d) 中的质点运动幅度的放大倍数为 (a) 图的三倍

为了对质点的运动情况有更直观的认识，图 7.4.15 中显示了两种介质模型下，不同震源深度的左旋走滑断层在测点 A_1、A_{11} (B_1) 和 B_{11} 处产生的质点运动轨迹。不同的质点运动轨迹图采用了不同的放大倍数（见图例说明）。图中还标出了断层的等效体力。这三个测点关于原点或坐标轴具有对称性，而且正好位于等效体力所对应的 P、T 轴上[①]，因此

---

① P 轴沿着东北、西南方向，而 T 轴沿着西北、东南方向。

导致了质点运动轨迹具有规则的对称性。正如在波形图中反映出来的那样，对于无限空间模型（图 7.4.15 (c) 和 (d)），震源深度变化的影响仅体现在由源–场空间位置不同而导致的差异上。具体地，$x'_3 = 1$ km 的情况下，产生的 u_3 比 $x'_3 = 10$ km 对应的结果要小很多。但是对于半空间模型（图 7.4.15 (a) 和 (b)）来说，不仅波形上产生了显著的差异，而且 Rayleigh 波运动的幅值随着源的变浅迅速增大（注意图 7.4.15 (a) 中的放大倍数是 (b) 中的五倍）。

7.4.2.2　逆冲断层

除了常见的走滑断层以外，自然界中还有很多地震是由于构造作用力的挤压而发生在逆冲断层上的。考虑一个小角度的逆冲断层：$\phi_s = 90°$，$\delta = 30°$，$\lambda = 90°$。其余的计算参数与 7.4.2.1 节有关左旋走滑断层的计算参数相同。

图 7.4.16 和图 7.4.17 分别显示了 $x'_3 = 10$ km 和 1 km 时的逆冲断层导致的各个测点

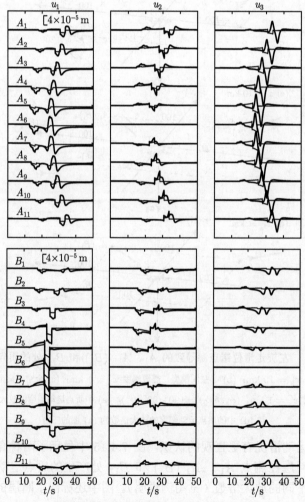

图 7.4.16　$x'_3 = 10$ km 的逆冲位错点源导致的 A_i 和 B_i $(i = 1, 2, \cdots, 11)$ 处的位移分量

粗线为半无限空间模型的结果，细线为相应的无限空间模型对应的结果。$(\phi_s, \delta, \lambda) = (90°, 30°, 90°)$。$A_i$ 和 B_i $(i = 1, 2, \cdots, 11)$ 的分布参见图 4.7.2

处的位移场（粗线）。除了细节之外，整体的特征与走滑断层的情况相似。一个有趣的特征是，对于 $x_3' = 1$ km 的逆冲断层，见图 7.4.17，在 $20 \sim 40$ s 之间有两个显著的类似于脉冲的信号。这两个信号在左旋走滑断层的情况下也出现过，只是没有那么明显，参见图 7.4.14。根据图 7.4.15 (b) 中的质点轨迹判断，这是 Rayleigh 波。

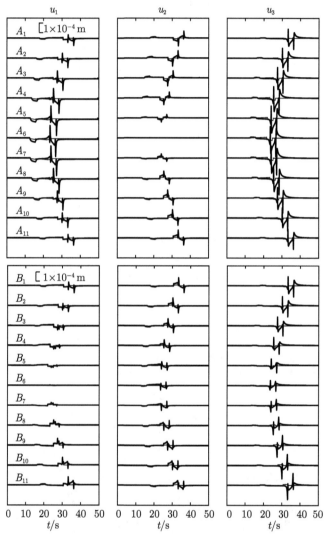

图 7.4.17　$x_3' = 1$ km 的逆冲位错点源导致的 A_i 和 B_i $(i = 1, 2, \cdots, 11)$ 处的位移分量

粗线为半无限空间模型的结果，细线为相应的无限空间模型对应的结果。$(\phi_s, \delta, \lambda) = (90°, 30°, 90°)$。$A_i$ 和 B_i $(i = 1, 2, \cdots, 11)$ 的分布参见图 4.7.2

图 7.4.18 中显示了两种介质模型下，不同震源深度的逆冲断层在测点 A_1、A_{11} (B_1) 和 B_{11} 处产生的质点运动轨迹。除了细节之外，整体的特征与走滑情况的结果类似。注意对于逆冲断层，等效体力位于 $x_1 x_3$ 平面内，从而 P、T 轴也位于这个平面内。图 7.4.18 (b) 中两个显著的圆圈 (如图中的斜箭头所示) 就对应于上面提到的脉冲信号。由于它们的持续时间很短，反映在质点运动轨迹图上，相邻两个黑点之间的距离很大，这表明质点划

过这两个圆圈只用了非常短的时间。

　　通过上面对于左旋走滑和逆冲两种类型断层的位移场和质点运动轨迹的考察，我们不难取得这样的认识：震源引起的地表震动，其瞬态变化的行为比较复杂，而且幅值远远大于静态位移。并且在这个过程中，地表的作用非常显著，对于地表上固定的观测点，震源越浅，地表的影响越显著，集中体现在 Rayleigh 波上。

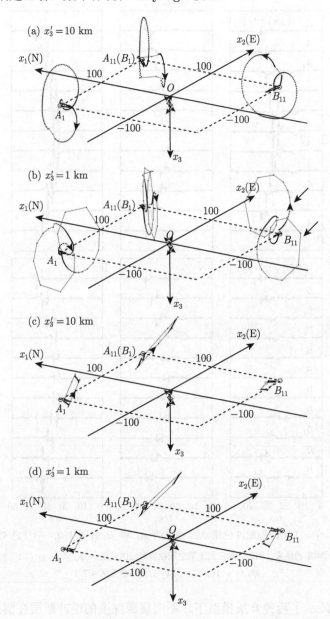

图 7.4.18　逆冲位错点源导致的 A_1、A_{11} (B_1) 和 B_{11} 处的质点运动轨迹

(a) 半空间模型，震源深度 $x_3' = 10$ km；(b) 半空间模型，震源深度 $x_3' = 1$ km；(c) 全空间模型，震源深度 $x_3' = 10$ km；(c) 全空间模型，震源深度 $x_3' = 1$ km。$(\phi_s, \delta, \lambda) = (90°, 30°, 90°)$。(a) 中质点运动幅度的放大倍数为 (b) 图的两倍，(c) 和 (d) 中的质点运动幅度的放大倍数为 (a) 图的三倍

7.4.3 有限尺度的位错源产生的位移场

如果断层空间延伸得足够大，并且观测点距离断层不是太远，那么断层的有限尺度效应是不可以忽略的。在第 4 章有关无限空间内的地震波问题的讨论中，曾经研究过震中坐标系下有限尺度的位错源产生的位移场（参见 4.7.2 节）。作为无限空间模型下问题的对应，本节研究相同尺寸的断层在半空间模型下产生的地震波。由于自由界面的存在打破了空间上的对称性，半空间问题中的断层涉及埋深 h[①]和不同滑动方向的区别，并且由于部分延伸到地表的断层会产生显著的地表破裂，研究直接与地表相交的断层产生的地表位移具有特殊的意义，因此本节中我们将考虑图 7.4.19 中所示的 4 个断层模型：埋深 $h = 10$ km 和 0 km 的左旋走滑和逆冲断层。

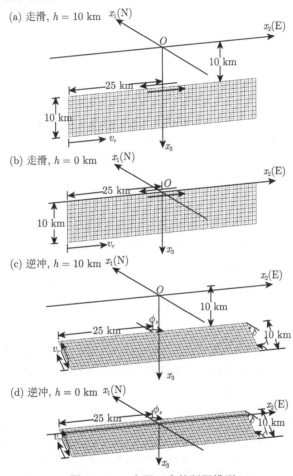

图 7.4.19 有限尺度的断层模型

(a) 左旋走滑断层，埋深 $h = 10$ km; (b) 左旋走滑断层，埋深 $h = 0$ km; (c) 逆冲断层，埋深 $h = 10$ km; (d) 逆冲断层，埋深 $h = 0$ km. 走滑断层的 $(\phi_s, \delta, \lambda) = (90°, 90°, 0°)$，逆冲断层的 $(\phi_s, \delta, \lambda) = (90°, 30°, 90°)$. 图中标出了断层的滑动方向，对于逆冲断层，还标出了 ϕ_s、δ 和 λ

此外，有限尺度的断层破裂问题，不可避免地涉及一个重要的参数：破裂传播速度 v_r。多数情况下，我们研究的是固定传播速度 $v_r = 3$ km/s 的单侧破裂。对于埋深 $h = 0$ km

---

① 这里我们定义断层的埋深为断层的上缘到地表的垂直距离。

的走滑破裂，还将研究一种有意义的情形：破裂速度由 3 km/s 突然跃变到 5 km/s。由于剪切波速设为 $\beta = 4.62$ km/s，5 km/s 的传播速度超过了剪切波速度，这被称为*超剪切破裂*[①]。下面我们将研究超剪切破裂会给地震波场带来什么影响。表 7.4.1 中显示了以下要研究的几种断层模型和相关参数。

表 7.4.1　几种要计算的断层模型及其相关参数

图形编号	断层类型	埋深 h/km	$\phi_s/(°)$	$\delta/(°)$	$\lambda/(°)$	$v_r/(\mathrm{km/s})$
7.4.19 (a)	左旋走滑	10	90	90	0	3
7.4.19 (b)	左旋走滑	0	90	90	0	3
7.4.19 (b)	左旋走滑	0	90	90	0	$3 \to 5$
7.4.19 (c)	逆冲	10	90	30	90	3
7.4.19 (d)	逆冲	0	90	30	90	3

7.4.3.1　左旋走滑断层

对于尺寸为 50 km×10 km 的左旋走滑断层，将其划分为边长为 1 km 的 50×10 个子断层，每个子断层用位于其中心的点来代替点源的位置，最终的位移为各个子断层产生的位移场的叠加。假定破裂自最左边的一列子断层开始，以 $v_r = 3$ km/s 的恒定速度传播。对于图 7.4.19 (a) 中所示的埋深 $h = 10$ km 的左旋走滑断层和图 7.4.19 (b) 中所示的埋深 $h = 0$ km 的左旋走滑断层，它们在 A_i 和 B_i $(i = 1, 2, \cdots, 11)$ 各点处（参考图 4.7.2）的位移场（粗线）分别在图 7.4.20 和图 7.4.21 中显示。同样地，为了便于通过比较看出自由界面的效应，在图中还用细线标出了相应的无限空间模型对应的结果。

在图 7.4.20 中，可以看出与无限空间模型相比，断层埋深 $h = 10$ km 的半空间模型中的对应位移分量显著增大。半空间模型中的水平位移 u_1 和 u_2 随时间的变化行为与无限空间模型对应的结果类似，但是幅度大约增加了一倍，垂直位移 u_3 的幅度更是显著地增大了若干倍。不难看出这是由于自由界面的存在使半空间模型中质点的运动在竖直方向上受阻变小而导致的。

为了考察断层埋深的影响，图 7.4.21 显示了 $h = 0$ km（粗线）与 $h = 10$ km（细线）情况下的位移对比。可以清楚地看到，随着断层的埋深变浅，在断层运动方向斜前方观测点 A_i $(i = 7, 8, \cdots, 11)$ 以及 B_i $(i = 2, 3, \cdots, 11)$ 上的水平位移 u_1 和 u_2 幅度略微增大，

[①] 发生在弹性固体中的破裂以多大速度传播是动态断裂力学的重要研究问题之一。这是个很基本，但是难度很高的问题，早期科学家们曾经得出过一些错误的结论。在 20 世纪 60 年代，由于理论和观测两个方面的限制，科学家们普遍认为弹性固体中的破裂传播速度不超过 3 km/s。20 世纪 70 年代之后，有关破裂速度的研究取得了重要的进展。R. Burridge 首先做了开创性的工作，证明对于有摩擦而无内聚区的裂纹，最大破裂速度可以超过剪切波速度，甚至达到压缩波速度。到 20 世纪 70 年代末和 80 年代初，理论分析和数值模拟使科学家们倾向相信在地震过程中可能出现超剪切破裂的现象。1979 年加州发生了 M_W 6.5 级帝王谷 (Imperial Valley) 地震，R. J. Archuleta 首次通过研究发现这次地震发生过程中出现了超剪切破裂现象。但是因为采用的地震数据非常有限，并且超剪切破裂传播的距离不够长，这个结果没有被普遍接受。一直到 20 世纪 90 年代末，加州理工学院 Rosakis 研究组在实验室中测量了固体的破裂速度，发现不仅可以超过剪切波速度，甚至可以达到压缩波速度。实验室的观测研究极大地激发了有关超剪切破裂问题的研究，从 1999 年 M_W 7.6 级的土耳其 Izmit 地震以来，不断有震源运动反演的研究揭示在地震过程中出现了超剪切破裂的现象，例如 2001 年 M_W 7.8 级昆仑山地震、2002 年 M_W 7.9 级的美国 Denali 地震、2010 年 M_W 6.9 级的玉树地震、2012 年 M_W 8.6 级的北 Sumatra 地震、2013 年 M_W 7.5 级的美国 Craig 地震、2014 年 M_W 6.9 级的北爱琴海地震，等等。时至今日，地震学界已经普遍接受了在地震过程中可能出现超剪切破裂的现象。

而竖直位移 u_3 的幅度产生了非常显著的增大。即使对于 A_i $(i = 1, 2, \cdots, 6)$ 这几个平行于断层走向方向的观测点，在水平位移场几乎不发生可见变化的情况下，u_3 方向的位移幅度也产生了 1 倍左右的放大量。这表明，对于断层直接与地表相交的情况，与在地表没有出露地表的情况下的掩埋断层相比，走滑断层所产生的垂直方向的位移有显著增加。从实际问题的角度来看，这种类型的地震破裂危害性更大，是需要着重防范的对象。

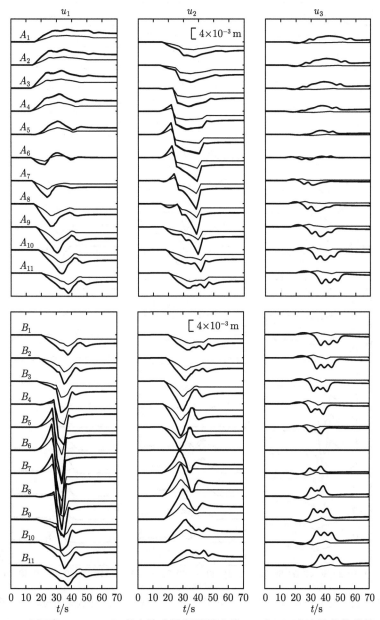

图 7.4.20 由深度 $h = 10$ km 的左旋走滑断层导致的 A_i 和 B_i 各点处的位移场（粗线）

细线为相应的无限空间模型对应的结果。断层尺寸为 50 km×10 km。破裂从左侧起始，以 $v_r = 3$ km/s 的速度向右侧传播

值得一提的是，在某些测点处的特定时段的位移分量上出现了明显的"抖动"现象，比

如图 7.4.21 中 $A_4 \sim A_8$ 测点处 $20 \sim 40\,\text{s}$ 时间段的 u_2 分量。回忆在 4.7.2 节关于无限空间中有限尺度断层的位错源产生的地震波场的讨论中，也出现过类似的现象。那里曾经指出这是由断层网格划分不够细导致的，并通过算例显示了当进一步细化网格断层以后，"抖动" 现象就得到改善。

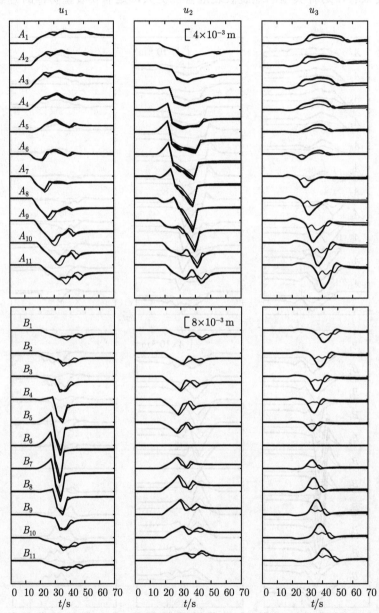

图 7.4.21　由深度 $h = 0\,\text{km}$ 的左旋走滑断层导致的 A_i 和 B_i 各点处的位移场（粗线）(一)

细线为相应的深度 $h = 10\,\text{km}$ 的断层在半空间的介质模型中对应的结果。断层尺寸为 $50\,\text{km} \times 10\,\text{km}$。破裂从左侧起始，以 $v_r = 3\,\text{km/s}$ 的速度向右侧传播

图 7.4.22 形象地展示了半空间模型中不同埋深的左旋走滑断层所导致的 A_1、A_{11} (B_1)

和 B_{11} 处质点运动轨迹，各图采用相同的放大倍数。对于无限空间模型而言，断层的深度 h 改变，仅仅导致源点的空间位置有所区别而已，波形上只产生微小的变化，见图 7.4.22 (c) 和 (d)。但是对于半空间模型来说，断层埋深的不同带来的影响远不止于此，自由界面的存在使得位移分量的幅度明显增大，并且断层埋深的减小进一步放大了位移分量的幅度。

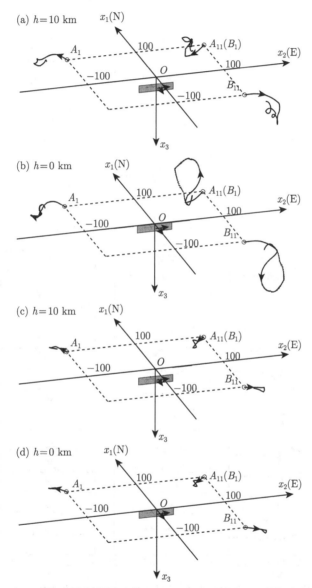

图 7.4.22 左旋走滑断层导致的 A_1、A_{11} (B_1) 和 B_{11} 处的质点运动轨迹

(a) 半空间模型，断层深度 $h = 10$ km；(b) 半空间模型，断层深度 $h = 0$ km；(c) 全空间模型，断层深度 $h = 10$ km；
(d) 全空间模型，断层深度 $h = 0$ km。断层尺寸为 50 km×10 km。破裂从左侧起始，以 $v_r = 3$ km/s 的速度向右侧传播。
各图中的质点运动幅度放大倍数相同

以上的算例都是针对恒定的破裂速度 $v_r = 3$ km/s 计算的。但是，无论是震源运动学对于实际地震的反演研究，还是震源动力学的自发破裂正演数值模拟，都揭示了在地震发生过程中可能发生破裂速度的变化。特别是当破裂速度由低于 Rayleigh 波速度向高于剪切波速度的转化，会激发高频的地震波成分，因此有必要研究破裂速度变化对地震波场的影响。我们继续考虑一种破裂速度变化的模型，参见图 7.4.19 (b)，破裂自西向东发生单侧破裂，在前 25 km 的范围内，破裂速度 $v_r = 3$ km/s，而在后 25 km 的范围内，破裂速度 $v_r = 5$ km/s。

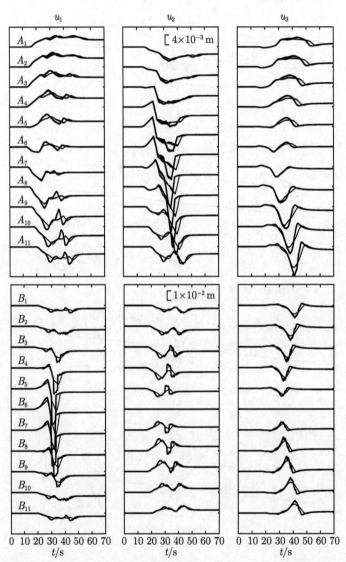

图 7.4.23　由深度 $h = 0$ km 的左旋走滑断层导致的 A_i 和 B_i 各点处的位移场（粗线）(二)

与图 7.4.21 相同，区别在于断层破裂速度 v_r 在经过 x_3 轴时由 3 km/s 跃变为 5 km/s。细线为破裂速度恒定为 3 km/s 的结果

　　图 7.4.23 显示了在各个测点上的位移随时间的变化（粗线）与恒定破裂速度 $v_r = 3$ km/s 的结果（细线，参考图 7.4.21）的比较。从图中可以明显地看出，超剪切破裂速度转化的出现，使得位移曲线变得更尖锐，即高频成分增加了。尤其是破裂侧前方 $A_6 \sim A_{10}$

观测到的 u_2 分量和破裂正前方 $B_3 \sim B_9$ 观测到的 u_1 分量，波形上都出现了非常尖锐的突起。图 7.4.24 显示了破裂速度出现跃变情况下的 A_1、A_{11} (B_1) 和 B_{11} 处的质点运动轨迹。与相应的破裂速度恒定为 $v_r = 3$ km/s 时的质点运动轨迹图（图 7.4.22 (b)）对比可以清晰地看到，质点运动轨迹上出现了若干新的运动方向突然改变之处，这些都是由断层面上破裂速度的突然跃变引起的。

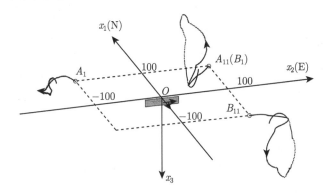

图 7.4.24 由左旋走滑断层导致的 A_1、A_{11} (B_1) 和 B_{11} 处的质点运动轨迹

大小为 50 km×10 km 的断层从左向右发生单侧破裂，破裂速度 v_r 在经过 x_3 轴时由 3 km/s 跃变为 5 km/s

上述结果表明，断层面上的破裂过程中发生的破裂速度的改变，会引起地表位移中出现高频的成分。由于高频成分是造成某些建筑物损坏的主要因素，关于这个论题的深入研究对于防震工作具有特殊的意义。

7.4.3.2 逆冲断层

地球内部的岩石处于受压的状态，在最大主压应力水平、而最小主压应力垂直的情况下，会形成逆冲断层，因此这是另一种常见的发震断层。考虑图 7.4.19 (c) 和 (d) 中的埋深分别为 10 km 和 0 km 的逆冲断层。破裂自下而上传播，$v_r = 3$ km/s。

图 7.4.25 显示了 $h = 10$ km 时逆冲断层导致的 A_i 和 B_i ($i = 1, 2, \cdots, 11$) 各点处的位移场（粗线）与无限空间模型的相应结果（细线）的比较。可以看出，由于自由界面的存在，半空间模型下的各个位移分量的幅度都比相应的无限空间模型的结果要大很多，尤其是在逆冲断层前方的 $A_4 \sim A_8$ 各个测点处的 u_1 和 u_3 分量。为了考察断层埋深的影响，图 7.4.26 显示了 $h = 0$ km 时的结果（粗线）与半空间模型中 $h = 10$ km 对应结果（细线）的比较。随着断层深度的变浅，在位移的波形上产生明显的变化，不仅幅度有明显的增加，而且波形也变得更为尖锐。这些是自由表面与断层破裂之间的相互作用增强的结果。

图 7.4.27 显示了由逆冲断层导致的 A_1、A_{11} (B_1) 和 B_{11} 处的质点运动轨迹，分别针对不同的断层深度对比了半空间模型和无限空间模型下的结果。一方面，与走滑断层的特征类似，通过 (a)、(c) 之间，以及 (b)、(d) 之间的比较，可以看到自由界面的存在，导致了质点运动轨迹的幅度和形态上产生明显的差别。另一方面，通过 (a)、(b) 之间的比较，可以看出断层深度越小，质点振动的幅度越大。需要指出的是，(b) 图中运动轨迹上的"抖动"现象可以通过加密断层划分的网格数目得到压制。

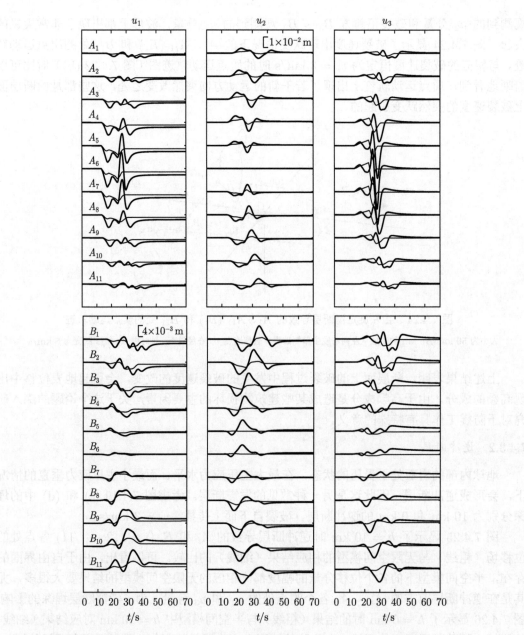

图 7.4.25　由深度 $h = 10$ km 的逆冲断层导致的 A_i 和 B_i 各点处的位移场（粗线）
细线为相应的无限空间模型对应的结果。大小为 50 km×10 km 的断层自下而上发生破裂，破裂以 $v_r = 3$ km/s 的速度传播

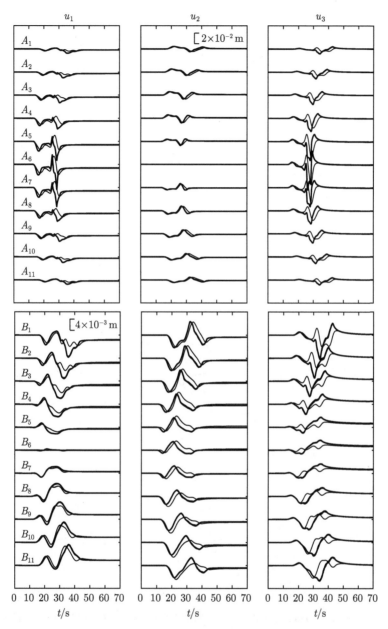

图 7.4.26   由深度 $h = 0$ km 的逆冲断层导致的 A_i 和 B_i 各点处的位移场（粗线）

细线为相应的深度 $h = 10$ km 的断层在半空间的介质模型中对应的结果，参见图 7.4.25。大小为 50 km×10 km 的断层

自下而上发生破裂，破裂以 $v_r = 3$ km/s 的速度传播

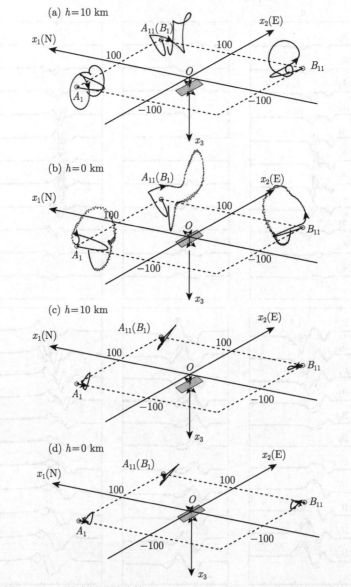

图 7.4.27　逆冲断层导致的 A_1、A_{11} (B_1) 和 B_{11} 处的质点运动轨迹

(a) 半空间模型，断层深度 $h = 10$ km；(b) 半空间模型，断层深度 $h = 0$ km；(c) 无限空间模型，断层深度 $h = 10$ km；
(d) 无限空间模型，断层深度 $h = 0$ km。断层尺寸为 50 km×10 km。断层从下向上发生单侧破裂，破裂速度 $v_r = 3$ km/s。
各图中的质点运动幅度放大倍数相同

7.5　Lamb 问题的静态位移场和 Rayleigh 波

在 7.4 节中，将第 6 章中发展的方法运用在本章 7.1 节介绍的数值技术上，计算了几类 Lamb 问题的结果。特别地，除了 Lamb 问题的 Green 函数以外，还着重考察了更具有地震学意义的剪切位错源的地震波场问题，包括点源和有限尺度源的相应问题。在第 6 章中，我们曾经专门针对本征值简并的特殊情况，以第二类 Lamb 问题为例，得到了单力点源和剪切位错点源产生的静态位移场结果。同时，也在频率域中考察了由单力点源和位错点源引起的 Rayleigh 波问题，得到了相应的激发公式。在本节中，将展示相关的数值计算结果。对于频率域中的 Rayleigh 波，可通过离散 Fourier 反变换得到相应的时间域结果。由于激发公式仅是 Rayleigh 极点的贡献，所得到的时间域内的 Rayleigh 波相当于是从完整的信号中分离出了面波的成分。

7.5.1 Lamb 问题的静态位移场

7.5.1.1 单力点源引起的静态位移场

式 (6.7.11) 中给出了第二类 Lamb 问题的静态 Green 函数。我们可以据此求出不同方向的单力引起的地表静态位移场。

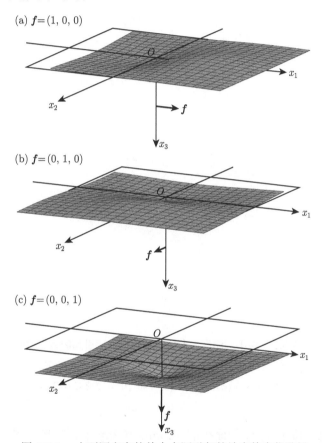

图 7.5.1 由不同方向的单力点源引起的地表静态位移场

(a) x_1 轴方向的单力；(b) x_2 轴方向的单力；(c) x_3 轴方向的单力。单力施加的位置为 $(0,0,1)$ km。位于 $x_1 x_2$ 平面内的 2 km×2 km 的正方形为初始位置

图 7.5.1 显示了一个这样的例子。单力作用在 1 km 深，分别沿着 x_1、x_2 和 x_3 轴的方向上，图中显示了以原点为中心的 2 km×2 km 范围内的地表变形。当单力作用在 x_1 方向时，见图 7.5.1 (a)，初始区域内的质点主要产生沿着 x_1 方向的位移。在迎着力的作用方向的区域（$x_1 > 0$ 的两个象限），产生沿 x_2 方向的扩张，同时地表抬升；而在逆着力作用

方向的区域（$x_1 < 0$ 的两个象限），x_2 方向上出现了收缩，导致地表下沉。由于 x_1 方向和 x_2 方向地位是等同的，图 7.5.1 (b) 中单力作用在 x_2 方向上的结果与此类似。当单力作用在 x_3 方向时，见图 7.5.1 (c)，初始区域内的质点主要产生沿着 x_3 方向向下的位移，地表明显下沉。同时由于 Poisson 比的存在，在 x_1 和 x_2 两个方向上都产生收缩，初始区域收缩为面积更小的区域。

7.5.1.2　位错点源引起的静态位移场

式 (6.7.12) 和式 (6.7.13) 为剪切位错点源引起的地表静态解计算公式。据此可以计算由半空间介质内部的剪切位错点源所产生的地表处的静态位移场。仍然考虑 7.4.2 节中讨论的左旋走滑和逆冲断层的例子。

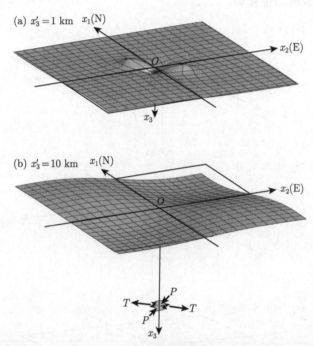

图 7.5.2　由不同深度的左旋走滑位错点源引起的地表位移场

(a) 深度 $x_3' = 1$ km；(b) 深度 $x_3' = 10$ km。位于 x_1x_2 平面内的 10 km×10 km 的正方形为初始位置。图中标出了左旋走滑断层对应的等效体力，以及 P、T 轴。$(\phi_s, \delta, \lambda) = (90°, 90°, 0°)$。为了显示清楚，(b) 中的静态位移场放大倍数为 (a) 中的 10 倍

考察初始状态下位于 x_1x_2 平面内的 10 km×10 km 的正方形区域，图 7.5.2 给出了不同深度的左旋走滑位错点源引起的地表位移场。对于深度 $x_3' = 1$ km 的情形（图 7.5.2(a)），断层离地面较近，因此在地表造成显著静态位移场的区域有限，主要集中于原点附近的 3 km 范围内。水平方向上，在西北和东南两个象限扩张，而在东北和西南两个象限收缩。垂直方向上，从较广的区域来看，西北和东南两个象限的地面下沉，而东北和西南两个象限的地面抬升，这一点与无限空间模型下相应的结果一致（图 4.7.5）。但是在原点附近的区域，在西北和东南方向分别形成了一个明显的"鼓包"，而在东北和西南方向分明出现了局部非常明显的凹陷。这一特征是由自由界面的存在而引起的，对于无限空间的介质并不

存在（图 4.7.5）。对于图 7.5.2 (b) 中显示的 $x'_3 = 10$ km 的情况，由左旋剪切位错导致的地表运动显著减弱（注意图 7.5.2(b) 中的地表变形相比于 (a) 中的放大了 10 倍），整体特征相似，但是影响范围显著增大。整体来看，左旋走滑断层的 T、P 轴均位于平行于地面的水平面内，因此主要引起水平方向的变形。

图 7.5.3 中显示的不同深度的逆冲位错点源引起的地表位移场，其形态与走滑位错点源的结果明显不同。图 7.5.3 (a) 中 $x'_3 = 1$ km 的逆冲位错点源导致地表出现了明显的垂直位移。当前考虑的是倾角 $\delta = 30°$ 的逆冲断层，其 T 轴略偏向北，因此凸起的地表部分也偏向北，同时在南侧形成了一个明显的凹陷。对于较深的点源，图 7.5.3 (b) 中的 $x'_3 = 10$ km 的情况，影响的范围更广，不仅幅度显著减小（同样，图 7.5.3(b) 中的地表变形相比于 (a) 中的放大了 10 倍），而且特征也明显地钝化了。

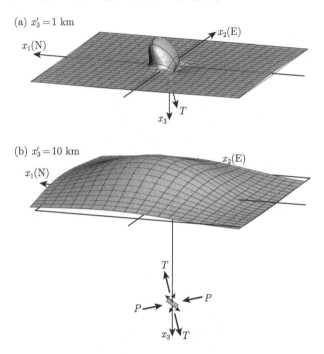

图 7.5.3　由不同深度的逆冲位错点源引起的地表位移场

(a) 深度 $x'_3 = 1$ km；(b) 深度 $x'_3 = 10$ km。位于 $x_1 x_2$ 平面内的 10 km×10 km 的正方形为初始位置。图中标出了左旋走滑断层对应的等效体力，以及 P、T 轴。$(\phi_s, \delta, \lambda) = (90°, 30°, 90°)$。为了显示清楚，(b) 中的静态位移场放大倍数为 (a) 中的 10 倍

7.5.1.3　有限尺度的位错源引起的静态位移场

在上述有关位错点源结果的基础之上，我们可以进一步研究有限尺度的位错源引起的静态位移场的特征，考察有限尺度的效应会给静态位移场的特征带来什么影响。仍然以 7.4.3 节中考虑的 50 km×10 km 的垂直左旋走滑断层和逆冲断层为例，研究以原点为中心的 100 km×100 km 的初始区域在有限尺度断层作用下产生的静态位移。

图 7.5.4 显示了不同埋深（$h = 0$ km 和 10 km）的左旋走滑断层引起的地表位移场。与 7.5.1.2 节对点源展示的结果不同，不同断层埋深 h 对应的结果采用统一的放大倍数。很

明显，不同深度的有限尺度断层所引起的地表发生显著变形的区域面积的差别远远小于点源的情况。对于断层直接与地表相交的情况，见图 7.5.4 (a)，断层附近的水平变形更为显著，并且其特征相比于埋深 $h = 10$ km 的情况更为尖锐。图 7.5.5 中显示的逆冲断层的结果也显示出了类似的特征，区别在于对于逆冲的情况，主要引起的是垂直方向位移而非水平方向位移。

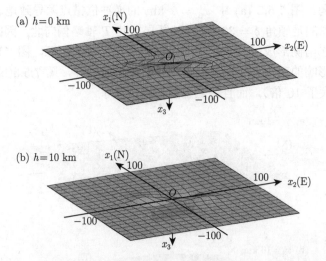

图 7.5.4　由不同深度的 50 km×10 km 的左旋走滑断层引起的地表位移场

(a) 埋深 $h = 0$ km；(b) 埋深 $h = 10$ km。位于 x_1x_2 平面内的 100 km×100 km 的正方形为初始位置。

$(\phi_s, \delta, \lambda) = (90°, 90°, 0°)$。(a) 和 (b) 中的静态位移放大倍数相同

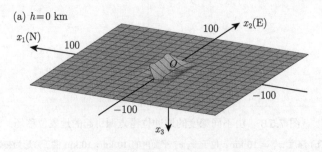

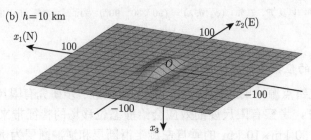

图 7.5.5　由不同深度的 50 km×10 km 的逆冲断层引起的地表位移场

(a) 埋深 $h = 0$ km；(b) 埋深 $h = 10$ km。位于 x_1x_2 平面内的 100 km×100 km 的正方形为初始位置。

$(\phi_s, \delta, \lambda) = (90°, 30°, 90°)$。(a) 和 (b) 中的静态位移放大倍数相同

总结以上关于半空间介质的静态位移场的讨论，尽管我们对于 Lamb 问题动态位移场的计算中已经包含了静态位移场的信息，但是在一些特别关注静态信息的场合下，比如利用 GPS 研究相关的地震学问题时，我们可以直接通过第 6 章中得到的式 (6.7.11) ~ 式 (6.7.13) 来计算得到静态位移场。对于不同的基本断层类型产生的静态位移场特征的探究，将会帮助我们更好地利用相关资料来获取震源的信息。

7.5.2 Lamb 问题的 Rayleigh 波：基于频率域的分析

在 6.5.3 节中，我们曾经基于频率域的 Green 函数，通过对复数 k 的积分的分析，分离出了 Rayleigh 波的贡献，见式 (6.5.16)。基于这个结果，得出了远场近似下的紧凑的表达式 (6.5.21) ~ 式 (6.5.23)，以及近场结果式 (6.5.24)。并且，通过空间求导运算，进一步得到了剪切位错源引起的 Rayleigh 波表达式 (6.6.8)。本节中我们将利用这些公式，通过数值计算来展示结果，并作相应的分析。首先在频率域中，研究单力点源的远场和近场 Rayleigh 波，以及剪切位错点源的 Rayleigh 波的相关特征，然后将频率域的结果变换到时间域中，考察时间域 Rayleigh 波的特征。

7.5.2.1 单力点源引起的频率域中的远场 Rayleigh 波

式 (6.5.21) 给出了源位于地表，观测点随深度变化的远场情况的 Rayleigh 波解，可以据此分别计算水平力和垂直力导致的 Rayleigh 波的质点运动情况，考察其特征。

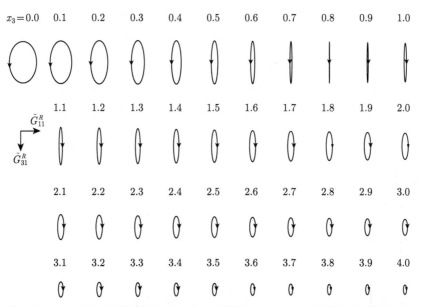

图 7.5.6 由在地表施加的水平力导致的远场 Rayleigh 波质点运动轨迹

源位于地表，数字代表观测点的深度 x_3 (km)

图 7.5.6 和图 7.5.7 分别显示了在地表施加的水平力和垂直力导致的不同深度处远场 Rayleigh 波质点的运动轨迹。图中的数字代表了不同的深度 x_3 (km)。除了水平力引起的竖直方向和水平方向的位移都略小些以外，水平力的结果和垂直力的结果整体上一致。在地表附近，质点运动轨迹呈现经典的逆进椭圆特征。随着深度增加，椭圆的短轴变小，并

在 0.8 km 附近，水平位移反号。在大于 0.8 km 的深处，质点运动变为顺进椭圆。随着深度持续增加，椭圆的长短轴越来越小。图 7.5.8 (a) 显示了几个相关的位移分量 $\tilde{G}_{11}^R$ 和 $\tilde{G}_{31}^R$，以及 $\tilde{G}_{13}^R$ 和 $\tilde{G}_{33}^R$ 的相对幅度（用它们的最大值做了归一化）随着深度的变化。深度用波长 $\lambda = 2\pi/\kappa$ 做了归一化。从图 7.5.8 (a) 可以清楚地看到各个位移分量随着深度的变化情况。垂直分量从地表开始随着深度增加有个先增大后减小的过程，而水平分量随着深度增加先单调递减到零，反向之后幅度先增大再减小。

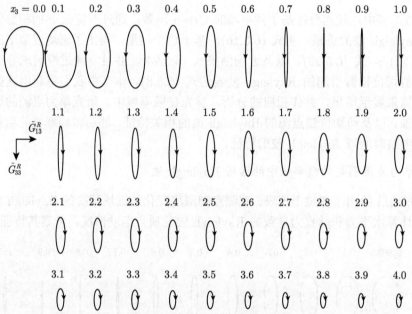

图 7.5.7　由在地表施加的垂直力导致的远场 Rayleigh 波质点运动轨迹

源位于地表，数字代表观测点的深度 x_3 (km)

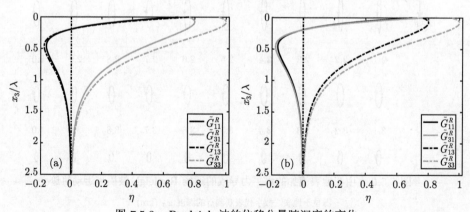

图 7.5.8　Rayleigh 波的位移分量随深度的变化

(a) 由在地表施加的水平力和垂直力导致的 Rayleigh 波位移分量随深度的变化；(b) 由在不同深度施加的水平力和垂直力导致的地表处 Rayleigh 波位移分量随深度的变化。横轴为相对幅度 η（用 $\tilde{G}_{11}^R$、$\tilde{G}_{31}^R$、$\tilde{G}_{13}^R$ 和 $\tilde{G}_{33}^R$ 的最大幅度做归一化了的位移分量），纵轴的深度用波长 λ 做了无量纲化

图 7.5.6 ∼ 图 7.5.8 (a) 揭示出来的特征与地震学中经典的根据平面波的假定所得到的平面 Rayleigh 波的特征是一致的。其中，逆进椭圆随着深度增加而变为顺进椭圆是个有趣的特征。我们可以从理论上计算这个反转点的位置。由于在反转点，$\tilde{G}_{11}^R$ 和 $\tilde{G}_{13}^R$ 都等于零，根据式 (6.5.20a) 和式 (6.5.20c)，有

$$2\kappa^2 \mathrm{e}^{-\gamma x_3} = \chi \mathrm{e}^{-\nu x_3}, \quad \text{以及} \quad \chi \mathrm{e}^{-\gamma x_3} = 2\nu\gamma \mathrm{e}^{-\nu x_3}$$

记根据 Rayleigh 函数式 (B.1) 得到的大于 1 的实根为 x_R，用波长无量纲化的深度

$$\bar{x}_3 = \frac{x_3}{\lambda} = \frac{x_3 \kappa}{2\pi} = \frac{x_3 \omega \sqrt{x_R}}{2\pi\beta}$$

根据上述两个等式分别得到

$$\bar{x}_3 = \frac{\sqrt{x_R} \ln \dfrac{2x_R}{2x_R - 1}}{2\pi \left(\sqrt{x_R - m} - \sqrt{x_R - 1}\right)}, \quad \text{以及} \quad \bar{x}_3 = \frac{\sqrt{x_R} \ln \dfrac{2x_R - 1}{2\sqrt{x_R - m}\sqrt{x_R - 1}}}{2\pi \left(\sqrt{x_R - m} - \sqrt{x_R - 1}\right)}$$

其中，$m = \beta^2/\alpha^2$。由于 x_3 为 Rayleigh 函数 (B.1) 的根，有

$$(2x_R - 1)^2 - 4x_R \sqrt{x_R - m}\sqrt{x_R - 1} = 0$$

上述两个 $\bar{x}_3$ 相等。以 Poisson 体为例，$m = 1/3$，$x_R \approx 1.183$，计算得到 $\bar{x}_3 \approx 0.19$。这表明，在地下的 0.19 倍波长附近，$\tilde{G}_{11}^R$ 和 $\tilde{G}_{13}^R$ 反号（图 7.5.8 (a)），从而引起椭圆的行进方向倒转（对应于 $x_3 \approx 0.82$ km，参见图 7.5.6 和图 7.5.7）。

式 (6.5.22) 给出了观测点位于地表，而力的作用深度可以变化的情况下的频率域远场 Rayleigh 波表达式。据此可以类似地考虑不同深度的水平力和垂直力引起的远场地表处 Rayleigh 波质点运动的轨迹。

图 7.5.9 和图 7.5.10 分别显示了相应的结果，图中的数字代表了源的不同深度 x_3' (km)。与前面所显示的固定源在地表，而观测点随深度变化的情况明显有所不同，对于固定地表观测点，而源随深度变化的情况，Rayleigh 波质点运动的轨迹都是逆进椭圆。不同深度的水平力所引起的地表位移，随着源的深度不同，椭圆的形状基本保持不变，但是大小明显变化。在从地表开始向下，椭圆逐渐缩小，在深度为 0.8 km 左右缩为一点（固定不动），而源的深度继续增大时，椭圆先增大，然后再逐渐缩小。与水平力明显不同的是，不同深度的垂直力所引起的地表位移，椭圆在从地表开始随着源的深度增加，首先经历了一个短暂的增大过程，然后单调地减小。图 7.5.8 (b) 显示了相关的位移分量的相对幅度随着用波长无量纲化的深度增加的变化情况。无论对于水平力导致的位移分量 $\tilde{G}_{11}^R$ 和 $\tilde{G}_{31}^R$，还是垂直力导致的位移分量 $\tilde{G}_{13}^R$ 和 $\tilde{G}_{33}^R$，二者都是同正负，因此椭圆的行进方向不会发生变化。但是水平力导致的两个位移分量同时经历了单调递减为零，而后增大又减小的过程，垂直力导致的两个位移分量同时经历了先增大然后缓慢递减的过程，因此导致了图 7.5.9 和图 7.5.10 中所呈现的特征。

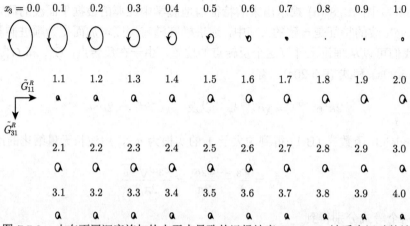

图 7.5.9　由在不同深度施加的水平力导致的远场地表 Rayleigh 波质点运动轨迹

观测点位于地表，数字代表源点的深度 x_3'(km)

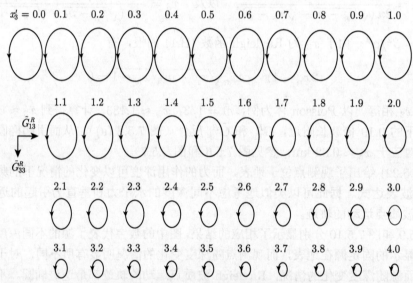

图 7.5.10　由在不同深度施加的垂直力导致的远场地表 Rayleigh 波质点运动轨迹

观测点位于地表，数字代表源点的深度 x_3'(km)

除了分别固定源或场点的位置，而允许另一个的位置变化的情况以外，式 (6.5.23) 还给出了源和场点的位置可同时变化情况的解。根据此式类似地可以研究不同源的深度处施加的水平和垂直力导致的不同深度处的观测点的远场 Rayleigh 波质点运动轨迹。对于固定源的情况下，不同深度处的远场 Rayleigh 波质点运动轨迹类似于图 7.5.6 和图 7.5.7 中显示的图像，不同深度处的源所导致的固定观测点的情况类似于图 7.5.9 和图 7.5.10 的结果，只是幅度大小有所差异，这里就不再显示了。

7.5.2.2　单力点源引起的频率域中的近场 Rayleigh 波

远场情况毕竟只是一种特例，在这种情况下，利用 Hankel 函数的渐近表达式，可以得到形式上比较紧凑的表达。对于近场情况，渐近表达式不再成立，式 (6.5.24) 给出了一般形式的表达，据此可精确计算近场的 Rayleigh 波解。

图 7.5.11 和图 7.5.12 分别显示了在地表和 $x'_3 = 0.25$ km 处施加的水平力导致的附近区域的不同点处 Rayleigh 波质点的运动轨迹。一个非常明显的特征是，在力的施加点附近，运动轨迹是斜椭圆，且幅度较大，随着离源的水平距离增加，椭圆的长轴越来越接近垂直方向，并且幅度缓慢减小。椭圆的行进方向，在地表附近为仍然是逆进的，而在 0.2 个波长的深度之下，变为顺进的。当水平力位于地下时（图 7.5.12），椭圆的幅度显著减小。并且椭圆的长轴，在 0.2 个波长的深度之上是向波动传播方向倾斜，而在这个深度之下，倾斜的方向相反。

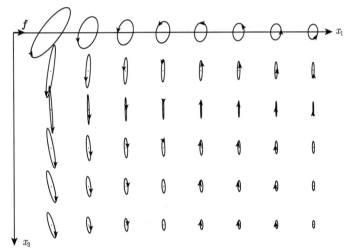

图 7.5.11   在地表处施加的水平力导致的附近区域 Rayleigh 波质点运动轨迹

相邻两个场点之间的距离为 0.5 km

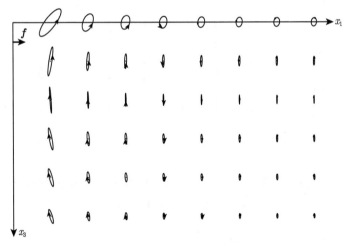

图 7.5.12   在 $x'_3 = 0.25$ km 处施加的水平力导致的附近区域 Rayleigh 波质点运动轨迹

相邻两个场点之间的距离为 0.5 km

图 7.5.13 和图 7.5.14 分别显示了在地表和 $x'_3 = 0.25$ km 处施加的垂直力导致的附近

区域的不同点处 Rayleigh 波质点的运动轨迹。整体的特征与水平力对应的结果图 7.5.11 和图 7.5.12 类似，不再赘述。但是，有一个值得注意的区别是，垂直力导致的质点运动轨迹的幅度随着力的施加点的深度增加，衰减得要缓慢得多[①]。甚至在源位于 0.25 km 深度的情况下，椭圆的幅度比源位于地表的情况下略大。这是因为根据图 7.5.8 (b)，在地表以下、0.1 个波长深度（对应 0.4 km）以上的部分，随着源的深度增加，由垂直力导致的地表位移的两个分量都是增加的。但是在 0.1 个波长的深度以下，椭圆的幅度逐渐减小。

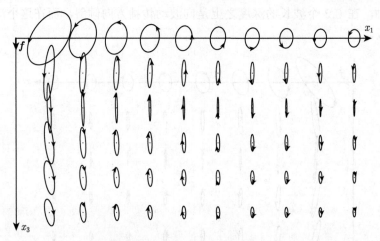

图 7.5.13　在地表处施加的垂直力导致的附近区域 Rayleigh 波质点运动轨迹

相邻两个场点之间的距离为 0.5 km

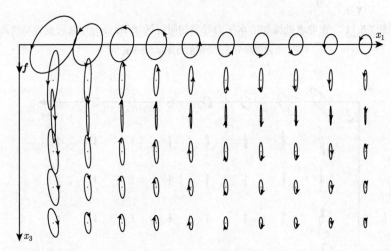

图 7.5.14　在 $x_3' = 0.25$ km 处施加的垂直力导致的附近区域 Rayleigh 波质点运动轨迹

相邻两个场点之间的距离为 0.5 km

---

① 水平力和垂直力的这种差别，可以理解为是由空间的不对称性导致的。在空间中的一点沿施加力，需要克服两个方向上介质的阻力，一个是沿着力的施加方向的介质的阻力，一个是相反方向的介质的阻力。例如，对于沿着 x_1 轴正方向施加的水平力而言，这个力既需要克服前方的介质施加的阻力，也需要克服后方介质施加的阻力。对于沿着 x_3 轴正方向施加的垂直力，也是如此。但是与水平力不同的是，在与力的施加方向相反的方向上，介质施加的阻力与水平力的情况相比，要小很多。因此水平力导致的质点运动轨迹的幅度随深度的衰减要比垂直力的情况快。

7.5.2.3 剪切位错点源引起的频率域中的 Rayleigh 波

与单力的简单情况相比，剪切位错点源更具有地震学意义。6.6.2 节研究了剪切位错源的 Rayleigh 表达式，通过对 Rayleigh 波的 Green 函数求空间导数，与地震矩张量分量相乘并求和，得到了频率域中的剪切位错点源引起的 Rayleigh 波位移表达式 (6.6.8)。

以下我们以两个具体的典型位错源为例，分析由它们产生的 Rayleigh 波的特征。如图 7.5.15 所示，选取 x_1 轴方向为北向，x_2 轴方向为东向。我们将研究图中所示的垂直左旋走滑断层和逆冲断层所引起的 Rayleigh 波。

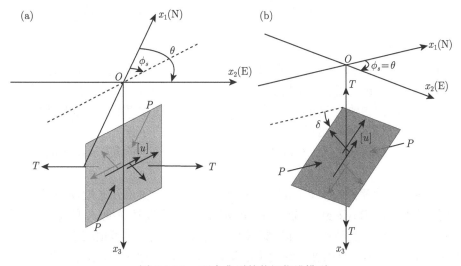

图 7.5.15 两个典型的剪切位错模型

(a) 垂直左旋走滑断层模型（$\delta = 90°$，$\lambda = 0°$，$\phi_s = 45°$）；(b) 逆冲断层模型（$\delta = 45°$，$\lambda = 90°$，$\phi_s = 90°$）。

断层上的粗箭头代表错动的方向。图中标出了等效体力的分布，以及 P 轴和 T 轴

对于沿着东北–西南方向的垂直左旋走滑断层，$\delta = 90°$，$\lambda = 0°$，$\phi_s = 45°$，见图 7.5.15 (a)。将这几个参数代入式 (3.4.8)，得到

$$
\mathbf{M}(\omega) = -M_0 S(\omega) \begin{bmatrix} 1 & 0 & 0 \\ 0 & -1 & 0 \\ 0 & 0 & 0 \end{bmatrix}
$$

代入式 (6.6.8)，考虑正东方向的观测点，$\theta = 90°$，有

$$\tilde{u}_1^R = -M_0 S(\omega)\left(\tilde{G}_{11,1'} - \tilde{G}_{12,2'}\right) = 0 \tag{7.5.1a}$$

$$\tilde{u}_2^R = -M_0 S(\omega)\left(\tilde{G}_{21,1'} - \tilde{G}_{22,2'}\right) \tag{7.5.1b}$$

$$= \vartheta_1 M_0 S(\omega) F_1(\kappa)\left[3x H_1^{(2)}(x) - 4H_2^{(2)}(x) - x H_3^{(2)}(x)\right] \tag{7.5.1c}$$

$$\tilde{u}_3^R = -M_0 S(\omega)\left(\tilde{G}_{31,1'} - \tilde{G}_{32,2'}\right) \tag{7.5.1d}$$

$$= \vartheta_1 M_0 S(\omega) F_4(\kappa)\left[2H_1^{(2)}(x) - x H_0^{(2)}(x) + x H_2^{(2)}(x)\right] \tag{7.5.1e}$$

可见在这种情况下，不存在 x_1 方向的位移分量，由 Rayleigh 波导致的质点位移仅存在于 x_2x_3 平面内。对于脉冲力源，$S(\omega) = 1$，因此得到

$$
\begin{aligned}
\mathrm{Re}\left[\tilde{u}_2^R \mathrm{e}^{\mathrm{i}\omega t}\right] = {} & \frac{M_0 F_1(\kappa)}{8\mu r R'(\kappa)}\Big\{\big[3\kappa r J_1(\kappa r) - 4J_2(\kappa r) - \kappa r J_3(\kappa r)\big]\sin\omega t \\
& - \big[3\kappa r Y_1(\kappa r) - 4Y_2(\kappa r) - \kappa r Y_3(\kappa r)\big]\cos\omega t\Big\}
\end{aligned}
\tag{7.5.2a}
$$

$$
\begin{aligned}
\mathrm{Re}\left[\tilde{u}_3^R \mathrm{e}^{\mathrm{i}\omega t}\right] = {} & \frac{M_0 F_4(\kappa)}{8\mu r R'(\kappa)}\Big\{\big[2J_1(\kappa r) - \kappa r J_0(\kappa r) + \kappa r J_2(\kappa r)\big]\sin\omega t \\
& - \big[2Y_1(\kappa r) - \kappa r Y_0(\kappa r) + \kappa r Y_2(\kappa r)\big]\cos\omega t\Big\}
\end{aligned}
\tag{7.5.2b}
$$

根据式 (7.5.2)，可以画出由图 7.5.15 (a) 中的垂直左旋走滑断层产生的近场和远场区域的 Rayleigh 波质点运动轨迹，分别如图 7.5.16 和图 7.5.17 所示。垂直走滑断层位于 x_3 轴上，深度为 0.25 km。相邻两个场点之间的距离为 0.5 km。由图可见，质点运动轨迹都是椭圆，而且与单力导致的 Rayleigh 波质点运动类似，在垂直断层附近为斜椭圆，随着水平距离的增大，椭圆的长轴逐渐变为直立。在地表附近，行进方向为逆进的，而在 0.2 倍波长的深度以下，变为顺进的。在远场区域（50 km 以外），椭圆的形状随水平距离 r 的变化很小。

图 7.5.18 中以水平距离 $r = 0.5$ km 和 50 km 为例，分别显示了近场和远场情况下，由垂直走滑断层产生的 Rayleigh 波分量 $\tilde{u}_2^R$ 和 $\tilde{u}_3^R$ 的相对幅度随深度 x_3 的变化。两个位移分量随着深度的变化情况大致类似，$\tilde{u}_3^R$ 随深度增加略微增大后单调地减小，而 $\tilde{u}_2^R$ 随深度增加先是显著减小，在 0.2 倍的波长深度附近变为 0，然后反向增加，在 0.5 倍波长附近达到最大后单调减小。近场情况和远场情况的一个显著区别是，在接近地表的地方，$\tilde{u}_2^R > \tilde{u}_3^R$，使得图 7.5.16 中地表处最靠近源的位置处（最左上方）的质点运动轨迹是一个长轴更接近水平的椭圆。

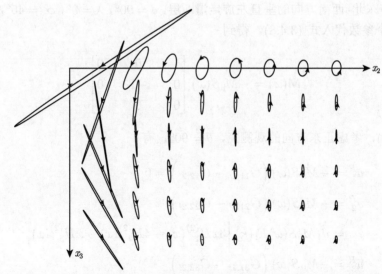

图 7.5.16　在 $x_3' = 0.25$ km 处的左旋走滑断层导致的附近区域 Rayleigh 波质点运动轨迹
相邻两个场点之间的距离为 0.5 km。★ 代表左旋走滑断层，参见图 7.5.15 (a)

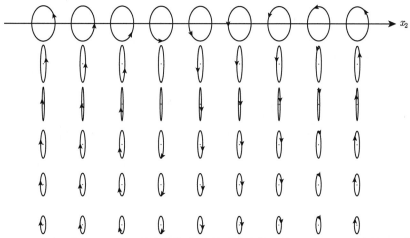

图 7.5.17 在 $x'_3 = 0.25$ km 处的左旋走滑断层导致的远场 Rayleigh 波质点运动轨迹

相邻两个场点之间的距离为 0.5 km。为了清楚地显示，运动轨迹的幅度相比于图 7.5.16 放大了 7.5 倍。源点距显示区域的

水平距离为 $r = 50$ km

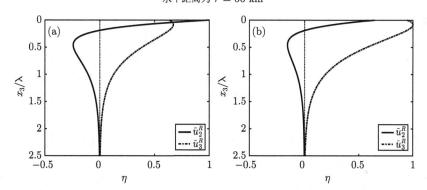

图 7.5.18 垂直左旋走滑断层产生的 Rayleigh 波分量 $\tilde{u}_2^R$ 和 $\tilde{u}_3^R$ 的相对幅度随深度 x_3 的变化

(a) 近场情况 $(r = 0.5$ km)；(b) 远场情况 $(r = 50.0$ km)。深度用波长 λ 作了无量纲化

对于沿着东西方向的倾角为 $45°$ 的逆冲断层，$\delta = 45°$，$\lambda = 90°$，$\phi_s = 90°$，见图 7.5.15 (b)，

$$\mathbf{M}(\omega) = -M_0 S(\omega) \begin{bmatrix} 1 & 0 & 0 \\ 0 & 0 & 0 \\ 0 & 0 & -1 \end{bmatrix}$$

代入式 (6.6.8)，对于正东方向的观测点，$\theta = 90°$，有

$$\tilde{u}_1^R = -M_0 S(\omega) \left(\tilde{G}_{11,1'} - \tilde{G}_{13,3'} \right) = 0$$

$$\tilde{u}_2^R = -M_0 S(\omega) \left(\tilde{G}_{21,1'} - \tilde{G}_{23,3'} \right)$$

$$= -M_0 S(\omega) \left[4\vartheta_1 F_1(\kappa) H_2^{(2)}(x) - \vartheta_2 F_{3,3'}(\kappa) H_1^{(2)}(x) \right]$$

$$\tilde{u}_3^R = -M_0 S(\omega) \left(\tilde{G}_{31,1'} - \tilde{G}_{33,3'} \right)$$

$$= M_0 S(\omega) \left[2\vartheta_1 F_4(\kappa) H_1^{(2)}(x) + \vartheta_2 F_{5,3'}(\kappa) H_0^{(2)}(x) \right]$$

同样地，对于脉冲力源，$S(\omega) = 1$，从而得到

$$\begin{aligned}
\mathrm{Re}\left[\tilde{u}_2^R \mathrm{e}^{\mathrm{i}\omega t}\right] &= -\frac{M_0}{4\mu r R'(\kappa)} \Big\{ \left[2F_1(\kappa) J_2(\kappa r) - r F_{3,3'}(\kappa) J_1(\kappa r) \right] \sin \omega t \\
&\quad - \left[2F_1(\kappa) Y_2(\kappa r) - r F_{3,3'}(\kappa) Y_1(\kappa r) \right] \cos \omega t \Big\}
\end{aligned} \tag{7.5.3a}$$

$$\begin{aligned}
\mathrm{Re}\left[\tilde{u}_3^R \mathrm{e}^{\mathrm{i}\omega t}\right] &= \frac{M_0}{4\mu r R'(\kappa)} \Big\{ \left[F_4(\kappa) J_1(\kappa r) + r F_{5,3'}(\kappa) J_0(\kappa r) \right] \sin \omega t \\
&\quad - \left[F_4(\kappa) Y_1(\kappa r) + r F_{5,3'}(\kappa) Y_0(\kappa r) \right] \cos \omega t \Big\}
\end{aligned} \tag{7.5.3b}$$

图 7.5.19 和图 7.5.20 分别显示了位于 0.25 km 深处的逆冲断层导致的附近和远场区域的 Rayleigh 波质点运动轨迹。除了长短轴的比例与走滑断层的情况有所区别以外，其余的特征与左旋走滑断层的情况一致。图 7.5.21 中以水平距离 $r = 0.5$ km 和 50 km 为例，分别显示了近场和远场情况下，由逆冲断层产生的 Rayleigh 波分量 $\tilde{u}_2^R$ 和 $\tilde{u}_3^R$ 的相对幅度随深度 x_3 的变化。除了细节以外，整体变化行为与左旋走滑断层类似（参见图 7.5.18）。

最后，注意到当 $r \to \infty$ 时，$J_m(\kappa r) \propto r^{-\frac{1}{2}}$，$Y_m(\kappa r) \propto r^{-\frac{1}{2}}$，因此根据式 (7.5.2) 和式 (7.5.3)，有 $\tilde{u}_i^R(\boldsymbol{x}, \omega) \propto r^{-\frac{1}{2}}$ $(i = 2, 3)$。这表明 Rayleigh 波的位移分量在水平方向上按 $r^{-\frac{1}{2}}$ 的规律衰减。图 7.5.22 显示了垂直左旋走滑断层和逆冲断层对应的 Rayleigh 波位移分量的相对幅度随着水平距离 r 的变化情况。

水平单力（图 7.5.6）、垂直单力（图 7.5.7）以及剪切位错源的左旋走滑（图 7.5.17）和逆冲（图 7.5.20）情况导致的远场 Rayleigh 波质点运动轨迹的相似性，说明了无论力的具体形式如何，只要距离足够远，所产生的单频 Rayleigh 波振动的图像是相似的。

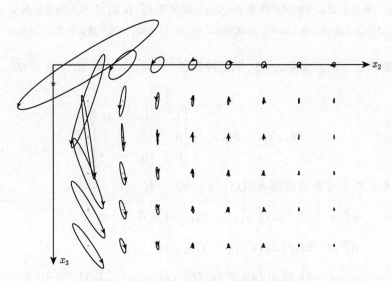

图 7.5.19　在 $x_3' = 0.25$ km 处的逆冲断层导致的附近区域 Rayleigh 波质点运动轨迹

相邻两个场点之间的距离为 0.5 km。★ 代表逆冲断层，参见图 7.5.15 (b)。运动轨迹的幅度相比于图 7.5.16 放大了 2.5 倍

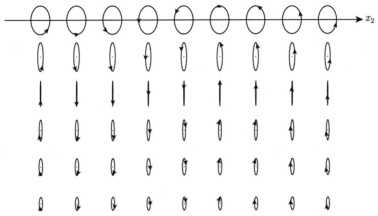

图 7.5.20 在 $x_3' = 0.25$ km 处的逆冲断层导致的远场 Rayleigh 波质点运动轨迹

相邻两个场点之间的距离为 0.5 km。运动轨迹的幅度相比于图 7.5.19 放大了 40 倍。

源点距显示区域的水平距离为 $r = 50$ km

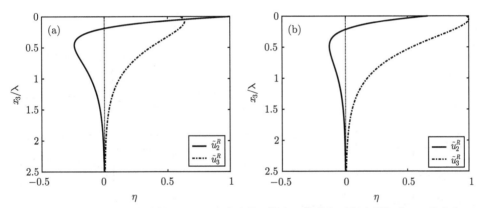

图 7.5.21 逆冲断层产生的 Rayleigh 波分量 $\tilde{u}_2^R$ 和 $\tilde{u}_3^R$ 的相对幅度随深度 x_3 的变化

(a) 近场情况 ($r = 0.5$ km); (b) 远场情况 ($r = 50.0$ km)

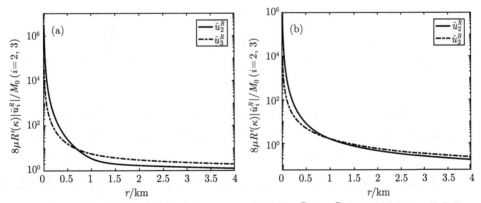

图 7.5.22 剪切位错源产生的地表 Rayleigh 波分量 $\tilde{u}_2^R$ 和 $\tilde{u}_3^R$ 的相对幅度随 r 的变化

(a) 垂直左旋走滑断层; (b) 逆冲断层。相对幅度定义为 $8\mu R'(\kappa) \left| \tilde{u}_i^R \right| / M_0$ $(i = 2, 3)$

7.5.2.4　单力点源引起的时间域中的 Rayleigh 波

以上我们都是在频率域中，针对单一的频率成分考察由单力和剪切位错源所产生的 Rayleigh 波运动的行为和特征。我们看到，与经典地震学中所考虑的平面 Rayleigh 波不同，不同的力导致的近场单频 Rayleigh 波的运动呈现比较复杂的图像。不过，在远离力源的情况下，Rayleigh 波的运动退化为平面 Rayleigh 波的运动图像。可以进一步考虑的问题是：既然求出了单一频率成分的 Rayleigh 表达式，对其进行 Fourier 反变换（本质上相当于对不同频率成分的 Rayleigh 运动进行叠加），这样得到的时间域的 Rayleigh 波具有什么特征？

首先考虑单力点源的情况。回忆在 7.3 节的正确性检验中，曾经针对第二类 Lamb 问题，将计算结果与 Johnson (1974) 的结果进行比对。图 7.3.5 和图 7.3.6 分别显示了震中距和震源深度比 $\zeta = 5$ 和 50 的 Green 函数分量。我们以此为例，采用相同的计算参数，利用式 (6.5.16) 进行 Fourier 反变换，可以得到时间域的 Rayleigh 波。

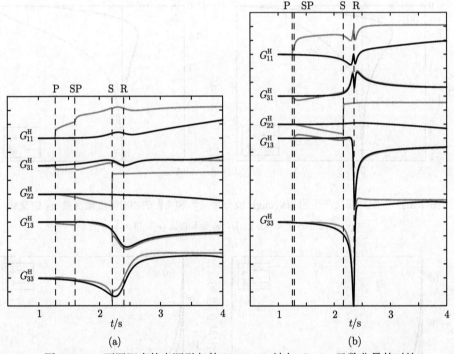

图 7.5.23　不同深度的点源引起的 Rayleigh 波与 Green 函数分量的对比

(a) $x_3' = 2$ km；(b) $x_3' = 0.2$ km。黑线和灰线分别代表 Rayleigh 波和完整的 Green 函数分量。图中用虚线标出了不同震相的到时，其中 "P"、"SP"、"S" 和 "R" 分别代表 P 波、SP 波、S 波和 Rayleigh 波。参见图 7.3.5 和图 7.3.6

图 7.5.23 显示了计算结果（黑线）与 Green 函数分量（灰线）的对比。为了便于分析比对，图中标出了各个震相的到时。可以看出，计算得到的 Rayleigh 波在 Rayleigh 波到时 "R" 附近的形态与完整的 Green 函数分量很好地匹配。在其他震相的到时处，Rayleigh 波的曲线上没有变化。值得指出的是 G_{22}^{H} 分量，在当前的源–场位置组合下，这个分量主要为 SH 波成分，因此不存在明显的 Rayleigh 波。沿 x_1 轴的水平力或沿 x_3 轴的垂直力只

引起 x_1x_3 平面内的位移分量，因此，可以根据水平和垂直方向的位移分量在 x_1x_3 平面内做出质点的运动轨迹图，这可以帮助我们直观地了解弹性体中质点的运动情况。

图 7.5.24 和图 7.5.25 分别显示了点源深度 $x_3' = 2$ km 和 0.2 km 时，由水平力和垂直力引起的观测点 $(10, 0, 0)$ km 处（图中的 A 点）的质点运动轨迹。粗点和细点分别代表了仅是 Rayleigh 波和包含所有震相的完整运动轨迹。各个运动路径上的圆圈处为 Rayleigh 波到时附近的运动路径。可以清楚地看到，根据 Rayleigh 波激发公式计算得到的时间域 Rayleigh 波的轨迹，可以很好地反映完整运动轨迹上的 Rayleigh 波到时附近的情况。考虑到 x_1 轴的正向为地震波的传播方向，因此所有的 Rayleigh 波运动均是逆进的。

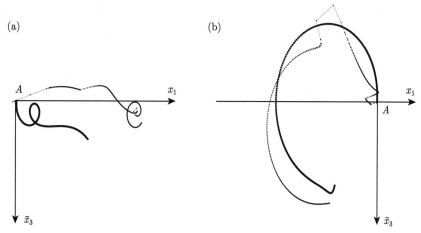

图 7.5.24　点源深度 $x_3' = 2$ km 时的质点运动轨迹

(a) 水平力引起的，横向和纵向位移分别为 G_{11}^{H} 和 G_{31}^{H}；(b) 垂直力引起的，横向和纵向位移分别为 G_{13}^{H} 和 G_{33}^{H}。A 点的坐标为 $(10,0,0)$ km。粗点对应 Rayleigh 波的轨迹，细点对应包含所有震相的完整运动轨迹。$\bar{x}_3$ 轴为 x_3 轴沿 x_1 轴方向平移 10 km 所得

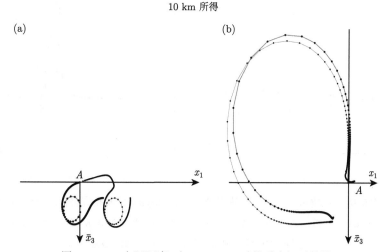

图 7.5.25　点源深度 $x_3' = 0.2$ km 时的质点运动轨迹

(a) 水平力引起的，横向和纵向位移分别为 G_{11}^{H} 和 G_{31}^{H}；(b) 垂直力引起的，横向和纵向位移分别为 G_{13}^{H} 和 G_{33}^{H}。A 点的坐标为 $(10,0,0)$ km。粗点对应 Rayleigh 波的轨迹，细点对应包含所有震相的完整运动轨迹。$\bar{x}_3$ 轴为 x_3 轴沿 x_1 轴方向平移 10 km 所得

一个值得注意的特征是，对于点源较浅的情况，见图 7.5.25，动态运动路径的大部分是在 Rayleigh 波到时附近划过的，特别对于垂直分量。这意味着对于浅源地震，地表震动的主要来源是 Rayleigh 波。这是自由表面对于地震波有显著影响的典型情况，清楚地了解 Rayleigh 波的运动情况和特征，对于抗震建筑的设计具有指导意义。根据 Rayleigh 波的激发公式可以方便地进行这方面的研究。

7.5.2.5　剪切位错点源引起的时间域中的 Rayleigh 波

对于剪切位错点源的情况，我们仍然以 7.5.2.3 节考虑过的两个典型剪切位错断层为例，参见图 7.5.15。点源的位置与 7.5.2.4 节单力的情况相同，这里的区别仅在于震源由单力点源变为剪切位错点源。观测点的位置为 $(0, 10, 0)$ km，因此对于本节考虑的走滑和逆冲两种剪切位错点源，其产生的 x_1 轴方向的位移分量 $u_1 = 0$。同时，为了避免显著的 Gibbs 效应，这里采用上升时间 $t_0 = 0.3$ s 的斜坡函数。

对于 $(\phi_s, \delta, \lambda) = (45°, 90°, 0°)$ 的垂直左旋走滑断层，图 7.5.26 显示了其产生的 Rayleigh 波（黑线）和完整位移波形（灰线）的比较。由于采用了剪切位错模型和更为复杂的时间函数——斜坡函数，波形上要比单力和时间函数为阶跃函数的情况复杂一些。震源深度 $x_3' = 0.2$ km 情况下 Rayleigh 波到时附近的波形与 $x_3' = 2$ km 的波形比较，不仅形态上更为复杂，而且幅度也显著增大。尽管如此，根据 Rayleigh 波激发公式计算得到的时间域 Rayleigh 波都可以很好地匹配 Rayleigh 波到时附近的波形。

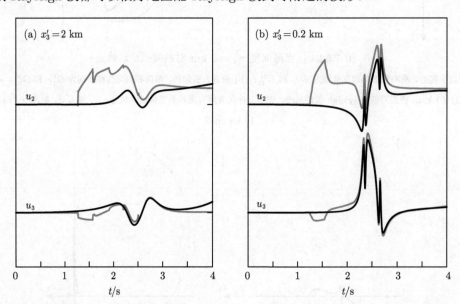

图 7.5.26　由垂直左旋走滑位错点源引起的 Rayleigh 波和完整位移波形的比较

(a) 点源深度 $x_3' = 2$ km；(b) 点源深度 $x_3' = 0.2$ km。$(\phi_s, \delta, \lambda) = (45°, 90°, 0°)$。黑线和灰线分别代表 Rayleigh 波和
完整的位移分量。时间函数为 $t_0 = 0.3$ s 的斜坡函数

图 7.5.27 显示了根据位移波形绘出的不同深度情况下的质点运动轨迹。从图中可以直观地看到，在点间距比较大的路径部分（即 Rayleigh 波到时附近的运动部分），Rayleigh 波的结果和完整位移分量的结果高度吻合。

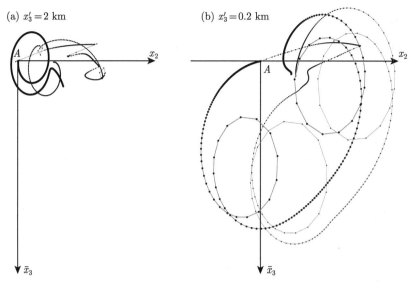

图 7.5.27　不同深度的走滑位错点源引起的质点运动轨迹

(a) 点源深度 $x_3' = 2$ km；(b) 点源深度 $x_3' = 0.2$ km。A 点的坐标为 $(0, 10, 0)$ km。粗点和细点分别对应 Rayleigh 波的轨迹和包含所有震相的完整运动轨迹。$\bar{x}_3$ 轴为 x_3 轴沿 x_2 轴方向平移 10 km 所得

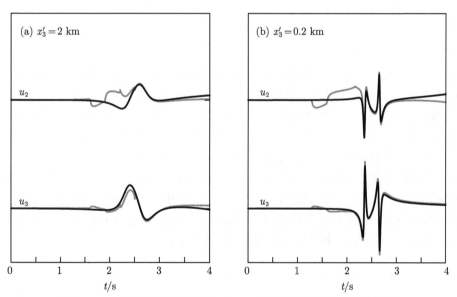

图 7.5.28　由逆冲点源引起的 Rayleigh 波和完整位移波形的比较

(a) 点源深度 $x_3' = 2$ km；(b) 点源深度 $x_3' = 0.2$ km。$(\phi_s, \delta, \lambda) = (90°, 45°, 90°)$。黑线和灰线分别代表 Rayleigh 波和完整的位移分量。时间函数为 $t_0 = 0.3$ s 的斜坡函数

对于 $(\phi_s, \delta, \lambda) = (90°, 45°, 90°)$ 的逆冲断层，图 7.5.28 和图 7.5.29 分别显示了相应的 Rayleigh 波（黑线）和完整位移波形（灰线）的比较，以及不同深度的逆冲点源引起的质点运动轨迹。我们再一次看到，完整地震图中的 Rayleigh 波到时附近的波形特征，可以用根据 Rayleigh 波激发公式得到的 Rayleigh 波来很好地刻画。整体的特征与走滑情况相

似，就不再赘述了[①]。

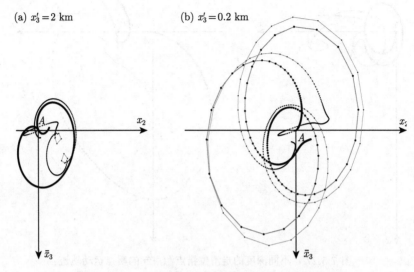

图 7.5.29   不同深度的逆冲点源引起的质点运动轨迹

(a) 点源深度 $x_3' = 2$ km；(b) 点源深度 $x_3' = 0.2$ km。A 点的坐标为 $(0, 10, 0)$ km。粗点和细点分别对应 Rayleigh 波的
轨迹和包含所有震相的完整运动轨迹。$\bar{x}_3$ 轴为 x_3 轴沿 x_2 轴方向平移 10 km 所得

7.6 小   结

在这篇幅很长的一章中，我们在上一章对 Lamb 问题在频率域中作详细的讨论所获得的公式基础上，首先介绍了与波数积分有关的数值技术，以及与频率积分有关的离散 Fourier 变换的相关知识，然后对从公式到程序实现的环节做了充分的正确性检验。以此为基础，从不同时间函数的单力点源、位错点源，到有限尺度源这几个层层递进的方面，详细地考察了它们所形成的动态地震图以及静态位移场的特征。最后，针对 Lamb 问题相对于此前所考虑的无限空间模型最突出的特征——自由表面的存在，详细地考察了它所引起的一类特殊波动：Rayleigh 面波。我们在频率域中得到了 Rayleigh 波的激发公式，研究了频率域中不同的源，包括点源和位错点源，所产生的远场和近场 Rayleigh 波的特征，并进一步通过 Fourier 反变换，得到了时间域的 Rayleigh 波。

*   *   *   *   *

上册书有关 Lamb 问题的讨论，至此告一段落。回顾整本书的内容，为了给最后两章有关 Lamb 问题的频率域解法的研究做准备，我们用了几章的篇幅，逐步地引入到正题。首先是对整个地震学的理论研究的总体回顾（第 1 章），在第 2 章中梳理了理论地震学的基础内容——弹性动力学，引入了 Green 函数和位移表示定理，以此为基础建立了震源表示定理，并讨论了等效体力和地震矩张量（第 3 章）。作为研究 Lamb 问题的基础，在第 4

[①] 当然，根据位错点源的结果，可以进一步通过点源叠加的方式获得有限尺度的剪切位错源所激发的 Rayleigh 波。这里就不做进一步的讨论了，感兴趣的读者可以根据书中的公式自己去探究。

章中首先考虑了无限介质中的地震波问题，得到了以闭合形式表示的 Green 函数，以及位错点源产生的地震波场。应该说，无限介质的地震波问题，反映了将地球介质视为弹性体对震源响应的主要特征。但是，从地震学角度来看，无限介质的模型不能反映另一个主要因素——地面的影响。在开始具体的探讨之前，第 5 章回顾了 Lamb 问题的研究历史，从中我们了解到，有关 Lamb 问题有两种主要的解法：基于 Fourier 变换的频率域解法和基于 Laplace 变换的时间域解法，在接下来的第 6、7 章中，我们详细地研究了频率域解法的理论公式和数值实现。

从某种角度上看，有关 Lamb 问题的介绍已经比较完整了。但是，仅仅就半空间这种简单而特殊的介质模型来说，更为巧妙和精彩的是它的另外一种解法——时间域的直接解法。这是解 Lamb 问题的最佳解法，不仅可以直接得到时间域的一重积分表达，甚至经过仔细的研究，可以将积分表达转化为初等函数以及三类标准的椭圆积分来表示，后者在早期可以通过查类似于三角函数表一样的椭圆积分表来获得结果，在今天更是可以方便地通过调用常用数学软件的标准函数来实现。因此可以说，借由时间域解法，我们可以直接得到 Lamb 问题的广义闭合形式的解析解。这无论对于理论分析还是数值实现都具有重要的价值。在本书的下册中，我们将详尽地研究相关的问题。

参 考 文 献

郭敦仁, 1991. 数学物理方法. 北京: 高等教育出版社.

王敏中, 王炜, 武际可, 2002. 弹性力学教程. 北京: 北京大学出版社.

吴崇试, 2003. 数学物理方法 (第 2 版). 北京: 北京大学出版社.

谢小碧, 郑天愉, 姚振兴, 1992. 理论地震图计算方法. 地球物理学报, 35(6): 790–801.

张海明, 2004. 半无限空间中平面断层的三维自发破裂传播的理论研究. 北京: 北京大学博士学位论文.

张海明, 2006. 复杂断层系统动力学破裂的理论研究和地表影响下的超剪切破裂问题的初步研究. 北京: 北京大学博士后出站报告.

张海明, 陈晓非, 张似洪, 2001. 峰谷平均法及其在计算浅源合成地震图中的应用. 地球物理学报, 44(6): 805–813.

Abramowitz M, Stegun I, 1964. Handbook of mathematical functions with formulas, graphs, and mathematical tables. Gaithersburg: National Bureau of Standards.

Agnew D C, 2002. History of seismology//Lee W H K, Kanamori H, Jennings P C, et al. International handbook of earthquake and engineering seismology (81A, eds.). Amsterdam: Academic Press: 3–11.

Aki K, Richards P G, 2002. Quantitative seismology. Sausalito: University Science Books.

Aochi H, Fukuyama E, Matsu'ura M, 2000. Spontaneous rupture propagation on a non-planar fault in 3-D elastic medium. Pure and Applied Geophysics, 157: 2003–2027.

Apsel R J, 1979. Dynamic Green's functions for layered media and applications to boundary-value problems. Ph.D. Thesis, University of California, San Diego, La Jolla, California.

Backus G, Mulcahy M, 1976. Moment tensors and other phenomenological descriptions of seismic sources. II. Discontinuous displacements. Geophysical Journal of the Royal Astronomical Society, 47: 301–329.

Ben-Menahem A, 1995. A concise history of mainstream seismology: origins, legacy, and perspectives. Bulletin of the Seismological Society of America, 85(4): 1202–1225.

Ben-Menahem A, Singh S J, 1981. Seismic waves and sources. New York: Springer-Verlag.

Bouchon M, 1979. Discrete wavenumber representation of elastic wave fields in three-space dimensions. Journal of Geophysical Research, 84: 3609–3614.

Bouchon M, 1981. A simple method to calculate Green's functions in elastic layered media. Bulletin of the Seismological Society of America, 71: 959–971.

Bouchon M, Aki K, 1977. Discrete wave number representation of seismic source wave fields. Bulletin of the Seismological Society of America, 67: 259–277.

Bromwich T J, 1898. On the influence of gravity on elastic waves, and, in particular, on the vibrations of an elastic globe. Proceedings of the London Mathematical Socity, 30: 98–165.

Burridge R, Knopoff L, 1964. Body force equivalents for seismic dislocations. Bulletin of the Seismological Society of America, 54(6): 1875–1888.

Cagniard L, 1939. Réflexion et réfraction des ondes seismiques progressives. Paris: Gauthier-Villars.

Cagniard L, 1962. Reflection and refraction of progressive seismic waves. (Trans. by E. A. Flinn and C. H. Dix.) New York: McGraw-Hill.

Chao C C, 1960. Dynamical response of an elastic half-space to tangential surface loadings. Journal of Applied Mechanics ASME, 27: 559–567.

Chen X F, 1999. Seismogram synthesis in multi-layered half-space Part I. Theoretical formulations. Earth Research in China, 13: 149–174.

Chen X F, Zhang H M, 2001. An efficient method for computing Green's functions for a layered half-space at large epicentral distances. Bulletin of the Seismological Society of America, 91(4): 858–869.

Chou P C, Pagano N J, 1992. Elasticity: tensor, dyadic, and engineering approaches. New York: Dover Publications Inc.

Dahlen F A, Tromp J, 1998. Theoretical global seismology. Princeton: Priceton University Press.

Dahlquist G, Björck Å, 1974. Numerical methods in scientific computing (Vol. 1). Englewood Cliffs: Prentice-Hall Inc.

Das S, Aki K, 1977. A versatile earthquake model. Journal of Geophysical Research, 82: 5658–5670.

de Hoop A T, 1960. A modification of Cagniard's method for solving seismic pulse problems. Applied Scientific Research, B8: 349–356.

Dix C H, 1954. The method of Cagniard in seismic pulse problems. Geophysics, 19(4): 722–738.

Eason G, 1966. The displacements produced in an elastic half-space by a suddenly applied surface force. IMA Journal of Applied Mathematics, 2(4): 299–326.

Ewing W M, Jardetzky W S, Press F, 1957. Elastic waves in layered media. New York: McGraw-Hill.

Feng X, Zhang H M, 2018. Exact closed-form solutions for Lambs problem. Geophysical Journal International, 214(1): 444–459.

Garvin W W, 1956. Exact transient solution of the buried line source problem. Proceedings of the Royal Society, Seires A, 234(1199): 528–541.

Haskell N A, 1964. Radiation pattern of surface waves from point source in a multilayered in a multilayered medium. Bulletin of the Seismological Society of America, 54: 377–393.

Honda H, 1962. Earthquake mechanism and seismic waves. Journal of Physics of the Earth, 10: 1–98.

Johnson L R, 1974. Green's function for Lamb's problem. Geophysical Journal of the Royal Astronomical Society, 37: 99–131.

Kanamori H, Stewart G, 1978. Seismological aspects of the Guatemala earthquake of February 4, 1976. Journal of Geophysical Research, 83: 3427–3434.

Kausel E, 2012. Lamb's problem at its simplest. Proceedings of the Royal Society, Seires A, 20120462.

Kikuchi M, Kanamori H, 1982. Inversion of complex body waves. Bulletin of the Seismological Society of America, 72: 491–506.

Kikuchi M, Kanamori H, 1991. Inversion of complex body waves—III. Bulletin of the Seismological Society of America, 81: 2335–2350.

Knopoff L, Gilbert F, 1959. Radiation from a strike slip fault. Bulletin of the Seismological Society of America, 49: 168–178.

Knopoff L, Gilbert F, 1960. First motion from seismic sources. Bulletin of the Seismological Society of America, 50: 117–134.

Kostrov B V, 1966. Unsteady propagation of longitudinal shear cracks. Journal of Applied Mathematics and Mechanics, 30: 1241–1248.

Lamb H, 1904. On the propagation of tremors over the surface of an elastic solid. Philosophical Transactions of Royal Society of London, Series A, 203: 1–42.

Lapwood E R, 1949. The disturbance due to a line source in a semi-infinite elastic medium. Philosophical Transactions of Royal Society of London, Series A, 242: 63–100.

Liu T S, Feng X, Zhang H M, 2016. On Rayleigh wave in half-space: an asymptotic approach to study the Rayleigh function and its relation to the Rayleigh wave. Geophysical Journal International, 206: 1179–1193.

Maruyama T, 1963. On the force equivalents of dynamical elastic dislocations with reference to the earthquake mechanism. Bulletin of the Earthquake Research Institute, 41: 467–486.

Mooney H M, 1974. Some numerical solutions for Lamb's problem. Bulletin of the Seismological Society of America, 64(2): 473–491.

Nakano H, 1923. Notes on the nature of the forces which give rise to the earthquake motions. Seismological Bulletin of the Central Meteorological Observatory of Japan, 1: 92–120.

Nakano H, 1925. On Rayleigh waves. Japanese Journal of Astronomy and Geophysics, 2: 233–326.

Pekeris C L, 1955a. The seismic surface pulse. Proceedings of the National Academy of Sciences, US, 41: 469–480.

Pekeris C L, 1955b. The seismic buried pulse. Proceedings of the National Academy of Sciences, US, 41: 629–639.

Pekeris C L, Lifson H, 1957. Motion of the surface of a uniform elastic half-space produced by a buried pulse. Journal of the Acoustical Society of America, 29(11): 1233–1238.

Pinney E, 1954. Surface motion due to a point source in a semi-infinite elastic medium. Bulletin of the Seismological Society of America, 44(4): 571–596.

Prudnikov A P, Brychkov Y A, Marichev O I, 1986. Integrals and series (Vol.2: Special functions). London: Gordon and Breach Sciences Publishers.

Rayleigh L, 1885. On waves propagated along the plane surface of an elastic solid. Proceedings of the London Mathematical Society, 1: 4–11.

Richards P G, 1979. Elementary solutions to Lamb's problem for a point source and their relevance to three-dimensional studies of spontaneous crack propagation. Bulletin of the Seismological Society of America, 69: 947–956.

Scholz C H, 1987. Wear and gouge formation in brittle faulting. Geology, 15: 493–495.

Steketee J A, 1958. On Volterra's dislocations in a semi-infinite elastic medium. Canadian Journal of Physics, 36: 192–205.

Tada T, Yamashita T, 1997. Non-hypersingular boundary integral equations for two-dimensional non-planar crack analysis. Geophysical Journal International, 130: 269–282.

Watson G N, 1922. A treatise on the theory of Bessel functions. Cambridge: Cambridge University Press.

Zhang H M, Chen X F, 2001. Self-adaptive Filon's integration method and its applications to computing synthetic seismograms. Chinese Physics Letters, 18(3): 313–315.

Zhang H M, Chen X F, 2006. Dynamic rupture on a planar fault in three-dimensional half space — I. Theory. Geophysical Journal International, 164(3): 633–652.

Zhang H M, Chen X F, 2009. Equivalence of the Green's function for a full-space to the direct-wave contributions for a half-space and a layered half-space. Bulletin of the Seismological Society of America, 99(1): 454–461.

Zhang H M, Chen X F, Chang S H, 2003. An efficient numerical method for computing synthetic seismograms for a layered half-space with source and receivers at closed or same depths. Pure and Applied Geophysics, 160(3/4): 467–486.

Zhou J, Zhang H M, 2020. Exact Rayleigh-wave solution from a point source in homogeneous elastic half-space. Bulletin of the Seismological Society of America, 110(2): 783–792.

附录 A $f(z) = \sqrt{z^2 - z_0^2}$ 的割线画法

形如 $f(z) = \sqrt{z^2 - z_0^2}$ $(z_0 = a - \mathrm{i}b,\ a, b \in \mathbb{R}^+)$ 的复变函数，涉及了复数域内的开平方运算。我们知道，在复数域中的开平方运算将产生一个多值函数，多值性来源于宗量辐角的多值性。为了使复变函数具有解析性，必须确定单值分支，而画割线就是有效的方法。在这个附录中，我们将详细分析上述多值函数对应复平面中的割线的画法，并讨论割线上的辐角问题。

首先，不难看出 $z = \pm z_0 = \pm(a - \mathrm{i}b)$ 是枝点[①]。令 $z = x + \mathrm{i}y$ $(x, y \in \mathbb{R})$, $f_1 = X + \mathrm{i}Y$ $(X, Y \in \mathbb{R})$，则有

$$X + \mathrm{i}Y = \sqrt{(x + \mathrm{i}y)^2 - (a - \mathrm{i}b)^2}$$

从而

$$X^2 - Y^2 = x^2 - y^2 - (a^2 - b^2) \tag{A.1a}$$
$$XY = xy + ab \tag{A.1b}$$

为了保证 $f(z)$ 的解析性，通常的做法是限定 $X = \mathrm{Re}\{f(z)\} \geqslant 0$，其中 $X = 0$ 实际上就给出了割线的位置[②]。为了求割线方程，将 $X = 0$ 代入式 (A.1b)，得

$$y = -\frac{ab}{x} \tag{A.2}$$

将 $X = 0$ 代入式 (A.1a)，则有

$$-Y^2 = x^2 - y^2 - (a^2 - b^2) \leqslant 0$$

将式 (A.2) 代入，有

$$x^2 - \frac{a^2 b^2}{x^2} - (a^2 - b^2) \leqslant 0 \quad \Rightarrow \quad (x^2 - a^2)(x^2 + b^2) \leqslant 0 \quad \Rightarrow \quad |x| \leqslant a \tag{A.3}$$

式 (A.2) 连同式 (A.3) 给出了割线方程，如图 A.1 所示。

如前所述，当前的割线画法是使得 $f(z)$ 的实部为零，这意味着如果复平面内的一点位于割线上，则它是纯虚数。但是，位于割线的左缘或右缘，辐角是不同的。下面以第四象限的割线为例[③]，讨论当坐标为 (x_P, y_P) 的 P 点分别位于割线的右侧和左侧，以及双曲线上的非割线部分时 $f(z)$ 辐角的取值。

---

① 判断一个点是否为枝点的标准是 q 在复平面内绕着它转一圈回到原点，函数值是否恢复原值。如果不是，则该点是枝点。

② 在割线上的数实部为零，这就意味着割线上的数是纯虚数。当 $X = 0$ 时，对负数的开平方运算必须十分小心，比如 $\sqrt{-a^2}\ (a > 0)$，结果究竟是 $+\mathrm{i}a$ 还是 $-\mathrm{i}a$，取决于其位于割线的上缘还是下缘。如果此点位于割线上缘，同时割线上缘的辐角为 $\pi/2$，则取值应该是前者。

③ 对于第二象限的割线上的情况，读者可仿照这里的讨论自行思考。

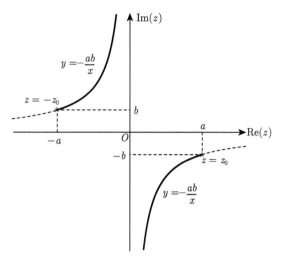

图 A.1 $f(z) = \sqrt{z^2 - z_0^2}$ $(z_0 = a - ib)$ 对应的割线

横轴和竖轴分别为 z 的实部和虚部。枝点为 $z = \pm z_0$,用 ⋆ 表示。粗实线代表割线

将 $f(z)$ 写为 $\sqrt{z^2 - z_0^2} = \sqrt{(z - z_0)(z + z_0)}$,并令

$$z - z_0 = r_1 \mathrm{e}^{\mathrm{i}\theta_1}, \quad z + z_0 = r_2 \mathrm{e}^{\mathrm{i}\theta_2}$$

则有

$$f(z) = \sqrt{z^2 - z_0^2} = \sqrt{r_1 r_2} \mathrm{e}^{\mathrm{i}\frac{\theta_1 + \theta_2}{2}}$$

这意味着 $f(z)$ 的辐角 $\arg(f) = (\theta_1 + \theta_2)/2$。

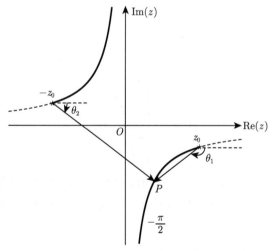

图 A.2 $f(z) = \sqrt{z^2 - z_0^2}$ 对应的第四象限割线的右侧的辐角示意图

$z - z_0$ 的辐角为 θ_1,$z + z_0$ 的辐角为 θ_2。P 为位于上割线右侧的任意一点,两条带箭头的线段分别代表 $z - z_0$ 和 $z + z_0$

当 P 点位于割线的右侧时,见图 A.2,θ_1 和 θ_2 均小于 0。由于

$$\tan(\pi + \theta_1) = -\frac{y_P + b}{a - x_P} \xlongequal{\text{(A.2)}} \frac{b}{x_P}$$

$$\tan\theta_2 = -\frac{b - y_P}{x_P + a} \xlongequal{\text{(A.2)}} -\frac{b}{x_P}$$

因此，$\theta_2 = -\pi - \theta_1$。从而有

$$\arg(f) = \frac{\theta_1 + \theta_2}{2} = -\frac{\pi}{2}$$

这表明，在割线的右侧，$f(z)$ 的辐角为 $-\pi/2$。

当 P 点位于割线的左侧时，见图 A.3，$\theta_1 > 0$，而 $\theta_2 < 0$。由于

$$\tan(\theta_1 - \pi) = -\frac{y_P + b}{a - x_P} \xlongequal{\text{(A.2)}} \frac{b}{x_P}$$

因此，$\theta_2 = -(\theta_1 - \pi)$。从而有 $\arg(f) = \pi/2$。这表明，在割线的左侧，$f(z)$ 的辐角为 $\pi/2$。

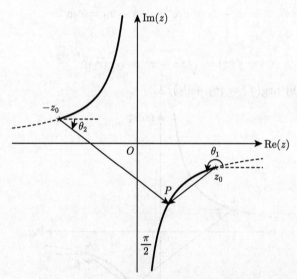

图 A.3 $f(z) = \sqrt{z^2 - z_0^2}$ 对应的第四象限割线的左侧的辐角示意图

$z - z_0$ 的辐角为 θ_1，$z + z_0$ 的辐角为 θ_2。P 为位于上割线右侧的任意一点，两条带箭头的线段分别代表 $z - z_0$ 和 $z + z_0$

当 P 点位于双曲线上的非割线部分时，即图 A.4 中的虚线部分，此时

$$\tan\theta_1 = \frac{y_P + b}{x_P - a} \xlongequal{\text{(A.2)}} \frac{b}{x_P}$$

因此，$\theta_2 = -\theta_1$。从而有 $\arg(f) = 0$。这表明，在双曲线上的非割线部分，$f(z)$ 的辐角为 0。

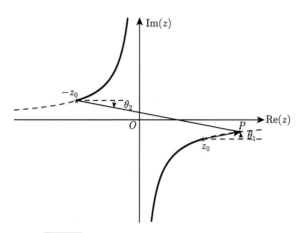

图 A.4　$f(z) = \sqrt{z^2 - z_0^2}$ 对应的第四象限双曲线上的非割线部分的辐角示意图

$z - z_0$ 的辐角为 θ_1，$z + z_0$ 的辐角为 θ_2。P 为位于上割线右侧的任意一点，两条带箭头的线段分别代表 $z - z_0$ 和 $z + z_0$

综合以上讨论，可以得到以下结论：

对于 $f(z) = \sqrt{z^2 - z_0^2}$，如果以它的实部为零作为割线，则在 z 的复平面内是双曲线的一部分，见图 A.1 中的粗黑线。$f(z)$ 的辐角在复平面上的分布：在第四象限的割线右侧为 $-\pi/2$，左侧为 $\pi/2$；而在第二象限的割线右侧为 $\pi/2$，左侧为 $-\pi/2$；在两个象限中双曲线上的非割线部分，辐角为 0。在第四象限双曲线的右下方和第二象限双曲线的左上方，$-\pi/2 < \arg(f) < 0$；在两条双曲线之间的部分，$0 < \arg(f) < \pi/2$。

附录 B   Rayleigh 函数的零点

在这个附录中，我们将研究

$$R(x) = (1-2x)^2 + 4x\sqrt{m-x}\sqrt{1-x} \quad \left(m = \frac{1-2\nu}{2(1-\nu)}\right) \tag{B.1}$$

的根。其中 m 是仅与 Poisson 比 ν 有关的正实数。由于 $0 < \nu < 1/2$①，不难得到 m 的范围是 $(0, 1/2)$。我们的目标是分析得出 $R(x) = 0$ 的解。

令

$$\overline{R}(x) = (1-2x)^2 - 4x\sqrt{m-x}\sqrt{1-x}$$

则 $R(x)$ 和 $\overline{R}(x)$ 的乘积为关于 x 的一元三次方程

$$f(x) = R(x)\overline{R}(x) = 16(1-m)x^3 + 8(2m-3)x^2 + 8x - 1 = 0② \quad \left(0 < m < \frac{1}{2}\right)$$

根据一般形式的一元三次方程根的理论③，此处有 $A = 256m^2 - 384m + 192$，$B = -16(k+3)$，$C = 8(6k-1)$，从而判别式

$$\Delta(m) = B^2 - 4AC = -49152m^3 + 82176m^2 - 47616m + 8448$$

这是关于 m 的三次多项式，从理论上一般性地考察这个判别式的性质并不容易，最方便的莫过于直接画出图形。图 B.1 显示了判别式 Δ 随参数 m 的变化图，其中判别式为零对应的 $m = m_0 = 0.321498$④。根据这幅图，判别式的行为一目了然：

---

① 根据弹性力学的理论，理论上预测的 Poisson 比 ν 的范围是 $(-1, 1/2)$，但是负的 Poisson 比在自然界中尚未发现，因此一般性地讨论负的 Poisson 比并无实际意义，此处不予考虑。

② 这里考虑 $f(x) = 0$ 的原因在于，直接求解 $R(x) = 0$ 是困难的，将其转化为求解一元三次方程 $f(x) = 0$ 的根则相对容易很多；但是我们随后需要界定这些根中哪些是属于 $R(x) = 0$ 的。事实上，因为 $R(x)$ 中的第二项中含有根式，直接求解 $R(x) = 0$ 需要移项平方处理，这与求解 $f(x) = 0$ 是等价的。

③ 对于一般形式的一元三次方程 $ax^3 + bx^2 + cx + d = 0$，令 $A = b^2 - 3ac$，$B = bc - 9ad$，$C = c^2 - 3bd$，$\Delta = B^2 - 4AC$，则

$$\begin{cases} \text{有三重实根,} & \text{当 } A = B = 0 \text{ 时} \\ \text{有一个实根和一对共轭虚根,} & \text{当 } \Delta > 0 \text{ 时} \\ \text{有三个实根，其中有一个二重根,} & \text{当 } \Delta = 0 \text{ 时} \\ \text{有三个不相等的实根,} & \text{当 } \Delta < 0 \text{ 时} \end{cases}$$

④ 这个值的准确求解可以借助于 Maple 软件。用 **solve** 命令给出的准确值为

$$-\frac{1}{192}\left(77293 + 7296\sqrt{114}\right)^{1/3} + \frac{445}{192\left(77293 + 7296\sqrt{114}\right)^{1/3}} + \frac{107}{292}$$

准确到小数点之后第 6 位是 0.321498。

(1) 当 $0 < m < m_0$ 时，$\Delta > 0$，$f(x)$ 有一个实根和一对共轭虚根；

(2) 当 $m = m_0$ 时，$\Delta = 0$，$f(x)$ 有三个实根，其中有一个二重根；

(3) 当 $m_0 < m < 1/2$ 时，$\Delta < 0$，$f(x)$ 有三个不相等的实根。

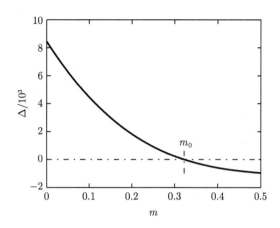

图 B.1　判别式 Δ 随参数 m 的变化（$m_0 = 0.321498$ 为 $\Delta = 0$ 的根）

现在进一步具体地考察在不同的 m 取值时，$f(x) = 0$ 的根的分布情况。注意到 $f(x) = 8x(x-1)\left[2(1-m)x-1\right]-1$，因此有 $f(0) = f(1) = f\left(1/2(1-m)\right) = -1$，结合图 B.2 中显示的 $f(x)$ 的具体图像，不难发现 $f(x)$ 一定有一个大于 1 的实根；如果还有另外两个实根，无论是否相等（$m = m_0$ 时相等，而 $m_0 < m < 1/2$ 时不相等），一定位于 $(0, 1/2(1-m))$ 区间之内。对于图 B.2 中显示的 $m_1 < m_0$ 的情况，在 $(0, 1/2(1-m))$ 区间中曲线与横轴无交点，意味着此时有两个共轭的复数根。

现在需要回答一个重要的问题：由于 $f(x) = R(x)\overline{R}(x)$ 是两个函数的乘积，这些根究竟哪些是我们所关心的 $R(x)$ 的，哪些是我们并不关心的 $\overline{R}(x)$ 的？一个方便的途径是针对不同 m 取值下的三个根，逐一验证哪些满足 $R(x) = 0$，则它是 $R(x)$ 的根，否则是 $\overline{R}(x)$ 的根；或者借助于 Maple（直接用 solve 命令），对于不同的 m 值，分别求解 $R(x) = 0$ 和 $\overline{R}(x) = 0$，看看能得出什么结果。

举例来说，采用上面提到的第二种方案考察图 B.2 中的几个 m 取值：

(1) 当 $m = m_1 = 0.1$ 时，求出 $R(x) = 0$ 的根为 1.112177，而 $\overline{R}(x) = 0$ 的根为 $0.221689 \pm 0.115299\mathrm{i}$，这是两个互为共轭的复数根；

(2) 当 $m = m_0 = 0.321498$ 时，求出 $R(x) = 0$ 的根为 1.177537，而 $\overline{R}(x) = 0$ 的根为 0.279690，这是两个相等的重实数根[①]；

(3) 当 $m = m_3 = 0.4$ 时，求出 $R(x) = 0$ 的根为 1.220466，而 $\overline{R}(x) = 0$ 的根为 0.398908 和 0.213958，这是两个不相等的实数根。

① 怎么判断这是重根，而 $R(x) = 0$ 的根则不是？当取 $m = m_0 = 0.321498$ 时，由于这是一个近似值，并非精确的，所以计算结果总有误差，比如实际上计算的结果是 $\overline{R}(x) = 0$ 的根为 $0.279690 \pm 0.000192\mathrm{i}$，虚部小到在可以忽略的误差范围之内，因此判断 $\overline{R}(x) = 0$ 的根实际上是两个相等的重实数根。

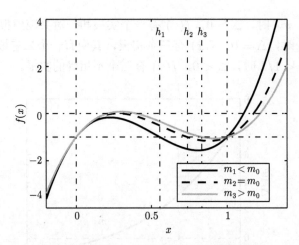

图 B.2　不同的 m 取值时 $f(x)$ 的变化情况

$m_1 = 0.1 < m_0$，$m_2 = m_0$，$m_3 = 0.4 > m_0$。两条横虚线分别代表 $f = 0$ 和 $f = -1$，五条竖直的虚线从左向右分别
代表 $x = 0$、$x = h_1 = 1/2(1 - m_1)$、$x = h_2 = 1/2(1 - m_2)$、$x = h_3 = 1/2(1 - m_3)$ 和 $x = 1$。可以看出，对
于 m 的三个取值，曲线与 $f = 0$ 的虚线在 $x > 1$ 的范围内都有一个交点（代表有一个大于 1 的实根）

　　图 B.3 显示了不同 m 取值的情况下根的分布和归属情况。可见在 m 的整个定义域内，$R(x)$ 都有唯一的一个大于 1 的实根；而当 $m \in (0, m_0)$ 时，$\overline{R}(x)$ 有两个互为共轭的复数根，当 $m \in (m_0, 0.5)$ 时，$\overline{R}(x)$ 有两个实根（特别地，若 $m = m_0$，这两个实根相等）。

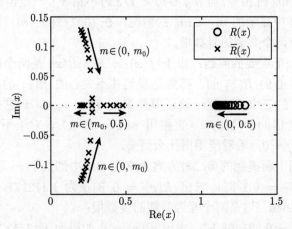

图 B.3　x 的复平面内，不同 m 取值情况下 $R(x)$ 和 $\overline{R}(x)$ 的根分布情况

横轴和竖轴分别为 x 的实部和虚部。"○" 和 "×" 分别代表 $R(x)$ 和 $\overline{R}(x)$ 的根。点横线代表 x 的实数取值。根据 Liu 等
(2016) 的图 4 修改

　　通过对 $f(x)$ 的具体考察，我们可以将前面得到的认识精细化：m 在取值范围内，$R(x) = 0$ 总是有一个大于 1 的实数根；除了这个实数以外，另外两根无论是互为共轭的复数根（当 $0 < m < m_0$ 时），还是两个相等的重实数根（当 $m = m_0$ 时），或者两个不相等的实数根（当 $m_0 < m < 1/2$ 时），都是 $\overline{R}(x) = 0$ 的根。

用一句话小结我们得到的结论:

对于式 (B.1) 中定义的 Rayleigh 函数, 在 m 的取值范围 $(0, 1/2)$ 之内, 有且仅有一个大于 1 的实数根[①]。

---

① 可做进一步的引申思考: 当 $x > 1$ 时, 式 (B.1) 的两个根式下方都是负数, 此时开平方运算会导致多值性, 结果如何考虑? 读者可仿照附录 A 中的讨论进行分析。这里给出简单的分析供参考: 在 x 的复平面内考虑, 枝点为 $x = m$ 和 $x = 1$, 割线为从这两点引向正实轴方向的射线。当 x 取大于 1 的实数时, 实际上是位于割线上。令 $\arg(x-m) = \theta_1$, $\arg(x-1) = \theta_2$, 则 $\arg\left(\sqrt{m-x}\sqrt{1-x}\right) = (\theta_1 + \theta_2)/2 + \pi$。当 x 位于割线上缘时, $\theta_1 = \theta_2 = 0$, 此时 $\arg\left(\sqrt{m-x}\sqrt{1-x}\right) = \pi$; 而当 x 位于割线下缘时, $\theta_1 = \theta_2 = 2\pi$, 此时 $\arg\left(\sqrt{m-x}\sqrt{1-x}\right) = 3\pi$。因此两种情况给出相同的结论, 即 $R(x) = (1-2x)^2 - 4x\sqrt{x-m}\sqrt{x-1}$。

后　记

从动了要写书的念头，到现在终于完成了上册，经历了几年的时间。在即将付梓之际，有个我与一篇论文的小故事，以及几个学习理论地震学和写作的心得想与读者们分享。

大约 20 年前，当时我在读研究生的早期，确定了主攻方向为用边界积分方程方法研究震源的动力学破裂问题，并希望采用精确的半空间 Green 函数，因此需要一种准确高效地计算半空间 Green 函数的方法。在查阅文献的时候偶然发现 Johnson (1974)，如获至宝，当时还没有电子版，我从图书馆借来之后，逐页扫描并打印出来。由此开始了我与 Lamb 问题的故事。这篇论文有个突出的特点是，完整地展示了三类 Lamb 问题的 Green 函数积分解，但是对于过程一笔带过。这对于希望了解所有细节的我来说是不够的，因此我需要补充完成所有的推导过程。这不是一件容易做到的事。为了了解 Cagniard-de Hoop 方法，先是托人从中国地震局地球物理研究所借来了 Cagniard 的著作（之后出现了前言中所说的状况：读得云里雾里），之后去查找 de Hoop (1960)。北京大学图书馆没有订阅刊登这篇论文的期刊，因此只能到中国科学院物理研究所去复印。我记得那天半路上下了大雨，淋成了落汤鸡，到了之后又吃了闭门羹，管理员不让复印。我软磨硬泡了很久，最后大概是管理员被我的诚意打动了吧，答应可以复印。这样辛苦得来的文献，没有理由不珍惜。经过一番艰苦的补课，终于把 Johnson (1974) 啃下来了。我记得由于对论文中的几个技术问题有疑惑，发信向论文的作者 Lane R. Johnson 教授和当时对 Lamb 问题有深入研究的另外一位知名教授 Hiroo Kanamori 请教。两位教授都快速地回复了我的问题，Kanamori 在回信中对现在仍然有年轻人愿意钻研 Lamb 问题表示欣慰，并勉励我这个后浪继续努力，这对年轻时的我起到很大的鼓励作用。但是由于耗时不少，学位论文的进度不允许我继续得到 Green 函数二阶导数的表达式了，因此只能遗憾地放到一边，而采用我比较熟悉的频率域的解法（本书的第 6、7 章）计算 Green 函数，并据此完成博士学位论文。但是想基于时间域的结果建立边界积分方程的愿望始终留在心里。而无疑地，实现这个愿望的桥梁就是 Johnson (1974) 这篇论文。

一晃到了 2009 年，其时我已经离开之前工作过的中科院研究生院回到北京大学任教，接任"理论地震学"的教学工作；并且，阴差阳错地也同时担任中科院研究生院同一门课程的教学工作。出于我个人对于 Johnson (1974) 的偏爱，我在课上以这篇文献为参考，详细地讲解了时间域解法获得第二类 Lamb 问题积分解的关键过程。对于我的本行，震源动力学研究而言，我希望将原来发展的方法继续推广到可以精确处理包含地表效应的复杂断层系统的情况，这将有助于推动对浅源大地震的动力学过程的认识。一方面，复杂断层系统需要非结构化的离散策略；另一方面，Lamb 问题 Green 函数的计算也需要直接在时间域进行，并且希望达到最高的计算效率，这相当于给汽车更换性能更优越的发动机。这是个系统工程，凭借我的一己之力难以胜任。值得欣慰的是，几年前我组建了自己的研究小组，在核心成员冯禧和钱峰的共同努力下，已经离这个目标很近了。特别地，我们得到了用代数式和椭圆积分表达的三类 Lamb 问题的解，从某种角度上说，已经完善了对 Lamb 问题的求解。

这些年来，无论是研究还是教学，Johnson (1974) 始终都伴随着我。如今我扫描并打印出来的这篇伴随了我 20 年的论文，首页已经泛黄并破损了。几年前的一天，我突然冒出一个想法，我偶然间发现的这块宝贝何不推介给别人呢？围绕着它展开理论地震学相关内容的介绍，或许能让更多的人体会到理论地震学之美。如果能达到这个目的，这个意义于我来讲远大过发表几篇论文。这就是本书问世的背景。可以说，本书的写作既是为了实现自己的一个愿望，也是为了向经典致敬。

一定程度上说，Lamb 问题是理论地震学的敲门砖。理论地震学之于本科期间学习的地震学，就如同四大力学之于普通物理，研究的对象并没有什么不同，但是研究的手段却有明显的差别，集中体现在对于数学工具的运用上。前者要更广泛和深入，这也是造成很多同学觉得这门课难学的重要原因。想要走出这个困境，大概需要三个关键的步骤。

首先，得深刻认识到基本概念和数学工具在理论地震学学习中的重要性。曾经有位同学跟我说过，他学了弹性力学很多年，但是始终并不清楚为什么需要引入张量这么复杂的量来描述应力和应变。可以想见，如果没能从根本上清晰地掌握基本概念，并认识到所采用的数学语言的重要性，当面临具体的技术困难时就很难有动力走出来。著名力学家冯元桢教授在他的《连续介质力学初级教程》(2009) 第 2 章的题记中写道："美丽的故事需要用美丽的语言来讲述。张量就是力学的语言。"如果把我们所遇到的难题比喻成深入理解一个问题的道路上遍布的荆棘的话，那么对基础概念的精确掌握和数学工具的灵活运用就是劈开荆棘的斧子。

其次，必须亲自动手去推导公式。仅仅从观念上认识是不够的，必须去实践。不跳过每一个关键的步骤和每一个技术细节，一点一点地耐心完成所有的推导，这样才能做到"深入了解"正在研究的问题。

最后，仅仅完成公式推导也是不够的，要真正透彻地掌握这些公式所蕴含的信息，必须自己编程去实现。想办法验证自己写的程序，完成调试和测试，然后利用程序做各种参数的测试，并对结果做分析。正如我们在第 4 章和第 6、7 章中所显示的那样，这样才完成了从"初步了解"到"深入了解"再到"完全掌握"的整个环节。这是学习理论地震学的必经之路，也是研究工作的初步训练。

为了给更多的后学提供尽可能详尽的参考和引导，本书的写作希望尽可能包含上述过程中的所有重要环节，并且在内容安排和表达上又要尽可能地便于阅读。这是一个实现起来比较困难的目标。有很多琐碎的工作需要完成。从在头脑里有个大致的想法，到把这个想法清晰化，到具体去一件件落实，再到最终达成了最初的目标，这是一个苦乐参半的过程。有几个重要的观念和策略贯彻始终，是值得一提的。

一是坚持做自己认为有意义、值得付出的事情。人的精力有限，只能择其要者而为之。写这本书的初衷，打个比方，就像是给攀岩的人事先做好垫脚，如果没有这些垫脚，原本有潜力登上去的一些人可能中途就放弃了。如果这本书真的能对同学们的学习提供重要的帮助，有更多的年轻后学通过本书能进入地震学研究的大门，甚至个别同学因此而激发起从事地震学的理论工作的兴趣，就达到了写本书的目的。

　　二是坚持自己最初设想的目标，并通过努力尽量做到让自己满意。最初的目标或许因为比较理想化、没有考虑到一些具体的困难而难以达到，但是"取法乎上，仅得其中"，实现这个目标的强烈愿望会提供克服具体困难的动力。

　　三是集中所有精力做好当前正在做的事情。写作过程涉及任务繁重的各种工作，我采取的是切割成小块，集中所有精力去逐个完成的策略。"集中力量，逐个击破"的军事战术，在学习和做研究上同样适用。头脑中设想的目标再宏大，也离不开具体地一件件去完成。

　　学习和研究的过程是一个不断克服各种困难的艰辛过程，同时也是一个不断体验新的经历的快乐旅程。希望读者在辛苦地阅读之余，也能体会到前所未有的快乐。

张海明
2020 年 10 月